全国电力行业"十四五"规划教材

U0643054

MECHANICS

材料力学

主编　鞠彦忠

参编　宋海洋　张国伟　程　玲

中国电力出版社
CHINA ELECTRIC POWER PRESS

内 容 提 要

本书主要内容包括材料力学概述、轴向拉伸和压缩、扭转、弯曲内力、弯曲应力、弯曲变形、应力状态和强度理论、组合变形、压杆稳定、能量法、平面图形的几何性质等，适合 60～80 学时的"材料力学"课程选用。书中注重基本概念，以及后续专业课程中概念的渗透，为读者联系工程实际，深入专业学习奠定基础。

本书可作为普通高等院校土建、水利类等专业教材，也可供其他相关专业及相关工程技术人员参考。

图书在版编目（CIP）数据

材料力学 / 鞠彦忠主编. -- 北京：中国电力出版社，2024.12. -- ISBN 978-7-5198-8277-8

Ⅰ．TB301

中国国家版本馆 CIP 数据核字第 2024E26E00 号

出版发行：中国电力出版社
地　　址：北京市东城区北京站西街 19 号（邮政编码 100005）
网　　址：http://www.cepp.sgcc.com.cn
责任编辑：熊荣华（010-63412543）
责任校对：黄　蓓　王海南
装帧设计：赵丽媛
责任印制：吴　迪

印　　刷：廊坊市文峰档案印务有限公司
版　　次：2024 年 12 月第一版
印　　次：2024 年 12 月北京第一次印刷
开　　本：787 毫米×1092 毫米　16 开本
印　　张：16.75
字　　数：411 千字
定　　价：49.80 元

前　言

在工程技术的广阔领域中，材料力学宛如一座坚实的桥梁，连接着基础科学与实际应用。它不仅是理解物体在外力作用下的行为和响应的关键，更是开启众多工程领域奥秘之门的重要钥匙。

本书致力于为读者呈现一个全面、系统且深入的材料力学知识体系。从基本的概念和原理出发，逐步引领读者探索材料的各种力学性能、杆件的内力与变形、结构的稳定性等核心内容。

在编写过程中，我们注重理论与实际的紧密结合。通过丰富的例题和清晰的图示，帮助读者将抽象的理论转化为直观的理解，从而更好地掌握材料力学在实际工程问题中的应用。无论是机械工程、土木工程、航空航天工程，还是其他相关领域，材料力学的原理都贯穿其中。

书中的每一个章节都经过精心编排和撰写，以确保知识的逻辑性和连贯性。同时，我们也提供了大量的练习题和思考题，以帮助读者巩固所学，培养分析问题和解决问题的能力。希望本书能够成为读者在探索材料力学领域道路上的良师益友，助力他们在各自的专业领域中迈出坚实的步伐，为推动工程技术的发展贡献力量。

本书可作为高等院校土木工程专业"材料力学"课程的教材，也可以作为工程技术人员的参考资料。

本书由东北电力大学鞠彦忠教授担任主编，东北电力大学宋海洋、张国伟、程玲参编。具体编写分工为：鞠彦忠（第1章和附录），宋海洋（第2章、第3章和第5章），张国伟（第6章、第7章和第8章），程玲（第4章、第9章和第10章）。全书由鞠彦忠教授统稿。大连海事大学杨刚教授主审了本书，在此表示感谢！

本书不足之处，欢迎广大读者批评指正。

编　者

2024年8月

目　　录

第1章　材料力学概述

1.1　材料力学的任务及研究对象

　　结构物和机械通常都受到各种外力的作用，例如，厂房外墙受到的风压力、吊车梁承受的吊车和起吊物的重力、轧钢机受到钢坯变形时的阻力等，这些力称为荷载。组成结构物和机械的单个组成部分统称为构件。

　　当结构或机械承受荷载或传递运动时，每一构件都必须能够正常地工作，这样才能保证整个结构或机械的正常工作。为此，首先要求构件在受荷载作用时不发生破坏。如机床主轴因荷载过大而断裂，整个机床就无法使用。但只是不发生破坏，并不一定就能保证构件或整个结构的正常工作。例如，机床主轴若发生过大的变形，则影响机床的加工精度。此外，有一些构件在荷载作用下，其原有的平衡形态可能是不稳定的。例如，房屋中受压柱，如果是细长的，则在压力超过一定限度后，就有可能显著地变弯，甚至可能使房屋倒塌。针对上述三种情况，对构件正常工作的要求可以归纳为如下三点：

　　（1）在荷载作用下构件应不致破坏（断裂），即应具有足够的强度。强度是构件抵抗破坏的能力。

　　（2）在荷载作用下构件所产生的变形应不超过工程上允许的范围，即应具有足够的刚度。刚度是构件抵抗变形的能力。

　　（3）承受荷载作用时，构件在其原有形态下的平衡应保持为稳定的平衡，也就是要满足稳定性的要求。稳定性是构件保持稳定平衡的能力。

　　设计构件时，不仅要满足上述强度、刚度和稳定性要求，还必须尽可能地合理选用材料和降低材料的消耗量，以节约资金或减轻构件的自身重量。前者往往要求多用材料，而后者则要求少用材料，两者之间存在着矛盾。材料力学的任务就在于合理地解决这种矛盾。在不断解决新矛盾的同时，材料力学也得到发展。

　　构件的强度、刚度和稳定性问题均与所用材料的力学性能（主要是指在外力作用下材料变形与所受外力之间的关系，以及材料抵抗变形与破坏的能力）有关，这些力学性能均需通过材料试验来测定。此外，也有些单靠现有理论解决不了的问题，需借助于实验来解决。因此，实验研究和理论分析同样重要，都是完成材料力学的任务所必需的。

　　材料力学所研究的主要构件从几何上多抽象为杆，而且大多数抽象为直杆。杆是指纵向（长度方向）尺寸比横向（垂直于长度方向）尺寸要大得多的构件。梁、柱和传动轴等都可抽象为直杆。

　　直杆有两个主要的几何因素，即横截面和轴线。前者指的是沿垂直长度方向的截面，后者则为所有横截面形心的连线。横截面和轴线是互相垂直的。在材料力学中所研究的多数是等截面的直杆。

　　对于等截面的曲杆，它的几何因素仍是横截面和轴线。前者指的是曲杆沿垂直于其弧长方向的截面，后者则为所有横截面形心的连线。曲杆的轴线与横截面也是相互垂直的。

横截面沿轴线变化的杆称为变截面杆。

等直杆的计算原理一般也可近似地用于曲率很小的曲杆和横截面变化不大的变截面杆。

1.2 变形固体及其基本假定

制造构件所用的材料，其物质结构和性质是多种多样的，但具有一个共同的特点，即都是固体，而且在荷载作用下都会产生变形——包括物体尺寸的改变和形状的改变。因此，这些材料统称为可变形固体。

工程中实际材料的物质结构是各不相同的，例如，金属具有晶体结构，所谓晶体由排列成一定规则的原子所构成；塑料由长链分子所组成；玻璃、陶瓷由按某种规律排列的硅原子和氧原子所组成。因而，各种材料的物质结构都具有不同程度的空隙，并可能存在气孔、杂质等缺陷。然而，这种空隙的大小与构件的尺寸相比，都是极其微小的（例如金属晶体结构的尺寸约为 1×10^{-8} cm 数量级），因而，可以略去不计而认为物体的结构是密实的。此外，对于实际材料的基本组成部分，例如金属、陶瓷、岩石的晶体，混凝土的石子、砂和水泥等，彼此之间以及基本组成部分与构件之间的力学性能都存在着不同程度的差异。但由于基本组成部分的尺寸与构件尺寸相比极为微小，且其排列方向又是随机的，因而，材料的力学性能反映的是无数个随机排列的基本组成部分力学性能的统计平均值。例如，构成金属的晶体的力学性能是有方向性的，由成千上万个随机排列的晶体组成的金属材料，其力学性能则是统计各向同性的。

综上所述，对于可变形固体制成的构件，在进行强度、刚度或稳定性计算时，通常略去一些次要因素，将它们抽象为理想化的材料，然后进行理论分析。对可变形固体所做的两个基本假设如下：

（1）连续性假设。认为物体在其整个体积内充满了物质而毫无空隙，其结构是密实的。根据这一假设，就可在受力构件内任意一点处截取一体积单元来进行研究。而且，值得注意的是，在正常工作条件下，变形后的固体仍应保持其连续性。因此，可变形固体的变形必须满足几何相容条件，即变形后的固体既不引起"空隙"，也不产生"挤入"现象。

（2）均匀性假设。认为从物体内任意一点处取出的体积单元，其力学性能都能代表整个物体的力学性能。显然，这种能够代表材料力学性能的体积单元的尺寸，是随材料的组织结构不同而有所不同的。例如，对于金属材料，通常取 0.1 mm × 0.1 mm × 0.1 mm 为其代表性体积单元的最小尺寸；对于混凝土，则需取 10 mm × 10 mm × 10 mm 为其代表性体积单元的最小尺寸。这是因为代表性体积单元的最小尺寸必须保证在其体积中包含足够多数量的基本组成部分，以使其力学性能的统计平均值能保持一个恒定的量。

对于可变形固体，除上述两个基本假设外，对于常用的工程材料，通常还有各向同性假设，即认为材料沿各个方向的力学性能是相同的。如前所述，金属沿任意方向的力学性能，是具有方向性晶体的统计平均值。至于钢板、型钢或铝合金板、钛合金板等金属材料，由于轧制过程造成晶体排列择优取向，沿轧制方向和垂直于轧制方向的力学性能会有一定的差别，且随材料和轧制加工程度不同而异。但在材料力学的计算中，通常不考虑这种差别，而仍按各向同性进行计算。不过，对于木材和纤维增强叠层复合材料等，其整体的力学性能具有明显的方向性，就不能再认为是各向同性的，而应按各向异性来进行计算。

如上所述，在材料力学的理论分析中，以均匀、连续、各向同性的可变形固体作为构件材料的力学模型，这种理想化了的力学模型抓住了各种工程材料的基本属性，从而使理论研究变得可行。而且，用这种力学模型进行计算所得结果的精度，在大多数情况下在工程计算的允许范围内。

材料力学中所研究的构件在承受荷载作用时，其变形与构件的原始尺寸相比通常甚小，可以略去不计。因此，在研究构件的平衡和运动以及内部受力和变形等问题时，均可按构件的原始尺寸和形状进行计算。这种变形微小及按原始尺寸和形状进行计算的概念，在材料力学分析中经常用到。与此相反，有些构件在受力变形后，必须按其变形后的形状来计算，例如第九章所讨论的压杆稳定就属于这类问题。

工程上所用的材料，在荷载作用下均会发生变形。当荷载不超过一定的范围时，绝大多数的材料在卸除荷载后均可恢复原状。但当荷载过大时，则在荷载卸除后只能部分地复原而残留一部分变形不能消失。在卸除荷载后能完全消失的那一部分变形，称为弹性变形；不能消失而残留下来的那一部分变形，则称为塑性变形。例如，取一段直的钢丝，用手将它弯成一个圆弧，若圆弧的曲率不大，则放松后钢丝又会变直，这种变形就是弹性变形；若弯成圆弧的曲率过大，则放松后弧形钢丝的曲率虽然会减小些，但不能再变直了，残留下来的那部分变形就是塑性变形。对于每一种材料，通常当荷载不超过一定的限度时，其变形完全是弹性的。多数构件在正常工作条件下，均要求其材料只发生弹性变形。因此，在材料力学中所研究的大部分问题，多局限于弹性变形范围内。

概括起来讲，在材料力学中把实际构件看作均匀、连续、各向同性的可变形固体，且在大多数场合下局限在弹性变形范围内和小变形条件下进行研究。

1.3　杆件变形的基本形式

作用在杆上的外力是多种多样的，因此，杆的变形也是各种各样的。不过这些变形的基本形式不外乎以下四种：

（1）轴向拉伸或轴向压缩。在一对其作用线与直杆轴线重合的外力 F 作用下，直杆的主要变形是长度的改变。这种变形形式称为轴向拉伸［图 1-1（a）］或轴向压缩［图 1-1（b）］。简单桁架在荷载作用下，桁架中的杆件就发生轴向拉伸或轴向压缩。

（2）剪切。在一对相距很近的大小相同、指向相反的横向外力 F 作用下，直杆的主要变形是横截面沿外力作用方向发生相对错动［图1-1（c）］。这种变形形式称为剪切。一般在发生剪切变形的同时，杆件还存在其他的变形形式。

（3）扭转。在一对转向相反、作用面垂直于直杆轴线的外力偶作用下，直杆的相邻横截面将绕轴线发生相对转动，杆件表面纵向线将成螺旋线，而轴线仍维持为直线。这种变形形式称为扭转［图 1-1（d）］。机械中传动轴的主要变形形式就包括扭转。

（4）弯曲。在一对转向相反、作用面在杆件的纵向平面（包含轴线在内的平面）内的外力偶作用下，直杆的相邻横截面将绕垂直于杆轴线的轴发生相对转动，变形后的杆件的轴线将弯成曲线。这种变形形式称为纯弯曲［图1-1（e）］。梁在横向力作用下的变形将是纯弯曲与剪切的组合，通常称为横力弯曲。传动轴的变形往往是扭转与横力弯曲的组合。

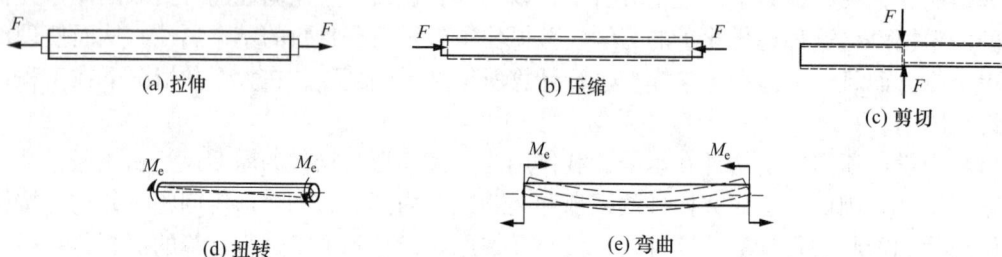

(a) 拉伸　　　　　　　　　　(b) 压缩　　　　　　　　　　(c) 剪切

(d) 扭转　　　　　　　　(e) 弯曲

图 1-1

　　工程中常用构件在荷载作用下的变形，大多为上述几种基本变形形式的组合，纯属于一种基本变形形式的构件较为少见。但若以某一种基本变形形式为主，其他属于次要变形的，则可按该基本变形形式计算。若几种变形形式都非次要变形，则属于组合变形问题。

第2章 轴向拉伸和压缩

2.1 轴向拉伸和压缩的概念

在不同形式的外力作用下，杆件的内力、变形及应力、应变等也相应不同。

承受拉伸或压缩的构件是材料力学中最简单的、也是最常见的一种受力构件。它们在工程实际中得到广泛的应用，例如，钢木组合桁架中的钢拉杆（图 2-1）和全能试验机的立柱等，除连接部分外都是等直杆，作用于杆上的外力（或外力的合力）的作用线与杆轴线重合。在这种外力作用下，杆的主要变形则为轴向伸长或缩短。作用线沿杆轴线的载荷称为轴向载荷。以轴向伸长或缩短为主要特征的变形形式称为轴向拉伸或轴向压缩。以轴向拉伸或压缩为主要变形形式的杆件称为拉压杆。

实际拉压杆的端部可以有各种连接方式。如果不考虑其端部的具体连接形式，则其计算简图如图 2-2 所示。

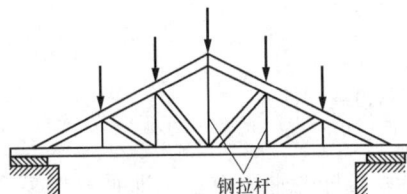

图 2-1

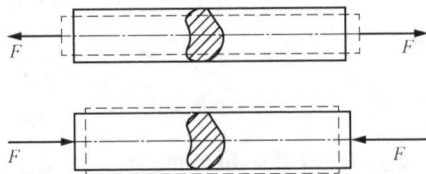

图 2-2

有一些直杆，如图 2-3 所示，受到两个以上的轴向载荷作用，这种杆仍属于拉压杆。

本章研究拉压杆的内力、应力、变形及材料在拉伸和压缩时的力学性质，并在此基础上，分析拉压杆的强

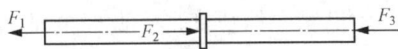

图 2-3

度和刚度问题，研究对象涉及拉压静定与静不定问题。此外，本章还研究拉压杆连接部分的强度计算。

2.2 内力、截面法、轴力及轴力图

2.2.1 内力

在外力作用下，构件发生变形，其内部各质点间的相对位置亦将有所变化。与此同时，各质点间相互作用的力也发生了变化。由于外力作用而引起的构件内部各部分之间的相互作用力的改变量就是材料力学中所研究的内力。由于已经假设物体是连续均匀的可变形固体，因此在物体内部相邻部分之间的相互作用的内力，实际上是一个连续分布的内力系，而将分布力系的合力（力或力偶），简称为内力。也就是说，内力是指由外力作用所引起的物体内

相邻部分之间分布内力系的合力。

由于构件的强度、刚度和稳定性，与内力的大小及其在构件内的分布情况密切相关，因此，内力分析是解决构件强度、刚度与稳定性问题的基础。

2.2.2　截面法、轴力及轴力图

由于内力是由外力作用而引起的构件内部相邻部分之间的相互作用力，为了显示内力并求得内力，通常采用截面法。例如，图 2-4 所示的等直杆在两端轴向拉力 F 的作用下处于平

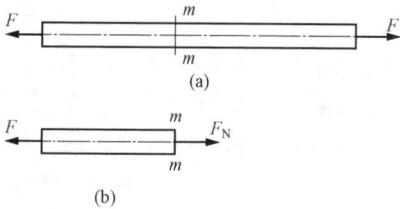

图 2-4

衡，欲求杆件横截面 m-m 上的内力。可先用一假想截面将杆件在 m-m 处切开，分为左右两部分。现在任取其中一段研究，例如取左段作为研究对象，而弃去右段，并将弃去部分对保留部分的作用以切开面上的内力来代替。

对于保留下来的左段而言，切开面 m-m 上的内力 F_N 就成为外力。由于整个构件处于平衡状态，构件的任一部分亦必保持平衡，那么对于保留下来的左段也应保持平衡。因此，左段除了受原有外力 F 的作用外，在截面 m-m 上必然还作用有与力 F 相平衡的力 F_N，该力即是所弃去的右段对于保留下来的左段的作用力，亦即 m-m 截面上的内力。由于对材料进行了连续性假设，内力实际上是指连续分布的内力的合力，合力的作用线应沿着杆件的轴线，其大小和方向可由左段的平衡条件来求得。

由平衡方程

$$\sum F_x = 0, \quad F_N - F = 0$$

得

$$F_N = F$$

式中，F_N 为杆件任一横截面 m-m 上的内力，其作用线与杆的轴线重合，即垂直于横截面并通过其形心。因此该内力称为轴向内力，简称轴力，并规定用符号 F_N 表示。杆件在轴力的作用下即产生轴向拉伸（或轴向压缩）变形。

轴力的符号由杆的变形情况来确定。当轴力的方向与截面外法线的方向一致时，杆件会产生沿纵向伸长变形，此时的轴力称为拉力。反之，当轴力的方向指向截面内侧时，杆件会产生沿纵向缩短变形，此时的轴力称为压力。并规定：杆件受拉伸长，其轴力为正；反之，受压缩短，其轴力为负。

用假想的截面将杆件切开以显示内力并运用平衡条件建立内力与外力间的关系或由外力确定内力的方法，称为截面法，它是材料力学分析杆件内力的一个基本方法。

截面法解题的一般步骤如下：

（1）截开。在需要求内力的截面处，假想地将杆截分为两部分。

（2）代替。取其中的任一部分作为研究对象，而将弃去部分对留下部分的作用代之以作用在截开面上的内力。

（3）平衡。对留下的部分建立平衡方程，从而确定欲求截面的内力的大小及方向。在这一过程中，将欲求内力视为外力，留下部分在欲求内力和原有的其他外力的共同作用下处于平衡。

工程实际中的拉（压）杆往往同时受到几个力的作用，因此，各段杆的轴力也有所不同，为了形象地表示出轴力沿杆横截面（或杆轴线）的变化，并确定最大轴力的大小及所在

截面的位置，通常用平行于杆轴线的坐标表示横截面的位置，用垂直于杆轴线的坐标表示轴力的大小，这样所绘制出的表示轴力沿杆轴线变化的图线称为轴力图。习惯上将正值的轴力画在坐标轴上方，负值的轴力画在坐标轴下方。

例 2–1　一等直杆及其受力情况如图 2–5（a）所示，试求各段杆的轴力并绘制轴力图。

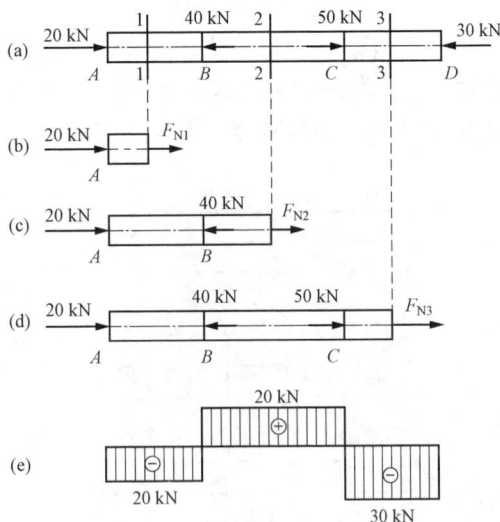

图 2–5

解：（1）计算各段轴力。运用截面法将各段杆分别用假想截面在 1–1、2–2、3–3 截面处截开 [图 2–5（a）]，单独研究各段杆的平衡，设 AB 段、BC 段与 CD 段的轴力均为拉力，并分别用 F_{N1}、F_{N2} 与 F_{N3} 表示，如图 2–5（b）、（c）、（d）所示，分别计算各段杆的轴力。

首先取 1–1 截面左侧为研究对象，列平衡方程

$$\sum F_x = 0, \quad 20 \text{ kN} + F_{N1} = 0,$$

得

$$F_{N1} = -20 \text{ kN}$$

所得结果 F_{N1} 为负值，说明 AB 段轴力的实际方向与所设方向相反，即为压力。

取 2–2 截面左侧为研究对象，列平衡方程

$$\sum F_x = 0, \quad 20 \text{ kN} - 40 \text{ kN} + F_{N2} = 0,$$

得

$$F_{N2} = 20 \text{ kN}$$

所得结果 F_{N2} 为正值，说明 BC 段轴力的实际方向与所设方向相同，即为拉力。

取 3–3 截面左侧为研究对象，列平衡方程

$$\sum F_x = 0, \quad 20 \text{ kN} - 40 \text{ kN} + 50 \text{ kN} + F_{N3} = 0$$

得

$$F_{N3} = -30 \text{ kN}$$

所得结果 F_{N3} 为负值，说明 CD 段轴力的实际方向与所设方向相反，即为压力。

（2）画轴力图。根据上述轴力值绘制轴力图（图 2–5e）。由图 2–5（e）可知，轴力的最大绝对值为

$$\left| F_N \right|_{\max} = \left| F_{N3} \right| = 30 \text{ kN}$$

例 2–2　一直杆受力如图 2–6（a）所示，试绘制其轴力图。

解：（1）计算支反力。设杆左端的约束力为 F，则由整个杆的平衡方程

$$\sum F_x = 0, \quad 40\,\text{kN} - 70\,\text{kN} - F = 0$$

得
$$F = -30\,\text{kN}$$

（2）分段计算轴力。设右段与左段的轴力均为拉力，并分别用 F_{N1} 与 F_{N2} 表示，则由图 2-6（b）、（c）可知

$$F_{N1} = F = -30\,\text{kN}$$

$$F_{N2} = 70\,\text{kN} + F = 40\,\text{kN}$$

所得 F_{N1} 为负值，说明该段轴力的实际方向与所设方向相反，即为压力。

（3）画轴力图。根据上述轴力值绘制轴力图［图 2-6（d）］。

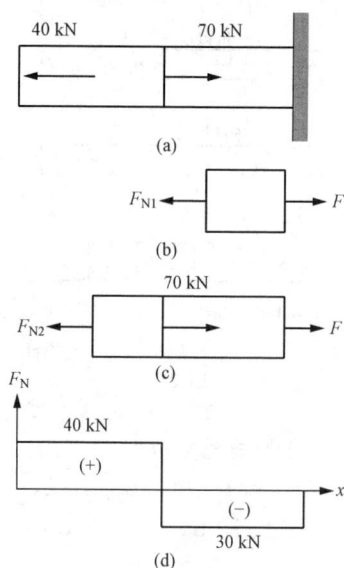

图 2-6

2.3　拉（压）杆内的应力

众所周知，两根材料相同的拉杆，一根较粗，一根较细，对它们施以同样大小的拉力，显然，较细的杆将先被拉断。这表明，尽管这两根杆横截面上的内力相等，但内力分布的密集程度（简称为集度）并不相同，细杆横截面上内力分布的集度比粗杆内力分布的集度大。因此，在材料相同的情况下，用内力分布的集度作为判断杆件是否破坏的依据，而不是用内力的大小来判断杆件是否破坏。杆件横截面上的内力分布集度称为应力。

2.3.1　应力的概念

如上所述，内力是构件内部相邻部分之间的相互作用力，并沿横截面连续分布，而应力是受力构件某一横截面上一点处连续分布的内力的集度。为了确定图 2-7（a）所示构件横截面 m-m 上任一点 k 处的应力，可在 k 点周围取一微小面积 ΔA，设作用在 ΔA 面积上的分布内力的合力为 ΔF，则在面积 ΔA 上的内力的平均集度为

$$p_m = \frac{\Delta F}{\Delta A}$$

式中，p_m 称为面积 ΔA 上的平均应力。

一般情况下，内力沿横截面并非均匀分布，平均应力值及其方向将会随着所取的微小面积ΔA 的大小而有所不同。为了更确切地表明分布内力在 k 点处的集度，应使ΔA无限缩小而趋近于零，由此所得平均应力的极限值，称为截面 $m-m$ 上 k 点处的应力或总应力，并用p表示，即

$$p=\lim_{\Delta A \to 0}\frac{\Delta F}{\Delta A}=\frac{\mathrm{d}F}{\mathrm{d}A} \tag{2-1}$$

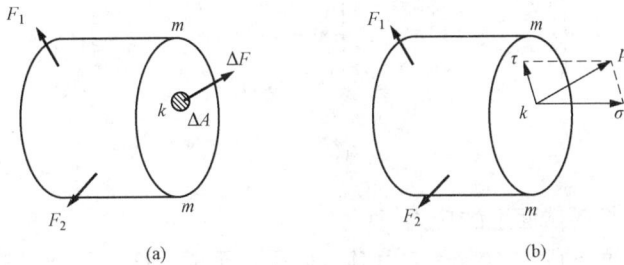

图 2-7

由于ΔF是矢量，因而总应力p也是一个矢量，一般既不与横截面垂直，也不与横截面相切。因此，通常将总应力p分解为与横截面垂直的法向分量σ和与横截面相切的切向分量τ，如图 2-7（b）所示。其中，与横截面垂直的法向分量σ称为正应力，与横截面相切的切向分量τ称为切应力。显然，

$$p^2=\sigma^2+\tau^2 \tag{2-2}$$

在国际单位制中，力的单位为牛顿（N），应力的单位为帕斯卡，或简称为帕（Pa），$1\,\mathrm{Pa}=1\,\mathrm{N/m^2}$。工程实际中，应力的常用单位为千帕（kPa）、兆帕（MPa）或吉帕（GPa）。其中，$1\,\mathrm{kPa}=10^3\,\mathrm{Pa}$，$1\,\mathrm{MPa}=10^6\,\mathrm{Pa}$，$1\,\mathrm{GPa}=10^9\,\mathrm{Pa}$。

注意：①应力定义在受力物体的某一横截面上的某一点处，因此，讨论应力时必须明确指出具体横截面位置及具体指定点处。②对于正应力的方向通常规定为：离开横截面的正应力为正，指向截面的正应力为负，即拉应力为正，压应力为负。③对于切应力的方向通常规定：在截面内侧取一微段，使微段产生顺时针方向转动趋势的切应力为正，反之为负。④ 横截面上各点处的应力与微元面积$\mathrm{d}A$之乘积在横截面上积分（合成），即为该截面上的内力。

2.3.2　圣维南原理

当作用在杆端的轴向外力，沿横截面非均匀分布时，外力作用点附近各横截面的应力，也为非均匀分布。圣维南（Saint-Venant）原理指出，力作用于杆端的分布方式，只影响杆端局部范围的应力分布，影响区的轴向范围约离杆端 1～2 个杆的横向尺寸。此原理已为大量试验与计算所证实。例如，图 2-8 所示承受集中力 F 作用的杆，其横截面宽度为h，在$x=h/4$ 和 $h/2$ 的横截面 1-1 与 2-2 上，应力虽为非均匀分布［图 2-8（b）、（c）］，但在$x=h$的横截面 3-3 上，应力则趋向均匀［图 2-8（d）］。因此，只要外力合力的作用线沿杆件轴线，在离外力作用面稍远处，横截面上的应力分布均可视为均匀的。对于外力作用处的应力分析，则将在后文讨论。

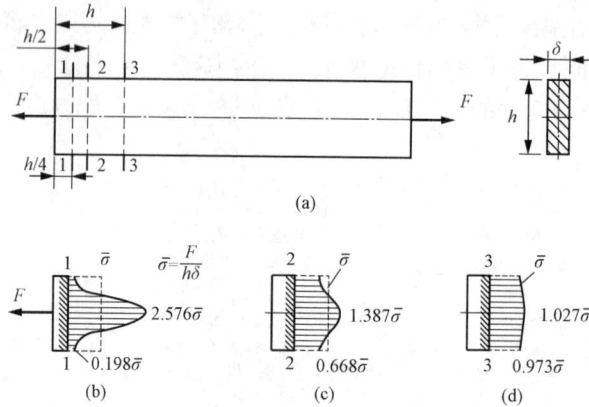

图 2-8

2.3.3　拉（压）杆横截面上的应力

拉（压）杆横截面上的内力为轴力，其方向垂直于横截面，且通过横截面的形心，而应力是杆件横截面上的内力分布集度。显然，与轴力相应的是垂直于横截面的正应力。

现在，取一等直杆 [图 2-9（a）]，在其侧面作相邻的两条横向线 ab 和 cd，然后在杆两端施加一对轴向拉力 F 使杆发生变形。此时，可观察到该两横向线移到 $a'b'$ 和 $c'd'$ [图 2-9（b）] 中的虚线。根据这一现象，设想横向线代表杆的横截面，于是可假设原为平面的横截面在杆变形后仍为平面，且仍与杆轴垂直，只是横截面间沿杆轴产生了相对平移，这一假设称为平面假设。根据平面假设，拉杆变形后两横截面将沿杆轴线作相对平移，也就是说，拉杆在其任意两个横截面之间纵向线段的伸长变形是均匀的。

由于假设材料是均匀的，而杆的分布内力集度又与杆纵向线段的变形相对应，因而，拉杆在横截面上的分布内力也是均匀分布的，即横截面上各点处的正应力 σ 都相等 [图 2-9（c）、（d）]。然后，按静力学求合力的概念

$$F_{N} = \int_{A} \sigma \mathrm{d}A = \sigma \int_{A} \mathrm{d}A = \sigma A$$

可得拉杆横截面上的正应力 σ 的计算公式为

$$\sigma = \frac{F_{N}}{A} \tag{2-3}$$

式中，F_{N} 为轴力；A 为杆横截面的面积。

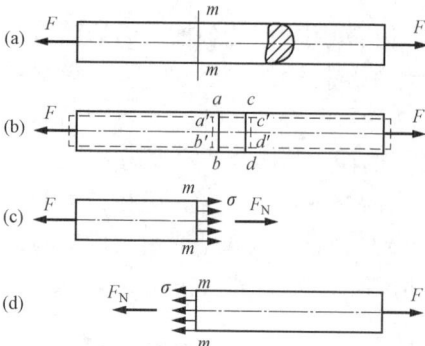

图 2-9

对轴向压缩的杆，上式同样适用。由于已规定了轴力的正负号，由式（2-3）可知，正应力的正负号与轴力的正负号是一致的。

式（2-3）是根据正应力在杆横截面上各点处相等这一结论而导出的。应该指出，这一结论实际上只在杆上离外力作用点稍远的部分才正确，而在外力作用点附近，由于杆端连接方式的不同，其应力情况较为复杂。

当等直杆受几个轴向外力作用时，由轴力图可求得其最大轴力 $F_{N\max}$，代入式（2-3）即得杆内的最大

正应力为

$$\sigma_{max} = \frac{F_{N\,max}}{A} \qquad\qquad (2-4)$$

最大轴力所在的横截面称为危险截面，危险截面上的正应力称为最大工作应力。

例 2-3　图 2-10 所示为一支架，AB 杆为圆截面杆，$d=30$ mm，BC 杆为正方形截面杆，其边长 $a=60$ mm，$F=10$ kN，试求 AB 杆和 BC 杆横截面上的正应力。

解：　AB 杆和 BC 杆均为二力杆，只受轴力，轴力方向沿杆轴线，列水平和垂直两个方向的平衡方程

$$F_{NAB}\sin 30° = F$$

$$F_{NAB}\cos 30° = -F_{NBC}$$

再根据式（2-3）可得，两根杆横截面的正应力分别为

$$\sigma_{AB} = \frac{F_{NAB}}{A_{AB}} = 28.3\,\text{MPa}$$

$$\sigma_{BC} = \frac{F_{NBC}}{A_{BC}} = -4.8\,\text{MPa}$$

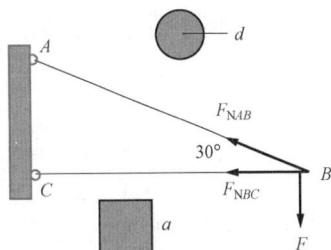

图 2-10

例 2-4　如［例 2-2］所示圆截面杆，杆的直径为 $d=30$ mm，试计算杆内横截面的最大正应力。

解：　根据［例 2-2］的计算结果可知，杆右段和左段的轴力分别为

$$F_{N1} = F = -30\,\text{kN（压力）}$$

$$F_{N2} = 70\,\text{kN} + F = 40\,\text{kN（拉力）}$$

通过对比杆左右两段的轴力大小可知，杆左段的轴力较大，又因为杆右段和左段的横截面积相等，所以杆左段的正应力大于右段的正应力。

可见，杆内横截面的最大正应力为

$$\sigma_{max} = \frac{F_{N2}}{A} = \frac{4F_{N2}}{\pi d^2} = 56.6\,\text{MPa（拉应力）}$$

2.3.4　拉（压）杆斜截面上的应力

上文分析了拉（压）杆横截面上的正应力，现研究与横截面成 α 角的任一斜截面 $m-m$ 上的应力［图 2-11（a）］。为此，假想用一平面沿斜截面 $m-m$ 将杆截分为两段，并研究左段杆的平衡［图 2-11（b）］。于是，可得斜截面 $m-m$ 上的内力 F_α 为

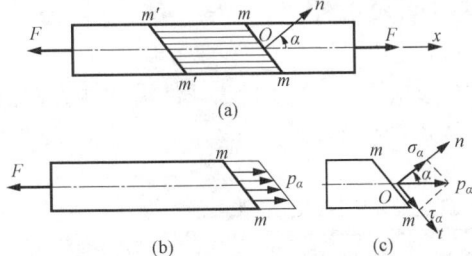

图 2-11

$$F_\alpha = F \qquad\qquad (2-5)$$

由前述分析可知，杆内各纵向纤维的变形相同，因此，在相互平行的截面 $m-m$ 与 $m'-m'$ 间，各纵向纤维的变形也相同［图 2-11（a）］。因此，斜截面 $m-m$ 上的应力 p_α 沿截面均匀分布［图 2-11（b）］。于是，有

$$p_\alpha = \frac{F_\alpha}{A_\alpha} \qquad\qquad (2-6)$$

式中，A_α 是斜截面面积。A_α 与横截面积 A 的关系为 $A_\alpha = A/\cos\alpha$，代入式（2-6），并利用

式（2-5），可得

$$p_\alpha = \frac{F}{A}\cos\alpha = \sigma_0\cos\alpha \tag{2-7}$$

式中，$\sigma_0 = \dfrac{F}{A}$ 为拉杆在横截面（$\alpha = 0$）上的正应力。

总应力是 p_α 矢量，可以分解为沿截面法线方向的正应力和沿截面切线方向的切应力两个分量，并分别用 σ_α 和 τ_α 表示，如图 2-11（c）所示。

上述两个应力分量可表示为

$$\sigma_\alpha = p_\alpha\cos\alpha = \sigma_0\cos^2\alpha \tag{2-8}$$

$$\tau_\alpha = p_\alpha\sin\alpha = \frac{\sigma_0}{2}\sin 2\alpha \tag{2-9}$$

式（2-8）、式（2-9）表达了通过拉杆内任一点处不同方位斜截面上的正应力 σ_α 和切应力 τ_α 随 α 角而改变的规律。通过一点的所有不同方位截面上应力的全部情况，称为该点处的应力状态。由式（2-8）、式（2-9）可知，在所研究的拉杆中，一点处的应力状态由其横截面上的正应力 σ_0 即可完全确定，这样的应力状态称为单向应力状态。关于应力状态的问题将在以后详细讨论。

由式（2-8）、式（2-9）可见，通过拉杆内任意一点不同方位截面上的正应力 σ_α 和切应力 τ_α，其数值随 α 角作周期性变化，它们的最大值及其所在截面的方位为：①当 $\alpha=0°$ 时 $\sigma_\alpha = \sigma_0$ 是 σ_α 中的最大值。即通过拉杆内某一点的横截面上的正应力，是通过该点的所有不同方位截面上正应力中的最大值。②当 $\alpha = 45°$ 时，$\tau_\alpha = \dfrac{\sigma_0}{2}$ 是 τ_α 中的最大值，即与横截面成 45° 的斜截面上的切应力，是拉杆所有不同方位截面上切应力中的最大值。

为便于应用上述公式，现对方位角与切应力的正负符号作如下规定：以 x 轴为始边，方位角 α 逆时针转向者为正；将截面外法线 On 沿顺时针方向旋转 90°，与该方向同向的切应力 τ_α 为正。按此规定，图 2-11（c）所示 σ 与 τ 均为正。

以上全部分析结果对于压杆也同样适用。

2.4　拉（压）杆的变形、胡克定律

当杆件承受轴向载荷时，其轴向与横向尺寸均发生变化（图 2-12）。杆件沿轴线方向的变形称为杆的轴向变形；垂直轴线方向的变形称为杆的横向变形。

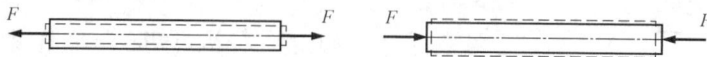

图 2-12

2.4.1　拉压杆的轴向变形与胡克定律

设原长为 l 的拉杆，在承受一对轴向拉力 F 的作用后，其长度增加为 l_1（图 2-13），则杆的纵向伸长为

$$\Delta l = l_1 - l \tag{2-10}$$

　　由于拉杆各段的伸长是均匀的，所以，其变形程度可用每单位长度的纵向伸长 $\Delta l/l$ 来表示。每单位长度的伸长（或缩短）称为线应变，并用记号 ε 表示。于是，拉杆的纵向线应变为

$$\varepsilon = \frac{\Delta l}{l} \qquad (2\text{-}11)$$

　　由式（2-10）、式（2-11）可知，杆受拉伸长，Δl 为正，则其线应变为正，杆受压缩短，Δl 为负，则其线应变为负。

　　应该指出，式（2-11）所表达的是在长度 l 内的平均线应变。如果沿杆长度为非均匀变形，则某点处的线应变应该用极限值形式来表达。

　　轴向拉压试验表明，在比例极限（将在材料的力学性能中介绍）内，正应力与纵向线应变成正比，即

$$\sigma \propto \varepsilon$$

引进比例系数 E，则

$$\sigma = E\varepsilon \qquad (2\text{-}12)$$

　　式（2-12）称为胡克定律。比例系数 E 称为材料的弹性模量，其值随材料而异，并由试验测定。

　　由式（2-12）可知，弹性模量 E 与应力 σ 具有相同的量纲。弹性模量的常用单位为 GPa。现在，利用胡克定律研究拉压杆的轴向变形。

　　设杆件原长为 l（图 2-13），横截面积为 A，在轴向拉力 F 作用下，杆长变为 l_1，则杆的轴向变形与轴向线应变分别为

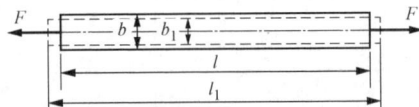

图 2-13

$$\Delta l = l_1 - l$$

$$\varepsilon = \frac{\Delta l}{l} \qquad (2\text{-}13)$$

横截面上的正应力为

$$\sigma = \frac{F}{A} = \frac{F_N}{A} \qquad (2\text{-}14)$$

将式（2-13）、式（2-14）代入式（2-12），于是得

$$\Delta l = \frac{Fl}{EA} = \frac{F_N l}{EA} \qquad (2\text{-}15)$$

　　式（2-15）仍称为胡克定律，适用于等截面常轴力拉压杆。它表明，在比例极限内，拉压杆的轴向变形 Δl 与轴力 F_N 及杆长 l 成正比，与乘积 EA 成反比。乘积 EA 称为杆截面拉压刚度，或简称拉压刚度。显然，对于一给定长度的杆，在一定轴向载荷作用下，拉压刚度越大，杆的轴向变形越小。由式（2-15）可知，轴向变形 Δl 与轴力 F_N 具有相同的正负符号，即伸长为正、缩短为负。

2.4.2　拉压杆的横向变形与泊松比

　　如图 2-13 所示，设杆件的原宽度为 b，在轴向拉力作用下，杆件宽度变为 b_1，则杆的横向变形与横向线应变分别为

$$\Delta b = b_1 - b$$

$$\varepsilon' = \frac{\Delta b}{b} \qquad\qquad (2-16)$$

试验表明，轴向拉伸时，杆沿轴向伸长，其横向尺寸减小；轴向压缩时，杆沿轴向缩短，其横向尺寸则增大（图 2-2），即横向线应变 ε' 与轴向线应变 ε 恒为异号。试验还表明，在比例极限内，横向线应变与轴向线应变成正比。

将横向线应变与轴向线应变之比的绝对值用 ν 表示，则由上述试验可知

$$\nu = \left| \frac{\varepsilon'}{\varepsilon} \right| = -\frac{\varepsilon'}{\varepsilon}$$

或

$$\varepsilon' = -\nu\varepsilon \qquad\qquad (2-17)$$

比例系数 ν 称为泊松比。在比例极限内，泊松比 ν 是一个常数，其值随材料而异，由试验测定。对于绝大多数各向同性材料，$0 < \nu < 0.5$。

将式（2-12）代入式（2-17）得

$$\varepsilon' = -\frac{\nu\sigma}{E} \qquad\qquad (2-18)$$

几种常用材料的弹性模量 E 与泊松比 ν 的约值如表 2-1 所示。

表 2-1　　　　　　　　　　　材料的弹性模量与泊松比的约值

材料名称	牌号	E/GPa	ν
低碳钢	Q235	200～210	0.24～0.28
中碳钢	45	205	
低合金钢	16Mn	200	0.25～0.30
合金钢	40CrNiMoA	210	
灰口铸铁		60～162	0.23～0.27
球墨铸铁		150～180	
铝合金	LY12	71	0.33
硬质合金		380	
混凝土		15.2~36	0.16～0.18
木材（顺纹）		9～12	

例 2-5　如图 2-14 所示，横梁 AB 是刚性杆，吊杆 CD 是等截面直杆，B 点受荷载 P 作用，已知 CD 杆的抗拉刚度 EA，试计算 B 点的位移 δ_B。

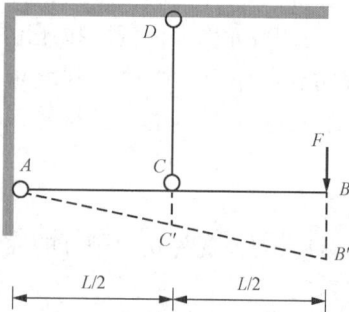

解：假设在力 F 作用下，C 运动到 C'，B 运动到 B'，设 C 点向上的轴力为 F_{NCD}，根据式（2-15）可得 CD 杆的变形为

$$\Delta L_{CD} = \frac{F_{NCD}a}{EA}$$

建立平衡方程

$$\sum m_A = 0, \quad \frac{L}{2} \times F_{NCD} - F \times L = 0$$

得

$$F_{NCD} = 2F$$

根据几何关系最终可以求得 B 点位移为

图 2-14

$$\delta_B = 2\Delta L_{CD} = \frac{4Fa}{EA}$$

例 2-6　长为 b、内径 $d = 200\,\mathrm{mm}$、壁厚 $\delta = 5\,\mathrm{mm}$ 的薄壁圆环，承受 $p = 2\,\mathrm{MPa}$ 的内压力作用，如图 2-15（a）所示，已知材料的弹性模量 $E = 210\,\mathrm{GPa}$。试求圆环径向截面上的拉应力，并求径向应变及圆环直径的改变量。

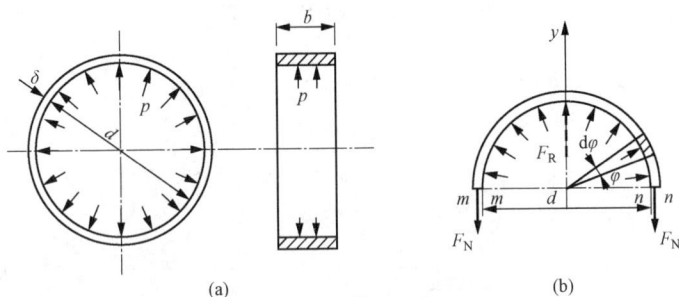

图 2-15

解：（1）求圆环径向截面上的拉应力。薄壁圆环在内压力作用下要均匀胀大，故在包含圆环轴线的任何径向截面上，作用有相同的法向拉力 F_{N}。为求该拉力，可假想用一直径平面将圆环截分为两部分，并研究留下的半环 [图 2-15（b）] 的平衡。半环上的内压力沿 y 方向的合力为

$$F_{\mathrm{R}} = \int_0^{\pi} \left(pb \cdot \frac{d}{2}\mathrm{d}\varphi \right)\sin\varphi = \frac{pbd}{2}\int_0^{\pi}\sin\varphi\mathrm{d}\varphi = pbd$$

其作用线与 y 轴重合。

壁厚远小于内径 d，故可近似地认为在圆环任一径向截面 $m-m$ 或 $n-n$ 上各点处的正应力相等（如果 $\delta \leqslant d/20$，这种近似足够精确）。由对称关系可知，两径向截面上正应力必组成数值相等的合力 F_{N}。由平衡方程 $\sum F_y = 0$，求得

$$F_{\mathrm{N}} = \frac{F_{\mathrm{R}}}{2} = \frac{pbd}{2}$$

于是横截面上的正应力 σ 为

$$\sigma = \frac{F_{\mathrm{N}}}{A} = \frac{pbd}{2b\delta} = \frac{pd}{2\delta} = \frac{(2\times10^6\,\mathrm{Pa})(0.2\,\mathrm{m})}{2(5\times10^{-3}\,\mathrm{m})} = 40\times10^6\,\mathrm{Pa} = 40\,\mathrm{MPa}$$

（2）径向应变。若正应力不超过材料的比例极限，则由胡克定律求得沿正应力 σ 方向（沿圆周方向）的线应变 ε 为

$$\varepsilon = \frac{\sigma}{E} = \frac{40\times10^6\,\mathrm{Pa}}{210\times10^9\,\mathrm{Pa}} = 1.9\times10^{-4}$$

而

$$\varepsilon = \frac{\pi(d+\Delta d) - \pi d}{\pi d} = \frac{\Delta d}{d} = \varepsilon_d$$

即圆环的周向应变 ε 就等于其径向应变 ε_d。

（3）圆环直径的改变量。根据上式即可算出圆环在内压力 p 作用下的直径增大量为

$$\Delta d = \varepsilon_d \cdot d = 1.9\times10^{-4}\times0.2\,\mathrm{m} = 3.8\times10^{-5}\,\mathrm{m} = 0.038\,\mathrm{mm}$$

例 2-7　图 2-16（a）所示桁架，在节点 A 处承受铅垂载荷 F 作用，已知杆 1 用钢制成，

弹性模量 $E_1 = 200$ GPa，横截面面积 $A_1 = 100$ mm^2，杆长 $l_1 = 1$ m；杆 2 用硬铝制成，弹性模量 $E_2 = 70$ GPa，横截面面积 $A_2 = 250$ mm^2，杆长 $l_2 = 707$ mm；载荷 $F = 10$ kN。试求节点 A 的位移。

解：（1）轴力计算。根据节点 A 的平衡条件，求得杆 1、2 的轴力分别为

$$F_{N1} = \sqrt{2}F = \sqrt{2}(10 \times 10^3 \text{ N}) = 1.414 \times 10^4 \text{ N （拉力）}$$

$$F_{N2} = F = 1.0 \times 10^4 \text{ N （压力）}$$

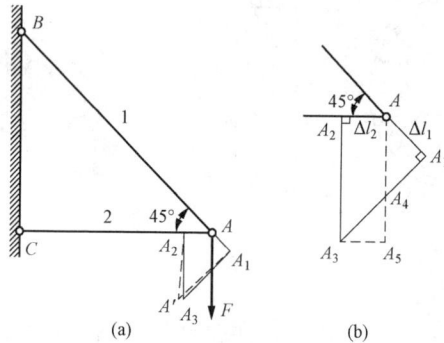

图 2-16

（2）杆件轴向变形计算。

$$\Delta l_1 = \frac{F_{N1}l_1}{E_1 A_1} = \frac{(1.414 \times 10^4 \text{ N})(1.0 \text{ m})}{(200 \times 10^9 \text{ Pa})(100 \times 10^{-6} \text{ m}^2)} = 7.07 \times 10^{-4} \text{ m} = 0.707 \text{ mm}$$

$$\Delta l_2 = \frac{F_{N2}l_2}{EA} = \frac{(1.0 \times 10^4 \text{ N})(1.0\cos 45° \text{ m})}{(70 \times 10^9 \text{ Pa})(250 \times 10^{-6} \text{ m}^2)} = 4.04 \times 10^{-4} \text{ m} = 0.404 \text{ mm}$$

（3）确定节点 A 在位移后的位置。加载前，杆 1 与杆 2 在节点 A 处相连，加载后，各杆的长度虽然改变，但仍连在一起。因此，为了确定节点 A 在位移后的位置，可以分别以 B、C 为圆心，并分别以 BA_1（$= l_1 + \Delta l_1$）与 CA_2（$= l_2 + \Delta l_2$）为半径作圆弧，其交点 A' 即为节点 A 的新位置。

通常杆的变形很小，在小变形的条件下，Δl_1 和 Δl_2 与杆的原长相比甚为微小（已经算出杆 1 的变形 Δl_1 仅为原长 l_1 的 0.0707 %），弧线 $A_1 A'$ 与 $A_2 A'$ 亦很短，因而可以近似地采用切线来代替圆弧。于是，过 A_1 与 A_2 分别作 BA_1 与 CA_2 的垂线[图 2-16（b）]，其交点 A_3 即可视为节点 A 的新位置。

（4）计算节点 A 的位移。由图 2-16（b）可知，节点 A 的水平位移为

$$\Delta_{Ax} = \overline{AA_2} = \Delta l_2 = 0.404 \text{ mm}$$

节点 A 的竖直位移为

$$\Delta_{Ay} = \overline{AA_4} + \overline{A_4 A_5} = \frac{\Delta l_1}{\sin 45°} + \frac{\Delta l_2}{\tan 45°} = 1.404 \text{ mm}$$

（5）讨论。当变形与构件或结构的原始尺寸相比甚为微小时，所产生的变形称为小变形。在小变形的条件下，通常可按构件或结构的原始尺寸计算约束反力与内力，并可采用上述以切线代替圆弧的方法确定位移。利用小变形这一重要概念，可使许多问题的分析计算大为简化。

2.5　拉（压）杆内的应变能

弹性体在外力作用下会发生变形，载荷在相应的位移上做功，与此同时弹性体内将积蓄能量。外力撤去后，变形随之消失，弹性体内积蓄的能量也同时释放出来。例如，钟表的发条（弹性体）被拧紧（发生变形）以后，在它放松的过程中将带动齿轮系，使指针转动，这样，发条就作了功。这说明拧紧了的发条具有做功的本领，这是因为发条在拧紧状态下积蓄有能量。为了计算这种能量，现以受重力作用且仅发生弹性变形的拉杆为例，利用能量守恒原理来找出外力所做的功与弹性体内所积蓄的能量在数量上的关系。设杆（图 2-17）的上端固定，在其下端的小盘上逐渐增加重量。每加一点重量，杆将相应地有一点伸长，已在盘上的重物也相应地下沉，因而重物的位能将减少。重量是缓慢增加的，所以在加载过程中，可认为杆没有动能改变。按能量守恒原理，略去其他微小的能量损耗不计，重物失去的位能将全部转变为积蓄在杆内的能量。因为杆的变形是弹性变形，所以在卸除荷载以后，这种能量又随变形的消失而全部转换为其他形式的能量。物体发生弹性变形时积蓄的能量称为应变能，并用 V_ε 表示。在所讨论的情况下，应变能就等于重物所失去的位能。

因为重物失去的位能在数值上等于它下沉时所做的功，所以杆内的应变能在数值上就等于重物在下沉时所做的功。推广到一般弹性体受静荷载（不一定是重力）作用的情况，可以认为在弹性体的变形过程中，积蓄在弹性体内的应变能 V_ε 在数值上等于图 2-17 中外力所做的功 W，即

$$V_\varepsilon = W \tag{2-19}$$

式（2-19）称为弹性体的功能原理。应变能 V_ε 的单位为 J。

为推导拉杆［图 2-18（a）］应变能的计算式，先求外力所做的功 W。在静荷载 F 的作用下，杆伸长了 Δl，这就是拉力 F 的作用点的位移。力 F 对此位移所做的功可以从 F 与 Δl 的关系图线下的面积来计算。由于在弹性变形范围内 F 与 Δl 呈线性关系，如图 2-18（b）所示，于是，可求得力 F 所做的功 W 为

$$W = \frac{1}{2}F\Delta l$$

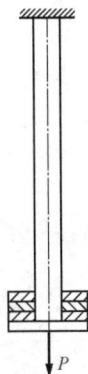

图 2-17

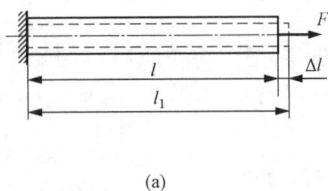

(a)

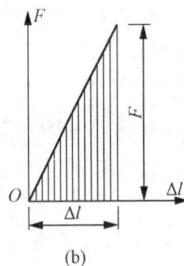

(b)

图 2-18

由式（2-19）可知，积蓄在杆内的应变能为

$$V_\varepsilon = \frac{1}{2}F\Delta l \tag{2-20}$$

又因 $F_N = F$，可将式（2-20）改写为

$$V_\varepsilon = \frac{1}{2}F_N\Delta l \tag{2-21}$$

利用式（2-15）中的关系，可从式（2-20）、式（2-21）分别得到

$$V_\varepsilon = \frac{F^2 l}{2EA} = \frac{F_N^2 l}{2EA} \tag{2-22}$$

或

$$V_\varepsilon = \frac{EA}{2l}\Delta l^2 \tag{2-23}$$

由于在拉杆的各横截面上所有点处的应力均相同，所以杆的单位体积内所积蓄的应变能，可由杆的应变能 V_ε 除以杆的体积 V 来计算。这种单位体积内的应变能称为应变能密度，并用 v_ε 表示，即

$$v_\varepsilon = \frac{V_\varepsilon}{V} \tag{2-24}$$

于是

$$v_\varepsilon = \frac{V_\varepsilon}{V} = \frac{\frac{1}{2}F\Delta l}{Al} = \frac{1}{2}\sigma\varepsilon \tag{2-25}$$

利用式（2-12）又可得

$$v_\varepsilon = \frac{\sigma^2}{2E} \tag{2-26}$$

或

$$v_\varepsilon = \frac{E\varepsilon^2}{2} \tag{2-27}$$

应变能密度的单位为 J/m^3。

以上计算拉杆内应变能的各公式也适用于压杆。而式（2-26）及式（2-27）则普遍适用于所有的单轴应力状态。当然，这些公式都只有在应力不超过材料的比例极限这一前提下才能应用，也就是说，只适用于线弹性范围以内。

利用应变能的概念可以解决与结构或构件的弹性变形有关的问题。这种方法称为能量法。本节将用能量法求解一些较简单的拉（压）杆的位移。

例 2-8　图 2-19（a）所示杆系由材料相同的钢杆 1 和钢杆 2 组成。已知杆端铰接，两杆与铅垂线均成 $\alpha = 30°$ 的角度，长度均为 $l = 2$ m，直径均为 $d = 25$ mm，钢的弹性模量为 $E = 210$ GPa。设在结点 A 处悬挂一重量为 $P = 100$ kN 的重物，试计算该结构的应变能，并求结点 A 的位移 Δ_A。

解：由图 2-19 可知，组成该结构的两杆材料相同，长度和横截面积相等，受力也相等。因此，两杆的应变能必相等。根据式（2-22）求得结构的应变能为

$$V_\varepsilon = 2\frac{F_{N1}^2 l}{2EA} = \frac{P^2 l}{(2\cos\alpha)^2 EA} = \frac{(100\times10^3\,\text{N})^2(2\,\text{m})}{(2\cos30°)^2(210\times10^9\,\text{Pa})\left[\frac{\pi}{4}(25\times10^{-3}\,\text{m})^2\right]}$$

$$= 64.67\,\text{N·m} = 64.7\,\text{J}$$

由于节点 A 的位移 Δ_A 与载荷 P 的方向相同，由弹性体的功能原理，载荷 P 所做的功在数值上应等于该结构之应变能，即

$$\frac{1}{2}P\Delta_A = V_\varepsilon$$

于是，可得节点 A 的位移为

$$\Delta_A = \frac{2V_\varepsilon}{P} = \frac{2\times 64.67\,\text{N}\cdot\text{m}}{100\times 10^3\,\text{N}} = 1.293\times 10^{-3}\,\text{m}$$

$$= 1.293\,\text{mm}(\downarrow)$$

所得位移 Δ_A 为正值，表示位移 Δ_A 的方向与力 P 的指向相同，即竖直向下。

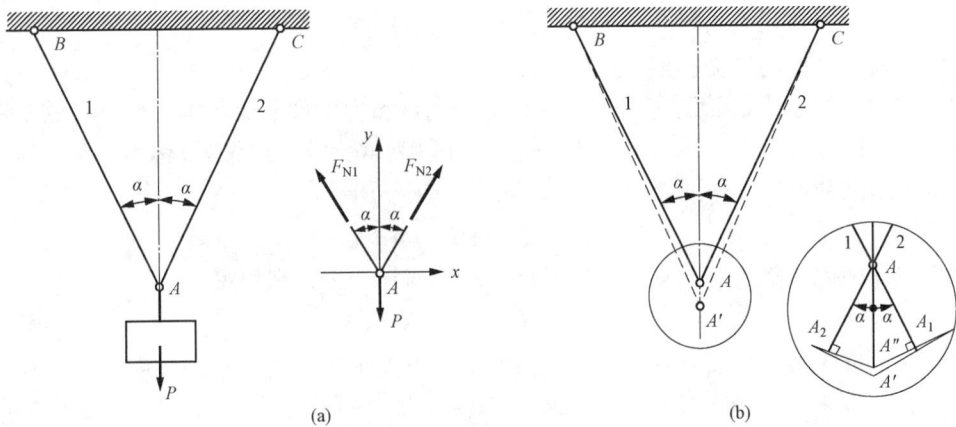

图 2-19

例 2-9　图 2-20 所示桁架，在节点 B 承受集中载荷 F 作用，设各杆各截面的拉压刚度均为 EA，试求节点 B 的竖直方向位移。

解：（1）内力分析。根据节点 B 与 C 的平衡，求得杆 1、杆 2 和杆 3 的轴力分别为

$$F_{N1} = \sqrt{2}F\ （拉力），\quad F_{N2} = F\ （压力），\quad F_{N3} = F\ （压力）$$

（2）应变能计算。桁架由三根杆组成，其应变能为

$$V_\varepsilon = \sum_{i=1}^{3}\frac{F_{Ni}^2 l_i}{2E_i A_i} = \frac{F_{N1}^2\cdot\sqrt{2}l}{2EA} + \frac{F_{N2}^2\cdot l}{2EA} + \frac{F_{N3}^2\cdot l}{2EA}$$

将各杆的轴力表达式代入上式，得

$$V_\varepsilon = \frac{F^2 l\left(\sqrt{2}+1\right)}{EA}$$

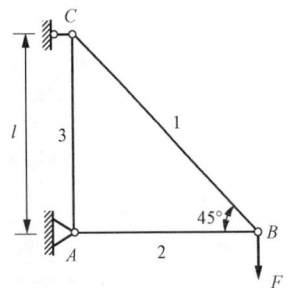

图 2-20

（3）位移计算。设节点 B 的竖直位移为 Δ_B，并与载荷 F 同向，则外力所作之功为

$$W = \frac{F\Delta_B}{2}$$

根据能量守恒定律，其值应等于应变能，即

$$\frac{F\Delta_B}{2} = \frac{F^2 l\left(\sqrt{2}+1\right)}{EA}$$

于是，可得节点 B 的位移为

$$\Delta_B = \frac{2Fl\left(\sqrt{2}+1\right)}{EA}$$

所得位移Δ_B为正值，表示位移Δ_B的方向与载荷F同向的假设是正确的。实际上，由于应变能V_ε恒为正，所以，载荷所作之功也恒为正，即载荷作用点沿载荷方向的位移必与该载荷同向。

2.6　材料在拉伸和压缩时的力学性能

构件的强度、刚度与稳定性，不但与构件的形状、尺寸及所受外力有关，而且与材料的力学性能有关，本节研究材料在拉伸与压缩时的力学性能。

2.6.1　拉伸试验与应力-应变图

材料的力学性能由试验测定。拉伸试验是研究材料力学性能最基本、最常用的试验。标准拉伸试样如图2-21所示，标记m与n之间的杆段为试验段，其长度l称为标距。对于试验段直径为d的圆截面试样［图2-21（a）］，通常规定

$$l = 10d \quad 或 \quad l = 5d$$

而对于试验段横截面积为A的矩形截面试样［图2-21（b）］，则规定

$$l = 11.3\sqrt{A} \quad 或 \quad l = 5.65\sqrt{A}$$

试验时，首先将试样安装在材料试验机的上、下夹头内（图2-22），并在标记m与n处安装测量轴向变形的仪器。然后开动机器，缓慢加载。随着载荷F的增大，试样逐渐被拉长，试验段的拉伸变形用Δl表示。拉力F与变形Δl间的关系曲线称为试样的力-伸长曲线或拉伸图。试验一直进行到试样断裂为止。

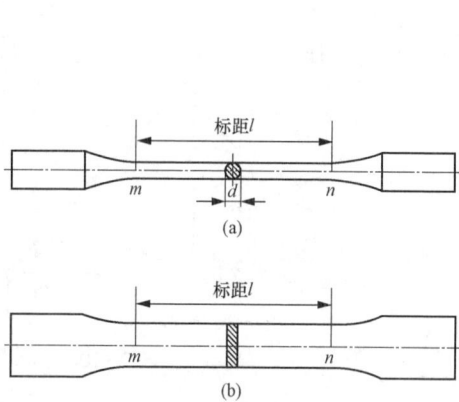

图 2-21

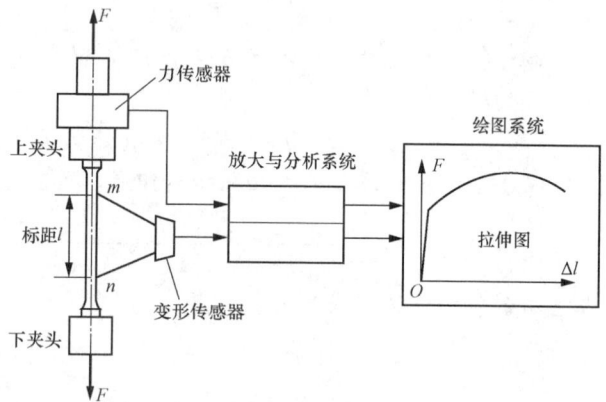

图 2-22

显然，拉伸图不仅与试样的材料有关，还与试样的横截面尺寸及标距的大小有关。例如，试验段的横截面积越大，将其拉断所需之拉力越大；在同一拉力作用下，标距越大，拉伸变形Δl也越大。因此，不宜用试样的拉伸图表征材料的力学性能。

将拉伸图的纵坐标F除以试样横截面的原面积A，将其横坐标Δl除以试验段的原长l（标距），由此所得应力与应变间的关系曲线，称为材料的应力-应变图。

2.6.2　低碳钢的拉伸力学性能

低碳钢是工程中广泛应用的金属材料，其应力–应变图具有典型意义。图 2-23 为低碳钢的应力–应变图，现以该曲线为基础，并结合试验过程中所观察到的现象，介绍低碳钢的力学性能。根据它的变形特点，大致可以分为以下四个阶段。

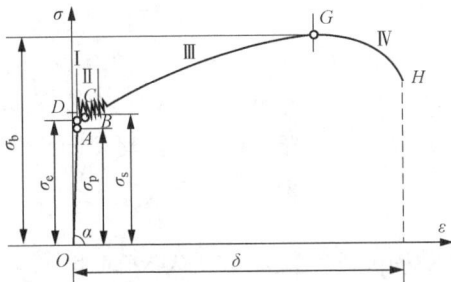

图 2-23

1. 弹性阶段（阶段Ⅰ）

在图 2-23 中 OB 段内材料是弹性的，即卸载后，变形能够完全恢复。这种变形称为弹性变形。与弹性阶段最高点 B 相对应的应力 σ_e 称为弹性极限。在弹性阶段卸载后的试件，其长度不变。

在弹性阶段中，从 O 到 A 点应力–应变曲线为一直线，这说明在此阶段内，正应力 σ 与正应变 ε 成正比，即 $\sigma \propto \varepsilon$。与线性阶段最高点 A 相对应的正应力，称为材料的比例极限，以符号 σ_p 表示。比例极限是材料的正应力与正应变成正比的最大应力值。低碳钢的比例极限 $\sigma_p = 190 \sim 200\,\text{MPa}$。

图 2-23 中，若假设直线 OA 与水平轴的夹角为 α，则其正切为

$$\tan\alpha = \frac{\sigma}{\varepsilon} = E \tag{2-28}$$

由应力–应变图可知，其初始直线（图 2-23 中的直线 OA）的斜率，即等于弹性模量之值。也就是说，可由 OA 直线的斜率来确定材料的弹性模量 E。

图 2-23 中的 A 点比 B 点略低，AB 段已不成直线，稍有弯曲，但仍然属于弹性阶段。比例极限与弹性极限的概念不同，但两者的数值很接近，因此有时也把两者不加区别地统称为弹性极限。在工程应用中，一般均使构件在弹性变形范围内工作。

2. 屈服阶段（阶段Ⅱ）

弹性阶段后，在 $\sigma - \varepsilon$ 曲线上出现水平或是上下发生微微抖动的一段（图 2-23 中的 DC 段）。此时试样的应力基本上不变，但应变却迅速增长，说明材料对增长的变形暂时失去抵抗变形的能力，好像在流动，这种现象称为材料的屈服或流动。在屈服阶段，与最高点 C 对应的应力称为上屈服极限，与最低点 D 对应的应力称为下屈服极限。试验指出，加载速度等很多因素对上屈服极限的数值有影响，而下屈服极限值则较为稳定。因此，工程上通常取下屈服极限作为材料的屈服强度，其对应的应力值以 σ_s 表示，称屈服极限或流动极限。它的计算式为

$$\sigma_s = \frac{F_s}{A}$$

式中，F_s 为对应于试样下屈服极限的拉力；A 为试样横截面的原面积。

屈服极限 σ_s 是表示材料力学性质的一项重要数据。对于 A3 钢，$\sigma_s = 240\,\text{MPa}$。经过抛光的试样，在屈服阶段，可以在试样表面上看到大约与试样轴线成 45° 的线条，这是由于材料内部晶格之间产生滑移而形成的，通常称为滑移线。

加载超过了屈服阶段的试样，其长度产生了明显的残余变形。工程实际中的许多构件，当它们发生较大的塑性变形时，就不能正常工作，因此设计中对低碳钢一类的塑性材料常取屈服极限作为材料的强度指标。

3. 强化阶段（阶段Ⅲ）

即图 2-23 中曲线 CG 部分。超过屈服阶段后，要使试样继续变形又必须增加拉力。这种现象称为材料的强化。这时 $\sigma-\varepsilon$ 曲线又逐渐上升，直到曲线的最高点 G，相应的拉力达到最大值。这个最大载荷除以试样横截面原面积得到的应力值，称为强度极限，以符号 σ_b 表示。对于 A3 钢，σ_b 约为 400 MPa。

拉力超过弹性范围后，例如在硬化阶段的 C' 点，若去掉拉力，则试样将沿平行于 OA 的 $C'O_1$ 线退回至水平轴（图 2-24）。O_1O_2 段应变在卸载过程中消失了，属弹性变形。OO_1 段应变则不能恢复，称为残余变形或塑性变形。由此可见，当应力超过弹性极限后，材料的应变包括弹性应变与塑性应变，但在卸载过程中，应力与应变之间仍保持线性关系。

4. 局部颈缩阶段（阶段Ⅳ）

应力达到强度极限 σ_b 后，试样的变形开始集中于某一局部区域内，这时该区域内的横截面逐渐收缩（图 2-25），形成颈缩现象。由于局部截面收缩，试样继续变形时，所需的拉力逐渐减小，应力-应变曲线相应呈现下降，最后在颈缩处被拉断。

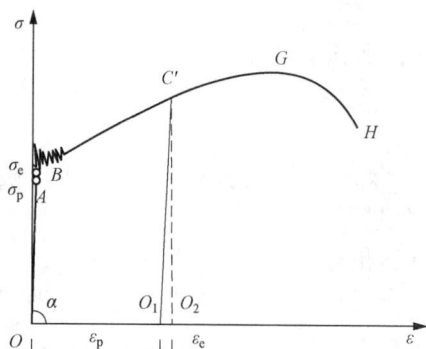

图 2-24

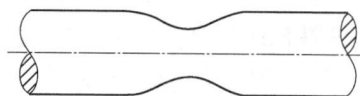

图 2-25

低碳钢在拉伸过程中，经历了上述的弹性、屈服、强化和局部颈缩四个阶段，并有 σ_p、σ_e、σ_s 和 σ_b 四个强度特征值。其中，屈服极限 σ_s 和强度极限 σ_b 是衡量其强度的主要指标。正确理解比例极限 σ_p 的概念，对掌握胡克定律、杆件的应力分析和压杆的稳定计算都十分重要。

此外，试样断裂后，变形中的弹性部分恢复而消失，但塑性变形（残余变形）部分则遗留下来。试样断裂时的残余变形最大。材料能经受较大塑性变形而不破坏的能力，称为材料的塑性或延性。工程中，材料的塑性常用延伸率或断面收缩率这两个塑性指标度量。若试样工作段的长度（标距）由 l 伸长为 l_1，断口处的横截面积由原来的 A 缩减为 A_1，则它们的相对残余变形用两个塑性指标表示为

延伸率
$$\delta = \frac{l_1 - l}{l} \times 100\%$$
（2-29）

断面收缩率
$$\psi = \frac{A - A_1}{A} \times 100\%$$
（2-30）

对于 Q235 钢，衡量其强度和塑性指标的平均约值为

$$\sigma_s = 240\text{ MPa}, \quad \sigma_b = 390\text{ MPa}, \quad \delta = 20\% \sim 30\%, \quad \psi \approx 60\%$$

在工程上，根据断裂时塑性变形的大小，通常把 $\delta \geqslant 5\%$ 的材料称为塑性（或延性）材料，如钢材、铜、铝等；$\delta < 5\%$ 的材料称为脆性材料，如铸铁、砖石等。必须指出，上述划分是以材料在常温、静载和简单拉伸的前提下所得到的 δ 为依据的。而温度、变形速度、受力状态和热处理等都会影响材料的性质。材料的塑性和脆性在一定条件下可以相互转化。

由前述已知，材料拉伸至强化阶段的 C' 点处（图 2-24），若逐渐卸去载荷，则试样的应力和应变关系将沿平行于 OA 的 $C'O_1$ 线退回至水平轴。试验中发现，如果在卸载至 O_1 点后立即重新加载，则 σ-ε 曲线将基本上沿着卸载时的同一直线 O_1C' 上升到 C' 点，然后仍遵循原来的 σ-ε 图的曲线变化，直至断裂。因此，如果将卸载后已有塑性变形的试样当作新试样重新进行拉伸试验，其比例极限或弹性极限将得到提高，而断裂时的残余变形则减小。由于预加塑性变形，而使材料的比例极限或弹性极限提高的现象，称为冷作硬化。工程中常利用冷作硬化来提高钢筋和钢缆绳等构件在线弹性范围内所能承受的最大荷载。值得注意的是，若试样拉伸至强化阶段后卸载，经过一段时间后再受拉，则其线弹性范围的最大荷载还有所提高，如图 2-26 中虚线 cb' 所示。这种现象称为冷作时效。冷作时效不仅与卸载后至加载的时间间隔有关，还与试样所处的温度有关。较详细的讨论可参阅有关书籍。

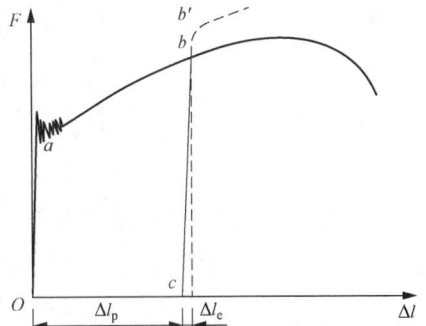

图 2-26

2.6.3 其他金属材料在拉伸时的力学性能

与低碳钢在 σ-ε 曲线上相似的材料，还有 16 锰钢以及另外一些高强度低合金钢等。如图 2-27 所示，从 σ-ε 曲线图中可以看出，这些材料断裂时均具有较大的残余变形，即均属于塑性材料。这些材料的屈服极限和强度极限与低碳钢相比，都有了显著的提高，但有些没有明显的屈服阶段。工程中通常以卸载后产生数值为 0.2% 的残余应变的应力作为这些塑性材料的屈服应力，称为屈服强度或名义屈服极限，用 $\sigma_{0.2}$ 表示，如图 2-28 所示。

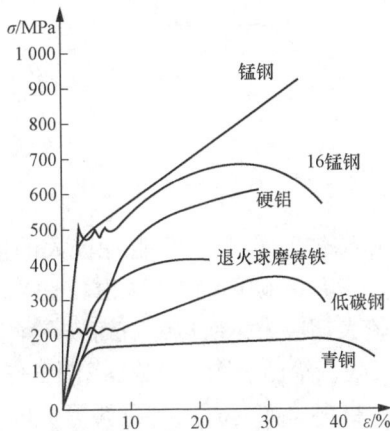

图 2-27

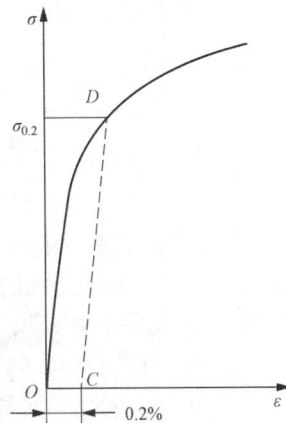

图 2-28

另外一类典型材料的共同特点是延伸率 δ 均很小，如前所述，通常以延伸率 $\delta < 5\%$ 作为定义脆性材料的界限，这类材料均为脆性材料。图 2-29 所示的就是脆性材料灰口铸铁在拉

伸时的 $\sigma - \varepsilon$ 曲线。灰口铸铁的 $\sigma - \varepsilon$ 曲线从很低的应力开始就不是直线，但由于直到拉断时试样的变形都非常小，且没有屈服阶段、强化阶段和局部颈缩变形阶段，所以，在工程计算中，通常取总应变为 0.1% 时 $\sigma - \varepsilon$ 曲线的割线（图 2-29 中的虚线）斜率来确定其弹性模量，称为割线弹性模量。

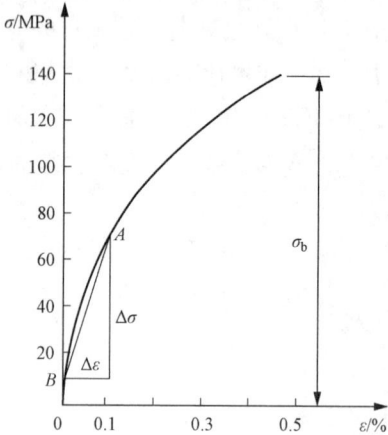

衡量脆性材料拉伸强度的唯一指标是材料的拉伸强度 σ_b。这个应力可看成是试样被拉断时的真实应力。因为脆性材料的试样被拉断时，其横截面积的缩减极其微小。只在出现较小的变形时即被拉断。常用的灰铸铁的抗拉强度很低，为 120～180 MPa，它的延伸率为 0.4%～0.5%。断口则垂直于试样轴线，即断裂发生在最大拉应力作用面。

2.6.4　金属材料在压缩时的力学性能

材料受压时的力学性能由压缩试验测定。一般细长杆压缩时容易产生失稳现象，为了保证试验过程中试样不发生屈曲，因此在金属压缩试验中，常采用短粗圆柱形试样。

图 2-29

低碳钢压缩时的应力-应变曲线如 2-30（a）中的虚线所示，为便于比较，还画出了拉伸时的应力-应变曲线。由图 2-30（a）可以看出，在弹性阶段和屈服阶段，压缩曲线与拉伸曲线基本重合，压缩与拉伸时的屈服应力与弹性模量大致相同。屈服阶段以后，随着压力不断增大，低碳钢试样将愈压愈"扁平"［图 2-30（b）］。

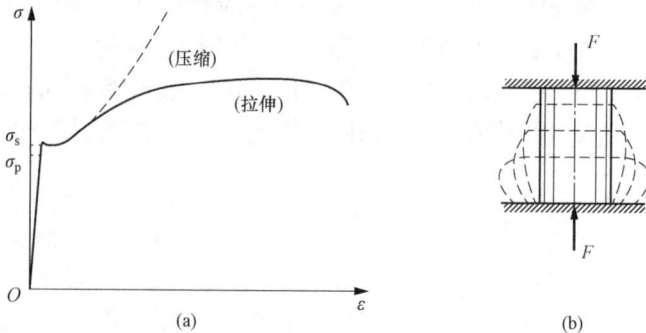

图 2-30

与低碳钢类的塑性材料不同，脆性材料在压缩和拉伸时的力学性能有较大的区别。图 2-31（a）给出了灰口铸铁压缩时的应力-应变曲线，其压缩破坏的形式如图 2-31（b）所示，断口的方位角为 50°～55°。由于在该截面上存在较大切应力，所以，灰铸铁压缩破坏的方式是剪断。为比较灰口铸铁在拉伸和压缩时的强度极限，给出了图 2-32。由图 2-32 可以看出，其压缩强度极限远高于拉伸强度极限。其他脆性材料（如混凝土与石料等）也具有上述特点，因此，脆性材料宜用作受压构件。从灰口铸铁拉伸和压缩时的应力-应变曲线中能够看出，其 $\sigma - \varepsilon$ 曲线中的直线部分都很短，因此，只能认为是近似地符合胡克定律的。

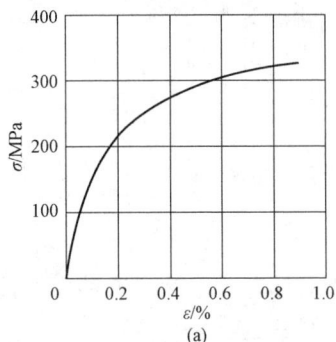

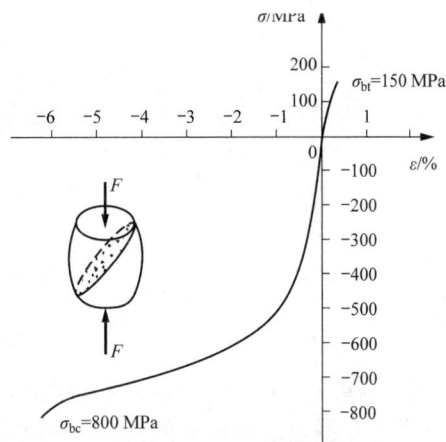

图 2-31　　　　　　　　　　　　　　　　图 2-32

值得注意的是，根据材料在常温、静荷载下拉伸试验所得的伸长率大小，将材料区分为塑性材料和脆性材料。这两类材料在力学性能上的主要差异是：塑性材料在断裂前的变形较大，塑性指标（伸长率和断面收缩率）较高，抵抗拉断的能力较好，其常用的强度指标是屈服极限，而且，一般地说，在拉伸和压缩时的屈服极限值相同；脆性材料在断裂前的变形较小，塑性指标较低，其强度指标是强度极限，而且其拉伸强度 σ_b 远低于压缩强度 σ_{bc}。但是，材料是塑性的还是脆性的，将随材料所处的温度、应力状态等条件的变化而不同。例如，具有尖锐切槽的低碳钢试样，在轴向拉伸时将在切槽处发生突然的脆性断裂；而在很大的外压作用下，铸铁试样在轴向拉伸时也将发生大的塑性变形和缩颈现象。

2.6.5　几种非金属材料的力学性能

1. 混凝土

混凝土是由水泥、石子和砂加水搅拌均匀经水化作用而成的人造材料。由于石子粒径较构件尺寸要小得多，故可近似地看作匀质、各向同性材料。

混凝土和天然石料都是脆性材料，一般都用作受压缩构件。混凝土的压缩强度是以标准的立方体试块，在标准养护条件下经过 28 天养护后进行测定的。混凝土的标号就是根据其压缩强度标定的。

混凝土压缩时的 σ-ε 曲线如图 2-33（a）所示。在加载初期有很短的一直线段，以后明显弯曲，在变形不大的情况下突然断裂。混凝土的弹性模量规定以 $\sigma = 0.4\sigma_b$ 时的割线斜率来确定。混凝土在压缩试验中的破坏形式，与两端压板和试块的接触面的润滑条件有关。当润滑不好、两端面的摩阻力较大时，压坏后呈两个对接的截锥体［图 2-33（b）］；当润滑较好、摩阻力较小时，则沿纵向开裂［图 2-33（c）］。两种破坏形式所对应的压缩强度也有差异。因此，在这类材料的压缩试验中还规定其端部条件，这样所得的压缩强度才能作为衡量材料强度的一种比较性指标。

混凝土的拉伸强度很小，为压缩强度的 1/20～1/5，故在用作弯曲构件时，其受拉部分一般用钢筋来加强（称为钢筋混凝土），在计算时就不考虑混凝土的拉伸强度。

2. 木材

木材的力学性能随应力方向与木纹方向间倾角的不同而有很大的差异，即木材的力学性能具有方向性，称为各向异性。由于木材的组织结构对于平行于木纹（称为顺纹）和垂直于

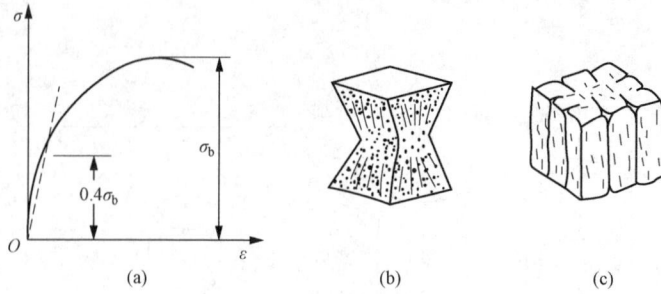

图 2-33

木纹（称为横纹）的方向基本上具有对称性，因而其力学性能也具有对称性。这种力学性能具有三个相互垂直的对称轴的材料，称为正交各向异性材料（图 2-34）。

松木在顺纹拉伸、压缩和横纹压缩时，其 $\sigma - \varepsilon$ 曲线的大致形状如图 2-35 所示。木材的顺纹拉伸强度很高，但因受木节等缺陷的影响，其强度极限值波动很大。木材的横纹拉伸强度很低，工程中应避免横纹受拉。木材的顺纹压缩强度虽稍低于顺纹拉伸强度，但受木节等缺陷的影响较小，因此，在工程中广泛用作柱、斜撑等承压构件。木材在横纹压缩时，其初始阶段的应力-应变关系基本上呈线性关系，当应力超过比例极限后，曲线趋于水平，并产生很大的塑性变形，工程中通常以其比例极限作为强度指标。

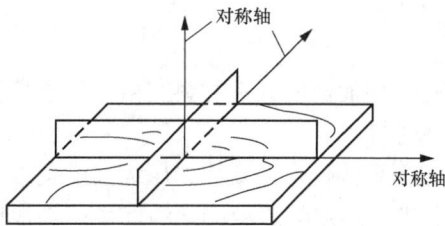

图 2-34

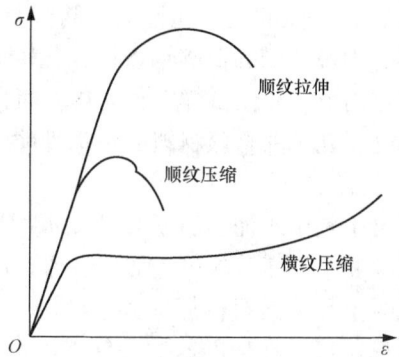

图 2-35

由于木材的力学性能具有方向性，因而在设计计算中，其弹性模量 E 和许用应力$[\sigma]$，都应随应力方向与木纹方向间倾角的不同而采用不同的数值，详情可参阅《木结构设计规范》（GB 50005—2017）。

3. 玻璃钢

玻璃钢是以玻璃纤维（或玻璃布）作为增强材料，与热固性树脂黏合而成的一种复合材料。玻璃钢的主要优点是质量轻，比强度（拉伸强度/密度）高，成型工艺简单，且耐腐蚀、抗振性能好。因此，玻璃钢作为结构材料在工程中得到广泛应用。我国自行设计制造的双层列车车厢，就已经采用了玻璃钢材料。

玻璃钢的力学性能与所用的玻璃纤维（或玻璃布）和树脂的性能，以及两者的相对用量和相互结合的方式有关。玻璃纤维（或玻璃布）可以是同一方向排列的［图 2-36（a）］，也可以将每层按不同方向叠合黏结在一起［图 2-36（b）］。纤维呈单向排列的玻璃钢沿纤维方向拉伸时的$\sigma-\varepsilon$曲线如图 2-36（c）所示，直至断裂前，基本上是线弹性的。由于纤维的方向性，显然，玻璃钢的力学性能是各向异性的。关于玻璃钢在纤维排列方式不同和应力作用方向不同时的力学计算，可参阅有关复合材料力学的书籍。

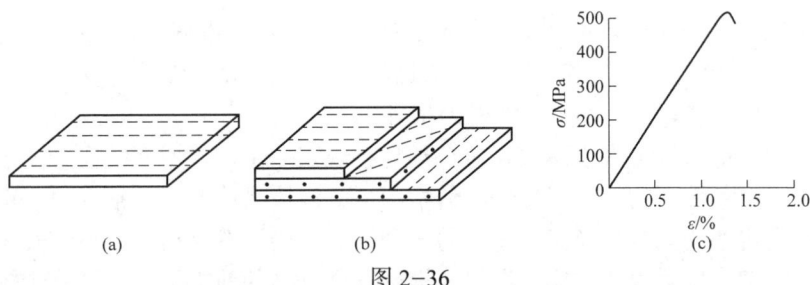

图 2-36

近代的纤维增强复合材料所用的增强纤维，已发展为强度更高的碳纤维、硼纤维等，从力学计算的角度来看，基本上与玻璃钢相仿。

最后必须指出，本节讨论的几种在土建工程中常用的材料的力学性能，都是在常温、静荷载条件下由实验测定的。材料在高温或低温下的力学性能与常温下并不相同，不仅与温度值有关，还与荷载的作用时间有关。而荷载的作用方式（如冲击荷载或随时间作周期性变化的交变荷载等）对材料的力学性能也将产生明显的影响。

2.7 强度条件、安全因数、许用应力

由式（2-4）求得拉（压）杆的最大工作应力后，并不能判断杆件是否会因强度不足而发生破坏。只有把杆件的最大工作应力与材料的强度指标联系起来，才有可能作出准确判断。

2.7.1 许用应力和安全因数

前述试验表明，对于脆性材料，当其正应力达到强度极限σ_b时，会引起断裂；对于塑性材料，当其正应力达到屈服应力σ_s时，将产生屈服或出现显著塑性变形。因此，通常将强度极限与屈服应力统称为材料的极限应力，并用σ_u表示。对于脆性材料，强度极限为其唯一强度指标，因此以强度极限作为极限应力；对于塑性材料，其屈服应力小于强度极限，故通常以屈服应力作为极限应力。

根据分析计算所得构件之应力，称为工作应力。在理想的情况下，为了充分利用材料的强度，应尽可能使构件的工作应力接近于材料的极限应力，但由于作用在构件上的外力常常估计不准确；构件的外形与所受外力往往比较复杂，计算所得应力通常均带有一定程度的近似性；实际材料的组成与品质等难免存在差异，不能保证构件所用材料与标准试样具有完全相同的力学性能等不确定性因素，都会使构件的实际工作条件比设想的要偏于不安全。为了保证构件在外力作用下，能安全可靠地工作，构件应具有适当的强度储备，特别是对于因破坏将带来严重后果的构件，更应给予较大的强度储备。

由此可见，构件工作应力的最大容许值，必须低于材料的极限应力。对于由一定材料制成的具体构件，工作应力的最大容许值，称为材料的许用应力，并用[σ]表示。许用应力与

极限应力的关系为

$$[\sigma] = \frac{\sigma_u}{n} \qquad (2-31)$$

式中，n 为大于 1 的因数，称为安全因数。

确定安全因数时应该考虑的因素一般有：① 载荷估计的准确性；② 简化过程和计算方法的精确性；③ 材料的均匀性和材料性能数据的可靠性；④ 构件的重要性。此外，还要考虑零件的工作条件，减轻自重和其他意外因素等。

安全因数的确定与许多因素有关，对一种材料规定一个一成不变的安全因数，并用它来设计各种不同工作条件下的构件显然是不科学的，应该按具体情况分别选用。正确地选取安全因数，关系到构件的安全与经济。过大的安全因数，会浪费材料；太小的安全因数则又可能使构件不能安全工作。因此，应该在保证构件安全可靠的前提下，尽量采用较大的许用应力或较小的安全因数。

在一般构件的设计中，以屈服极限作为极限应力时的安全因数为 n_s，通常规定为 1.5～2.0；强度极限作为极限应力时的安全系数为 n_b，则为 2.0～5.0。

现将适用于常温、静载和一般工作条件下的基本许用应力[σ]的值列于表 2-2 中（适用于常温、静载荷和一般工作条件下的拉杆和压杆）。

表 2-2 　　　　　　　　　　　常用材料的许用应力约值

材料名称	牌号	许用应力/MPa	
		轴向拉伸	轴向压缩
低碳钢	Q235	170	170
低合金钢	16Mn	230	230
灰口铸铁		34～54	160～200
混凝土	C20	0.44	7
混凝土	C30	0.6	10.3
红松（顺纹）		6.4	10

如上所述，安全因数是由多种因素决定的。各种材料在不同工作条件下的安全因数或许用应力，可从有关规范或设计手册中查到。在一般静强度计算中，对于塑性材料，按屈服应力所规定的安全因数 n_s，通常取为 1.5～2.2；对于脆性材料，按强度极限所规定的安全因数 n_b，通常取为 3.0～5.0，甚至更大。

构件在交变应力作用下可能发生疲劳破坏，因此疲劳破坏也是构件破坏或失效的一种形式。关于构件在交变应力作用下的疲劳强度问题，将在后文详细讨论。

2.7.2　强度条件

根据以上分析，为了保证拉压杆在工作时不致因强度不够而破坏，杆内的最大工作应力 σ_{max} 不得超过材料的许用应力[σ]，即要求

$$\sigma_{max} = \left(\frac{F_N}{A}\right)_{max} \leqslant [\sigma] \qquad (2-32)$$

上述判据称为拉压杆的强度条件。

对于等截面拉压杆，式（2-32）则变为

$$\frac{F_{Nmax}}{A} \leqslant [\sigma] \tag{2-33}$$

利用上述强度条件，可以解决以下三类强度问题：

1. 校核强度

当已知拉压杆的截面尺寸、许用应力与所受外力时，通过比较工作应力与许用应力的大小，以判断该杆在所述外力作用下能否安全工作。

2. 选择截面尺寸

如果已知拉压杆所受外力和许用应力，根据强度条件可以确定该杆所需横截面积。例如，对于等截面拉压杆，其所需横截面积为

$$A \geqslant \frac{F_{Nmax}}{[\sigma]} \tag{2-34}$$

3. 确定承载能力

如果已知拉压杆的截面尺寸和许用应力，根据强度条件可以确定该杆所能承受的最大轴力，其值为

$$[F_N] = A[\sigma] \tag{2-35}$$

最后还应指出，如果工作应力 σ_{max} 超过了许用应力$[\sigma]$，但只要超过量（σ_{max} 与$[\sigma]$之差）不大，例如不超过许用应力的 5%，在工程计算中仍然是允许的。

例 2-10　三角屋架的主要尺寸如图 2-37（a）所示，承受长度为 $l = 9.3$ m 的竖向均布荷载，其荷载集度为 $q = 4.2$ kN/m。屋架中的钢拉杆直径 $d = 16$ mm，许用应力$[\sigma] = 170$ MPa。试校核拉杆的强度。

解：（1）作计算简图。由于两屋面板之间和拉杆与屋面板之间的接头难以阻止微小的相对转动，故可将接头看作铰接，于是得屋架的计算简图如图 2-37（b）所示。

（2）求支反力。取屋架整体为研究对象，列平衡方程

$$\sum F_x = 0, \quad F_{Ax} = 0$$

为了简便，可利用对称关系得

$$F_{Ay} = F_{By} = \frac{1}{2}ql = \frac{1}{2}(4.2 \times 10^3 \text{ N/m}) \times (9.3 \text{ m}) = 19.5 \times 10^3 \text{ N} = 19.5 \text{ kN}$$

（3）求拉杆的轴力 F_N。取半个屋架为分离体 [图 2-37（c）]，列平衡方程

$$\sum M_c = 0, \quad (1.42 \text{ m})F_N + \frac{(4.65 \text{ m})^2}{2}q - (4.25 \text{ m})F_{Ay} = 0$$

则解得

$$F_N = 26.3 \text{ kN}$$

（4）求拉杆横截面上的工作应力 σ。

$$\sigma = \frac{F_N}{A} = \frac{26.3 \times 10^3 \text{ N}}{\frac{\pi}{4}(16 \times 10^{-3} \text{ m})^2} = 131 \times 10^6 \text{ Pa} = 131 \text{ MPa}$$

（5）强度校核。因为

$$\sigma = 131 \text{ MPa} < [\sigma]$$

满足强度条件，故钢拉杆的强度是安全的。

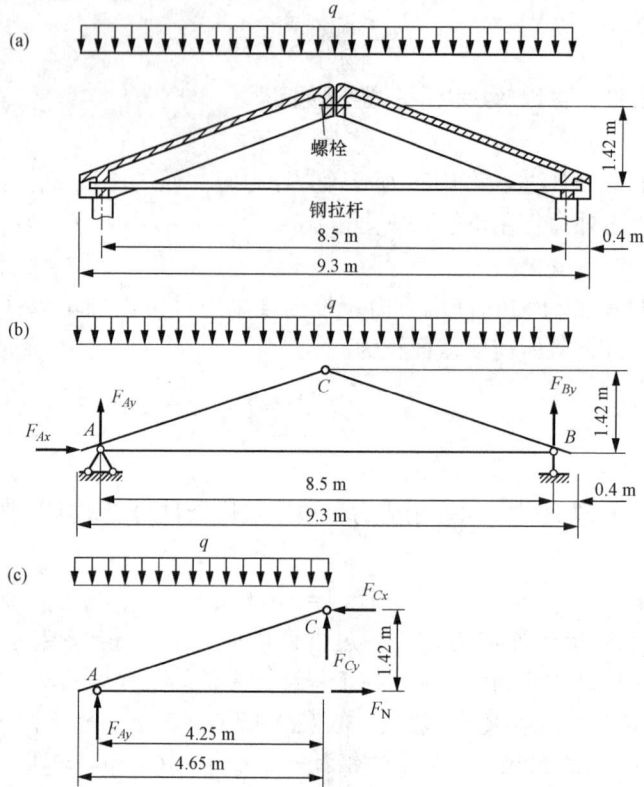

图 2-37

例 2-11 圆截面等直杆沿轴受力如图 2-38（a）所示，材料为铸铁，许用拉应力$[s_t]=60$ MPa，许用压应力$[\sigma_c]=120$ MPa，试设计横截面的直径。

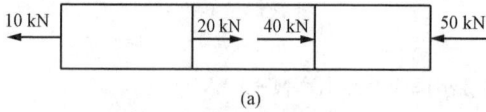

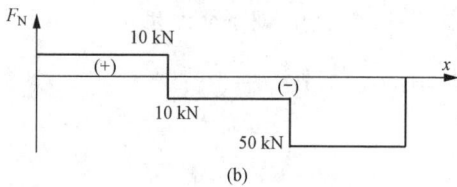

图 2-38

解： 根据截面法画杆的轴力图如图 2-38（b）所示，从中可以看出杆的最大拉应力为 10 kN，杆的最大压应力为 50 kN。

根据强度条件式（2-33）可得，杆的最大拉应力应该满足

$$\frac{10\times10^3}{\pi d_1^2\big/4}\leqslant[\sigma_t]=60\times10^6$$

解得 $d_1\geqslant14.6$ mm。

根据强度条件式（2-33）可得，杆的最大压应力应该满足

$$\frac{50\times10^3}{\pi d_2^2\big/4}\leqslant[\sigma_c]=120\times10^6$$

解得 $d_2\geqslant23$ mm。

综上所述，杆横截面的直径应该设计为 23 mm。

例 2-12 如图 2-39 所示，刚性梁 *ACB* 由圆杆 *CD* 悬挂在 *C* 点，*B* 端作用集中载荷 $F=25$ kN，已知 *CD* 杆的直径 $d=20$ mm，许用应力$[\sigma]=160$ MPa，试校核 *CD* 杆的强度并求：（1）结构的许用载荷$[F]$；（2）若 $F=50$ kN，设计 *CD* 杆的直径 d。

解：（1）受力分析。作 AB 杆的部分受力图，如图 2-39 (b) 所示，列平衡方程

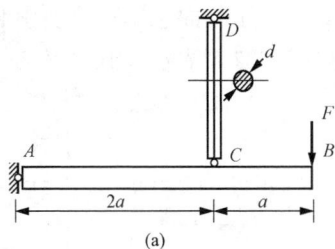

$$\sum M_A = 0, \quad 2aF_{CD} = 3aF$$

解得

$$F_{CD} = \frac{3}{2}F$$

（2）强度校核。CD 杆的应力为

$$\sigma_{CD} = \frac{F_{CD}}{A} = \frac{4 \times \frac{3}{2}F}{\pi d^2} = \frac{6 \times 25 \times 10^3 \text{ N}}{\pi \times (20 \times 10^{-3} \text{ m})^2}$$

$$= 119.4 \times 10^6 \text{ Pa} = 119.4 \text{ MPa}$$

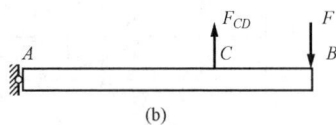

图 2-39

即 $\sigma_{CD} < [\sigma]$，故 CD 杆满足强度要求。

（3）确定结构的许用载荷[F]。由强度条件

$$\sigma_{CD} = \frac{F_{CD}}{A} = \frac{6F}{\pi d^2} \leqslant [\sigma]$$

解得

$$F \leqslant \frac{\pi d^2 [\sigma]}{6} = \frac{\pi \times (20 \times 10^{-3} \text{ m})^2 \times 160 \times 10^6 \text{ Pa}}{6} = 33.5 \times 10^3 \text{ N} = 33.5 \text{ kN}$$

故结构的许用载荷为

$$[F] = 33.5 \text{ kN}$$

（4）设计 CD 杆的直径。若 F = 50 kN，根据强度条件公式

$$\sigma_{CD} = \frac{F_{CD}}{A} = \frac{6F}{\pi d^2} \leqslant [\sigma]$$

有

$$d \geqslant \sqrt{\frac{6F}{\pi [\sigma]}} = \sqrt{\frac{6 \times 50 \times 10^3 \text{ N}}{\pi \times 160 \times 10^6 \text{ Pa}}} = 2.44 \times 10^{-2} \text{ m} = 24.4 \text{ mm}$$

取 d = 25 mm。

2.8 应 力 集 中

2.8.1 应力集中的概念

由于构造与使用等方面的需要，许多构件常常带有沟槽（如螺纹）、孔和圆角（构件由粗到细的过渡圆角）等。在外力作用下，构件中邻近沟槽、孔或圆角的局部范围内，应力急剧增大。例如，图 2-40（a）所示含圆孔的受拉薄板，圆孔处截面 A-A 上的应力分布如图 2-40（b）所示，最大应力 σ_{max} 显著超过该截面的平均应力。

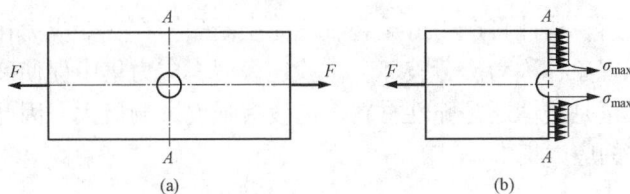

图 2-40

由于截面急剧变化所引起的应力局部增大现象，称为应力集中。应力集中的程度用应力集中因数 K 表示，其定义为

图 2-41

$$K = \frac{\sigma_{max}}{\sigma_n} \qquad (2\text{-}36)$$

式中，σ_n 为名义应力；σ_{max} 为最大局部应力。名义应力是在不考虑应力集中的条件下求得的。例如上述含圆孔薄板，若所受拉力为 F，板厚为 δ，板宽为 b，孔径为 d，则截面 A–A 上的名义应力为

$$\sigma_n = \frac{F}{(b-d)\delta}$$

最大局部应力 σ_{max} 则是由解析理论（例如弹性力学）、实验或数值方法（例如有限元素法与边界元素法）等确定的。图 2-41 给出了含圆孔板件在轴向受力时的应力集中因数。

大量分析表明，构件的截面尺寸改变得越急剧，切口尖角越小，应力集中的程度就越严重。

2.8.2 应力集中对构件强度的影响

各种材料对应力集中的敏感程度并不相同。低碳钢等塑性材料因有屈服阶段存在，应力集中对其在静载荷作用下的强度则几乎无影响。当局部的最大应力 σ_{max} 到达屈服极限时，将发生塑性变形，如果继续增大载荷，则所增加的载荷将由同一截面的未屈服部分承担，以致屈服区域不断扩大（图 2-42），应力分布逐渐趋于均匀化，直至整个截面上的应力都达到屈服极限时，才是杆的极限状态。材料的塑性具有缓和应力集中的作

图 2-42

用。因此，在研究塑性材料构件的静强度问题时，通常可以不考虑应力集中的影响。由于脆性材料没有屈服阶段，应力集中现象将一直保持到最大局部应力 σ_{max} 到达强度极限之前。当应力集中处的最大应力 σ_{max} 达到 σ_b 时，杆件就会在该处首先开裂，因此应考虑应力集中的影响。但对于铸铁等组织不均匀的脆性材料，由于截面尺寸急剧改变而引起的应力集中对强度的影响并不敏感。

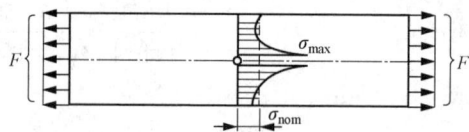

在机械和工程结构中，许多构件常常受到随时间循环变化的应力，即所谓的交变应力或循环应力。试验表明，在交变应力作用下的构件，虽然所受应力小于材料的静强度极限，但经过应力的多次重复后，构件将产生可见裂纹或完全断裂。在交变应力作用下，构件产生可见裂纹或完全断裂的现象，称为疲劳破坏。试验还表明，应力集中促使疲劳裂纹的形成与扩展，因而对构件（无论是塑性还是脆性材料）的疲劳强度影响极大。因此，在工程设计中，要特别注意减小构件的应力集中。

2.9　拉压超静定问题

2.9.1　静定与静不定问题

前面所讨论的问题，其支反力和内力均可由静力平衡条件确定，这类问题称为静定问题（如图 2-43 所示的静定杆系）。在工程实际中，有时为减小构件内的应力或变形（位移），往往采用更多的构件或支座，如图 2-44（a）所示的承重杆系，取节点 A 作为研究对象［图 2-44（b）］，节点 A 的静力平衡方程有两个，而未知力却有三个，也就是说，作用于研究对象上的未知力数，多于独立的静力平衡方程的数目，这时单凭静力学平衡方程不能求出所有的未知量。这类不能仅利用静力平衡方程确定全部未知力的问题，称为超静定问题或静不定问题。未知力数超过独立平衡方程的数目称为超静定的次数。图 2-44（a）所示的承重杆系，为一次超静定问题。

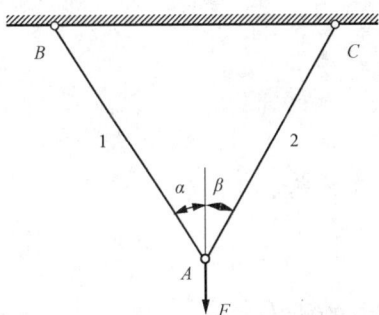

图 2-43

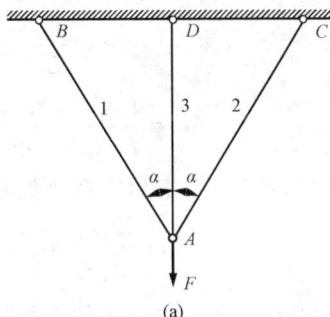

（a）　　图 2-44

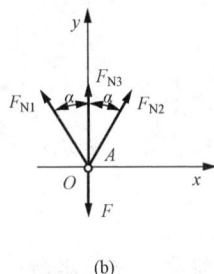

（b）

在超静定问题中，都存在多于维持平衡所必需的支座或杆件，习惯上称其为"多余"约束。与多余约束相应的支反力或支反力偶，习惯上称为多余约束力。显然，超静定梁问题的超静定次数即等于多余约束力的数目。

2.9.2　静不定问题分析

对于静不定问题中未知力的确定，除应利用静力学的平衡方程外，还要综合运用变形的几何相容条件、力-变形间的物理关系这三个方面来求解。

例 2-13　杆 1、杆 2 和杆 3 用铰链连接，如图 2-45 所示。已知杆 1、杆 2 材料相同，横截面面积相等，即 $E_1 = E_2$，$A_1 = A_2$，且 $l_1 = l_2 = l$；杆 3 的横截面积为 A_3，长度为 l_3，其材料的弹性模量为 E_3，在 A 点作用一竖直向下的已知外力 F。试求各杆的轴力。

解：由图 2-45 可知，在载荷 F 的作用下，三杆均伸长，故设三杆均受拉，取节点 A 为研究对象，其受力如图 2-45（b）所示，列平衡方程

$$\sum F_x = 0, \quad F_{N2} \sin\alpha - F_{N1} \sin\alpha = 0 \tag{a}$$

$$\sum F_y = 0, \quad F_{N1} \cos\alpha + F_{N2} \cos\alpha + F_{N3} - F = 0 \tag{b}$$

三杆原来交于一点 A，由于有铰链相连，变形后它们仍应交于一点。此外，由题意知，杆 1 与杆 2 的受力和拉压刚度均相同，节点 A 应沿竖直方向下移，各杆的变形关系如图 2-45（c）所示。由此可以看出，为保证三杆变形后仍交于一点，即保证结构的连续性，杆 1、杆 2 的变形 Δl_1 与杆 3 的变形 Δl_3 之间应满足

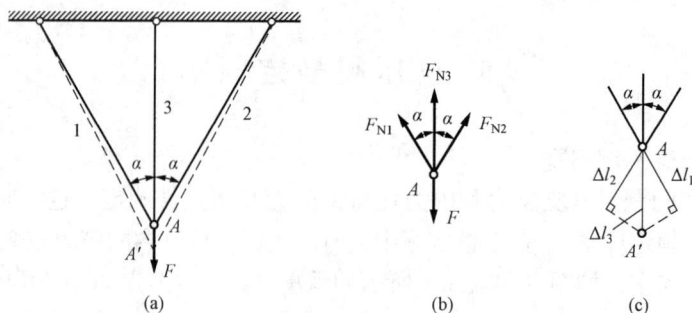

图 2-45

$$\Delta l_1 = \Delta l_3 \cos \alpha \qquad (\text{c})$$

保证结构连续性所应满足的变形几何关系，称为变形协调条件或变形协调方程。变形协调条件即为求解静不定问题的补充条件。

设三杆均处于线弹性范围，则由胡克定律可知，各杆的变形与轴力间的关系为

$$\Delta l_1 = \frac{F_{N1} l_1}{E_1 A_1} \qquad (\text{d})$$

$$\Delta l_3 = \frac{F_{N3} l_3}{E_3 A_3} = \frac{F_{N3} l_1 \cos \alpha}{E_3 A_3} \qquad (\text{e})$$

将上述关系式代入式（c）得以轴力表示的变形协调方程，（补充方程）为

$$F_{N1} = \frac{E_1 A_1}{E_3 A_3} \cos^2 \alpha \cdot F_{N3} \qquad (\text{f})$$

最后，联立求解平衡方程（a）、方程（b）与补充方程（f），整理后得

$$F_{N1} = F_{N2} = \frac{F \cos^2 \alpha}{\dfrac{E_3 A_3}{E_1 A_1} + 2 \cos^3 \alpha} \qquad (\text{g})$$

$$F_{N3} = \frac{F}{1 + 2 \dfrac{E_1 A_1}{E_3 A_3} \cos^3 \alpha} \qquad (\text{h})$$

所得结果均为正，说明各杆轴力均为拉力的假设是正确的。

综上所述，求解静不定问题必须考虑以下三个方面：满足平衡方程；满足变形协调条件；符合力与变形间的物理关系（如在线弹性范围之内，即符合胡克定律）。概言之，应综合考虑静力学、几何关系与物理关系三方面。材料力学的许多基本理论，也正是从这三方面进行综合分析后建立的。

例 2-14　图 2-46（a）所示杆 *AB*，两端固定，在横截面 *C* 处承受轴向载荷 *F* 作用。设拉压刚度 *EA* 为常数，试求杆端的支反力。

解：（1）静力学方面。在载荷 *F* 作用下，*AC* 段伸长，*CB* 段缩短，杆端支反力 F_{Ax} 与 F_{Bx} 的方向如图 2-46（b）所示，并与载荷 *F* 组成一共线力系，其平衡方程为

$$\sum F_x = 0, \quad F - F_{Ax} - F_{Bx} = 0 \qquad (\text{a})$$

两个未知力、一个平衡方程，故为一次静不定问题。

（2）几何方面。根据杆端的约束条件可知，受力后各杆虽然变形，但杆的总长度不变，因此，如果将 *AC* 与 *CB* 段的轴向变形分别用 Δl_{AC} 与 Δl_{CB} 表示，则变形协调方程为

$$\Delta l_{AC} + \Delta l_{CB} = 0 \qquad (b)$$

（3）物理方面。由图 2-46（b）可以看出，AC 与 CB 段的轴力分别为

$$F_{N1} = F_{Ax}, \quad F_{N2} = -F_{Bx}$$

故由胡克定律可知，上述两段的轴向变形分别为

$$\Delta l_{AC} = \frac{F_{Ax}l_1}{EA} \qquad (c)$$

$$\Delta l_{CB} = \frac{(-F_{Bx})l_2}{EA} \qquad (d)$$

（4）支反力计算。将式（c）与式（d）带入式（b），即得补充方程为

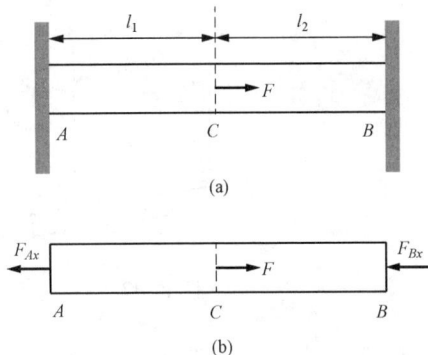

图 2-46

$$F_{Ax}l_1 - F_{Bx}l_2 = 0 \qquad (e)$$

最后，联立平衡方程（a）与补充方程（e）求解得

$$F_{Ax} = \frac{Fl_2}{l_1 + l_2}, \quad F_{Bx} = \frac{Fl_1}{l_1 + l_2}$$

所得结果均为正，说明关于杆端支反力方向的假设是正确的。

通过上述例题可见，综合分析结构的力学平衡条件、变形几何条件和物理条件等三个方面，即可求解超静定问题。其一般步骤可归纳为

（1）从力学方面，列出静力平衡方程。

（2）从变形几何方面，观察体系的可能变形，根据变形协调关系列出变形方程。

（3）在物理方面，把变形和力按照胡克定律联系起来。

（4）综合变形几何和物理两个方面，即可得到补充方程。

（5）联立静力平衡方程和补充方程，并解方程组，即可求得未知力。

在求得内力后，构件的强度、刚度计算就和静定问题完全相同，这里不再赘述。

2.9.3　装配应力

在所有结构制造中都会有一些误差，在静定结构中，这种误差本身只会使结构的几何形状略有改变，并不会在杆中产生附加的内力。例如，在图 2-47 所示的结构中，若杆 1 做得比原设计长度 l 稍短了 δ（δ≤l），则横梁装配后将成 A'C'B'。在没有外力作用时，不管这些杆长的准确度怎样，杆1和杆2的内力均等于零。

可是，对于超静定结构则有不同的特点。由于有了多余约束，就将产生附加的内力。例如图 2-48 所示的结构，若三杆的材料、横截面积均相同，AB 为刚体。杆 1 长度比应有的长度短δ，则装配时必须把杆 1 拉长至 C'，同时把杆 2 和杆 3 分别压短至 B' 和 A'，才能装配成如图 2-48 中实线所示位置。这样装配后，结构虽未受到载荷作用，但各杆中已有内力。这时产生的附加的内力称为装配内力。与之相应的应力则称为装配应力。装配应力是杆在荷载作用以前已经具有的应力，称为初应力。计算装配应力的关键仍然是根据变形相容条件列出变形几何方程。例如图 2-48 中的 1、2、3 杆在装配后，与其约束相适应的变形相容条件是三杆的下端必须在同一条水平直线上。在工程中，装配应力的存在一般是不利的，但有时也有意识地利用装配应力以提高结构的承载能力。

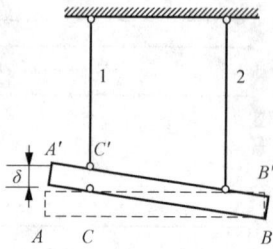

图 2-47

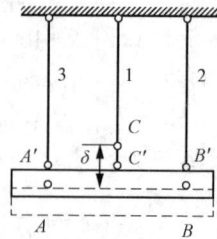

图 2-48

例 2-15 两铸件用两钢杆 1，2 连接，其间距为 $l = 200$ mm [图 2-49（a）]。现需将制造的比所需长度长出 $\Delta e = 0.11$ mm 的铜杆 3 [图 2-49（b）] 装入铸件之间，并保持三杆的轴线平行且有等间距 a。试计算各杆内的装配应力。已知：钢杆直径 $d = 10$ mm，铜杆横截面为 20 mm × 30 mm 的矩形，钢的弹性模量 $E = 210$ GPa，铜的弹性模量 $E_3 = 100$ GPa。铸件很厚，其变形可略去不计。

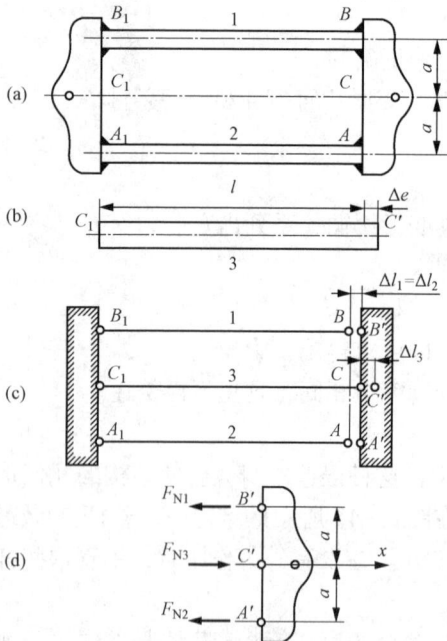

图 2-49

解：（1）求装配内力。本题中三根互相平行杆的轴力均为未知，但平面平行力系仅有两个独立的平衡方程，故为一次超静定问题。

因铸件可视作刚体，其变形相容条件是三杆变形后的端点须在同一直线上。由于结构在几何和物性均对称于杆 3，故其变形关系图如图 2-49（c）所示，从而可得变形几何方程为

$$\Delta l_3 = \Delta e - \Delta l_1 \qquad (a)$$

物理关系为

$$\Delta l_1 = \frac{F_{N1} l}{EA} \qquad (b)$$

$$\Delta l_3 = \frac{F_{N3} l}{E_3 A_3} \qquad (c)$$

式（c）中，l 在理论上应是杆 3 的原长度 $l + \Delta e$，但由于 Δe 与 l 相比甚小，故用 l 代替。

将式（b）、式（c）代入式（a），得补充方程

$$\frac{F_{N3} l}{E_3 A_3} = \Delta e - \frac{F_{N1} l}{EA} \qquad (d)$$

因杆 3 过长，为顺利安装，1、2 两杆应伸长而杆 3 则应缩短，故假定杆 1、2 的轴力为拉力，杆 3 的轴力为压力。铸件的受力如图 2-49（c）所示。

建立平衡方程

$$\sum F_x = 0, \quad F_{N3} - F_{N1} - F_{N2} = 0 \qquad (e)$$

又由对称关系可知

$$F_{N1} = F_{N2} \qquad (f)$$

联立式（d）、式（e）、式（f）解得装配内力为

$$F_{N1} = F_{N2} = \frac{\Delta e EA}{l}\left(\frac{1}{1 + 2\dfrac{EA}{E_3 A_3}}\right) \quad (g)$$

$$F_{N3} = \frac{\Delta e E_3 A_3}{l}\left(\frac{1}{1 + \dfrac{E_3 A_3}{2EA}}\right) \quad (h)$$

所得结果均为正，说明原先假定杆 1、2 受拉而杆 3 受压是正确的。

（2）求装配应力。

$$\sigma_1 = \frac{F_{N1}}{A} = \frac{\Delta e EA}{lA}\left(\frac{1}{1 + 2\dfrac{EA}{E_3 A_3}}\right) = \frac{\Delta e E}{l}\left(\frac{1}{1 + 2\dfrac{EA}{E_3 A_3}}\right)$$

$$= \frac{(0.11\times10^{-3}\,\text{m})(210\times10^9\,\text{Pa})}{(0.2\,\text{m})}\times\left[\frac{1}{1 + \dfrac{2(210\times10^9\,\text{Pa})\dfrac{\pi}{4}(10\times10^{-3}\,\text{m})^2}{(100\times10^9\,\text{Pa})(20\times10^{-3}\,\text{m})(30\times10^{-3}\,\text{m})}}\right]$$

$$= 74.53\times10^6\,\text{Pa}$$

$$= 74.53\,\text{MPa（拉应力）}$$

$$\sigma_3 = \frac{F_{N3}}{A_3} = \frac{\Delta e E_3}{l}\left(\frac{1}{1 + \dfrac{E_3 A_3}{2EA}}\right) = 19.51\times10^6\,\text{Pa} = 19.51\,\text{MPa （应压力）}$$

从上面的例题可以看出，在超静定问题里，杆件尺寸的微小误差，会产生相当可观的装配应力。这种装配应力既可能引起不利的后果，也可能带来有利的影响。土建工程中的预应力钢筋混凝土构件，就是利用装配应力来提高构件承载能力的例子。这类问题在计算原理上与前述例题是一致的。

例 2-16　有一不计自重的刚梁挂在三根平行的金属杆上，1、3 两杆与杆 2 之间的距离均为 a，横截面积为 A，材料的弹性模量 E 均相同，如图 2-50（a）所示。其中，杆 2 比设计长度 l 短了 δ（$\delta \ll l$），装配后，当在 C 处承受载荷 F 时，试求各杆的内力。

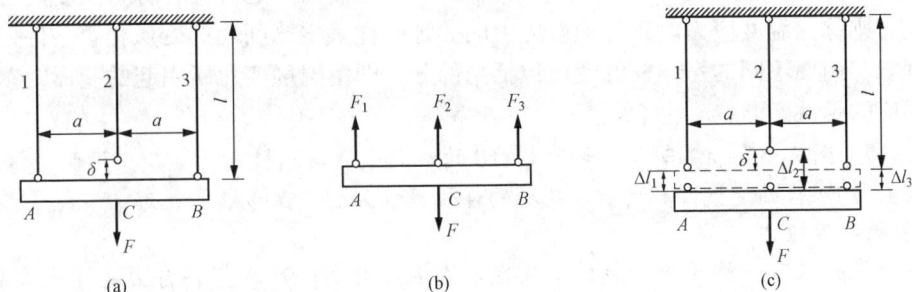

图 2-50

解：（1）力学方面。以刚梁 ACB 为研究对象，画其受力图 [图2-50（b）]。平行力系只能列出两个有效的静力平衡方程，但本题有三个未知力 F_1、F_2 和 F_3。显然，这是一次超静定问题。现设三根杆的内力均为拉力，则

$$\sum F_y = 0, \quad F_1 + F_2 + F_3 = F \tag{a}$$

$$\sum M_B = 0, \quad F_1 = F_3 \tag{b}$$

（2）变形几何方面。现观察各杆可能发生的变形情况，以便建立变形几何方程式。根据对称性，刚梁受载后必平移至新的位置，如图2-50（c）所示。由此可得变形几何方程

$$\Delta l_1 = \Delta l_3 = \Delta l_2 - \delta \tag{c}$$

（3）物理方面

$$\left. \begin{array}{l} \Delta l_1 = \dfrac{F_1 l}{EA} \\[2mm] \Delta l_3 = \dfrac{F_3 l}{EA} \\[2mm] \Delta l_2 = \dfrac{F_2 l}{EA} \end{array} \right\} \tag{d}$$

因为，$\delta \ll l$，故在 $\Delta l_2 = \dfrac{F_2 l}{EA}$ 式中，杆的长度可以用 l，而不必用 $l-\delta$。将式（d）代入式（c）得补充方程

$$\frac{F_1 l}{EA} = \frac{F_2 l}{EA} - \delta,$$

即

$$F_1 = F_2 - \delta \frac{EA}{l} \tag{e}$$

解方程（a）、（b）、（e）得

$$F_2 = \frac{F}{3} + \frac{2\delta EA}{3l}$$

$$F_1 = F_3 = \frac{F}{3} - \frac{\delta EA}{3l}$$

2.9.4　温度应力

在工程实际中，结构物或其部分杆件往往会遇到温度变化（例如工作条件中的温度改变或季节的更替）。由物理学可知，杆件的长度将因温度的改变而发生变化。若杆的同一截面上各点处的温度变化相同，则杆将仅发生伸长或缩短变形。在静定问题中，由于杆能自由变形，由温度所引起的变形不会在杆中产生内力。但在超静定问题中，由于有了多余约束，杆由温度变化所引起的变形受到限制，从而将在杆中产生内力。这种内力称为温度内力。与之相应的应力则称为温度应力。计算温度应力的关键同样是根据问题的变形相容条件列出变形几何方程。与前面不同的是，杆的变形包括两部分，即由温度变化所引起的变形，以及与温度内力相应的弹性变形。

例2-17　图2-51（a）所示的等直杆 AB 的两端分别与刚性支撑连接。设两支撑间的距离（杆长）为 l，杆的横截面积为 A，材料的弹性模量为 E，线膨胀系数为 a_L。试求温度升高 Δt 时杆内的温度应力。

解：如果杆只有一端（例如 A 端）固定，则温度升高以后，杆将自由地伸长 [图2-51

（b）]。现因刚性支撑 B 的阻挡，使杆不能伸长，相当于在杆的两端加了压力而将杆顶住。由平衡方程可知两端的轴向压力相等，而压力的大小仍不知道，因此为一次超静定，需建立一个补充方程。

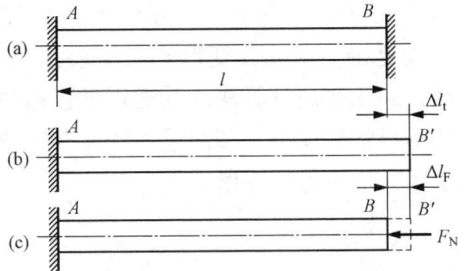

图 2-51

设想刚性支撑 B 为多余约束，解除后施加相应的多余未知力 F_N，得基本静定系 [图 2-51（c）]。由于支撑 B 是刚性的，故与其相应的变形相容条件是杆的总长度不变，即 $\Delta l = 0$。注意到杆的变形包括由温度升高引起的变形 Δl_t 以及与轴向压力 F_N（温度内力）相应的弹性变形 Δl_F 两个部分，故其变形几何方程为

$$\Delta l = \Delta l_t - \Delta l_F = 0 \tag{a}$$

式中，Δl_t 和 Δl_F 均取绝对值。

物理关系为

$$\Delta l_F = \frac{F_N l}{EA} \tag{b}$$

$$\Delta l_t = \alpha_L \Delta t l \tag{c}$$

将式（b）、（c）两式代入式（a），即得温度内力为

$$F_N = \alpha_L EA \Delta t \tag{d}$$

由此得温度应力为

$$\sigma = \frac{F_N}{A} = \alpha_L E \Delta t \tag{e}$$

结果为正，说明原先认为杆受轴向压力是对的，该杆的温度应力为压应力。

若杆为钢杆，其 $\alpha_L = 1.2 \times 10^{-5} \, ℃^{-1}$，$E = 210\,\text{GPa}$，则当温度升高 $\Delta t = 40\,℃$ 时，杆内的温度应力由式（e）算得为

$$\sigma = \alpha_L E \Delta t = [1.2 \times 10^{-5} \, ℃^{-1}](210 \times 10^9 \, \text{Pa})(40\,℃) = 100 \times 10^6 \, \text{Pa} = 100\,\text{MPa}$$

以上计算表明，在超静定结构中，温度应力是一个不容忽视的因素。在铁路钢轨接头处以及混凝土路面中，通常都留有空隙；高温管道隔一段距离要设一个弯道，都为考虑温度的影响，调节因温度变化而产生的伸缩。如果忽视了温度变化的影响，将会导致破坏或妨碍结构物的正常工作。

2.10　杆件连接部分剪切和挤压强度计算

在工程实际中，拉压杆与其他构件之间，或一般构件与构件之间，常用铆钉、螺栓等连接件连接在一起。例如桥梁桁架结点处的铆钉连接 [图 2-52（a）] 以及机械中的轴与齿轮间的键连接 [图 2-53（a）] 等。铆钉、螺栓、键等起连接作用的部件，统称为连接件。这类连接件的受力特点是：作用在垂直于构件两侧面上的两组外力，其大小相等、方向相反，彼此相距很近。其变形特点是：介于作用力中间部分的截面，有发生相对错动的趋势，如图 2-52（b）、图 2-53（b）所示。构件的这种变形称为剪切变形。发生相对错动的截面 $m-m$ 称为受剪面。受剪面平行于作用力的方向。当作用的外力过大时，构件将沿受剪面被剪断。由

图 2-52（b）、图 2-53（b）中铆钉和键的受力图可以看出，连接件的本身尺寸较小，但其受力较复杂，因而其变形较为复杂。在工程设计中，为简化计算，通常按照连接的破坏可能性，采用实用计算法。受剪切的连接件常伴随着其他形式的变形，例如弯曲变形。但因其构件本身的长度与其截面尺寸相比并不算大，因而其弯曲变形很小，可以忽略，而认为它们的主要变形为剪切变形。

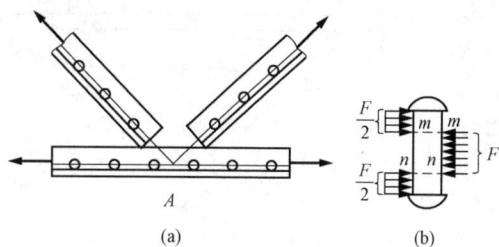

图 2-52

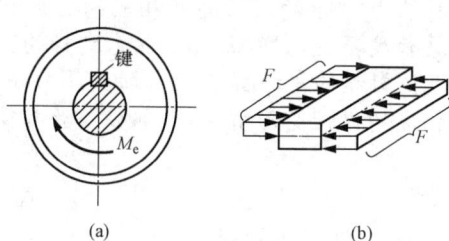

图 2-53

2.10.1 剪切与剪切强度

如图 2-54（a）所示销钉，其受力如图 2-54（b）所示。实验表明，当作用在销钉上的与其轴线相垂直的外力过大时，销钉将沿横截面 1-1 与 2-2 被剪断［图 2-54（c）］。横截面 1-1 与 2-2 称为剪切面。下面分析对于销钉这类连接件的强度问题。

首先分析销钉的内力。利用截面法，沿剪切面 1-1 假想地将销钉切开，并选切开后的左段为研究对象［图 2-54（d）］，显然，横截面上的内力的大小等于外力 F_{R1}；作用线位于该截面内即前述剪力，并用 F_S 表示。

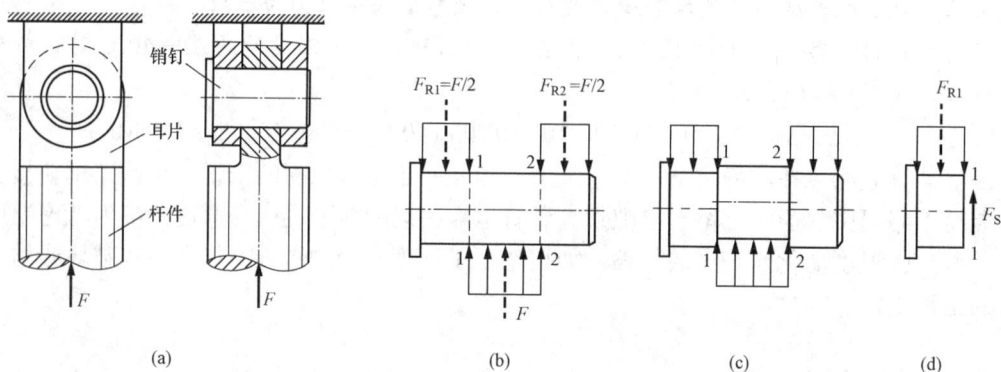

图 2-54

在工程计算中，通常均假定剪切面上的切应力均匀分布，于是，连接件的切应力为

$$\tau = \frac{F_S}{A_S} \qquad (2-37)$$

其剪切强度条件为

$$\tau = \frac{F_S}{A_S} \leqslant [\tau] \qquad (2-38)$$

式中，A_S 为剪切面的面积；$[\tau]$ 为连接件的许用切应力，其值等于连接件的剪切强度极限 τ_b 除以安全因数。如上所述，剪切强度极限值，也按式（2-37）并由剪切破坏载荷确定。

2.10.2 挤压与挤压强度

在外力作用下，销钉与孔直接接触，接触面上的应力称为挤压应力。试验表明，当挤压应力过大时，在孔、销接触的局部区域内，将产生显著塑性变形（图 2-55），以致影响孔。销间的正常配合，显然，这种显著塑性变形通常也是不容许的。

在局部接触的圆柱面上，挤压应力的分布如图 2-56（a）所示，最大挤压应力 σ_{bs} 发生在该表面的中部。设挤压力为 F_b，耳片的厚度为 δ，销钉或孔的直径为 d，根据试验与分析结果，最大挤压应力为

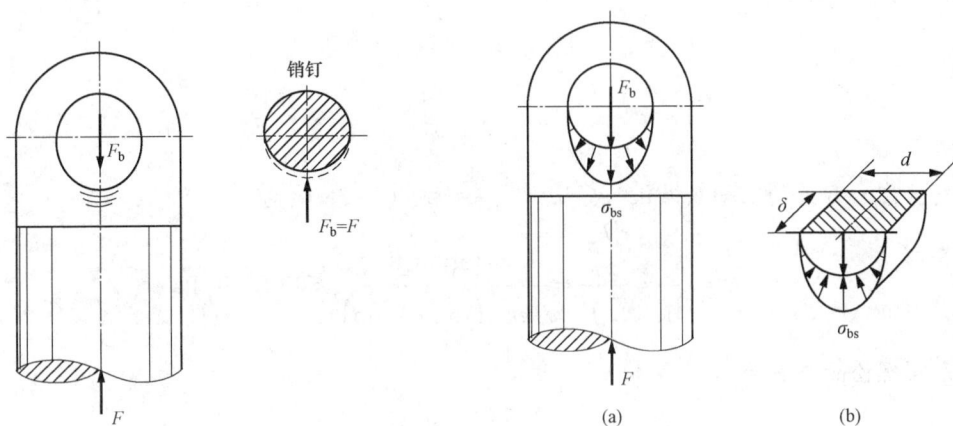

图 2-55　　　　　　　　　　　　　　　　图 2-56

$$\sigma_{bs} = \frac{F_{bs}}{A_{bs}} = \frac{F_{bs}}{\delta d} \tag{2-39}$$

由图 2-56（b）可以看出，受压圆柱面在相应径向平面上的投影面积也为 δd，因此，最大挤压应力 σ_{bs} 在数值上等于上述径向截面的平均压应力。

为防止挤压破坏，最大挤压应力 σ_{bs} 不能超过连接件的许用挤压应力 $[\sigma_{bs}]$，即挤压强度条件为

$$\sigma_{bs} \leqslant [\sigma_{bs}] \tag{2-40}$$

许用挤压应力等于连接件的挤压极限应力除以安全因数。

注意，对于不同类型的连接件，其受力与应力分布也不相同，应根据具体情况，进行分析计算。

例 2-18 某钢桁架的结点如图 2-57（a）所示。斜杆 A 由两个 63 mm × 6 mm 的等边角钢组成，其受力 $F = 140$ kN。该斜杆用螺栓连接在厚度为 $\delta = 10$ mm 的结点板上，螺栓直径为 $d = 16$ mm。已知角钢、结点板和螺栓的材料均为 Q235 钢，许用应力 $[\sigma] = 170$ MPa，$[\tau] = 130$ MPa，$[\sigma_{bs}] = 300$ MPa。试选择螺栓个数，并校核斜杆 A 的拉伸强度。

解：（1）选择螺栓个数。选择螺栓个数的问题在性质上与截面选择的问题相同，先从剪切强度条件式（2-38）选择螺栓个数，然后用挤压强度条件式（2-40）来校核。

分析每个螺栓所受到的力。当各螺栓直径相同，且外力作用线通过该组螺栓截面的形心时，可假定每个螺栓的受力相等。因此，在具有 n 个螺栓的接头上作用的外力为 F 时，每个螺栓所受到的力即等于 F/n。

螺栓有两个剪切面 [图 2-57（b）]，由截面法可得每个剪切面上的剪力为

$$F_s = \frac{F/n}{2} = \frac{F}{2n}$$

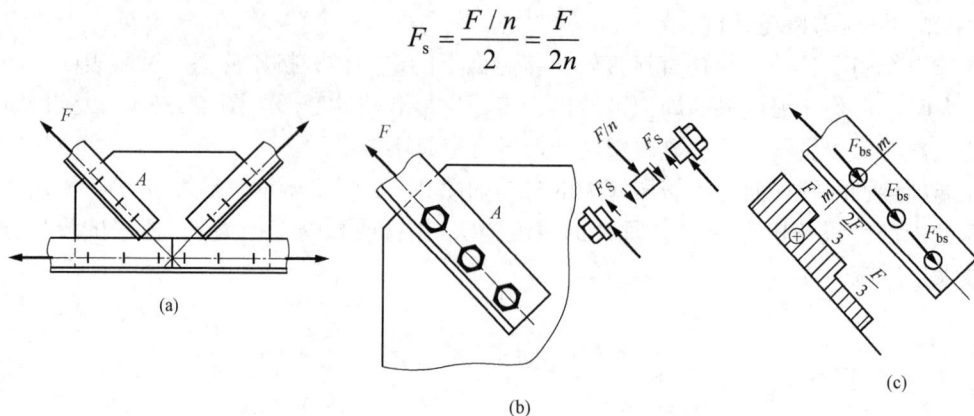

图 2-57

将剪力和有关的已知数据代入剪切强度条件式（2-38），即得

$$\tau = \frac{F_s}{A_s} = \frac{\frac{F}{2n}}{\frac{\pi}{4}d^2} = \frac{4\times 140\times 10^3\ \text{N}}{2n\pi\times\left(16\times 10^{-3}\ \text{m}\right)^2} \leqslant 130\times 10^6\ \text{Pa}$$

于是求得螺栓的个数为

$$n \geqslant \frac{2\times 140\times 10^3\ \text{N}}{\pi\times(16\times 10^{-3}\ \text{m})^2\times(130\times 10^6\ \text{Pa})} = 2.68$$

取 $n = 3$。

校核挤压强度。由于结点板的厚度小于两角钢厚度之和，所以应校核螺栓与结点板之间的挤压强度。每个螺栓所受的力为 $\dfrac{F}{n}$，也即螺栓与结点板间相互的挤压力，即

$$F_{bs} = \frac{F}{n}$$

由式（2-39）可得名义挤压应力为

$$\sigma_{bs} = \frac{F_{bs}}{A_{bs}} = \frac{F}{n\delta d}$$

将已知数据代入上式得

$$\sigma_{bs} = \frac{F}{n\delta d} = \frac{140\times 1\,000\ \text{N}}{3(10\times 10^{-3}\ \text{m})(16\times 10^{-3}\ \text{m})} = 292\times 10^6\ \text{Pa} = 292\ \text{MPa} < [\sigma_{bs}]$$

可见，采用 3 个螺栓满足挤压强度条件。

（2）校核角钢的拉伸强度。取两根角钢一起作为分离体，其受力图及轴力图如图 2-57（c）所示。由于角钢在 $m-m$ 截面上轴力最大，该横截面又因螺栓孔而削弱，故为危险截面。该截面上的轴力为

$$F_{N\max} = F = 140\ \text{kN}$$

由型钢规格表查得 63 mm × 6 mm 角钢的横截面积为 7.29 cm²，故危险截面 $m-m$ 的面积为

$$A = 2(729\ \text{mm}^2 - 6\ \text{mm}\times 16\ \text{mm}) = 1\,266\ \text{mm}^2$$

角钢横截面 $m-m$ 上的拉伸正应力为

$$\sigma = \frac{F_{\mathrm{Nmax}}}{A} = \frac{140 \times 1\,000\ \mathrm{N}}{12.66 \times 10^{-4}\ \mathrm{m}^2} = 111 \times 10^6\ \mathrm{Pa} = 111\ \mathrm{MPa} < [\sigma]$$

可见，斜杆满足拉伸强度条件。

在计算 m–m 截面上的拉应力时应用了轴向拉伸的正应力公式，实际上，由于角钢上的螺栓孔，使横截面发生应力集中现象。但考虑到杆的材料为 Q235 钢，具有良好的塑性，当杆接近破坏时，危险截面 m–m 上各部分材料均将达到屈服极限，各点处的正应力趋于相等，故假设该截面上各点处的正应力相等是可以的。

例 2–19　图 2–58（a）所示拉杆，用 4 个直径相同的铆钉固定在格板上，拉杆与铆钉的材料相同，试校核铆钉与拉杆的强度。已知载荷 $F = 80$ kN，板宽 $b = 80$ mm，板厚 $\delta = 10$ mm，铆钉直径 $d = 16$ mm，许用切应力 $[\tau] = 100$ MPa，许用挤压应力 $[\sigma_{\mathrm{bs}}] = 300$ MPa，许用拉应力 $[\sigma] = 160$ MPa。（在铆钉组的计算中假设：不论铆接的方式如何，均不考虑弯曲的影响；若外力的作用线通过铆钉组横截面的形心，且同一组内各铆钉的材料与直径均相同，则每个铆钉的受力也相等。）

解：（1）铆钉的剪切强度计算。首先计算各铆钉剪切面上的剪力。分析表明，当各铆钉的材料与直径均相同，且外力作用线通过铆钉群剪切面的形心时，通常认为各铆钉剪切面的剪力相同。因此，对于图 2–58（a）所示铆钉群，各铆钉剪切面上的剪力均为

$$F_{\mathrm{S}} = \frac{F}{4} = \frac{80 \times 10^3\ \mathrm{N}}{4} = 2.0 \times 10^4\ \mathrm{N}$$

而相应的切应力则为

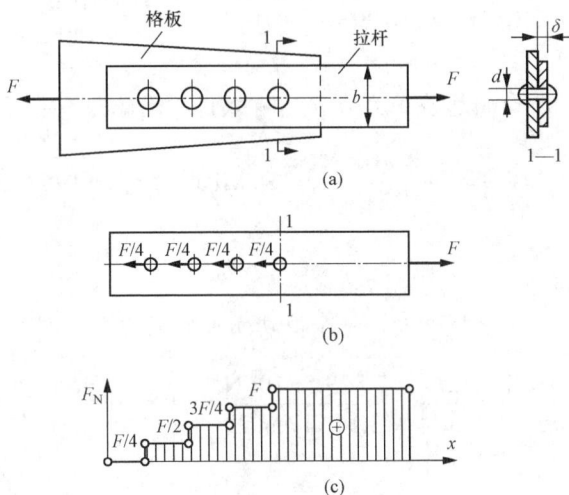

图 2–58

$$\tau = \frac{4F}{\pi d^2} = \frac{4(2.0 \times 10^4\ \mathrm{N})}{\pi(16 \times 10^{-3}\ \mathrm{m}^2)} = 99.5\ \mathrm{MPa} < [\tau]$$

（2）铆钉的挤压强度计算。在本例中，铆钉所受的挤压力等于铆钉剪切面上的剪力，即

$$F_{\mathrm{b}} = F_{\mathrm{S}} = 2.0 \times 10^4\ \mathrm{N}$$

因此，最大挤压应力为

$$\sigma_{\mathrm{bs}} = \frac{F_{\mathrm{b}}}{\delta d} = \frac{2.0 \times 10^4\ \mathrm{N}}{(10 \times 10^{-3}\ \mathrm{m})(16 \times 10^{-3}\ \mathrm{m})} = 125\ \mathrm{MPa} < [\sigma_{\mathrm{bs}}]$$

（3）拉杆的拉伸强度计算。拉杆的受力情况及轴力图分别如图 2-58（b）、（c）所示。显然，横截面 1-1 上的正应力最大，其值为

$$\sigma_{\max} = \frac{F_{N\max}}{(b-d)\delta} = \frac{80 \times 10^3 \text{ N}}{(80 \times 10^{-3} \text{ m} - 16 \times 10^{-3} \text{ m})(10 \times 10^{-3} \text{ m})} = 125 \text{ MPa} < [\sigma]$$

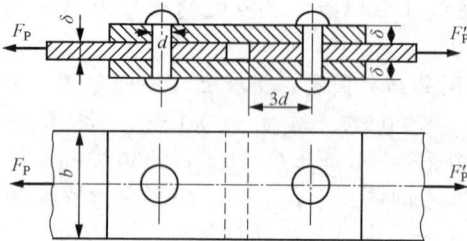

图 2-59

可见，铆钉与拉杆均满足强度要求。

例 2-20 图 2-59 所示钢板铆接件，已知：钢板拉伸许用应力$[\sigma_b] = 98$ MPa，挤压许用应力$[\sigma_{bs}] = 196$ MPa，钢板厚度$\delta = 10$ mm，宽度$b = 100$ mm；铆钉直径$d = 17$ mm，铆钉许用切应力$[\tau] = 137$ MPa，挤压许用应力$[\sigma_{bs}] = 314$ MPa。若铆接件承受的载荷$F_p = 23.5$ kN，试校核钢板与铆钉的强度。

解： 对于钢板，由于自铆钉孔边缘线至板端部的距离比较大，该处钢板纵向承受剪切的面积较大，因而具有较高的抗剪切强度。因此，本例题中，只需校核钢板的拉伸强度和挤压强度以及铆钉的挤压强度和剪切强度。

（1）校核钢板的强度。

1）拉伸强度。考虑到铆钉孔对钢板的削弱，有

$$\sigma = \frac{F_N}{A} = \frac{F_p}{(b-d)\delta} = \frac{23.5 \times 10^3 \text{ N}}{(100-17) \times 10} = 28.3 \text{ MPa} < [\sigma_b] = 98 \text{ MPa}$$

故钢板的拉伸强度安全。

2）挤压强度。钢板所受的总挤压力为F_p，有效挤压面积为δd。于是有

$$\sigma_{bs} = \frac{F_p}{\delta d} = \frac{23.5 \times 10^3 \text{ N}}{17 \times 10} = 138 \text{ MPa} < [\sigma_{bs}] = 196 \text{ MPa}$$

故钢板的挤压强度也安全。

（2）校核铆钉的强度

1）剪切强度。铆钉有两个剪切面，每个剪切面上的剪力$F_S = F_p/2$，于是有

$$\tau = \frac{F_S}{A} = \frac{F_p/2}{\pi d^2/4} = \frac{2F_p}{\pi d^2} = \frac{2 \times 23.5 \times 10^3 \text{ N}}{3.14 \times 17 \text{ mm}^2} = 51.8 \text{ MPa} < [\tau] = 137 \text{ MPa}$$

故铆钉的剪切强度安全。

2）挤压强度。铆钉所受的总挤压力与有效挤压面积均与钢板相同，并且挤压许用应力较钢板更高，因为钢板的挤压强度已校核是安全的，铆钉的挤压强度也必满足，所以无须重复计算。

可见，钢板与铆钉均满足强度要求。

例 2-21 图 2-60（a）所示为一木杆接头，已知轴向力$F = 50$ kN，截面宽度$b = 250$ mm，木材的顺纹许用挤压应力$[\sigma_{bs}] = 10$ MPa，许用切应力$[\tau] = 1$ MPa。试根据剪切和挤压强度确定接头的尺寸L和a。

解： 确定剪切面和挤压面如图 2-60（b）所示，力F大的话会把左上角的凸台推掉。

根据式（2-38）可以得剪切强度条件为

$$\tau = \frac{F_S}{A} = \frac{F}{Lb} \leqslant [\tau]$$

进一步可得尺寸 L 应满足的条件为

$$L \geqslant \frac{F}{b[\tau]} = \frac{50 \times 10^3 \text{ N}}{250 \text{ mm} \times 1 \text{ MPa}} = 200 \text{ mm}$$

根据式（2-40）可以得挤压强度条件为

$$\sigma_{bs} = \frac{F_{bs}}{A_{bs}} = \frac{F}{ba} \leqslant [\sigma_{bs}]$$

进一步可得尺寸 a 应满足的条件为

$$a \geqslant \frac{F}{b[\sigma_{bs}]} = \frac{50 \times 10^3 \text{ N}}{250 \text{ mm} \times 10 \text{ MPa}} = 20 \text{ mm}$$

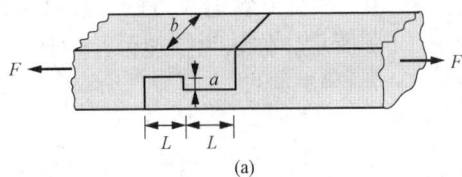

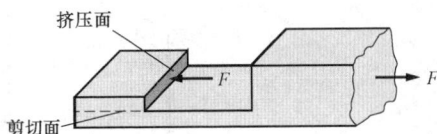

图 2-60

思　考　题

2-1　如何用截面法计算轴力？如何画轴力图？在分析杆件轴力时，力的可传性原理是否仍可用？应注意什么？

2-2　拉压杆横截面上的正应力公式是如何建立的？为什么要进行假设？该公式的应用条件是什么？

2-3　一根钢筋试样，其弹性模量 $E = 210 \text{ GPa}$，比例极限 $\sigma_p = 210 \text{ MPa}$；在轴向拉力 F 作用下，纵向线应变为 $\varepsilon = 0.001$。试求钢筋横截面上的正应力。如果加大拉力 F，使试样的纵向线应变增加到 $\varepsilon = 0.01$，试问此时钢筋横截面上的正应力能否由胡克定律确定，为什么？

2-4　弹性模量 E 的物理意义是什么？如低碳钢的弹性模量 $E_s = 210 \text{ GPa}$，混凝土的弹性模量 $E_c = 28 \text{ GPa}$，试求：（1）在横截面上正应力 σ 相等的情况下，钢和混凝土杆的纵向线应变 ε 之比；（2）在纵向线应变 ε 相等的情况下，钢和混凝土杆横截面上正应力 σ 之比；（3）当纵向线应变 $\varepsilon = 0.0015$ 时，钢和混凝土杆横截面上正应力 σ 的值。

2-5　若两杆的截面面积 A、长度 l 及所受载荷 F 均相同，而材料不同，试问所产生的应力 σ、变形 Δl 是否相同。

2-6　已知钢的弹性模量 $E = 200 \text{ GPa}$，灰口铸铁的弹性模量 $E = 150 \text{ GPa}$。当应力低于比例极限时：（1）试比较在同一应力 σ 作用下，钢和铸铁的应变；（2）试比较在同一应变条件下，钢和铸铁的应力。

2-7　两根直杆的长度和横截面积均相同，两端所受的轴向外力也相同，其中一根为钢杆，另一根为木杆。试问：（1）两杆的内力是否相同？（2）两杆的应力是否相同？强度是否相同？（3）两杆的应变、伸长率、刚度是否相同？

2-8　低碳钢在拉伸过程中表现为几个阶段？各有何特点？何谓比例极限、屈服极限与强度极限？

2-9　何谓塑性材料与脆性材料？如何衡量材料的塑性？试比较塑性材料与脆性材料的力学性能的特点。

2-10 现有低碳钢及铸铁两种材料，若用低碳钢制造杆 2，用铸铁制造杆 1，如图 2-61 （a）、（b）所示，你认为合理否？为什么？

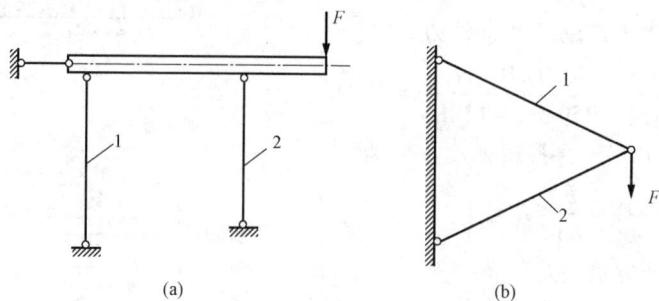

(a)   (b)

图 2-61

2-11 试问在低碳钢试样的拉伸图上，试样被拉断时的应力为什么反而比强度极限低？

2-12 材料 a，b 与 c 的应力应变曲线如图 2-62 所示，其中：材料_____的强度最高；材料_____的弹性模量最大；材料_____的塑性最好。

2-13 试指出下列概念的区别：（1）内力与应力；（2）变形与应变；（3）弹性变形与塑性变形；（4）强度极限与极限应力；（5）极限应力与许用应力；（6）工作应力、许用应力。

2-14 何谓许用应力？何谓强度条件？利用强度条件可以解决哪些类型的强度问题？

2-15 何谓杆截面拉压刚度？拉压刚度越大，则对杆越有利还是越不利？

2-16 何谓静定与静不定问题？试述求解静不定问题的方法和步骤。画受力图与变形图时应注意什么？与静定问题相比较，静不定问题有何特点？

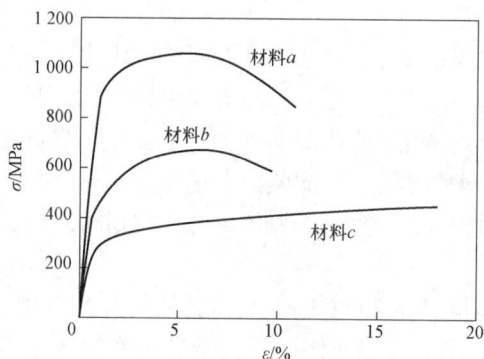

图 2-62

习 题

2-1 试求图 2-63 示各杆的轴力，并指出轴力的最大值。

2-2 试画图 2-63 所示各杆的轴力图。

2-3 如图 2-63（b）所示等截面直杆，若其横截面积 $A=400\ \text{mm}^2$，试计算各横截面上的应力，并确定杆内的最大拉应力与最大压应力。

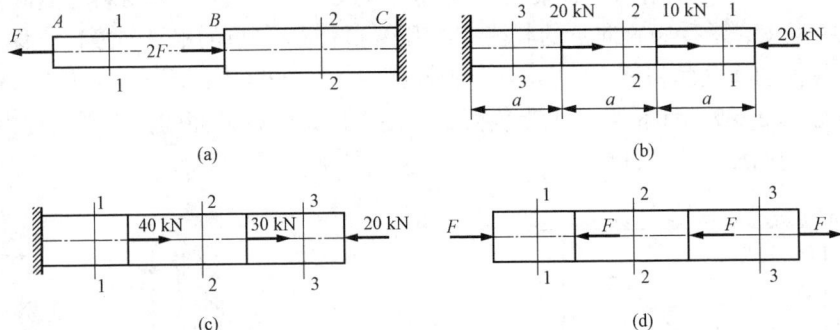

(a) (b)

(c) (d)

图 2-63

2-4 如图 2-64 所示阶梯形圆截面杆，已知载荷 $F_1 = 200$ kN，$F_2 = 100$ kN，AB 段的直径 $d_1 = 40$ mm，欲使 BC 段与 AB 段横截面上的正应力相同，试求 BC 段的直径。

2-5 如图 2-65 所示木杆，承受轴向载荷 $F = 10$ kN 作用，杆的横截面积 $A = 1\ 000$ mm^2，粘接面的方位角 $\theta = 45°$，试计算该截面上的正应力与切应力，并画出应力的方向。

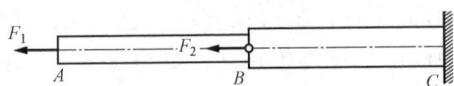

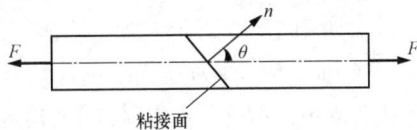

图 2-64 图 2-65

2-6 如图 2-63（c）所示杆为圆截面杆，其横截面积 $A = 200$ mm^2，各段杆长分别为 100 mm、120 mm、100 mm，弹性模量 $E = 200$ GPa，求杆的总伸长 Δl。

2-7 一木桩受力如图 2-66 所示。柱的横截面为边长 200 mm 的正方形，材料可认为符合胡克定律，其弹性模量 $E = 10$ GPa。如不计柱的自重，试求：（1）轴力图；（2）各段柱横截面上的应力；（3）各段柱的纵向线应变；（4）柱的总变形。

2-8 在图 2-67 所示结构中，水平杆 AB 为刚性杆；杆 1 为钢制圆杆，直径 $d_1 = 20$ mm，弹性模量 $E_钢 = 200$ GPa；杆 2 为铜制圆杆，$d_2 = 25$ mm，$E_铜 = 100$ GPa。

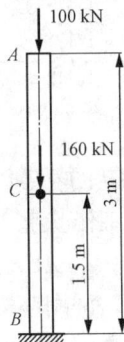

图 2-66

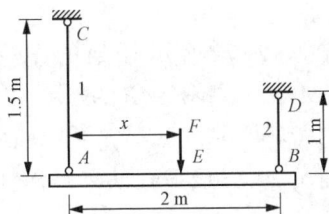

图 2-67

（1）试问：载荷 F 加在何处，才能使加力后，刚性梁 AB 仍保持水平？

（2）若此时，$F = 30$ kN，则两杆内正应力各为多少？

2-9　在图 2-68 所示结构中，梁 BD 为刚体，杆 1、杆 2 与杆 3 的材料与横截面积相同，在梁 BD 的中点 C，承受竖直向下的载荷 F 作用，试计算 C 点的水平与竖直位移。已知载荷 $F = 20$ kN，各杆的横截面积 $A = 100$ mm^2，弹性模量 $E = 200$ GPa，梁长 $l = 1000$ mm。

2-10　如图 2-69 所示桁架，承受载荷 F 作用。已知各杆截面的拉压刚度均为 EA，试计算节点 B 与 C 间的相对位移 Δ_{BC}。

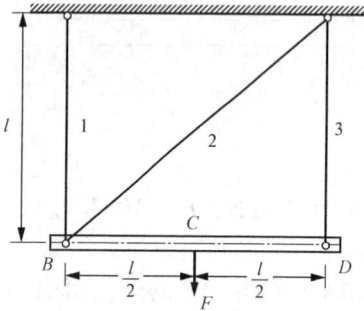

图 2-68

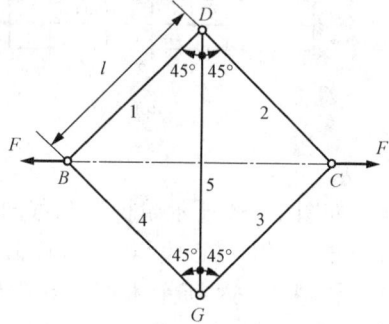

图 2-69

2-11　如图 2-70 所示三脚架。AB 杆为正方形截面木杆，其边长为 $a = 150$ mm，弹性模量 $E_1 = 10$ GPa；BC 杆为圆截面钢杆，其直径 $d = 30$ mm，弹性模量 $E_2 = 200$ GPa。已知 AB 杆长 $l = 0.886$ m，AB 杆与 BC 杆的夹角为 $\alpha = 30°$，载荷 $F = 30$ kN。试计算该三脚架内的应变能，并求节点 B 的竖直位移。

2-12　如图 2-71 所示硬铝试样，厚度 $\delta = 2$ mm，试验段板宽 $b = 20$ mm，标距 $l = 70$ mm，在轴向拉力 $F = 6$ kN 的作用下，测得试验段伸长 $\Delta l = 0.15$ mm，板宽缩短 $\Delta b = 0.014$ mm，试计算硬铝的弹性模量 E 与泊松比 μ。

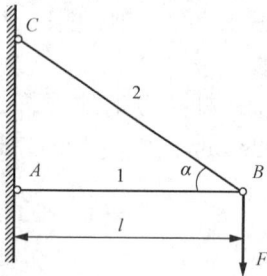

图 2-70

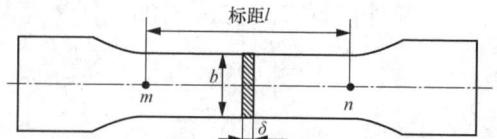

图 2-71

2-13　吊车在图 2-72 所示托架的 AC 梁上移动，斜杆 AB 的截面为圆形，直径为 20 mm，$[\sigma] = 120$ MPa，试校核 AB 的强度。（提示：应考虑危险工作状况）

2-14　如图 2-73 所示，载荷 $F = 130$ kN 悬挂在两根圆杆上。AC 是钢杆，直径 $d_1 = 30$ mm，许用应力 $[\sigma]_{钢} = 160$ MPa；BC 是铝杆，直径 $d_2 = 40$ mm，许用应力 $[\sigma]_{铝} = 60$ MPa。已知 $\alpha = 30°$，试校核该结构的强度。

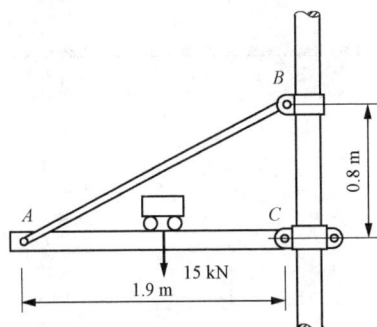

图 2-72

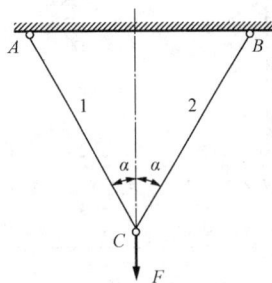

图 2-73

2-15　图 2-74 所示为一钢筋混凝土平面闸门，其最大启门力为 $F = 140$ kN。如提升闸门的钢质丝杠内径 $d = 40$ mm，钢的许用应力 $[\sigma] = 170$ MPa，试校核丝杠的强度。

2-16　一空心圆截面杆，内径 $d = 15$ mm，承受轴向压力 $F = 20$ kN 作用，已知材料的屈服应力 $\sigma_s = 240$ MPa，安全因数 $n_s = 1.6$。试确定杆的外径 D。

2-17　在图 2-75 所示结构中，水平杆 AB 为刚性杆，斜杆 CD 为钢杆。已知 CD 钢杆的直径为 $d = 20$ mm，许用应力 $[\sigma] = 160$ MPa，试求结构的许用载荷。

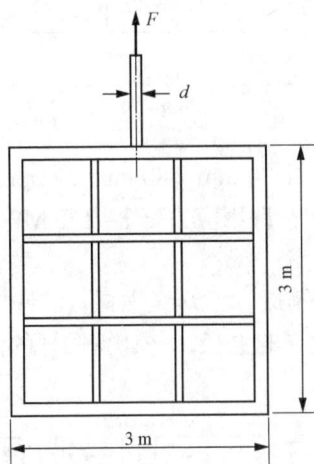

图 2-74

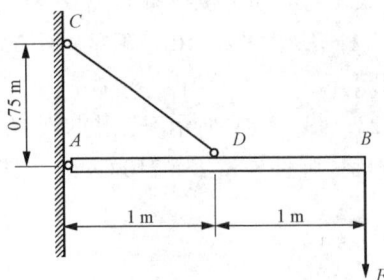

图 2-75

2-18　在图 2-76 所示结构中，梁 AB 受均布线载荷 $q = 10$ kN/m 作用，B 端用斜杆 BC 拉住。

（1）斜杆用钢丝索做成，每根钢丝的直径 $d = 2$ mm，$[\sigma] = 140$ MPa，求所需钢丝根数 n；

（2）若斜杆改用两根 L63 mm × 63 mm × 5 mm 等边角钢，在连接处每个角钢打一个直径 $d = 20$ mm 的销钉孔，材料的许用应力 $[\sigma] = 140$ MPa，试校核其强度。

2-19　如图 2-77 所示桁架，杆 1 与杆 2 的横截面均为圆形，直径分别为 $d_1 = 30$ mm 与 $d_2 = 20$ mm，两杆材料相同，许用应力 $[\sigma] = 160$ MPa，该桁架在节点 C 处承受竖直方向的载荷 $F = 80$ kN 作用。试校核桁架的强度，并确定该桁架的许用载荷。

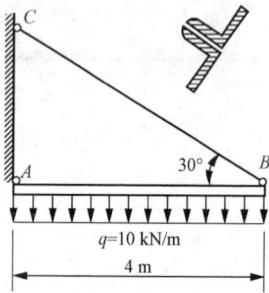

图 2-76

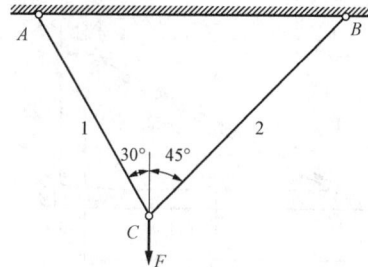

图 2-77

2-20　一桁架受力如图 2-78 所示。各杆都由两个等边角钢组成。已知角钢材料的许用应力$[\sigma]$ = 170 MPa。试选择杆 AC 和 CD 的角钢型号。

2-21　钢木组合桁架的尺寸及计算简图如图 2-79 所示，已知 F = 16 kN，钢的许用应力$[\sigma]$ = 120 MPa。试选择钢拉杆 DI 的直径 d。

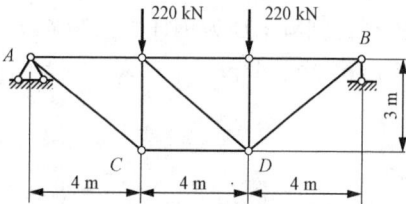

图 2-78

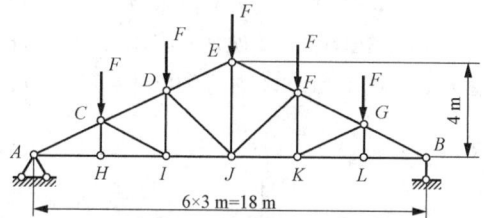

图 2-79

2-22　简易起重机设备如图 2-80 所示，杆 AC 由两根 80 mm × 80 mm × 7 mm 的等边角钢组成，杆 AB 由两根 10 号工字钢组成。材料为 Q235 钢，许用应力$[\sigma]$ = 170 MPa。试求许可载荷$[F]$。

2-23　图 2-81 所示三铰拱屋架的拉杆用 16 锰钢杆制成。已知锰钢材料的许用应力$[\sigma]$ = 210 MPa，弹性模量 E = 210 GPa。试按强度条件选择钢杆的直径，并计算钢杆的伸长量。

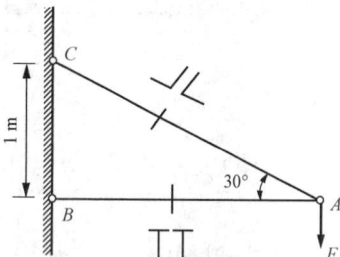

图 2-80

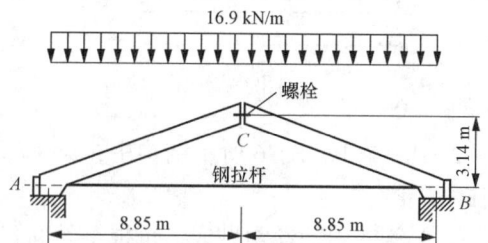

图 2-81

2-24　已知混凝土的密度ρ = 2.25 × 10^3 kg/m^3，许用压应力$[\sigma]$ = 2 MPa，试按强度条件确定图 2-82 所示混凝土柱所需的横截面积 A_1 和 A_2。若混凝土的弹性模量 E = 20 GPa，试求柱顶 A 的位移。

2-25　图 2-83 所示桁架承受竖直载荷 F 作用。已知杆的许用应力为$[\sigma]$，试问在节点 B 与 C 的位置保持不变的条件下，欲使结构质量最轻，α 应取何值（确定节点 A 的最佳位置）。

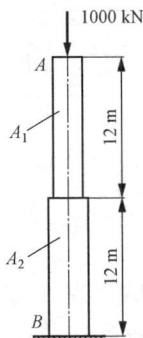

图 2-82

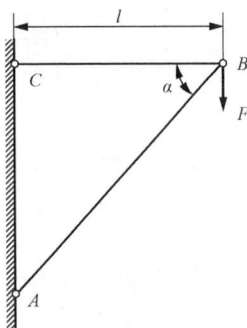

图 2-83

2-26　如图 2-84 所示两端固定等截面直杆，横截面的面积为 A，承受轴向载荷 F 作用，试计算杆内横截面上的最大拉应力与最大压应力。

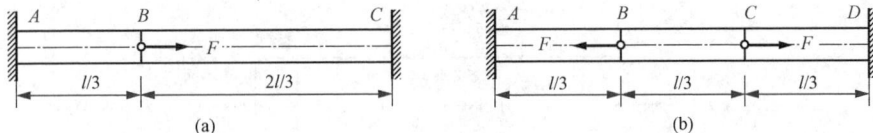

图 2-84

2-27　在图 2-85 所示结构中，梁 AD 为刚体，由长度相同、横截面积相等且用同一种材料制成的杆 1 与杆 2 两根杆悬吊于水平位置，若杆 1 与杆 2 的许用应力$[\sigma]=160\,\mathrm{MPa}$，刚性梁 AD 右端吊起的载荷 $F=50\,\mathrm{kN}$，求两杆的内力及所需的横截面积。

2-28　在图 2-86 所示结构中，1、2 两杆的拉压刚度均为 EA，长度均为 l，加工时 1 杆的长度短了 Δ_e（$\Delta_\mathrm{e}\ll l$），AB 为刚性梁。装配后，再施加载荷 F。求 1、2 两杆的轴力。

2-29　图 2-87 所示钢杆的两端固定。已知 $A_1=100\,\mathrm{mm}^2$，$A_2=200\,\mathrm{mm}^2$，弹性模量 $E=210\,\mathrm{GPa}$，$\alpha=12.5\times10^{-6}\mathrm{C}^{-1}$。试求当温度升高 30℃时杆内的最大应力。

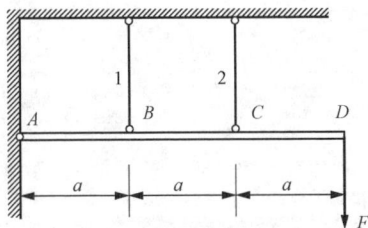

图 2-85

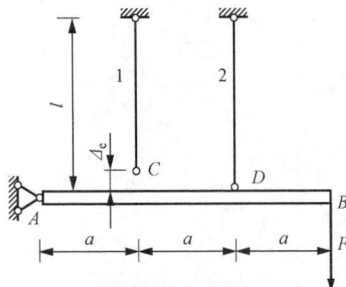

图 2-86

2-30　图 2-88 所示接头承受轴向载荷 F 作用，试校核接头的强度。已知：载荷 $F=80\,\mathrm{kN}$；板宽 $b=80\,\mathrm{mm}$，板厚 $\delta=10\,\mathrm{mm}$；铆钉直径 $d=16\,\mathrm{mm}$，许用应力$[\sigma]=160\,\mathrm{MPa}$，许用切应力$[\tau]=120\,\mathrm{MPa}$，许用挤压应力$[\sigma_\mathrm{bs}]=340\,\mathrm{MPa}$；板件与铆钉的材料相同。

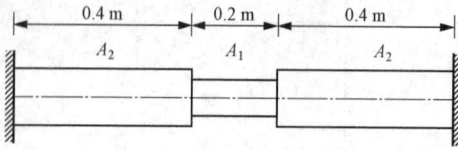

图 2-87

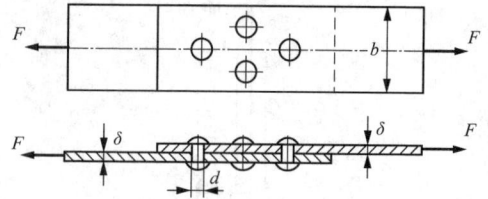

图 2-88

2-31　已知图 2-89 所示铆接钢板的厚度 $\delta = 10$ mm，铆钉的直径 $d = 17$ mm，铆钉许用切应力$[\tau] = 140$ MPa，许用挤压应力$[\sigma_{bs}] = 320$ MPa。若铆接件承受的载荷 $F = 24$ kN。试校核该接头的强度。

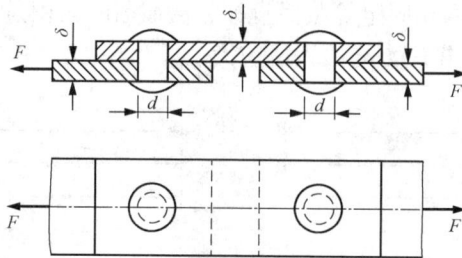

图 2-89

第 3 章 扭 转

3.1 概 述

扭转变形是杆件的基本变形之一。杆件在横向平面内的外力偶作用下，要发生扭转变形，它的任意两个横截面将由于各自绕杆的轴线所转动的角度不相等而产生相对角位移，即相对扭转角。扭转的受力特点是杆件受到作用面垂直于杆轴线的力偶的作用，变形特点是相邻横截面绕杆轴产生相对旋转变形。产生扭转变形的杆件多为传动轴，房屋的雨篷梁也有扭转变形，如图 3-1 所示。

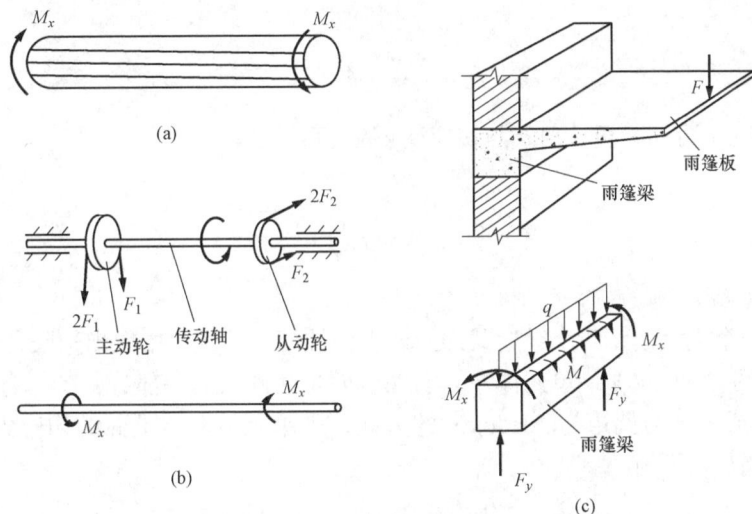

图 3-1

3.2 薄壁圆筒的扭转、剪切胡克定律

1. 薄壁圆筒扭转时的应力

为了观察薄壁圆筒的扭转变形现象，首先在圆筒表面上画出图 3-2（a）所示的纵向线及圆周线。当圆筒两端加上一对力偶 M 后，由图 3-2（b）可见，各纵向线仍近似为直线，且其均倾斜了同一微小角度 γ，各圆周线的形状和大小没有变化，圆周线绕轴线转了不同角度。由此说明，圆筒横截面及含轴线的纵向截面上均没有正应力，则横截面上只有切于截面的切应力 τ。因为薄壁的厚度 δ 很小，所以可以认为切应力沿壁厚方向均匀分布，如图 3-2（e）所示。

由
$$\Sigma M_x = 0, \quad \int_0^{2\pi} \tau R_0^2 \delta \mathrm{d}\theta - M = 0$$

解得
$$\tau = \frac{M}{2\pi R_0^2 \delta} \qquad (3-1)$$

式中，R_0 为圆筒的平均半径。

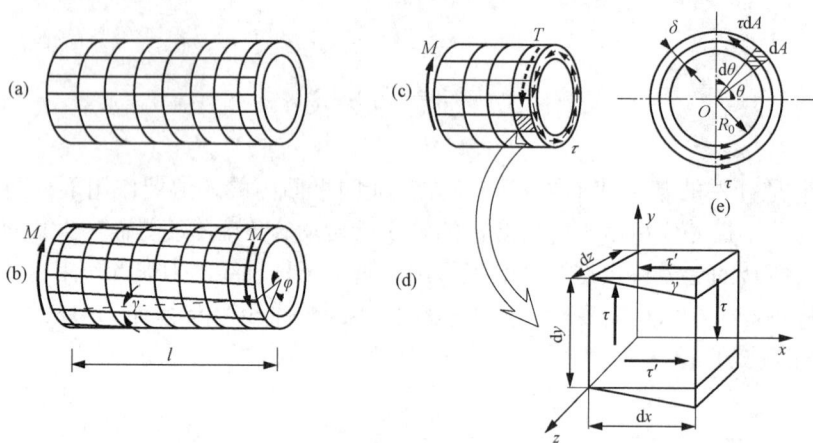

图 3-2

由图 3-2（b）可知，扭转角 φ 与切应变 γ 的关系为
$$R\varphi \approx l\gamma$$

即
$$\gamma = R\frac{\varphi}{l} \qquad (3-2)$$

2. 切应力互等定理

用相邻的两个横截面、两个纵向截面及两个圆柱面，从圆筒中取出边长分别为 dx、dy、dz 的单元体［图 3-2（d）］，单元体左、右两侧面是横截面的一部分，其上有等值、反向的切应力 τ，其组成一个力偶矩为 $(\tau dzdy)dx$ 的力偶，则单元体上、下面的切应力 τ' 必组成一等值、反向的力偶与其平衡。

由
$$\Sigma M = 0, \ (\tau dzdx)dy - (\tau dzdx)dx = 0$$
解得
$$\tau = \tau'$$

上式表明，在互相垂直的两个平面上，切应力总是成对存在，且数值相等；两者均垂直两个平面交线，方向则同时指向或同时背离这一交线。如图 3-2（d）所示的单元体的四个侧面上，只有切应力而没有正应力作用，这种情况称为纯剪切。

3. 剪切虎克定律

通过薄壁圆筒扭转试验可得逐渐增加的外力偶矩 M 与扭转角 φ 的对应关系，然后由式（3-1）、式（3-2）得一系列的 τ 与 γ 的对应值，便可作出图 3-3 所示的 τ-γ 曲线（由低碳钢材料得出的），其与 σ-ε 曲线相似。在 τ-γ 曲线中 OA 为一直线，其直线段对应最大的切应力为 τ_p，表明 $\tau \leqslant \tau_p$ 时，$\tau \propto \gamma$ 这就是剪切虎克定律，即

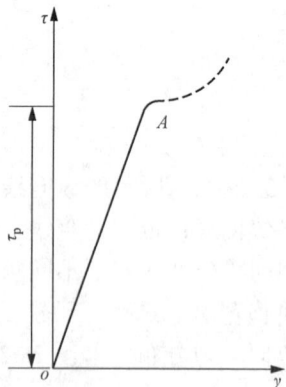

图 3-3

$$\tau = G\gamma \qquad (3-3)$$

式中，G 为比例系数，称为剪切弹性模量。

3.3　传动轴的外力偶矩及扭矩图

在计算带轮传动轴时，作用在轴上的外力偶矩就是带拉力对轴的力偶矩 M_e，但通常给出的是轴所传递的功率和轴的转速，而不是带的拉力。因此，需要将功率、转速换算为力偶矩，换算关系如下：

假想轴在带轮所处的位置受一力偶矩 M_e 的作用，当轴转动 1 min 时，该力偶矩所做的功为

$$W = 2\pi n M_e$$

式中，n 为轴的转速（r/min）。机器的功率通常以 P（kW）来表示，1 kW 相当于每秒钟做 1000 N·m 的功，于是每分钟所做的功为

$$W' = 60000 P$$

式中，P 的单位为 kW；W' 的单位为 N·m。

由于 W 和 W' 都代表每分钟所做的功，它们应相等，于是比较得到根据功率 P（kW），转速 n（r/min）来计算外力偶矩 M_e（N·m）的公式：

$$M_e = \frac{60000 P}{2\pi n} = 9550 \frac{P}{n} \tag{3-4}$$

如图 3-4（a）所示为一受扭杆，用截面法来求 $n-n$ 截面上的内力，取左段［图 3-4（b）］，作用于其上的仅有一力偶矩 M_A，因其平衡，则作用于 $n-n$ 截面上的内力必合成为一力偶。

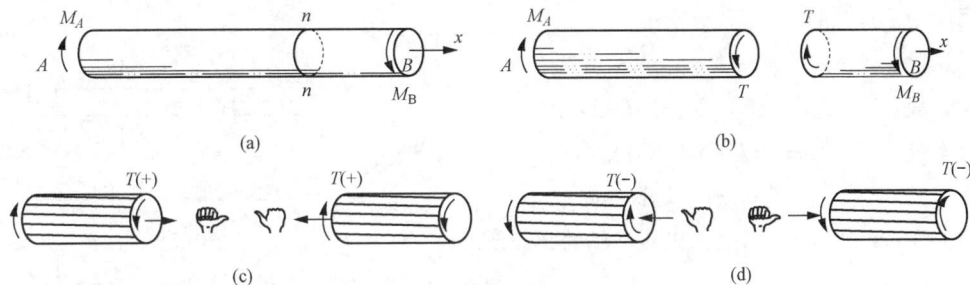

图 3-4

由 $\sum M_x = 0$，$T - M_A = 0$，解得 $T = M_A$，式中 T 称为 $n-n$ 截面上的扭矩。

杆件受到外力偶作用而发生扭转变形时，在杆的横截面上产生的内力称扭矩（T），单位为 N·m 或 kN·m。

符号规定：按右手螺旋法则将 T 表示为矢量，当矢量方向与截面外法线方向相同为正［图 3-4（c）］，反之为负［图 3-4（d）］。

例 3-1　图 3-5（a）所示的传动轴的转速 $n = 400$ r/min，主动轮 A 的功率 $P_A = 780$ kW，3 个从动轮输出功率分别为 $P_C = 240$ kW，$P_B = 240$ kW，$P_D = 300$ kW，试求指定截面的扭矩。

解: 由 $M = 9550 \dfrac{N}{n}$ 得

$$M_A = 9550 \frac{N_A}{n} = 18.62 \, \text{kN} \cdot \text{m}$$

$$M_B = M_C = 9550 \frac{N_B}{n} = 5.73 \, \text{kN} \cdot \text{m}$$

$$M_D = 9550 \frac{N_D}{n} = 7.16 \, \text{kN} \cdot \text{m}$$

由 $\sum M_x = 0$, $T_1 + M_B = 0$, 解得

$$T_1 = -M_B = -5.73 \, \text{kN} \cdot \text{m}$$

如图 3-5 (c) 所示:

由 $\sum M_x = 0$, $T_2 + M_B + M_C = 0$, 解得

$$T_2 = -M_B - M_C = -11.46 \, \text{kN} \cdot \text{m}$$

如图 3-5 (d) 所示:

由 $\sum M_x = 0$, $T_3 - M_A + M_B + M_C = 0$, 解得

$$T_3 = M_A - M_B - M_C = 7.16 \, \text{kN} \cdot \text{m}$$

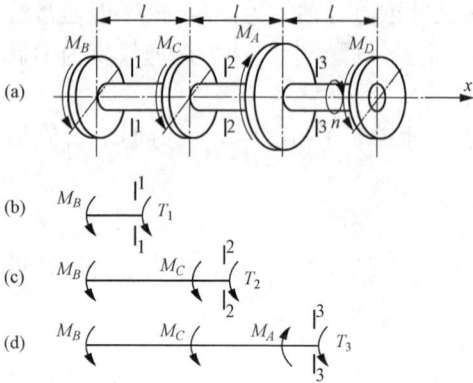

图 3-5

由上述扭矩计算过程推得，任一截面的扭矩值等于对应截面一侧所有外力偶矩的代数和，且外力偶矩的符号采用右手螺旋法则确定，如果以右手四指表示扭矩的转向，则拇指的指向离开截面时的扭矩为正，反之拇指指向截面时则扭矩为负，即

$$T = \sum M \tag{3-5}$$

例 3-2 图 3-6 所示的传动轴有 3 个轮子，作用在轮上的外力偶矩分别为 $M_1 = 6 \, \text{kN} \cdot \text{m}$，$M_2 = 10 \, \text{kN} \cdot \text{m}$，$M_3 = 4 \, \text{kN} \cdot \text{m}$，试求指定截面的扭矩。

解: 由 $T = \sum M$ 得

取左段: $\quad T_1 = -M_1 = -6 \, \text{kN} \cdot \text{m}$

取右段: $\quad T_1 = -M_2 + M_3 = -6 \, \text{kN} \cdot \text{m}$

取左段: $\quad T_2 = -M_1 + M_2 = 4 \, \text{kN} \cdot \text{m}$

取右段: $\quad T_2 = M_3 = 4 \, \text{kN} \cdot \text{m}$

例 3-3 试画出 [例 3-1] 中传动轴的扭矩图。

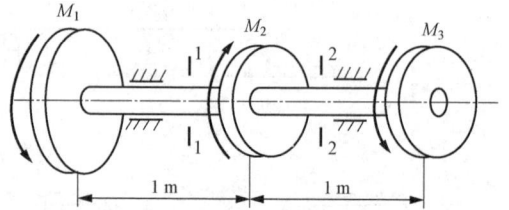

图 3-6

解: BC 段 ($0 < x < l$): $T(x) = -M_B = -5.73 \, \text{kn} \cdot \text{m}$

$$T_B^+ = T_C^- = -5.73 \, \text{kN} \cdot \text{m}$$

CA 段 ($l < x < 2l$): $T(x) = -M_B - M_C = -11.46 \, \text{kN} \cdot \text{m}$

$$T_C^+ = T_A^- = -11.46 \, \text{kN} \cdot \text{m}$$

AD 段 ($2l < x < 3l$): $T(x) = M_D = 7.16 \, \text{kN} \cdot \text{m}$

$$T_A^+ = T_D^- = 7.16 \, \text{kN} \cdot \text{m}$$

根据 T_B^+、T_C^-、T_C^+、T_A^-、T_A^+、T_D^- 的对应值便可画出图 3-7 (b) 所示的扭矩图。T^+ 及 T^- 分别对应横截面右侧及左侧相邻横截面的扭矩。

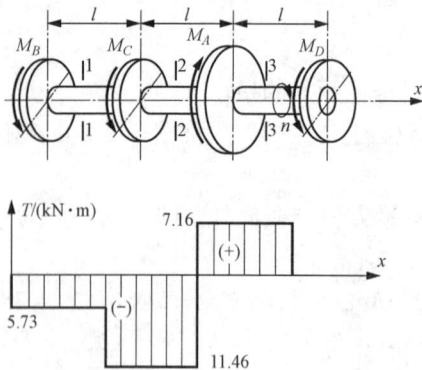

图 3-7

　　由［例 3-3］可见，轴的不同截面上有不同的扭矩，而对轴进行强度计算时，对等直圆轴要以轴内最大的扭矩为计算依据。因此，必须知道各个截面上的扭矩，以便确定出最大的扭矩值。这就需要画扭矩图来解决。

3.4　等直圆杆扭转时的应力、强度条件

3.4.1　等直圆杆扭转时的应力

1. 扭转变形现象及平面假设

　　由图 3-8 可知，圆轴与薄壁圆筒的扭转变形相同。由此做出圆轴扭转变形的平面假设：圆轴变形后其横截面仍保持为平面，其大小及相邻两横截面间的距离不变，且半径仍为直线。按照该假设，圆轴扭转变形时，其横截面就像刚性平面一样，绕轴线转了一个角度。

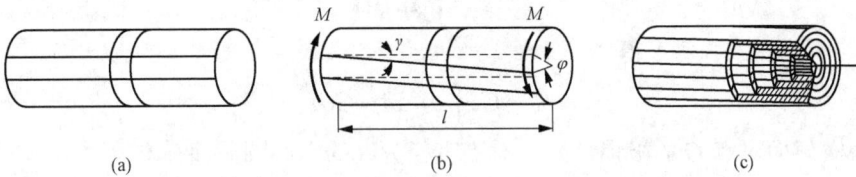

图 3-8

2. 变形的几何关系

　　从圆轴中取出长为 dx 的微段［图 3-9（a）］，截面 n-n 相对于截面 m-m 绕轴转了 dφ 角，半径 O_2C 转至 O_2C' 位置。若将圆轴看成由无数薄壁圆筒组成，则在此微段中，组成圆轴的所有圆筒的扭转角 dφ 均相同。设其中任意圆筒的半径为 ρ，切应变为 γ_ρ［图 3-9（b）］，由式（3-2）有

$$\gamma_\rho = \rho \frac{\mathrm{d}\varphi}{\mathrm{d}x} = \rho\theta \tag{3-6}$$

式中，θ 为沿轴线方向单位长度的扭转角。对一个给定的截面，θ 为常数。显然，γ_ρ 发生在垂直于 O_2H 半径的平面内。

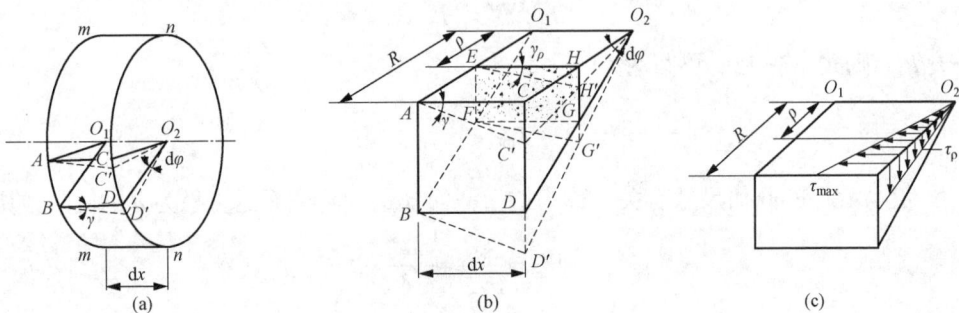

图 3-9

3. 物理关系

　　以 τ_ρ 表示横截面上距圆心为 ρ 处的切应力，由式（3-3）有

$$\tau_\rho = G\gamma_\rho \tag{3-7}$$

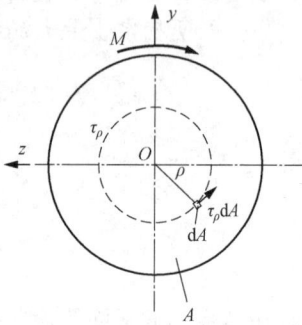

图 3-10

将式（3-6）代入式（3-7）得

$$\tau_\rho = G\rho\frac{\mathrm{d}\varphi}{\mathrm{d}x} = G\rho\theta \qquad (3-8)$$

式（3-8）表明，横截面上任意点的切应力 τ_ρ 与该点到圆心的距离 ρ 成正比。因为 γ_ρ 发生在垂直于半径的平面内，所以 τ_ρ 也与半径垂直，切应力在纵、横截面上沿半径分布如图 3-9（c）所示。

4. 静力学关系

在横截面上距圆心 ρ 处取一微面积 $\mathrm{d}A$（图 3-10），其上内力元素 $\tau_\rho\mathrm{d}A$ 对 x 轴之矩为 $\tau_\rho\mathrm{d}A\rho$，所有内力矩的总和即为该截面上的扭矩：

$$T = \int_A \rho\tau_\rho\mathrm{d}A \qquad (3-9)$$

将式（3-6）代入式（3-9）得

$$T = G\theta\int_A \rho^2\mathrm{d}A = G\theta I_\mathrm{p} \qquad (3-10)$$

式中，I_p 为横截面对点 O 的极惯性矩。对于直径为 d 的实心圆截面，有

$$I_\mathrm{p} = \int_A \rho^2\mathrm{d}A = \frac{\pi d^4}{32}$$

由式（3-10）可得，单位长度扭转角为

$$\theta = \frac{T}{GI_\mathrm{p}} \qquad (3-11)$$

将式（3-3）代入式（3-8）得

$$\tau_\rho = \frac{T\rho}{I_\mathrm{p}} \qquad (3-12)$$

这就是圆轴扭转时横截面上任意点的切应力公式。

在圆截面边缘上，ρ 的最大值为 R，则最大切应力为

$$\tau_{\max} = \frac{TR}{I_\mathrm{p}} \qquad (3-13)$$

令 $W_\mathrm{p} = I_\mathrm{p}/R$，则式（3-13）可写为

$$\tau_{\max} = \frac{T}{W_\mathrm{p}} \qquad (3-14)$$

式中，W_p 仅与截面的几何尺寸有关，称为抗扭截面模量。若截面是直径为 d 的圆形，则

$$W_\mathrm{p} = \frac{I_\mathrm{p}}{d/2} = \frac{\pi d^3}{16}$$

若截面是外径为 D、内径为 d 的空心圆形，则

$$W_\mathrm{p} = \frac{I_\mathrm{p}}{D/2} = \frac{\pi D^3}{16}\left[1 - \left(\frac{d}{D}\right)^4\right]$$

例 3-4 图 3-11 所示实心圆截面传动轴，传动轴直径 $d = 50\,\mathrm{mm}$，材料的切变模量 $G =$

80 GPa，外力偶矩为 $M_A = 1600\,\text{N}\cdot\text{m}$，$M_B = 2000\,\text{N}\cdot\text{m}$，$M_C = 400\,\text{N}\cdot\text{m}$。（1）试计算传动轴各段的扭矩并作扭矩图；（2）计算传动轴内最大切应力。

解：（1）传动轴各段的扭矩计算如下：

$$T_{AB} = M_A = 1600\,\text{N}\cdot\text{m}, \quad T_{BC} = -M_C = -400\,\text{N}\cdot\text{m}$$

扭矩图如图 3-11（b）所示。

（2）传动轴内最大切应力为

$$\tau_{\max} = \frac{T_{\max}}{W_p} = \frac{1600\,\text{N}\cdot\text{m}}{\dfrac{\pi\cdot(0.05\,\text{m})^3}{16}} = 65.2\,\text{MPa}$$

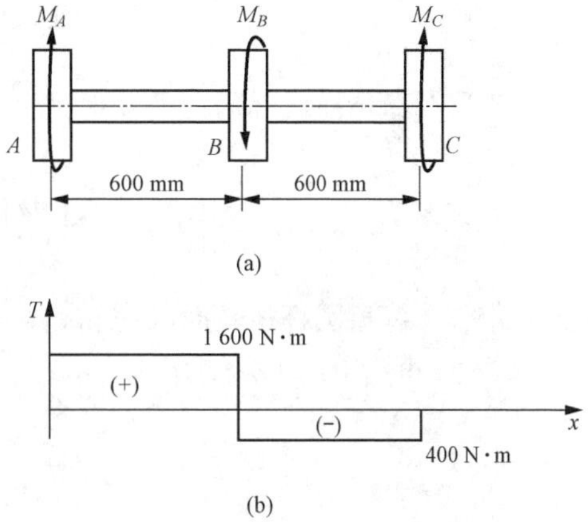

3.4.2 强度条件

由式（3-12）得，圆轴扭转时切应力强度条件为

$$\tau_{\max} = \frac{T}{W_p} \leqslant [\tau] \qquad (3\text{-}15)$$

图 3-11

例 3-5 如图 3-12（a）所示的阶梯形圆轴，AB 段的直径 $d_1 = 40\,\text{mm}$，BD 段的直径 $d_2 = 70\,\text{mm}$，外力偶矩分别为 $M_A = 0.7\,\text{kN}\cdot\text{m}$，$M_C = 1.1\,\text{kN}\cdot\text{m}$，$M_D = 1.8\,\text{kN}\cdot\text{m}$。许用切应力 $[\tau] = 60\,\text{MPa}$。试校核该轴的强度。

解： AC、CD 段的扭矩分别为 $T_1 = -0.7\,\text{kN}\cdot\text{m}$，$T_2 = -1.8\,\text{kN}\cdot\text{m}$。扭矩图如图 3-12（b）所示。

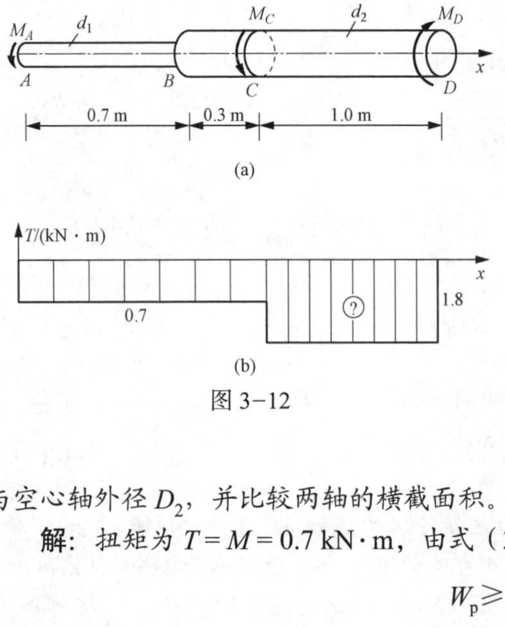

图 3-12

虽然 CD 段的扭矩大于 AB 段的扭矩，但 CD 段的直径也大于 AB 段直径，因此对这两段轴均应进行强度校核。

AB 段：$\tau_{\max} = \dfrac{T_1}{W_p} = 55.7\,\text{MPa} < 60\,\text{MPa} = [\tau]$

CD 段：$\tau_{\max} = \dfrac{T_2}{W_p} = 26.7\,\text{MPa} < 60\,\text{MPa} = [\tau]$

故该轴满足强度条件。

例 3-6 材料相同的实心轴与空心轴，通过牙嵌离合器相联，传递外力偶矩为 $M = 0.7\,\text{kN}\cdot\text{m}$。设空心轴的内外径比 $\alpha = 0.5$，许用切应力 $[\tau] = 20\,\text{MPa}$。试计算实心轴直径 d_1 与空心轴外径 D_2，并比较两轴的横截面积。

解： 扭矩为 $T = M = 0.7\,\text{kN}\cdot\text{m}$，由式（3-15）得

$$W_p \geqslant \frac{T}{[\tau]} = 35\,\text{cm}^3 \qquad (\text{a})$$

对实心轴，将 $W_p = \pi d_1^3 / 16$ 代入式（a），解得

$$d_1 \geqslant 5.6\,\text{cm}$$

取 $d_1 = 5.6\,\text{cm}$。

对空心轴，将 $W_p = \dfrac{\pi D_2^3}{16}(1-\alpha^4)$ 代入式（a），解得

$$D_2 \geqslant 5.75\,\text{cm}$$

取 $D_2 = 5.75\,\text{cm}$，则内径 $d_2 = 2.83\,\text{cm}$。

实心轴与空心轴的截面积比为

$$\frac{A_1}{A_2} = \frac{\pi d_1^2}{4} \bigg/ \left[\frac{\pi D_2^2}{4}(1-\alpha^2) \right] = 1.248$$

可见，在传递同样的力偶矩时，空心轴所耗材料比实心轴少。

3.5　等直圆杆扭转时的变形、刚度条件

3.5.1　等直圆杆扭转时的扭转角

将 $\theta = \dfrac{\mathrm{d}\varphi}{\mathrm{d}x}$ 代入式（3-11）并积分，便得相距为 l 的两个截面间的扭转角 φ 为

$$\varphi = \int_l \mathrm{d}\varphi = \int_l \frac{T}{GI_p}\mathrm{d}x \tag{3-16}$$

若相距为 l 的两个截面间的 T、G、I_p 均不变，则此二截面间扭转角为

$$\varphi = \frac{Tl}{GI_p} \tag{3-17}$$

由式（3-16）可知，当 l 及 T 均为常数时，GI_p 越大则扭转角 φ 越小，因此 GI_p 称为圆轴的抗扭刚度。

在扭矩相同的情况下，等直圆轴的单位长度扭转角为

$$\theta = \frac{\varphi}{l} = \frac{T}{GI_p}$$

3.5.2　刚度条件

扭转轴在满足强度条件的同时，要求其最大单位长度扭转角 θ_{max} 不应大于许用单位长度扭转角$[\theta]$，则轴的刚度条件为

$$\theta_{max} = \frac{T}{GI_p} \leqslant [\theta] \tag{3-18}$$

式中，$[\theta]$的单位是 rad/m。若以($°$)/m 为单位，则轴的刚度条件为

$$\theta_{max} = \frac{T}{GI_p} \times \frac{180°}{\pi} \leqslant [\theta] \tag{3-19}$$

例 3-7　图 3-13 所示一空心传动轴，轮 1 为主动轮，力偶矩 $M_1 = 9\,\text{kN·m}$，轮 2、轮 3、轮 4 为从动轮，力偶矩分别为 $M_2 = 4\,\text{kN·m}$，$M_3 = 3.5\,\text{kN·m}$，$M_4 = 1.5\,\text{kN·m}$，剪切弹性模量 $G = 80\,\text{GPa}$，试求出全轴两端的相对扭转角 φ_{24}。

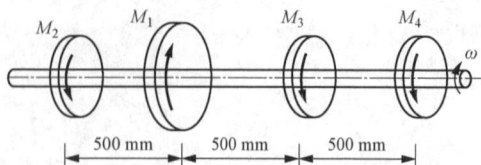

图 3-13

解：各段的扭矩大小为

$$T_{21} = -4\,\text{kN·m}, \quad T_{13} = 5\,\text{kN·m}, \quad T_{34} = 1.5\,\text{kN·m}$$

分段计算相对扭转角为

$$\varphi_{21} = \frac{T_{21}L}{GI_p} = -0.040\,76\ \text{rad}$$

$$\varphi_{13} = \frac{T_{13}L}{GI_p} = 0.050\,95\ \text{rad}$$

$$\varphi_{34} = \frac{T_{34}L}{GI_p} = 0.015\,28\ \text{rad}$$

取代数和可得总相对扭转角为

$$\varphi_{24} = \varphi_{21} + \varphi_{13} + \varphi_{34} = 0.025\,47\ \text{rad}$$

例 3-8 一电机的传动轴传递的功率为 30 kW，转速为 1400 r/min，直径为 40 mm，轴材料的许用切应力 $[\tau] = 40$ MPa，剪切弹性模量 $G = 80$ GPa，许用单位扭转角 $[\theta] = 1\,°/\text{m}$，试校核该轴的强度和刚度。

解:（1）计算扭矩。

$$T = M = 9550\frac{N}{n} = 9550 \times \frac{30\ \text{kW}}{1400\ \text{r/min}} = 204.6\ \text{N} \cdot \text{m}$$

（2）强度校核。由式（3-14）有

$$\tau_{\max} = \frac{T}{W_p} = \frac{16 \times 204.6\ \text{N} \cdot \text{m}}{\pi \times (40 \times 10^{-3}\ \text{m})^3} = 16.3\ \text{MPa} < 40\ \text{MPa} = [\tau]$$

（3）刚度校核。由式（3-17）有

$$\theta = \frac{T}{GI_p} \times \frac{180°}{\pi} = \frac{32 \times 204.6\ \text{N} \cdot \text{m}}{80 \times 10^9\ \text{Pa} \times \pi \times (40 \times 10^{-3}\ \text{m})^4} \times \frac{180°}{\pi} = 0.58\,°/\text{m} < 1\,°/\text{m} = [\theta]$$

该传动轴既满足强度条件又满足刚度条件。

例 3-9 图 3-14（a）所示圆截面轴 AB，两端固定。在横截面 C 处承受矩为 M 的扭力偶作用，试求轴两端的支反力偶矩。设扭转刚度 GI_p 为常数。

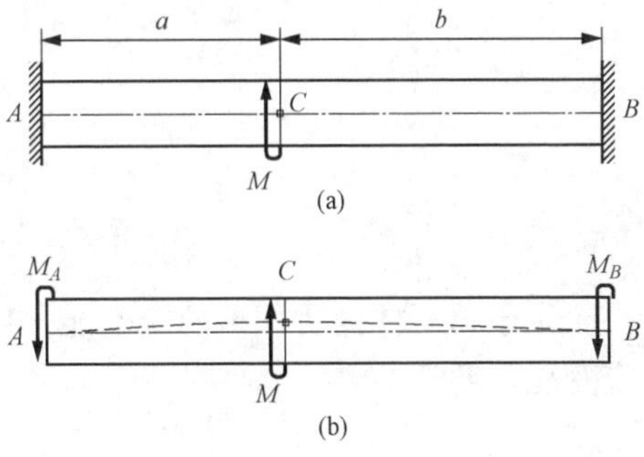

解:（1）问题分析。设 A 与 B 端的支反力偶矩分别为 M_A 与 M_B，则轴的平衡方程为

$$\sum M_x = 0, \quad M_A + M_B - M = 0$$

（2）建立补充方程。根据轴两端的约束条件可知，横截面 A 与 B 间的相对扭转角即扭转角 φ_{AB} 为 0，则轴的变形协调条件为

$$\varphi_{AB} = \varphi_{AC} + \varphi_{CB} = 0$$

式中，φ_{AC} 与 φ_{BC} 分别代表 AC 与 CB 段的扭转角。

AC 与 CB 段的扭矩分别为

$$T_1 = -M_A, \quad T_2 = M_B$$

则两段相应的扭转角分别为

$$\varphi_{AC} = \frac{T_1 a}{GI_p} = \frac{-M_A a}{GI_p}, \quad \varphi_{CB} = \frac{T_2 b}{GI_p} = \frac{M_B b}{GI_p}$$

将上述关系式代入变形协调方程得到补充方程

图 3-14

$$-M_A a + M_B b = 0$$

（3）计算支反力偶矩。将平衡方程 $M_A + M_B - M = 0$ 与补充方程 $-M_A a + M_B b = 0$ 联立起来，解得

$$M_A = \frac{Mb}{a+b}, \quad M_B = \frac{Ma}{a+b}$$

支反力偶矩确定后，即可按以前所述的方法分析轴的内力、应力与变形，并进行强度与刚度计算。

3.6 等直圆杆扭转时的应变能

当圆杆扭转时，杆内将积蓄应变能。由于杆件各横截面上的扭矩可能变化，同时，横截面上各点处的切应力也随该点到圆心的距离而改变，因此对于杆内应变能的计算，应先求出纯剪切应力状态下的应变能密度，然后计算全杆内所积蓄的应变能。

图 3-15 所示单元体，处于纯剪切应力状态，设其左侧面固定，则单元体在变形后右侧面将向下移动 γdx。由于切应变 γ 值很小，所以，在变形过程中，上、下两面上的外力将不做功。当材料在线弹性范围内工作时，单元体上外力所做的功为

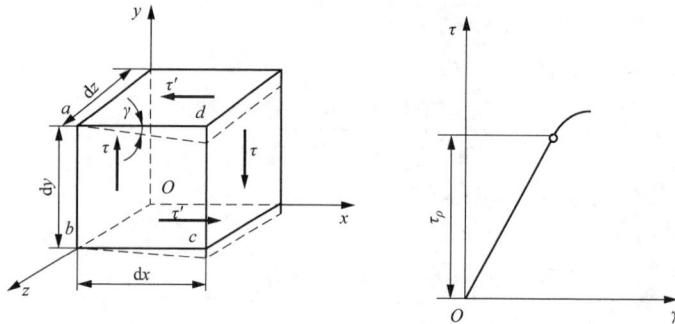

图 3-15

$$dW = \frac{1}{2}(\tau dy dz)(\gamma dx) = \frac{1}{2}\tau\gamma(dx dy dz) \tag{3-20}$$

由于单元体内所积蓄的应变能 dV_ε 数值上等于 dW，于是，可得单位体积内的应变能即应变能密度为 v_ε 为

$$v_\varepsilon = \frac{dV_\varepsilon}{dV} = \frac{dW}{dx dy dz} = \frac{1}{2}\tau\gamma \tag{3-21}$$

由剪切胡克定律 $\tau = G\gamma$，式（3-21）可改写为

$$v_\varepsilon = \frac{\tau^2}{2G} \tag{3-22}$$

或

$$\tau = \frac{G}{2}\gamma^2 \tag{3-23}$$

求得纯剪切应力状态下的应变能密度 v_ε 后，等直圆杆在扭转时积蓄在杆中的应变能 V_ε

即可由积分计算：

$$V_\varepsilon = \int_V v_\varepsilon \mathrm{d}V = \int_l \int_A v_\varepsilon \mathrm{d}A\mathrm{d}x \tag{3-24}$$

式中，V 为杆件的体积；A 为杆件的横截面积；l 为杆长。

若等直圆杆的两端受外力偶矩 M_e 作用而发生扭转 [图 3-16（a）]，则可将式（3-22）代入式（3-24），其中的切应力 $\tau = \dfrac{T\rho}{I_p}$。由于杆任一横截面上的扭矩 T 均相同，所以，杆内的应变能为

$$V_\varepsilon = \int_l \int_A \frac{\tau^2}{2G}\mathrm{d}A\mathrm{d}x = \frac{l}{2G}\left(\frac{T}{I_p}\right)^2 \int_A \rho^2\mathrm{d}A = \frac{T^2 l}{2GI_p} \tag{3-25}$$

由于 $T = M_e$，式（3-25）又可写作

$$V_\varepsilon = \frac{M_e^2 l}{2GI_p} \tag{3-26}$$

又知 $\varphi = \dfrac{Tl}{GI_p}$，杆的应变能 V_ε 也可改写成用相对扭转角 φ 表达的形式：

$$V_\varepsilon = \frac{GI_p}{2l}\varphi^2 \tag{3-27}$$

以上应变能表达式也可利用外力功与应变能数值上相等的关系，直接从作用在杆端的外力偶矩 M_e 在杆发生扭转过程中所做的功 W 算得。当杆在线弹性范围内工作时，截面 B 相对于 A 的相对扭转角 φ 与外力偶矩 M_e 在加载过程中成正比关系。

例3-10 图 3-16（a）表示工程中常用来起缓冲、减振或控制作用的圆柱形密圈螺旋弹簧承受轴向压（拉）力作用。设弹簧圈的平均半径为 R，弹簧杆的直径为 d，弹簧的有效圈数（除去两端与平面接触的部分后的圈数）为 n，弹簧杆材料的切变模量为 G。试在弹簧杆的斜度 α 小于 5°，且弹簧圈的平均直径 D 比弹簧杆直径 d 大得多的情况下，推导弹簧的应力和变形计算公式。

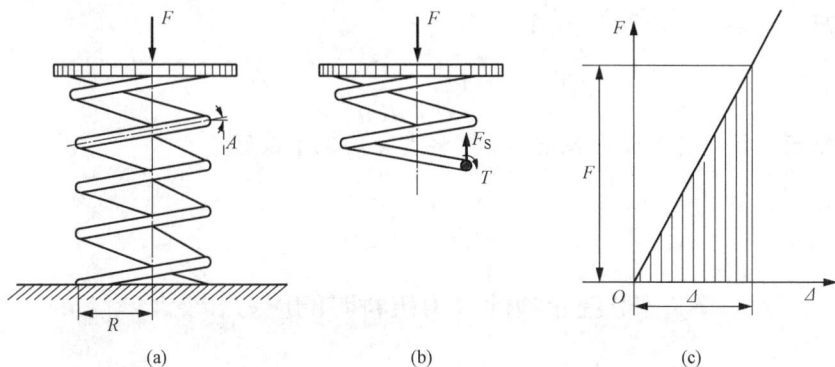

图 3-16

解： 首先用截面法求出弹簧杆截面上的内力。为此，沿弹簧杆的任一横截面假想地截取其上半部分 [图 3-16（b）] 并研究其平衡。由于弹簧杆斜度 α 小于 5°，为分析方便，可视为 0°，于是弹簧杆的横截面就在包含弹簧轴线（外力 F 作用线）的纵向平面内。由平衡方程求得截面上的内力分量为通过截面形心的剪力 $F_S = F$ 和扭矩 $T = FR$。

作为近似解，通常可略去与剪力 F_S 相应的切应力，且当弹簧圈的平均直径 D 与弹簧杆直径 d 的比值 $\dfrac{D}{d}$ 很大时，还可略去弹簧圈的曲率影响，而用扭转应力公式（3-12）计算弹簧杆横截面上的最大扭转切应力 $\tau_{\max}$，即

$$\tau_{\max} = \frac{T}{W_p} = \frac{FR}{\dfrac{\pi}{16}d^3} = \frac{16FR}{\pi d^3} \tag{3-28}$$

由式（3-28）算出的最大切应力是偏低的近似值。在弹簧的设计计算中，常将该式乘以考虑弹簧杆曲率和剪力影响的修正因数。

下面利用能量原理来研究弹簧受轴向压（拉）力作用时的缩短（伸长）变形 Δ。根据试验结果可知，当弹簧所受外力不超过一定限度时，其变形 Δ 与外力 F 成正比，如图 3-16（c）所示，由此，可得外力所作功为

$$W = \frac{1}{2}F\Delta$$

若只考虑簧杆扭转的影响，则由等直圆杆扭转时的应变能公式（3-25），可得簧杆内的应变能 V_ε 为

$$V_\varepsilon = \frac{1}{2}\frac{T^2 l}{GI_p} = \frac{(FR)^2 2\pi Rn}{2GI_p}$$

式中，$l = 2\pi Rn$ 代表弹簧杆中心线的全长；I_p 为簧杆横截面的极惯性矩。令外力所做的功 W 与簧杆内应变能 V_ε 相等，并引用 $I_p = \dfrac{\pi d^4}{32}$，即得

$$\Delta = \frac{2\pi RnFR^2}{G\dfrac{\pi d^4}{32}} = \frac{64FR^3 n}{Gd^4} \tag{3-29}$$

由于在计算应变能 V_ε 时，略去了切力的影响，并应用直杆扭转的公式，故所得的 V_ε 值是近似的，且比实际值略小，因而，算出的变形 Δ 也比实际值略小，但其相对误差小于弹簧杆横截面的应力计算式（3-28）。若令

$$k = \frac{Gd^4}{64R^3 n} \tag{3-30}$$

代表弹簧的刚度系数，其单位为 N/m，则可将式（3-29）改写为

$$\Delta = \frac{F}{k} \tag{3-31}$$

3.7　等直非圆杆自由扭转时的应力和变形

在等直圆杆的扭转问题中，分析杆横截面上应力的主要依据为平面假设。对于等直非圆杆，其横截面在杆扭转后并不符合平面假设。例如，取一矩形截面杆，事先在其表面绘出横截面的周线，则在杆扭转后可看到这些周线变成曲线（图 3-17），从而可推知，其横截面在杆变形后将发生翘曲而不再保持平面。因此，等直圆杆在扭转时的计算公式不适用于非圆截面杆的扭转问题。对于这类问题，只能用弹性力学方法求解。

等直非圆杆在扭转时横截面虽将发生翘曲，但当等直杆在两端受外力偶作用，且端面可以自由翘曲时，称为纯扭转或自由扭转，其相邻两横截面的翘曲程度完全相同，横截面上仍然是只有切应力而没有正应力。若杆的两端受到约束而不能自由翘曲，称为约束扭转，则其相邻两横截面的翘曲程度不同，将在横截面上引起附加的正应力。由约束扭转所引起的附加正应力，在一般实体截面杆中通常均很小，可略去不计。但在薄壁杆件中，这一附加正应力则成为不能忽略的量。本节仅简单介绍矩形及狭长矩形截面的等直杆在自由扭转时弹性力学解的结果。

为了对矩形截面杆进行强度和刚度计算，下面给出用以计算横截面上最大切应力和单位长度扭转角的计算公式：

$$\tau_{max} = \frac{T}{W_t} \qquad (3-32)$$

$$\varphi' = \frac{T}{GI_t} \qquad (3-33)$$

式中，W_t 仍称为扭转截面系数；I_t 称为截面的相当极惯性矩；而 GI_t 称为非圆截面杆的扭转刚度。这里的 I_t 和 W_t 除了在量纲上与圆截面的 I_p 和 W_p 相同外，在几何意义上截然不同。

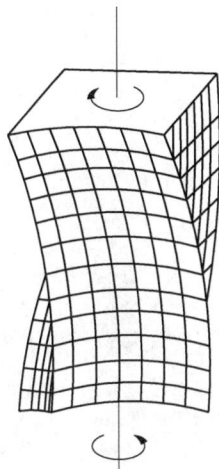

图 3-17

矩形截面的 I_t 和 W_t 与截面尺寸的关系如下：

$$I_t = \alpha b^4 \qquad (3-34)$$

$$W_t = \beta b^3 \qquad (3-35)$$

式中，因数 α，β 可从表3-1中查出，其值均随矩形截面的长、短边尺寸 h 和 b 的比值 $m = \dfrac{h}{b}$ 而变化。横截面上的最大切应力 τ_{max} 发生在长边中点即在截面周边上距形心最近的点处；而在短边中点处的切应力则为该边上各点处切应力中的最大值，可根据 τ_{max} 和表 3-1 中的因数 ν，计算如下：

$$\tau = \nu\tau_{max} \qquad (3-36)$$

矩形截面周边上各点处的切应力方向必与周边相切 [图 3-18（a）]，因为在杆件表面上没有切应力，所以由切应力互等定理可知，在横截面周边上各点处不可能有垂直于周边的切应力分量。同理，在矩形截面的顶点处切应力必等于零。矩形截面上切应力的变化情况如图 3-18（a）所示。

表 3-1 　　　　　　　　　矩形截面杆在自由扭转时的因数 α，β 和 ν

$m = \dfrac{h}{b}$	1.0	1.2	1.5	2.0	2.5	3.0	4.0	6.0	8.0	10.0
α	0.14	0.199	0.294	0.457	0.622	0.790	1.123	1.789	2.456	3.123
β	0.208	0.263	0.346	0.493	0.645	0.801	1.150	1.789	2.456	3.123
ν	1.000	—	0.858	0.796	—	0.753	0.745	0.743	0.743	0.743

注　1. 当 $m>4$ 时，也可按下列近似公式计算 α，β 和 ν：$\alpha = \beta \approx \dfrac{1}{3}(m-0.63)$，$\nu \approx 0.74$。

2. 当 $m>10$ 时，$\alpha = \beta \approx \dfrac{1}{3}m$，$\nu \approx 0.74$。

根据表 3-1 的注 2，可得狭长矩形截面［图 3-18（b）］的 I_t 和 W_t 与截面尺寸间的关系为

$$I_t = \frac{1}{3}h\delta^3 \qquad\qquad (3-37)$$

$$W_t = \frac{1}{3}h\delta^2 = \frac{I_t}{\delta} \qquad\qquad (3-38)$$

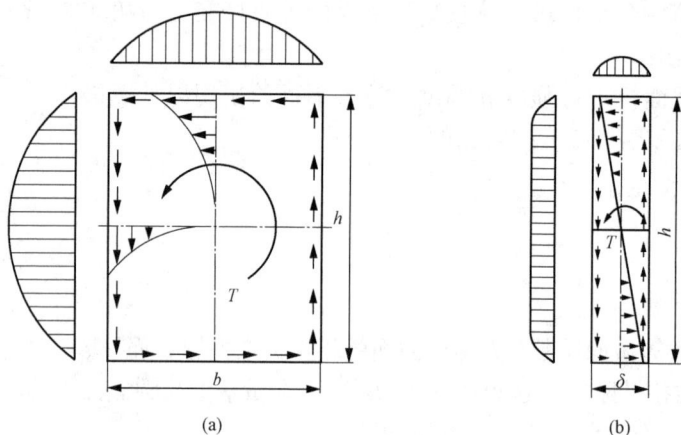

图 3-18

为了与一般矩形相区别，在（3-38）中已将狭长矩形的短边尺寸 b 改写为 δ。狭长矩形截面上切应力的变化情况如图 3-17（b）所示。切应力在沿长边各点处的方向均与长边相切，其数值除在靠近顶点处以外均相等。

例 3-11 一矩形截面等直钢杆，其横截面尺寸为 $h = 100$ mm，$b = 50$ mm，长度 $l = 2$ m，在杆两端作用一矩为 $M_e = 4000$ N·m 的扭转力偶。钢的许用切应力 $[\tau] = 100$ MPa，切变模量 $G = 80$ GPa，许可单位长度扭转角 $[\varphi'] = 1°/m$。试校核杆的强度和刚度。

解： 由截面法求得 $T = M_e = 4000$ N·m。由 $m = \dfrac{h}{b} = \dfrac{100}{50} = 2$，由表 3-1 查得 $\beta = 0.493$ 和 $\alpha = 0.457$。于是由式（3-34）和式（3-35）分别求得

$$W_t = \beta b^3 = 0.493 \times (50 \times 10^{-3}\ \text{m})^3 = 61.6 \times 10^{-6}\ \text{m}^3$$

$$I_t = \alpha b^4 = 0.457 \times (50 \times 10^{-3}\ \text{m})^4 = 286 \times 10^{-8}\ \text{m}^4$$

根据有关数据及式（3-32）和式（3-33）分别得

$$\tau_{max} = \frac{T}{W_t} = \frac{4000\ \text{N·m}}{61.6 \times 10^{-6}\ \text{m}^3} = 65 \times 10^6\ \text{Pa} = 65\ \text{MPa} < [\tau]$$

$$\varphi' = \frac{T}{GI_t} = \frac{4000\ \text{N·m}}{(80 \times 10^9\ \text{Pa})(286 \times 10^{-8}\ \text{m}^4)} = 0.017\,48\ \text{rad/m} = 1°/\text{m} = [\varphi']$$

以上结果表明，杆满足强度条件和刚度条件的要求。

3.8　开口和闭口薄壁截面杆自由扭转时的应力和变形

3.8.1　开口薄壁截面杆

在土建工程中常采用一些薄壁截面的构件。若薄壁截面的壁厚中线是一条不封闭的折线或曲线，则称为开口薄壁截面，如各种轧制型钢（工字钢、槽钢、角钢等）或工字形、槽形、T 字形截面（图 3-19）等。这类截面的杆件在外力作用下常会发生扭转变形，本节只讨论在自由扭转时应力和变形的近似计算。

对某些开口薄壁截面杆，例如各种轧制型钢，其横截面可以看成由若干狭长矩形组成的组合截面（图 3-19）。根据杆在自由扭转时横截面的变形情况，可做出如下假设：杆扭转后，横截面周线虽然在杆表面上变成曲线，但在其变形前的平面上的投影形状仍保持不变。当开口薄壁杆沿杆长每隔一定距离

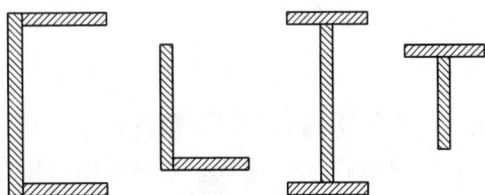

图 3-19

有加筋板时，上述假设基本上和实际变形情况符合。由假设得知，在杆扭转后，组合截面的各组成部分所转动的单位长度扭转角与整个截面的单位长度扭转角 φ' 相同，于是，有变形相容条件

$$\varphi'_1 = \varphi'_2 = \cdots = \varphi'_n = \varphi' \tag{3-39}$$

式中，φ' 代表组合截面中组成部分 $i(i=1, 2, \cdots, n)$ 的单位长度扭转角。由式（3-33），可得补充方程

$$\frac{T_1}{GI_{t1}} = \frac{T_2}{GI_{t2}} = \cdots = \frac{T_n}{GI_{tn}} = \frac{T}{GI_t} \tag{3-40}$$

式中，$I_{ti}(i=1, 2, \cdots, n)$ 和 T 分别代表组合截面中组成部分 i 的相当极惯性矩和其上的扭矩，而 I_t 和 T 则分别代表整个组合截面的相当极惯性矩和扭矩。由合力矩和分力矩的静力关系可得

$$T = T_1 + T_2 + \cdots + T_n \tag{3-41}$$

联立式（3-40）和式（3-41），消去 T，G，即得整个截面的相当极惯性矩为

$$I_t = \sum_{i=1}^n I_{ti} \tag{3-42}$$

对于开口薄壁截面，当其每一组成部分 i 的狭长矩形厚度 δ_i 与宽度 h_i 之比很小时，就可利用近似公式（3-37）将式（3-42）改写为

$$I_t = \sum_{i=1}^n I_{ti} = \frac{1}{3}\sum_{i=1}^n h_i\delta_i^3 \tag{3-43}$$

为了求得整个截面上的最大切应力 τ_{max}，须先研究其每一组成部分 i 上的最大切应力 $\tau_{max\,i}$。矩形截面杆在扭转时的最大切应力由式（3-32）算得，并利用狭长矩形截面的 W_t 表达式（3-38）和式（3-40）的关系，可得

$$\tau_{max\,i} = \frac{T_i}{W_{ti}} = \frac{T_i}{I_{ti}}\delta_i = \frac{T}{I_t}\delta_i \tag{3-44}$$

由式（3-44）可见，该组合截面上的最大切应力将发生在厚度为 $\delta_{\max}$ 的组成部分的长边处，其值为

$$\tau_{\max} = \frac{T_i}{I_t}\delta_{\max} = \frac{T\delta_{\max}}{\frac{1}{3}\sum_{i=1}^{n}h_i\delta_i^3} \qquad (3-45)$$

式中，$\delta_{\max}$ 为所有组成部分中的厚度的最大值。

在计算用型钢制成的等直杆的扭转变形时，由于实际型钢截面的翼缘部分是变厚度的，且在连接处有过渡圆角，这就增加了杆的刚度，故应对 I_t 表达式（3-43）做如下修正，并将修正后的 I_t 改写为 I_t'：

$$I_t' = \eta \cdot \frac{1}{3}\sum_{i=1}^{n}h_i\delta_i^3 \qquad (3-46)$$

式中，η 为修正因数。对于角钢截面，可以取 $\eta = 1.00$；槽钢截面 $\eta = 1.12$；T 形钢截面 $\eta = 1.15$；工字钢截面 $\eta = 1.20$。在计算单位长度扭转角时，仍采用式（3-33），并以 I_t' 代替 I_t。

例 3-12　一钢制环形截面薄壁杆沿纵向切开一缝，其横截面如图 3-20（a）所示。杆在两端受一对矩为 $M_e = 30\,\text{N·m}$ 的扭转力偶作用。已知环形的平均直径 $d_0 = 40\,\text{mm}$，壁厚 $\delta = 2\,\text{mm}$；钢的剪切弹性模量 $G = 80\,\text{GPa}$。试计算杆横截面上的最大切应力和单位长度扭转角。若杆无纵向切缝，再计算应力和变形，并比较两种情况下的结果。

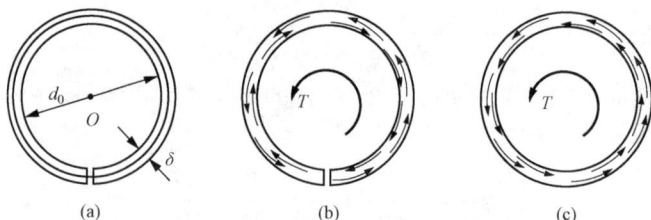

图 3-20

解：杆有纵向切缝时为一开口环形薄壁截面杆。在计算其截面上的最大切应力 $\tau_{\max}$、单位长度扭转角 φ' 以及横截面的 I_t 和 W_t 时，可将它展开为一狭长矩形截面来处理。

由截面法可知：$T = M_e = 30\,\text{N·m}$

由式（3-37）和式（3-38）分别求得

$$I_t = \frac{1}{3}h\delta^3 = \frac{1}{3}(\pi d_0)\delta^3 = \frac{1}{3}(\pi \times 40 \times 10^3\,\text{m})(2 \times 10^{-3}\,\text{m})^3 = 335 \times 10^{-12}\,\text{m}^4$$

$$W_t = \frac{I_t}{\delta} = \frac{335 \times 10^{-12}\,\text{m}^4}{2 \times 10^{-3}\,\text{m}} = 167.5 \times 10^{-9}\,\text{m}^3$$

将 T、W_t 代入式（3-32），T、I_t、G 代入式（3-32），分别得

$$\tau_{\max} = \frac{T}{W_t} = \frac{30\,\text{N·m}}{167.5 \times 10^{-9}\,\text{m}^3} = 179.1 \times 10^6\,\text{Pa} = 179.1\,\text{MPa}$$

$$\varphi' = \frac{T}{GI_t} = \frac{30\,\text{N·m}}{(80 \times 10^9\,\text{Pa})(335 \times 10^{-12}\,\text{m}^4)} = 1.12\,\text{rad/m}$$

没有纵向切缝时的横截面为环形截面 [图 3-20（c）]，由式（3-1）计算其切应力为

$$\tau = \frac{T}{2\pi R_0^2 \delta} = \frac{T}{2A_0 \delta} = \frac{30 \text{ N} \cdot \text{m}}{2 \times \frac{\pi}{4}(40 \times 10^{-3} \text{ m})^2 \times (2 \times 10^{-3} \text{ m})} = 6 \times 10^6 \text{ Pa} = 6 \text{ MPa}$$

再由式（3-2），求得

$$\varphi' = \frac{\varphi}{l} = \frac{\gamma}{r_0} = \frac{\tau}{G} \cdot \frac{2}{d_0} = \frac{(6 \times 10^6 \text{ Pa}) \times 2}{(80 \times 10^9 \text{ Pa})(40 \times 10^{-3} \text{ m})} = 3.75 \times 10^{-3} \text{ rad/m}$$

与前面的结果比较可知，环形截面杆若沿其纵向有一切缝，则应力和变形的数值将显著增加。在本例题中，切应力和单位长度扭转角因有纵向切缝而分别增大 30 倍和 300 倍。两种情况下切应力沿壁厚的变化规律和指向也各不相同，如图 3-20（b）、（c）所示。

3.8.2　闭合薄壁截面杆

在工程中有一类薄壁截面的壁厚中线是一条封闭的折线或曲线，这类截面称为闭合薄壁截面，例如环形薄壁截面和箱形薄壁截面。在桥梁中经常采用箱形截面梁，在外力作用下也可能出现扭转变形。本节只讨论这类杆件在自由扭转时的应力和变形计算。

设一横截面为任意形状、变厚度的闭口薄壁截面等直杆，在两自由端承受一对扭转外力偶作用，如图 3-21（a）所示。由于杆横截面上的内力为扭矩，所以，其横截面上将只有切应力。又因是闭口薄壁截面，故可假设切应力沿壁厚无变化，且其方向与壁厚的中线相切 [图 3-21（b）]。在杆的壁厚远小于横截面尺寸时，由假设所引起的误差在工程计算中是允许的。

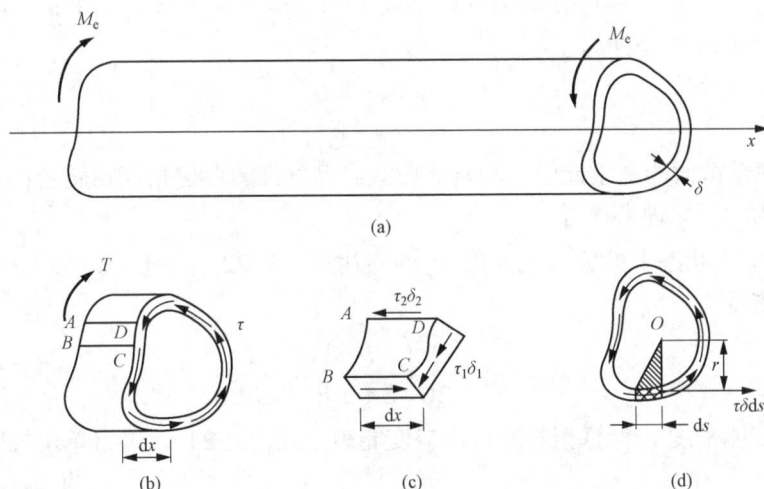

图 3-21

取长为 dx 的杆段，用两个与壁厚中线正交的纵截面从杆壁中取出小块 ABCD，如图 3-21（c）所示。设横截面上 C 和 D 两点处的切应力分别为 τ_1 和 τ_2，而壁厚则分别为 δ_1 和 δ_2。根据切应力互等定理，在上、下两纵截面上应分别有切应力 τ_1 和 τ_2 [图 3-21（c）]。由平衡方程

$$\sum F_x = 0, \quad \tau_1 \delta_1 \mathrm{d}x = \tau_2 \delta_2 \mathrm{d}x$$

可得

$$\tau_1 \delta_1 = \tau_2 \delta_2 \qquad\qquad (3-47)$$

由于所取的两纵截面是任意选择的，故式（3-47）表明，横截面沿其周边任一点处的切

应力 τ 与该点处的壁厚 δ 之乘积为一常数,即

$$\tau\delta = 常数 \tag{3-48}$$

为找出横截面上的切应力 τ 与扭矩 T 之间的关系,沿壁厚中线取出长为 $\mathrm{d}s$ 的一段,在该段上的内力元素为 $\tau\delta\mathrm{d}s$ [图 3-21(d)],其方向与壁厚中线相切。其对横截面平面内任一点 O 的矩为

$$\mathrm{d}T = (\tau\delta\mathrm{d}s)r$$

式中,r 为从矩心 O 到内力元素 $\tau\delta\mathrm{d}s$ 作用线的垂直距离。由力矩合成定理可知,截面上扭矩应为 $\mathrm{d}T$ 沿壁厚中线全长 s 的积分。注意到式(3-48),即得

$$T = \int_s \mathrm{d}T = \int_s \tau\delta r\mathrm{d}s = \tau\delta\int_s r\mathrm{d}s$$

由图 3-21(d)可知,$r\mathrm{d}s$ 为图中阴影线三角形面积的 2 倍,故其沿壁厚中线全长 s 的积分应是该中线所围面积 A_0 的 2 倍。于是可得

$$T = \tau\delta \cdot 2A_0$$

或

$$\tau = \frac{T}{2A_0\delta} \tag{3-49}$$

式(3-49)即为闭合薄壁截面等直杆在自由扭转时横截面上任一点处切应力的计算公式。式(3-49)与式(3-1)在形式上相同,但在应用上则具有普遍性。

由式(3-48)可知,壁厚 δ 最薄处横截面上的切应力 τ 为最大。于是,由式(3-49)可得,杆横截面上的最大切应力为

$$\tau_{\max} = \frac{T}{2A_0\delta_{\min}} \tag{3-50}$$

式中,$\delta_{\min}$ 为薄壁截面的最小壁厚。闭口薄壁截面等直杆的单位长度扭转角 φ' 可按应变能在数值上等于外力功的原理来求得。

由纯剪切应力状态下的应变能密度 v_ε 的表达式(3-22)及式(3-49),可得杆内任一点处的应变能密度为

$$v_\varepsilon = \frac{\tau^2}{2G} = \frac{1}{2G}\left(\frac{T}{2A_0\delta}\right)^2 = \frac{T^2}{8GA_0^2\delta^2} \tag{3-51}$$

又根据应变能密度 v_ε 计算扭转时杆内应变能表达式(3-24),可得单位长度杆内的应变能为

$$V_\varepsilon = \int_V v_\varepsilon \mathrm{d}V = \frac{T^2}{8GA_0^2}\int_V \frac{\mathrm{d}V}{\delta^2} \tag{3-52}$$

式中,$\mathrm{d}V$ 为单位长度杆体积,$\mathrm{d}V = 1 \cdot \delta \cdot \mathrm{d}s = \delta\mathrm{d}s$。将 $\mathrm{d}V$ 代入式(3-52),并沿壁厚中线的全长 s 积分,即得

$$V_\varepsilon = \frac{T^2}{8GA_0^2}\int_s \frac{\mathrm{d}V}{\delta} \tag{3-53}$$

然后,计算单位长度杆两端截面上的扭矩对杆段的相对扭转角 φ' 所做的功。由于杆在线弹性范围内工作,所以,所做的功应为

$$W = \frac{T\varphi'}{2} \tag{3-54}$$

式（3-53）和式（3-54）中的 V_ε 和 W 在数值上相等，从而解得

$$\varphi' = \frac{T^2}{4GA_0^2} \int_s \frac{\mathrm{d}V}{\delta} \tag{3-55}$$

即得所要求的单位长度扭转角。式（3-55）中的积分取决于杆的壁厚 δ 沿壁厚中线 s 的变化规律。当壁厚 δ 为常数时，则得

$$\varphi = \frac{T^2 s}{4GA_0^2 \delta} \tag{3-56}$$

式中，s 为壁厚中线的全长。

例 3-13　一环形薄壁截面杆和一正方的箱形薄壁截面杆 [图 3-22（a）、（b）]，两杆的材料相同，长度 l、壁厚 δ 和横截面积也均相同。若作用在杆端的扭转力偶也相同，试求两杆切应力之比和单位长度扭转角之比。

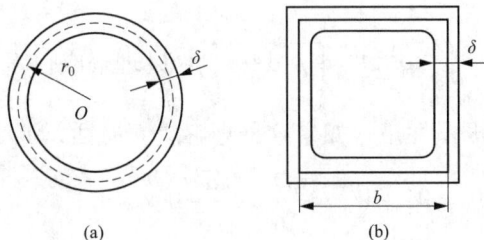

图 3-22

解：由式（3-46）及式（3-50）可见，这类截面的切应力和单位长度扭转角都与壁厚中线所围成的面积有关。设环形和箱形薄壁截面的面积分别为 A_1 和 A_2，其壁厚中线围成的面积分别为 A_{01} 和 A_{02}。

显然

$$A_1 = 2\pi r_0 \delta, \ A_2 = 4b\delta$$

因为 $A_1 = A_2$，所以

$$2\pi r_0 \delta = 4b\delta$$

从而有

$$b = \frac{\pi r_0}{2}$$

再将 A_{01} 和 A_{02} 用 r_0 表示

$$A_{01} = \pi r_0^2, \ A_{02} = b^2 = \left(\frac{\pi r_0}{2}\right)^2$$

由此得

$$\frac{A_{01}}{A_{02}} = \frac{4}{\pi}$$

由式（3-49）可得，环形与箱形薄壁截面上得切应力 τ_1、τ_2 之比为

$$\frac{\tau_1}{\tau_2} = \frac{T/2(A_{01}\delta)}{T/2(A_{02}\delta)} = \frac{A_{02}}{A_{01}} = \frac{\pi}{4} = 0.785$$

再利用式（3-55）求环形与箱形薄壁截面杆的单位长度扭转角 φ_1' 与 φ_2' 之比

$$\frac{\varphi_1'}{\varphi_2'} = \frac{T_{S_1}}{4GA_{01}^2 \delta} \bigg/ \frac{T_{S_2}}{4GA_{02}^2 \delta} = \left(\frac{A_{02}}{A_{01}}\right)^2 \frac{s_1}{s_2} = \left(\frac{\pi}{4}\right)^2 \cdot \frac{2\pi r_0}{4b} = 0.617$$

式中，s_1、s_1 分别为环形和箱形薄壁截面壁厚中线的全长。

计算结果表明，在本例题规定的条件下，环形截面杆的切应力和单位长度扭转角均低很多，其抗扭性能很好。此外，箱形截面在内角处还有应力集中，因而环形截面比较有利。

思 考 题

3-1 外力偶矩与扭矩的区别与联系是什么？

3-2 薄壁圆筒纯扭转时，如果在其横截面及径向截面上有正应力，试问取出的分离体能否平衡？

3-3 试绘出实心圆轴的横截面及径向截面上的切应力变化情况图形。

3-4 对于空心圆截面，$I_p = \dfrac{\pi}{32}(D^4 - d^4)$，是否可根据 $A = A_D = A_d$，将 $I_p = \displaystyle\int_A \rho^2 \mathrm{d}A = \int_{(A_D - A_d)} \rho^2 \mathrm{d}A = \int_{A_D} \rho^2 \mathrm{d}A - \int_{A_d} \rho^2 \mathrm{d}A$ 理解成它等于直径 D 的实心圆极惯性矩减去直径为 d 的实心圆极惯性矩？如果这种理解成立的话，那么对于空心圆截面的抗扭截面系数是否也可以认为 $W = W_D - W_d = \dfrac{\pi D^3}{16} - \dfrac{\pi d^3}{16}$ 呢？

3-5 低碳钢和铸铁受扭失效时，如何用圆轴扭转时斜截面上的应力解释？

3-6 从强度方面考虑，空心圆截面轴何以比实心圆截面轴合理？

习 题

3-1 计算图 3-23 所示圆轴指定截面的扭矩，并在各截面上表示出扭矩的转向。

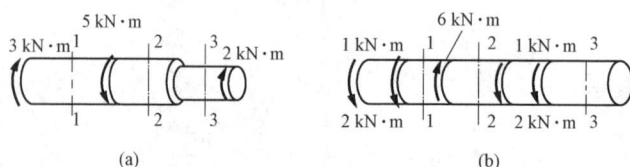

(a) (b)

图 3-23

3-2 如图 3-24 所示传动轴转速 $n = 13$ r/min，$N_A = 13$ kW，$N_B = 30$ kW，$N_C = 10$ kW，$N_D = 7$ kW。画出该轴扭矩图。

3-3 如图 3-25 所示圆截面轴，AB 与 BC 段的直径分别为 d_1 和 d_2，且 $d_1 = 4d_2/3$。试求轴内的最大扭转切应力与截面 C 的转角，并画出轴表面母线的位移情况，材料的切变模量为 G。

3-4 一根外径 $D = 80$ mm，内径 $d = 60$ mm 的空心圆截面轴，其传递的功率 $N = 150$ kW，转速 $n = 100$ r/min。求内圆上一点和外圆上一点的应力。

3-5 如图 3-26 所示的传动轴，其直径 $d = 50$ mm。试计算：

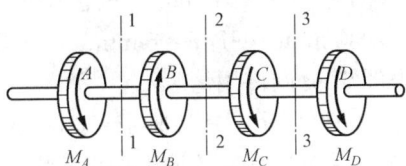
图 3-24

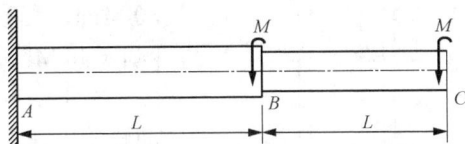
图 3-25

（1）轴的最大切应力。

（2）截面 1-1 上半径为 20 mm 圆轴处的切应力。

（3）从强度考虑三个轮子如何布置比较合理？为什么？

3-6　如图 3-27 所示的传动轴，转速 $n = 500$ r/min，主动轮 1 输入的功率 $N_1 = 500$ kW，从动轮 2、3 输出功率分别为 $N_2 = 200$ kW，$N_3 = 300$ kW。已知 $[\tau] = 70$ MPa。试确定 AB 段的直径 d_1 和 BC 段的直径 d_2。若将主动论 1 和从动轮 2 调换位置，试确定等直圆轴 AC 的直径 d。

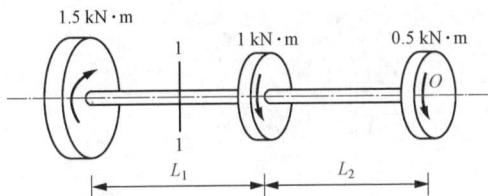
图 3-26

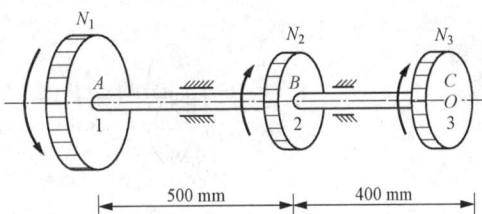
图 3-27

3-7　如图 3-28 所示实心轴和空心轴用牙签式离合器连接在一起，其传递的功率 $N = 7.5$ kW，转速 $n = 96$ r/min，材料的许用应力 $[\tau] = 40$ MPa，试求实心轴段的直径 d_1 和空心轴段的外径 D_2。（内外径比值为 0.7）

3-8　如图 3-29 所示阶梯轴直径分别为 $d_1 = 40$ mm，$d_2 = 70$ mm，轴上装有 3 个皮带轮。已知轮 3 输入的功率 $N_3 = 30$ kW，轮 1 输出功率 $N_1 = 13$ kW，轴转速 $n = 200$ r/min，材料的许用应力 $[\tau] = 60$ MPa，试校核轴的强度。

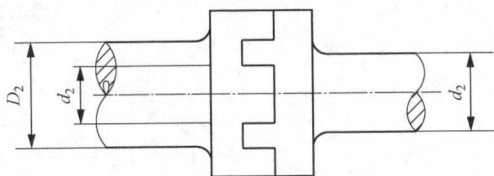
图 3-28

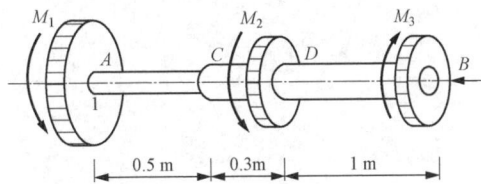
图 3-29

3-9　图 3-30 所示圆截面轴，直径为 d，材料的切变模量为 G，截面 B 的转角为 ϕ_B，试求所加扭力偶矩 M 之值。

3-10　一圆截面试样，直径 $d = 20$ mm，两端承受扭力偶矩 $M = 230$ N·m 作用，设由实

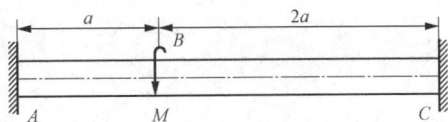
图 3-30

验测得标距 $l_0 = 100$ mm 范围内的扭转角 $\phi = 0.017\ 4$ rad，试确定切变模量 G。

3-11　如图 3-31 所示，圆轴 AB 与套管 CD 用刚性突缘 E 焊接成一体，并在截面 A 承受

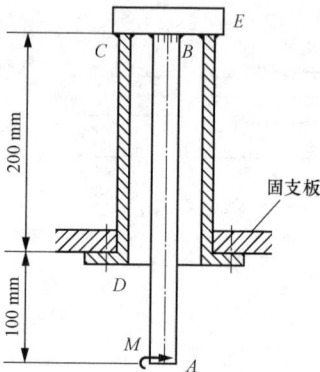

图 3-31

扭力偶矩 M 作用。套管的外径 $d=56$ mm，许用切应力 $[\tau_1]=$ 80 MPa，套管的外径 $D=80$ mm，壁厚 $\delta=6$ mm，许用切应力 $[\tau_2]=40$ MPa。试求扭力偶矩 M 的许用值。

3-12　一传动轴如图 3-32 所示，其转速 $n=300$ r/min，主动轮输入功率 $P_1=367$ kW；3 个从动轮的输出功率分别为 $P_2=110$ kW，$P_3=110$ kW，$P_4=147$ kW。已知 $[\tau]=40$ MPa，$[\theta]=0.3\,°/$m，切变模量 $G=80$ GPa。试设计轴的直径 d。

3-13　图 3-33 所示圆截面轴 AC，承受扭力偶矩 M_A、M_B 与 M_C 作用。试计算该轴的总扭转角 ϕ_{AC}（截面 C 对截面 A 的相对转角），并校核轴的刚度。已知 $M_A=180$ N·m，$M_B=320$ N·m，$M_C=140$ N·m，$I_p=3.0\times10^5$ mm^4，$l=2$ m，$G=80$ GPa，$[\theta]=0.5\,°/$m。

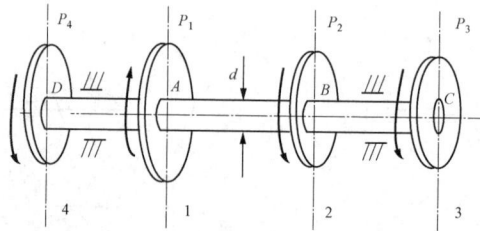

图 3-32

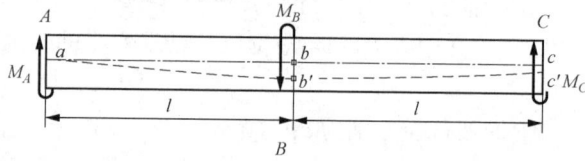

图 3-33

第4章 弯曲内力

4.1 弯曲的概念和实例

工程中经常遇到像桥式起重机的大梁、火车轮轴这样的杆件，如图 4-1 所示。作用于这些杆件上的外力垂直于杆件的轴线，使原为直线的轴线变形后成为曲线。这种形式的变形称为弯曲变形。以弯曲变形为主的杆件习惯上称为梁。

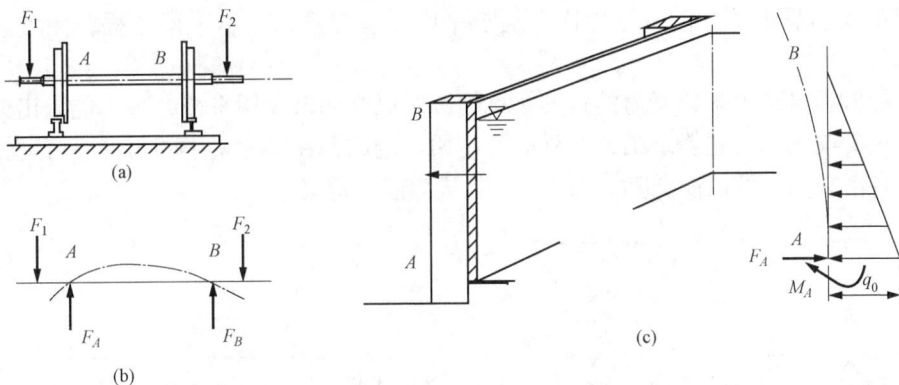

图 4-1

工程问题中，绝大部分受弯杆件的横截面都有一根对称轴，因而整个杆件有一个包含轴线的纵向对称面。由于梁的几何、物性和外力均对称于梁的纵向对称面，所以，梁变形后的轴线必定是一条在该纵向对称面的平面曲线，这种弯曲称为对称弯曲。对称弯曲时，由于梁变形后的轴线所在平面与外力所在平面相重合，因此也称为平面弯曲，如图 4-2 所示。平面弯曲是最简单的弯曲变形，是一种基本变形。本章重点介绍单跨静定梁的平面弯曲内力。上面提到的桥式起重机大梁、火车轮轴等都属于这种情况。

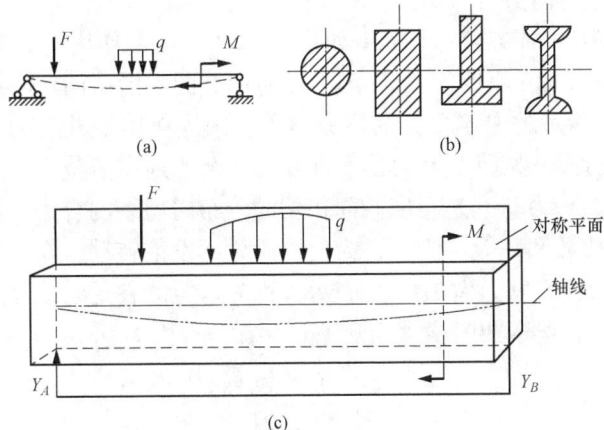

图 4-2

4.2 受弯杆件的简化

在工程中，将一受力构件（或结构）抽象为力学上的计算简图，是一项重要而复杂的工作，其遵循的基本原则应该是：按计算简图计算的结果应符合客观实际；同时，应尽可能使计算简单、方便。

工程中常用的简单梁根据支座情况有下列几种：

（1）简支梁。即一端为固定铰支座，另一端为可动铰支座的梁，如图 4-3（a）所示。

（2）外伸梁。即一端或两端向外伸出的单跨梁，如图 4-3（b）所示。

（3）悬臂梁。即一端为固定支座，另一端自由的梁，如图 4-3（c）所示。

以上三种形式的梁其未知的支座反力都是三个，我们讨论的是梁的平面弯曲，梁上的荷载和梁的支座反力都在同一平面内，通过平面任意力系的三个平衡方程，便可求出各未知反力。

用平衡方程可求出未知反力的这类梁称为静定梁。如果仅用平衡方程不能求出梁的全部未知力，这类梁则称为超静定梁，又称静不定梁。例如，在简支梁中间再加一可动铰支座或悬臂梁的自由端加一可动铰支座（图 4-4）就成为超静定梁。

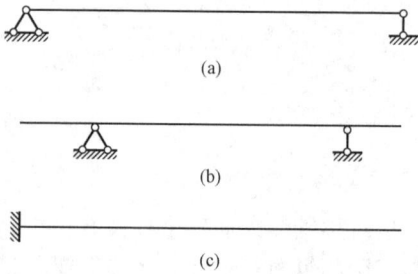

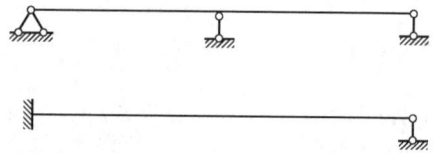

图 4-3　　　　　　　　　　　　　　图 4-4

4.3 剪 力 和 弯 矩

4.3.1 梁横截面上的内力

如图 4-5（a）所示的简支梁，受集中载荷 P_1、P_2、P_3 的作用，为求距 A 端 x 处横截面 $m-m$ 上的内力，首先求出支座反力 R_A、R_B，然后用截面法沿截面 $m-m$ 假想地将梁一分为二，取如图 4-5（b）所示的左半部分为研究对象。因为作用于其上的各力在垂直于梁轴方向的投影之和一般不为零，为使左段梁在垂直方向平衡，则在横截面上必然存在一个切于该横截面的合力 F_S，称为剪力。它是与横截面相切的分布内力系的合力。同时，左段梁上各力对截面形心 O 之矩的代数和一般不为零，为使该段梁不发生转动，在横截面上一定存在一个位于荷载平面内的内力偶，其力偶矩用 M 表示，称为弯矩。它是与横截面垂直的分布内力系的合力偶矩。由此可知，梁弯曲时横截面上一般存在两种内力。

由

$$\sum F_Y = 0, \ R_A - P_1 - F_S = 0$$

解得

$$F_S = R_A - P_1$$

由　　$\sum M_O = 0, \; -R_A x + P_1(x-a) + M = 0$

解得　　　　　$M = R_A x - P_1(x-a)$

4.3.2　剪力与弯矩的符号规定

1. 剪力符号

当截面上的剪力使分离体作顺时针方向转动时为正；反之为负。按此规定，如考虑左段分离体，剪力向下为正，向上为负；如考虑右段分离体，剪力向上为正，向下为负。

2. 弯矩符号

当截面上的弯矩使分离体上部受压、下部受拉时为正，反之为负。按上述规定，不论考虑左段分离体还是右段分离体，同一截面上内力的符号总是一致的。

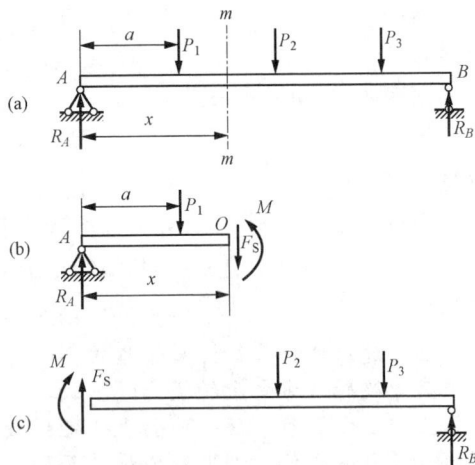

图 4-5

4.4　剪力方程和弯矩方程、剪力图和弯矩图

在一般情况下，梁的不同截面上的内力是不同的，即剪力和弯矩随截面位置而变化。由于在进行梁的强度计算时，需要知道各横截面上剪力和弯矩中的最大值以及它们所在截面的位置，所以就必须知道剪力、弯矩随横截面而变化的情况。为了便于形象地看到内力的变化规律，通常是将剪力、弯矩沿梁长的变化情况用图形来表示，这种表示剪力和弯矩变化规律的图形分别称为剪力图和弯矩图。

剪力图、弯矩图都是函数图形，其横坐标表示梁的横截面位置，纵坐标表示相应横截面的剪力、弯矩。剪力图、弯矩图的作法是：先列出剪力、弯矩随横截面位置而变化的函数式，再由函数式画成函数图形。下面讨论剪力图、弯矩图的具体画法。

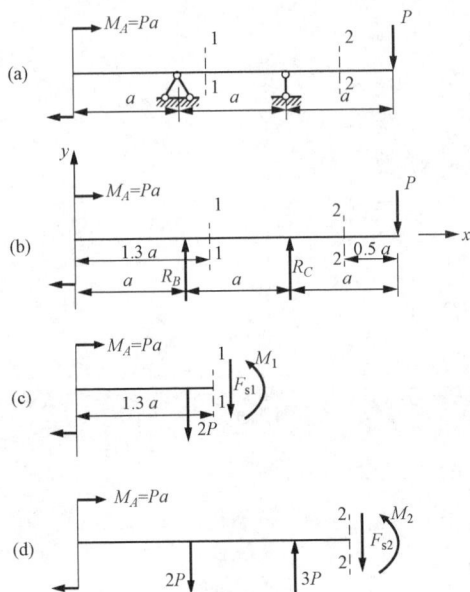

图 4-6

例 4-1　试求图 4-6（a）所示外伸梁指定截面的剪力和弯矩（1-1 截面距离 A 点 $1.3a$，2-2 截面距离 B 点 $0.5a$）。

解：如图 4-6（b）所示。求梁的支座反力。

由　　　　$\sum M_B = 0, \; R_C a - P \times 2a - m_A = 0$

解得　　　　　$R_C = 3P(\uparrow)$

由　　　　$\sum Y = 0, \; R_C + R_B - P = 0$

解得　　　　　$R_B = -2P(\downarrow)$

如图 4-6（c）所示。

由　　　　$\sum Y = 0, \; -F_{S1} - 2P = 0$

解得　　　　　$F_{S1} = -2P$

对 1-1 截面形心 O_1 列力矩平衡方程：

$$\sum M_{O1} = 0, \quad M_1 + 2P \times (1.3a - a) - M_A = 0$$

解得
$$M_1 = -2P \times (1.3a - a) + M_A = 0.4Pa$$

如图 4-6（d）所示。

由
$$\sum Y = 0, \quad 3P - F_{S2} - 2P = 0$$

解得
$$F_{S2} = P$$

由对 2-2 截面形心 O_1 列力矩平衡方程：

$$\sum m_{O_2} = 0, \quad M_2 + 2P \times (2.5a - a) - 3P \times 0.5a - M_A = 0$$

解得
$$M_2 = -2P \times (2.5a - a) + M_A + 3P \times 0.5a = -0.5Pa$$

由上述剪力及弯矩计算过程推得：任一截面上的剪力的数值等于对应截面一侧所有外力在垂直于梁轴线方向上的投影的代数和，且当外力对截面形心之矩为顺时针转向时外力的投影取正，反之取负。任一截面上弯矩的数值等于对应截面一侧所有外力对该截面形心的矩的代数和，若取左侧，则当外力对截面形心之矩为顺时针转向时取正，反之取负；若取右侧，则当外力对截面形心之矩为逆时针转向时取正，反之取负；即

$$F_S = \sum P, \quad M = \sum M_i , \tag{4-1}$$

例 4-2　如图 4-7 所示简支梁，在点 C 处作用一集中力 $P = 10$ kN，求截面 n-n 上的剪力和弯矩。

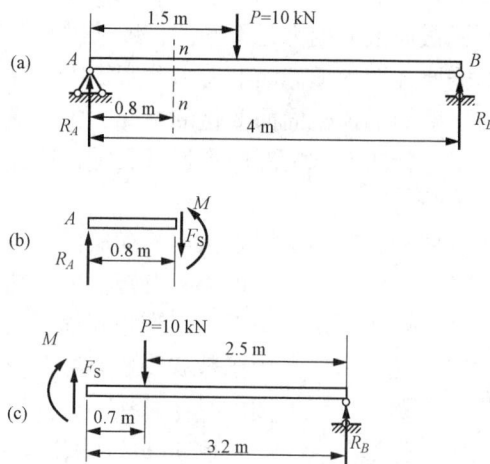

图 4-7

解：求梁的支座反力。

由
$$\sum M_A = 0, \quad 4R_B - 1.5P = 0$$

解得
$$R_B = 3.75 \text{ kN}$$

由
$$\sum Y = 0, \quad R_A + R_B - P = 0$$

解得
$$R_A = 6.25 \text{ kN}$$

取左段
$$F_S = R_A = 6.25 \text{ kN}$$
$$M = R_A \times 0.8 = 5 \text{ kN} \cdot \text{m}$$

取右段
$$F_S = P - R_B = 6.25 \text{ kN}$$
$$M = R_B(4 - 0.8) - P(1.5 - 0.8) = 5 \text{ kN} \cdot \text{m}$$

例 4-3 试作出图 4-8（a）所示梁的剪力图和弯矩图。

解：如图 4-8（b）所示，求梁的支座反力。

由 $\sum M_A = 0$, $4Y_B - 4 \times 10 \times 2 - 20 + 20 \times 1 = 0$

解得 $\qquad\qquad Y_B = 20$ kN

由 $\qquad \sum Y = 0$, $Y_A + Y_B - 4 \times 10 - 20 = 0$

解得 $\qquad\qquad Y_A = 40$ kN

CA 段： $\quad F_S(x) = R_A = -20$ kN $(0 < x < 1)$

$\qquad\qquad M(x) = -20x \;(0 \leqslant x < 1)$

$F_{SC}^+ = F_{SA}^- = -20$ kN $\quad M_C = 0$, $\quad M_A^- = -20$ kN·m

AB 段： $\quad F_S(x) = 10 \times (5-x) - Y_B = 30 - 10x$

$\qquad\qquad\qquad (1 < x < 5)$

$\qquad F_{SA}^+ = 20$ kN, $\quad F_{SB}^- = -20$ kN

$$M(x) = Y_B(5-x) - \frac{1}{2}q(5-x)^2$$
$$= 20 \times (5-x) - \frac{1}{2} \times 10 \times (5-x)^2$$
$$= -5x^2 + 30x - 25 \;(1 < x \leqslant 5)$$

根据 F_{SB}^-、F_{SC}^-、F_{SA}^-、F_{SA}^+ 的对应值便可作出图 4-8（b）所示的剪力图。

根据 M_C、M_B、M_{max}、M_A^-、M_A^+ 的对应值便可作出图 4-8（c）所示的弯矩图（机械类专业学习中将弯矩图画在梁受压侧，土建类专业学习中将弯矩图画在梁受拉侧）。

由上述内力图可见，对于集中力作用处的横截面，轴力图及剪力图均发生突变，突变的值等于集中力的数值；对于集中力偶作用的横截面，剪力图无变化，扭矩图与弯矩图均发生突变，突变的值等于集中力偶的力偶矩数值。

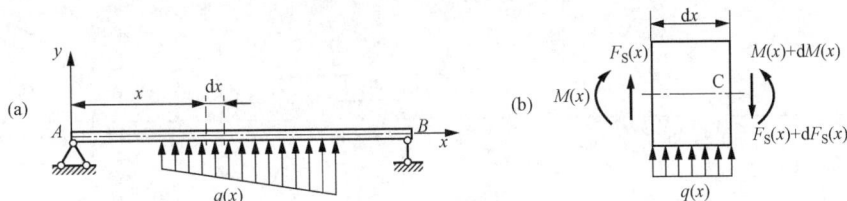

图 4-8

4.5 载荷集度、剪力和弯矩间的关系

$F_S(x)$、$M(x)$ 和 $q(x)$ 之间的微分关系，将进一步揭示载荷、剪力图和弯矩图三者间存在的某些规律，在不列内力方程的情况下，能够快速准确地画出内力图。

如图 4-9（a）所示的梁上作用的分布载荷集度 $q(x)$ 是 x 的连续函数。设分布载荷向上为正，向下为负，并以 A 为原点，取 x 轴向右为正。用坐标分别为 x 和 $x+\mathrm{d}x$ 的两个横截面从梁上截出长为 $\mathrm{d}x$ 的微段，其受力图如图 4-9（b）所示。

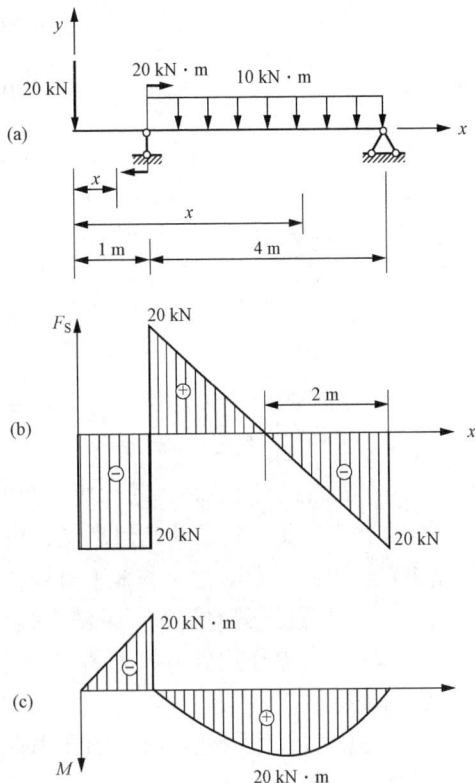

图 4-9

由 $\sum Y = 0, \ F_S(x) + q(x)dx - [F_S(x) + dF_S(x)] = 0$

解得
$$q(x) = -\frac{dF_S(x)}{dx} \tag{4-2}$$

由 $\sum M_C = 0, \ -M(x) - F_S(x)dx - \frac{1}{2}q(x)(dx)^2 + [M(x) + dM(x)] = 0$

略去二阶微量 $\frac{1}{2}q(x)(dx)^2$，解得

$$F_S(x) = \frac{dM(x)}{dx} \tag{4-3}$$

将式（4-3）代入式（4-2）得
$$q(x) = \frac{d^2M(x)}{dx^2} \tag{4-4}$$

式（4-2）、式（4-3）和式（4-4）就是荷载集度、剪力和弯矩间的微分关系。由此可知，$q(x)$ 和 $F_S(x)$ 分别是剪力图和弯矩图的斜率。

根据上述各关系式及其几何意义，可得出画内力图的一些规律如下：

（1）$q = 0$：剪力图为一条水平直线，弯矩图为一条斜直线。

（2）$q = $ 常数：剪力图为一条斜直线，弯矩图为一条抛物线。

（3）集中力 P 作用处：剪力图在 P 作用处有突变，突变值等于 P。弯矩图为一条折线，在 P 作用处有转折。

（4）集中力偶作用处：剪力图在力偶作用处无变化。弯矩图在力偶作用处有突变，突变值等于集中力偶。

掌握上述载荷与内力图之间的规律，将有助于绘制和校核梁的剪力图和弯矩图。将这些规律列于表 4-1。

表 4-1 梁上载荷与内力图之间的规律

梁上载荷情况		剪力图	弯矩图
1	无分布载荷 $(q=0)$		
2	均布载荷向上作用 $q>0$		

续表

梁上载荷情况	剪力图	弯矩图
3 均布载荷向下作用 $q<0$ 	下斜直线 	下凸曲线
4 集中力作用 	C 截面有变化 	C 截面有转折
5 集中力偶作用 	C 截面无变化	C 截面有突变
6	$F_S=0$ 截面	M 有极值

　　利用上述规律，首先根据作用于梁上的已知载荷，应用有关平衡方程求出支座反力，然后将梁分段，并由各段内载荷的情况初步确定剪力图和弯矩图的形状，最后由式（4-1）求出特殊截面上的内力值，便可画出全梁的剪力图和弯矩图。这种绘图方法称为**简捷法**。下面举例说明。

　　例 4-4　外伸梁如图 4-10（a）所示，试画出该梁的内力图。

　　解：（1）求梁的支座反力。由

$$\sum M_B = 0, \; P\times4\times0.6 - R_A\times3\times0.6 + M + \frac{1}{2}q(2\times0.6)^2 = 0$$

解得　$R_A = \frac{1}{3}\times\left(4P + \frac{M}{0.6} + 2q\times0.6\right) = 10 \text{ kN}$

由　$\sum F_Y = 0, \; -P + R_A + R_B - q\times2\times0.6 = 0$

解得　$R_B = P + q\times2\times0.6 - R_A = 5 \text{ kN}$

　　（2）画内力图。

　　CA 段：$q=0$ kN，剪力图为水平直线；弯矩图为斜直线。

$$F_{SC}^+ = F_{SA}^- = -P = -3 \text{ kN}$$

$$M_C = 0, \; M_A = -P\times0.6 = -1.8 \text{ kN}\cdot\text{m}$$

　　AD 段：$q=0$ kN，剪力图为水平直线；弯矩图为斜直线。

$$M_A = -P\times0.6 = -1.8 \text{ kN}\cdot\text{m}$$

$$F_{SA}^+ = F_{SD} = -P + R_A = 7 \text{ kN}$$

$$M_D^- = -P\times2\times0.6 + R_A\times0.6 = 2.4 \text{ kN}\cdot\text{m}$$

　　DB 段：$q<0$（因其为方向向下），剪力图为斜直线；弯矩图为抛物线。

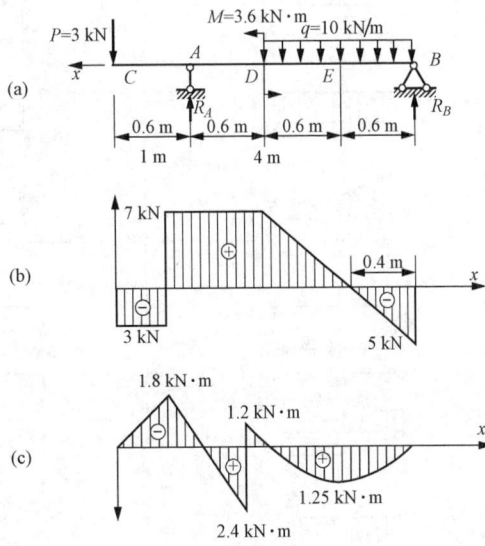

图 4-10

$$F_{SB}^- = -R_B = -5 \text{ kN}, \quad F_S(x) = -R_B + qx \ (0 < x \leqslant 2 \times 0.6)$$

令 $Q(x) = 0$，得 $x = \dfrac{R_B}{q} = 0.5 \text{ m}$

$$M_D^+ = -P \times 2 \times 0.6 + R_A \times 0.6 - M = -1.2 \text{ kN} \cdot \text{m}$$

$$M_E = R_B \times 0.5 - q \times 0.5^2/2 = 1.25 \text{ kN} \cdot \text{m}, \quad M_B = 0$$

根据 F_{SB}^-、F_{SC}^+、F_{SA}^-、F_{SA}^+、F_{SD} 的对应值便可作出图 4-10（b）所示的剪力图。由图 4-10（b）可见，在 AD 段剪力最大，$F_{Smax} = 7 \text{ kN}$。

根据 M_C、M_B、M_A、M_E、M_D^-、M_D^+ 的对应值便可作出图 4-10（c）所示的弯矩图。由图 4-10（c）可见，梁上点 D 左侧相邻的横截面上弯矩最大，$M_{max} = M_D^- = 2.4 \text{ kN} \cdot \text{m}$。

4.6 叠加法绘弯矩图

在小变形情况下，梁在载荷作用下，其跨长的改变可忽略不计，在求弯矩、剪力和支反力时，均可按原长度进行计算，而所得的结果均与梁上载荷呈线性关系。这种情况下，当梁上同时作用有几个载荷时，其每一个载荷所引起梁的支座反力、剪力及弯矩将不受其他载荷的影响，$F_S(x)$ 及 $M(x)$ 均是载荷的线性函数。因此，梁在几个载荷共同作用时的弯矩值，等于各载荷单独作用时弯矩的代数和。事实上，这是一个普遍性的原理，即叠加原理：当所求参数（内力、应力或位移）与梁上载荷呈线性关系时，由几项荷载共同作用时所引起的某一参数，就等于每项荷载单独作用时所引起的该参数值的叠加。

利用叠加法作弯矩图时，只有熟悉一些基本载荷的弯矩图，才能快速省时。为此将常见梁的弯矩图列表 4-2 中，以便查用。

表 4-2   常 见 梁 的 弯 矩 图

续表

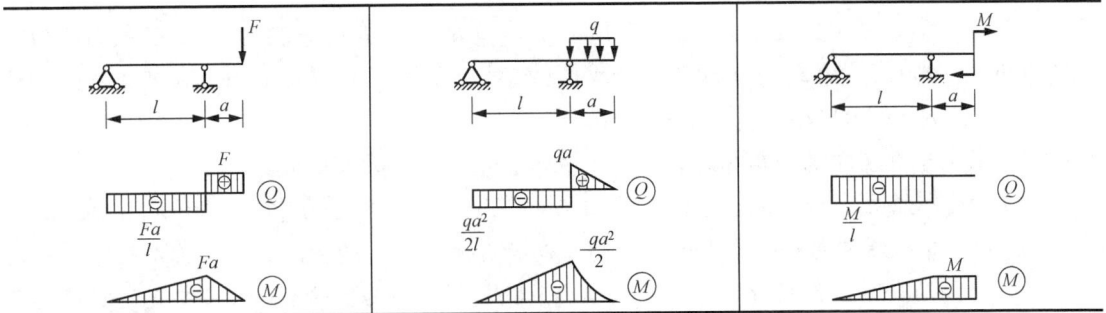

例 4-5 作图 4-11（a）所示组合梁的剪力图和弯矩图。

解：（1）求反力。将梁从中间铰 C 稍右处截开，由 CB 部分的平衡条件得 C、B 截面的支反力，将 C 处支反力反向加在 AC 段的 C 截面处，如图 4-11（b）所示。

（2）作剪力图。AC、CB 段的剪力图均为斜直线，C 截面处剪力发生突变，由截面法求得

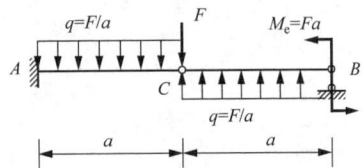

$$F_{SA} = F + \frac{1}{2}F + F = \frac{5F}{2},$$

$$F_{SC左} = F + \frac{1}{2}F = \frac{3}{2}F, \quad F_{SC右} = \frac{1}{2}F, \quad F_{SB} = \frac{3}{2}F$$

剪力图如图 4-11（c）所示。

（3）作弯矩图。AC 段的弯矩图为下凸的抛物线，CB 段的弯矩图为上凸的抛物线，由截面法求得

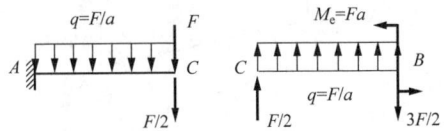

$$M_A = -\frac{3}{2}Fa - \frac{1}{2}\left(\frac{F}{a}\right)a^2 = -2Fa,$$

$$M_C = 0, \quad M_B = Fa$$

弯矩如图 4-11（d）所示。

讨论：① AC 段为悬梁的基本部分，CB 梁为附属部分。CB 梁上的载荷要传递到 AC 梁上，进行受力分析时先分析附属部分再分析基本部分。② 关于中间铰处的集中力 F，可以认为 F 力作用在 AC 段的 C 截面处 [图 4-11（b）]，也可以认为 F 力作用在 CB 段的 C 截面处 [图 4-11（e）]，两种处理方法结果相同。

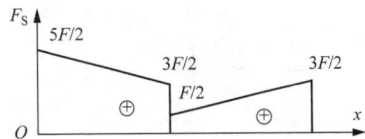

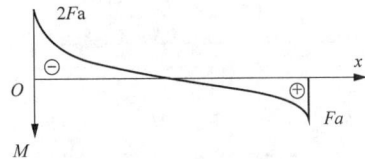

例 4-6 已知简支梁的剪力图和弯矩图的形状及部分内力值分别如图 4-12（a）、（b）所示。试求此梁上诸载荷的形式及数值，并补齐内力图的内力值。

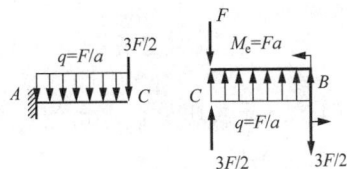

图 4-11

解：（1）由剪力图分析梁上的载荷。AC段的剪力图为水平线，$F_{SAC}=6\,\text{kN}$，故AC段上无分布载荷和集中力，支反力$F_A=6\,\text{kN}(\uparrow)$。$F_{SC左}=6\,\text{kN}$，$F_{SC右}=0\,\text{kN}$，故C截面有向下的集中力$F=6\,\text{kN}$。CB段的剪力图为向右下方倾斜的直线，$F_{SB}$为负，故CB段上有向下的均布载荷$q$，$F_{SB}=-8\,\text{kN}$支反力$F_B=8\,\text{kN}$。

以C截面右侧梁段为分离体，由$F_{SC右}=F_B-2q=0$得$q=4\,\text{kN/m}$。

（2）由弯矩图分析梁上的载荷并补充内力图的内力值。$M_{D左}=3\,\text{kN}\cdot\text{m}$，$M_{D右}=5\,\text{kN}\cdot\text{m}$，故D截面处有顺时针方向转动的力偶矩$M_e=2\,\text{kN}\cdot\text{m}$，以C截面左侧梁段为分离体，得简支梁上各载荷及反力如图4-12（c）所示。为了验证以上分析是否正确，可用平衡方程校核支反力，再检查剪力图和弯矩图。

例4-7 一根置于地基上的梁受载荷如图4-13（a）所示，假设地基反力是均匀分布的。试求地基反力的载荷集度q_R，并作梁的剪力图及弯矩图。

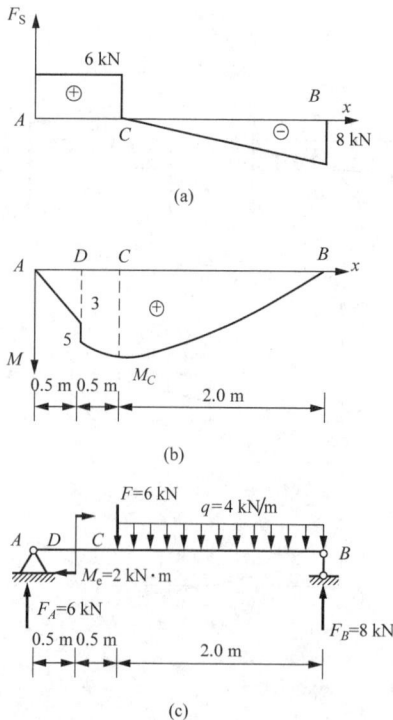

图4-12

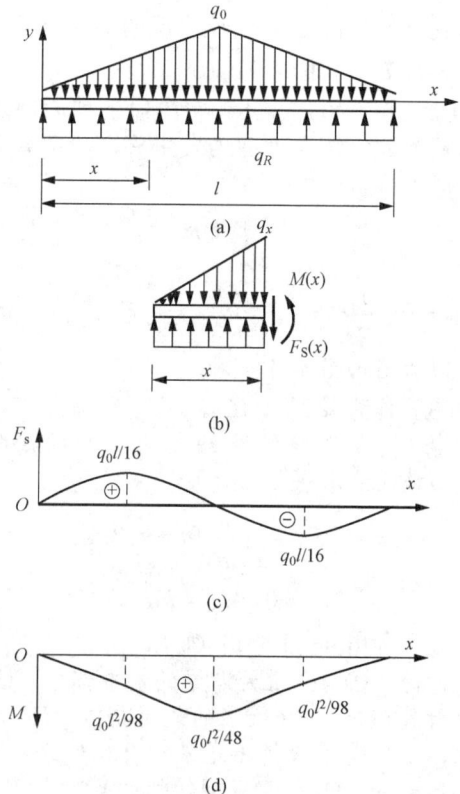

图4-13

解：（1）求地基反力q_R。由$\sum F_y=0$，$q_Rl=\frac{1}{2}q_0l$

得
$$q_R=\frac{1}{2}q_0$$

（2）剪力方程及剪力图。取分离体如图4-13（b）所示$(0\leqslant x\leqslant l/2)$，有

$$q(x)=\frac{2x}{l}q_0,$$

$$F_S(x) = q_R x - \frac{1}{2}q(x)x = \frac{1}{2}q_0 x - \frac{1}{2}\left(\frac{2x}{l}q_0\right)x = \frac{q_0}{2l}(lx - 2x^2)$$

$F_S(x)$ 的极值点位置为

$$\frac{\mathrm{d}F_S(x)}{\mathrm{d}x} = \frac{q_0}{2l}(l - 4x) = 0, \ \text{即} \ x = l/4 \ 。$$

$F_S(x) = 0$ 的位置为

$$F_S(x) = \frac{q_0}{2l}(lx - 2x^2), \ x_1 = 0, \ x_2 = l/2$$

当 $x = \dfrac{l}{4}$ 时，$F_S = \dfrac{q_0}{2l}\left[\dfrac{l^2}{4} - 2\left(\dfrac{l}{4}\right)^2\right] = \dfrac{q_0 l}{16}$ 。

再根据对称结构，受对称载荷，剪力图关于跨中截面为反对称的，剪力图如图 4-13（c）所示。

（3）弯矩方程及弯矩图。

$$M(x) = \frac{1}{2}q_R x^2 - \frac{1}{2}q(x)x\frac{x}{3} = \frac{1}{2}\left(\frac{1}{2}q_0\right)$$

$$x^2 - \frac{1}{2}\left(\frac{2x}{l}q_0\right)\frac{x^2}{3} = \frac{q_0}{12l}(3lx^2 - 4x^3)$$

$M(x)$ 极值点的位置，为 $F_S(x) = 0$ 的位置，即 $x = 0$ ，$x = \dfrac{l}{2}$ 。

由　　　$\dfrac{\mathrm{d}^2 M(x)}{\mathrm{d}x^2} = \dfrac{q_0}{2l}(l - 4x) \ x < \dfrac{l}{4}$ ，

$\dfrac{\mathrm{d}^2 M(x)}{\mathrm{d}x^2} > 0; \ x > \dfrac{l}{4}, \ \dfrac{\mathrm{d}^2 M(x)}{\mathrm{d}x^2} < 0 \ 。$

故 $0 \leqslant x \leqslant \dfrac{l}{4}$ 时，弯矩图为上凸曲线；$\dfrac{l}{4} \leqslant x \leqslant \dfrac{l}{2}$ ，弯矩图为下凸曲线。

$x = \dfrac{l}{4}$ 时，$M = \dfrac{q_0}{12l}\left[3l\left(\dfrac{l}{4}\right)^2 - 4\left(\dfrac{l}{4}\right)^3\right] = \dfrac{q_0 l^2}{96}$ ；

$x = \dfrac{l}{2}$ 时，$M = \dfrac{q_0}{12l}\left[3l\left(\dfrac{l}{2}\right)^2 - 4\left(\dfrac{l}{2}\right)^3\right] = \dfrac{q_0 l^2}{48}$ ；

$x = 0$ 时，$M = 0$ 。

再根据对称结构受对称载荷，弯矩图关于跨中截面为对称的，弯矩图如图 4-13（d）所示。

例 4-8　用叠加法作图 4-14（a）所示梁的弯矩图。

解：查表 4-2，可得 M_0、q 单独作用时产生的弯矩图分别如图 4-14（b）、（c）所示，叠加时可先将 M_{M_0} 图画上，然后以其斜直线为基础，作 M_q 图

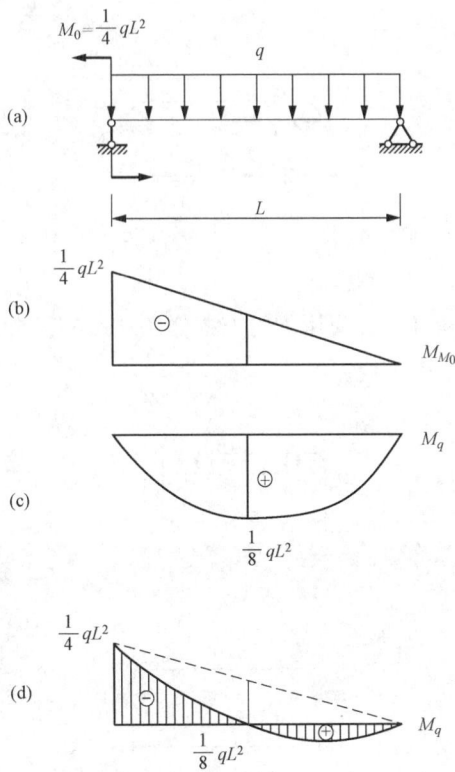

图 4-14

的对应纵坐标,异号的弯矩值相抵消,便得图 4-14(d)所示的阴影部分,即为梁的弯矩图。

思 考 题

4-1 一个集中载荷 F 在简支梁上移动。问不论载荷在什么位置时最大弯矩是否总在载荷所在位置的横截面上?

4-2 列 $F_S(x)$ 及 $M(x)$ 方程时,在何处需要分段?

4-3 试问在求解横截面上的内力时,为什么可直接由该横截面任一侧梁上的外力的代数和来计算?

4-4 集中力及集中力偶左右的构件横截面上的轴力、扭矩、剪力、弯矩如何变化?

习 题

4-1 求图 4-15 中所示各梁指定截面上的剪力和弯矩。

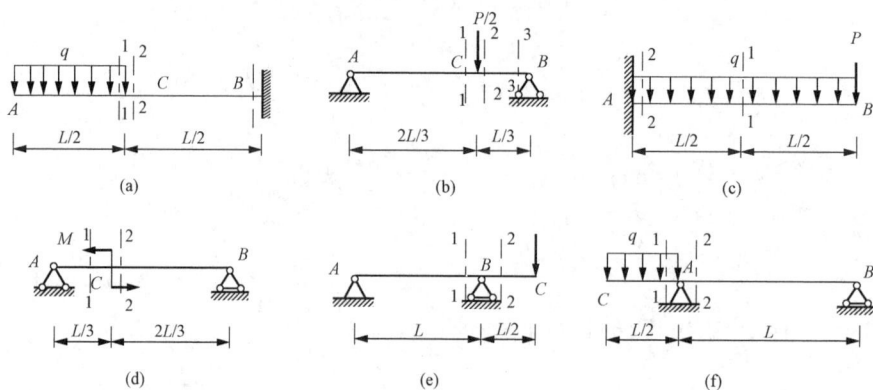

图 4-15

4-2 应用内力方程作图 4-16 中各梁的内力图,并求 $|Q|_{max}$ 和 M_{max}。

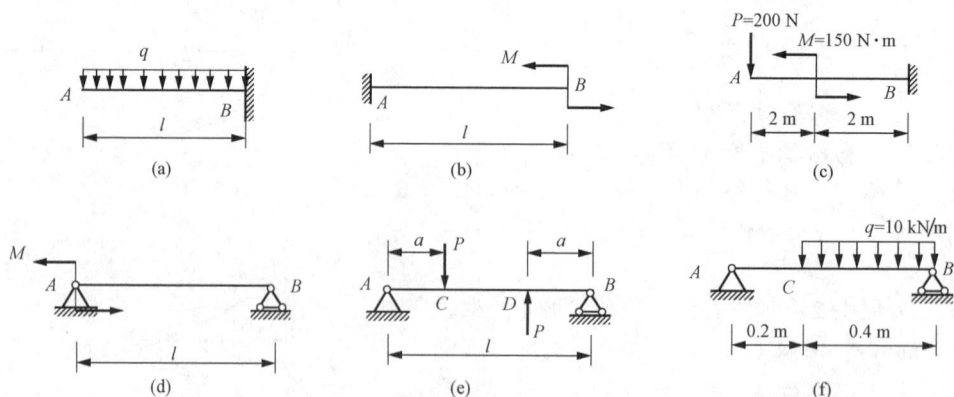

图 4-16

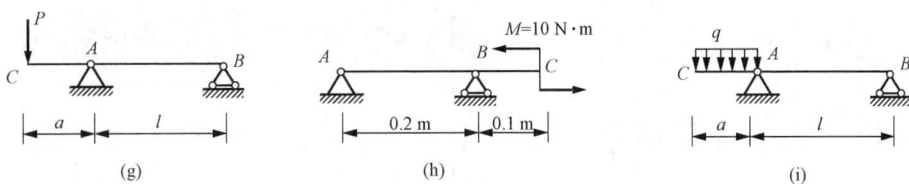

(g)　　　　　　　　(h)　　　　　　　　(i)

图 4-16（续）

4-3　不列内力方程作图 4-17 中各梁的内力图，并求 F_{Smax} 和 M_{max}。

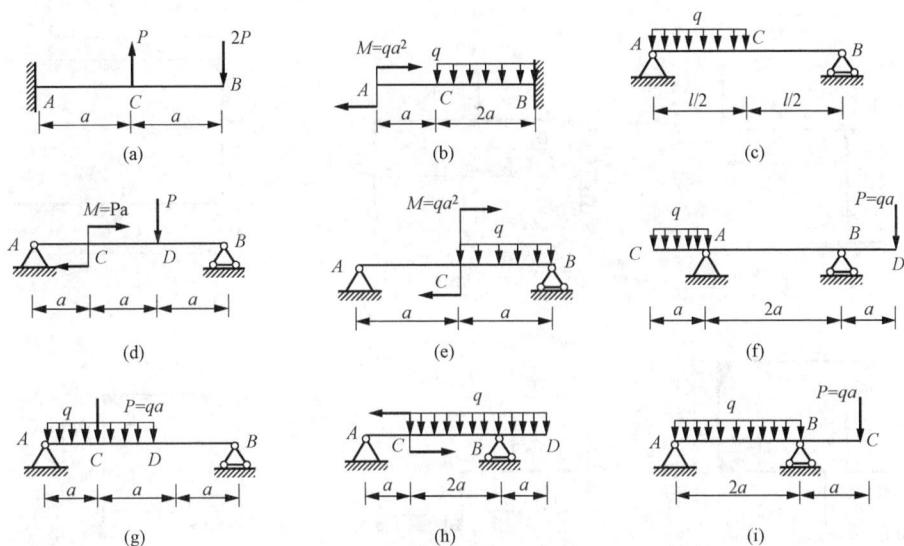

(a)　　　　　　　　(b)　　　　　　　　(c)

(d)　　　　　　　　(e)　　　　　　　　(f)

(g)　　　　　　　　(h)　　　　　　　　(i)

图 4-17

4-4　用叠加法作图 4-18 中各梁的弯矩图，并求 M_{max}。

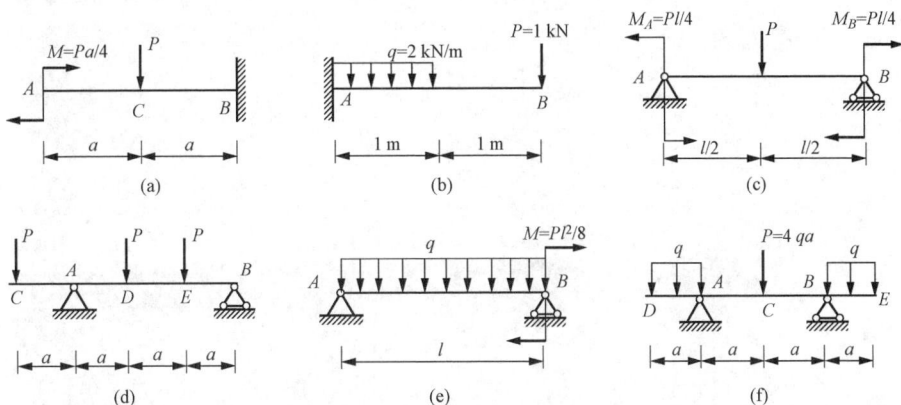

(a)　　　　　　　　(b)　　　　　　　　(c)

(d)　　　　　　　　(e)　　　　　　　　(f)

图 4-18

4-5　已知梁上没有集中力偶作用，其剪力图如图 4-19 所示，试作其弯矩图及载荷图。

4-6　应用内力方程作图 4-20 中各结构的内力图。

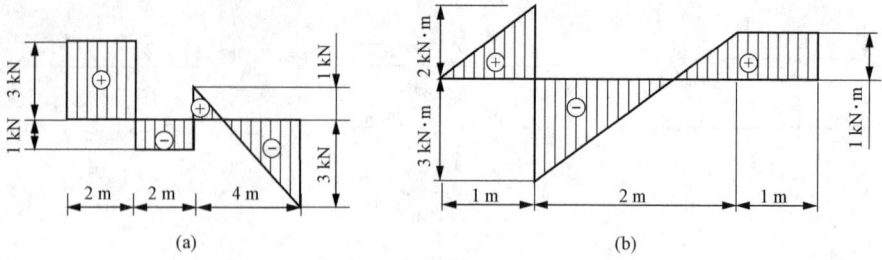

图 4-19

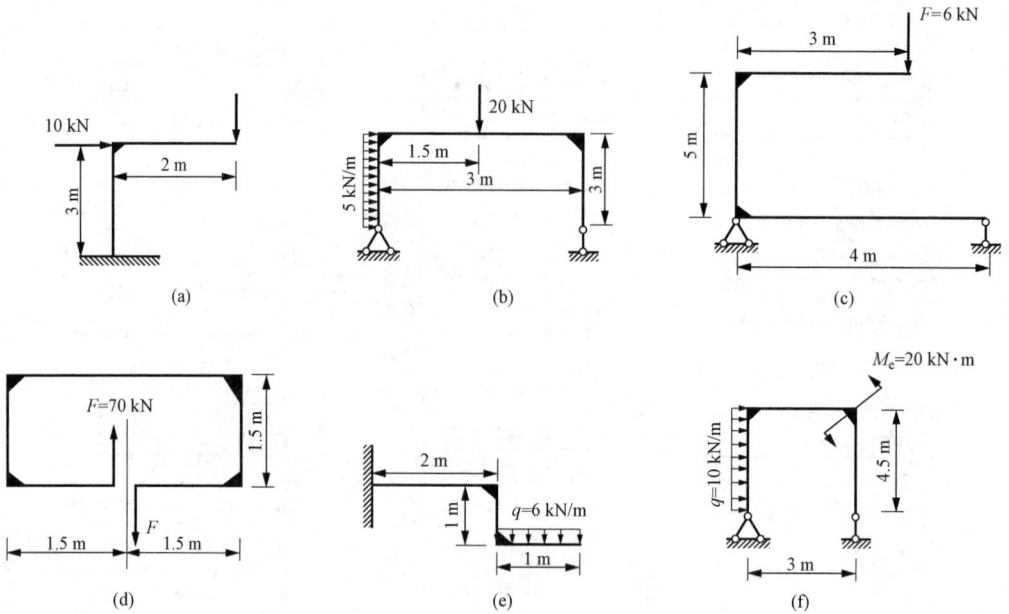

图 4-20

第5章 弯曲应力

5.1 纯弯曲

一般情况下，梁内同时存在剪力与弯矩，因此，在梁的横截面上将同时存在切应力与正应力。梁弯曲时横截面上的切应力与正应力，分别称为弯曲切应力与弯曲正应力，如图 5-1 (a) 所示梁的 AC 及 DB 段。此二段梁不仅有弯曲变形，还有剪切变形，这种平面弯曲称为横力弯曲或剪切弯曲。为使问题简化，先研究梁内仅有弯矩而无剪力的情况。如图 5-1 (a) 所示梁 CD 段，这种弯曲称为纯弯曲。

5.2 纯弯曲时的正应力

5.2.1 纯弯曲变形现象与假设

为观察纯弯曲梁变形现象，在梁表面上作出图 5-2 (a) 所示的纵、横线，当梁端上加一力偶 M 后，由图 5-2 (b) 可见：

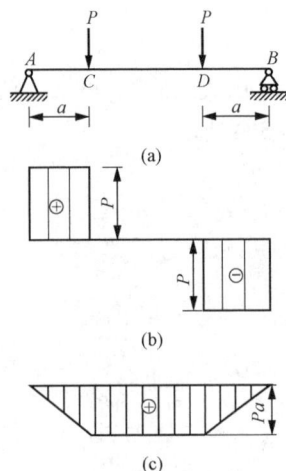

图 5-1

横向线转过了一个角度但仍为直线；位于凸边的纵向线伸长了，位于凹边的纵向线缩短了；纵向线变弯后仍与横向线垂直。由此得纯弯曲变形的平面假设：**梁变形后其横截面仍保持为平面，且仍与变形后的梁轴线垂直。同时，还假设梁的各纵向纤维之间无挤压。** 即所有与轴线平行的纵向纤维均是轴向拉、压。如图 5-2 (c) 所示，梁的下部纵向纤维伸长，而上部纵向纤维缩短，由变形的连续性可知，梁内肯定有一层长度不变的纤维层，称为中性层，中性层与横截面的交线称为中性轴，由于载荷作用于梁的纵向对称面内，梁的变形沿纵向对称，则中性轴垂直于横截面的对称轴。如图 5-2 (c) 所示。梁弯曲变形时，其横截面绕中性轴旋转某一角度。

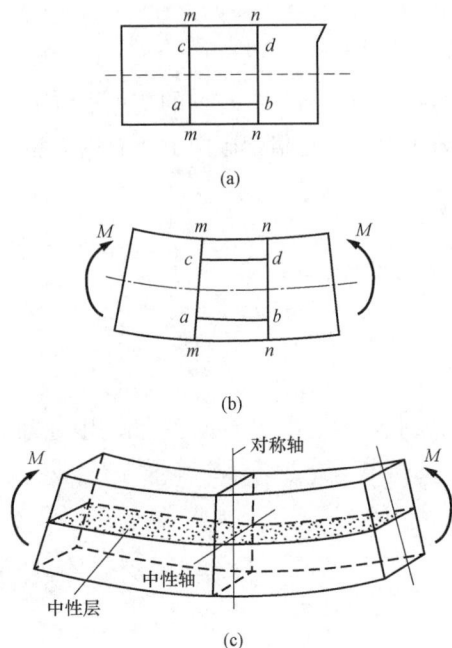

图 5-2

5.2.2 变形的几何关系

如图 5-3 (a) 为从图 5-2 (a) 所示梁中取出的长为 dx 的微段，变形后其两端相对转了 dφ 角。距中性层为 y 处的各纵向纤维变形，由图 5-3 (a) 得

$$\widehat{ab} = (\rho + y)\mathrm{d}\phi$$

式中，ρ 为中性层上的纤维 $\widehat{O_1O_2}$ 的曲率半径。而 $\widehat{O_1O_2} = \rho\mathrm{d}\varphi = \mathrm{d}x$，则纤维 $\widehat{ab}$ 的应变为

$$\varepsilon = \frac{\widehat{ab} - \mathrm{d}x}{\mathrm{d}x} = \frac{(\rho + y)\mathrm{d}\varphi - \rho\mathrm{d}\varphi}{\rho\mathrm{d}\varphi} = \frac{y}{\rho} \qquad (5-1)$$

由式（5-1）可知，梁内任一层纵向纤维的线应变 ε 与其 y 的坐标成正比。

5.2.3 物理关系

由于将纵向纤维假设为轴向拉压，当 $\sigma \leqslant \sigma_\mathrm{p}$ 时，则有

$$\sigma = E\varepsilon = E \cdot \frac{y}{\rho} \qquad (5-2)$$

由式（5-2）可知，横截面上任一点的正应力与该纤维层的 y 坐标成正比，其分布规律如图 5-4 所示。

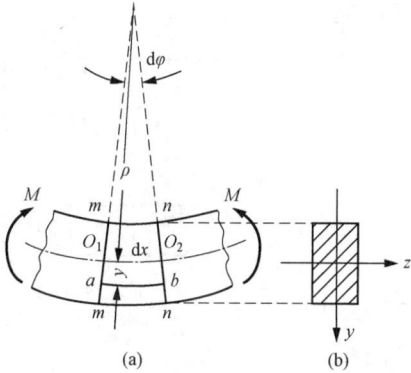

图 5-3

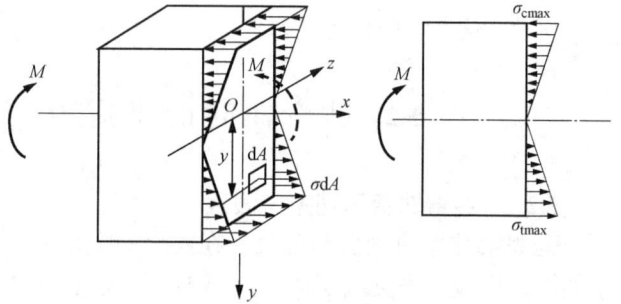

图 5-4

5.2.4 静力学关系

如图 5-4 所示，取截面的纵向对称轴为 y 轴，z 轴为中性轴，过轴 y、z 的交点沿纵向线取为 x 轴。横截面上坐标为 (y, z) 的微面积上的内力为 $\sigma\mathrm{d}A$。于是整个截面上所有内力组成空间平行力系，由 $\Sigma X = 0$，有

$$\int_A \sigma\mathrm{d}A = 0 \qquad (5-3)$$

将式（5-2）代入式（5-3）得

$$\int_A E\frac{y}{\rho}\mathrm{d}A = \frac{E}{\rho}\int_A y\mathrm{d}A = 0$$

式中，$\int_A y\mathrm{d}A = S_z$ 为横截面对中性轴的静矩，而 $\frac{E}{\rho} \neq 0$，则 $S_z = 0$。由 $S_z = Ay_C$ 可知，中性轴 z 必过截面形心。

由 $\Sigma M_y = 0$，有

$$\int_A z\sigma\mathrm{d}A = 0 \qquad (5-4)$$

将式（5-2）代入式（5-4）得

$$\frac{E}{\rho}\int_A yz\mathrm{d}A = 0$$

式中，$\int_A yz\mathrm{d}A = I_{yz}$ 为横截面对轴 y、z 的惯性积，因 y 轴为对称轴，且 z 轴又过形心，则轴 y、z 为横截面的形心主惯性轴，$I_{yz}=0$ 成立。

由 $\Sigma M_z = 0$，有

$$\int_A y\sigma\mathrm{d}A = 0 \tag{5-5}$$

将式（5-2）代入式（5-5）得

$$M = \frac{E}{\rho}\int_A y^2\mathrm{d}A = 0 \tag{5-6}$$

式中，$\int_A y^2\mathrm{d}A = I_z$ 为横截面对中性轴的惯性矩，则式（5-6）可写为

$$\frac{1}{\rho} = \frac{M}{EI_z} \tag{5-7}$$

式中，$1/\rho$ 是梁轴线变形后的曲率。式（5-7）表明，当弯矩不变时，EI_z 越大，曲率 $1/\rho$ 越小，故 EI_z 称为梁的抗弯刚度。

将式（5-7）代入式（5-2）得

$$\sigma = \frac{My}{I_z} \tag{5-7}$$

式（5-7）为纯弯曲时横截面上正应力的计算公式。对于图 5-3 所示坐标系，当 $M>0$，$y>0$ 时，σ 为拉应力；$y<0$ 时，σ 为压应力。

5.3 横力弯曲时的正应力、梁的正应力强度条件

在上述公式推导过程中，并未涉及横截面的几何特征。因此，只要载荷作用于梁的纵向对称面内，式（5-7）就适用。此外，虽然式（5-7）是在纯弯曲条件下推导的，但是，当梁较细长（$l/h>5$）时，该公式同样适用于横力弯曲时的正应力计算。

横力弯曲时，弯矩随截面位置变化。一般情况下，最大正应力 $\sigma_{\max}$ 发生于弯矩最大的横截面上距中性轴最远处。于是由式（5-7）得

$$\sigma_{\max} = \frac{M_{\max}y_{\max}}{I_z} \tag{5-8}$$

令 $I_z/y_{\max} = W_z$，则式（5-8）可写为

$$\sigma_{\max} = \frac{M_{\max}}{W_z} \tag{5-9}$$

式中，W_z 仅与截面的几何形状及尺寸有关，称为截面对中性轴的抗弯截面模量。I_z 的值可参见附录，若截面是高为 h、宽为 b 的矩形，则

$$W_z = \frac{I_z}{h/2} = \frac{bh^3/12}{h/2} = \frac{bh^2}{6}$$

若截面是直径为 d 的圆形，则

$$W_z = \frac{I_z}{d/2} = \frac{\pi d^4/64}{d/2} = \frac{\pi d^3}{32}$$

若截面是外径为 D、内径为 d 的空心圆环，则

$$W_z = \frac{I_z}{D/2} = \frac{\pi(D^4 - d^4)/64}{D/2} = \frac{\pi D^3}{32}\left[1 - \left(\frac{d}{D}\right)^4\right]$$

例 5-1　铸铁梁受载荷情况如图 5-5 所示。已知截面对形心轴的惯性矩 $I_z = 403 \times 10^{-7}\ \mathrm{m}^4$，铸铁抗拉强度$[\sigma]^+$=50 MPa，抗压强度$[\sigma]^-$=125 MPa。试按正应力强度条件校核梁的强度。（横截面尺寸单位为 mm）

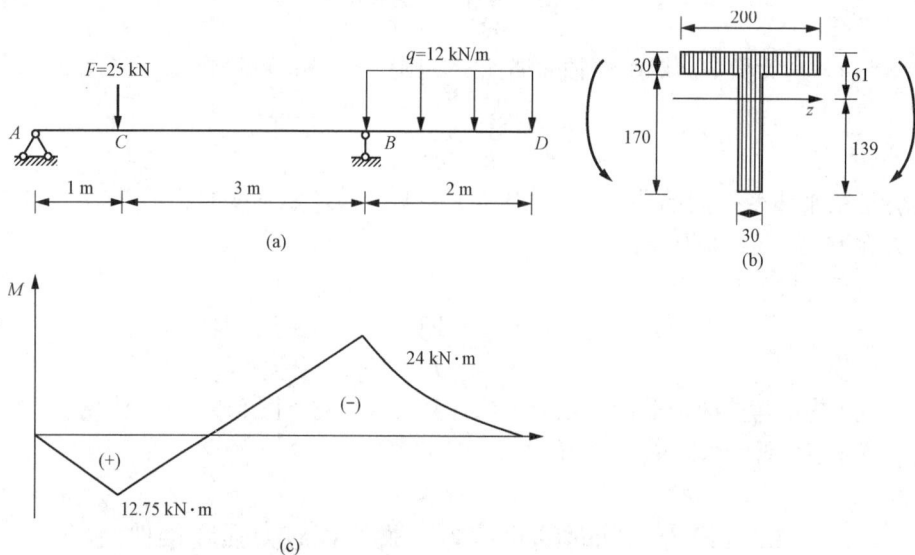

图 5-5

解： 作弯矩图如图 5-5（c）所示，根据弯矩的大小可以判断，B 截面和 C 截面为危险截面，且 B 截面上端受拉、下端受压，C 截面下端受拉、上端受压，分别计算出 B 截面和 C 截面处的最大拉应力和最大压应力。

$$\sigma_{B\max}^+ = \frac{24 \times 10^3\ \mathrm{N \cdot m} \times 61 \times 10^{-3}\ \mathrm{m}}{403 \times 10^{-7}} = 36.3\ \mathrm{MPa} < [\sigma]^+$$

$$\sigma_{B\max}^- = \frac{24 \times 10^3\ \mathrm{N \cdot m} \times 139 \times 10^{-3}\ \mathrm{m}}{403 \times 10^{-7}\ \mathrm{m}^4} = 82.8\ \mathrm{MPa} < [\sigma]^-$$

$$\sigma_{C\max}^+ = \frac{12.75 \times 10^3\ \mathrm{N \cdot m} \times 139 \times 10^{-3}\ \mathrm{m}}{403 \times 10^{-7}\ \mathrm{m}^4} = 44\ \mathrm{MPa} < [\sigma]^+$$

$$\sigma_{C\max}^- = \frac{12.75 \times 10^3\ \mathrm{N \cdot m} \times 61 \times 10^{-3}\ \mathrm{m}}{403 \times 10^{-7}\ \mathrm{m}^4} = 19\ \mathrm{MPa} < [\sigma]^-$$

故铸铁梁符合强度要求。

由内力图可直观地判断出等直杆内力最大值所发生的截面，称为危险截面，危险截面上应力值最大的点称为危险点。为了保证构件有足够的强度，其危险点的有关应力需满足对应的强度条件。

梁弯曲的正应力强度条件为

$$\sigma_{\max} = \frac{M_{\max}}{W_z} \leqslant [\sigma] \qquad\qquad （5-10）$$

例 5-2　图 5-6 所示为一受均布载荷的梁，其跨度 $l = 200$ mm，梁截面直径 $d = 25$ mm，许用应力 $[\sigma] = 150$ MPa。试求沿梁每米长度上可能承受的最大载荷 q 为多少？

图 5-6

解：弯矩图如图 5-6 所示。最大弯矩发生在梁的中点所在横截面上，$M_{max} = ql^2/8 = 5 \times 10^{-3} q$ N·m，由式（5-10）有

$$M_{max} \leqslant W_z[\sigma] = \frac{\pi a^-}{32}[\sigma] = 234 \text{ N·m}$$

于是

$$5 \times 10^{-3} q \leqslant 234$$

解得

$$q_{max} = 46.8 \text{ kN/m}$$

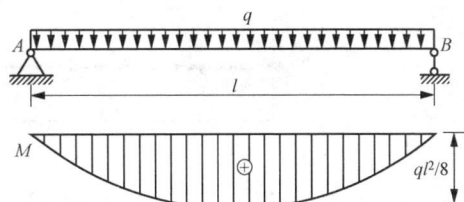

例 5-3　某车间安装一台简易天车，其载荷简化如图 5-7（a）所示，起重量 $G = 50$ kN，其跨度 $l = 9\,500$ mm，电葫芦自重 $G_1 = 19$ kN，许用应力 $[\sigma] = 145$ MPa。试选择工字钢截面。

图 5-7

解：在一般机械中，梁的自重较其承受的其他载荷小，故可按集中力初选工字钢截面，集中力 P 为

$$P = G + G_1 = 69 \text{ kN}$$

弯矩图如图 5-7（b）所示。

$$M_{P max} = Pl/4 = 163.9 \text{ kN·m}$$

由式（5-10）有

$$W_z \geqslant \frac{M_{P max}}{[\sigma]} = 1\,171 \times 10^3 \text{ mm}^3$$

由型钢表找 W_z 比 $1\,153 \times 10^3$ mm³ 稍大一些的工字钢型号，查出 40C 工字钢，其 $W_z = 1\,190 \times 10^3$ mm³，此钢号的自重 $q = 801$ N/m。自重单独作用时的弯矩图如图 5-7（c）所示。$M_{q max} = ql^2/8 = 9.04$ kN·m。中央截面的总弯矩为

$$M_{max} = M_{P max} + M_{q max} = 173 \text{ kN·m}$$

于是考虑自重在内的最大工作应力为

$$\sigma_{max} = \frac{M_{max}}{W_z} = 145.4 \text{ MPa} > 145 \text{ MPa} = [\sigma]$$

$$\frac{\sigma_{max} - [\sigma]}{[\sigma]} \times 100\% = \frac{145.4 - 145}{145} \times 100\% = 0.3\%$$

σ_{max} 虽大于许用应力 $[\sigma]$，但超出值在 5% 以内，在工程上是允许的。

例 5-4　如图 5-8 所示，长为 l 的矩形截面悬臂梁，在自由端作用一集中力 F，已知 $b = 120$ mm，$h = 180$ mm、$l = 2$ m，$F = 1.6$ kN，试求 B 截面上 a、b、c 各点的正应力。

解：作弯矩图如图 5-8（c）所示，B 横截面上的弯矩为

$$M_B = \frac{1}{2}Fl$$

横截面对中性轴的惯性矩为

$$I_z = \frac{bh^3}{12}$$

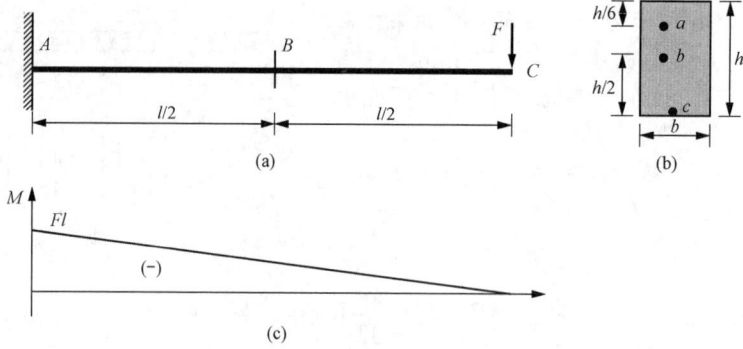

图 5-8

根据公式可得 B 横截面上各点的正应力分别为

$$\sigma_a = \frac{M_B y_a}{I_z} = \frac{\frac{1}{2}FL\frac{h}{3}}{bh^3/12} = 1.65\,\text{MPa}$$

$$\sigma_b = 0$$

$$\sigma_c = \frac{M_B y_c}{I_z} = \frac{\frac{1}{2}FL\frac{h}{2}}{bh^3/12} = 2.47\,\text{MPa}$$

5.4 梁弯曲时的切应力、梁的切应力强度条件

在工程中的梁，大多数并非发生纯弯曲，而是剪切弯曲。但由于其绝大多数为细长梁，并且在一般情况下，细长梁的强度取决于其正应力强度，而无须考虑其切应力强度。但在遇到梁的跨度较小或在支座附近作用有较大载荷，铆接或焊接的组合截面钢梁（如工字形截面的腹板厚度与高度之比较一般型钢截面的对应比值小），木梁等特殊情况，则必须考虑切应力强度。为此，本节介绍常见梁截面的切应力分布规律及其计算公式。

5.4.1 矩形截面梁

如图 5-9（a）所示，若 $h>b$，假设横截面上任意点处的切应力均与剪力同向，且距中性轴等远的各点处的切应力大小相等，则横截面上任意点处的切应力按下述公式计算。

$$\tau = \frac{F_S S_z^*}{I_z b} \qquad (5-11)$$

式中，F_S 为横截面上的剪力；S_z^* 为距中性轴为 y 的横线以外的部分横截面的面积［图 5-9（a）中的阴影线面积］对中性轴的静矩；I_z 为横截面对中性轴的惯性矩；b 为矩形截面的宽度。如图 5-9（a）所示，计算 S_z^*：

$$S_z^* = b\left(\frac{h}{2}-y\right)\left[y+\frac{1}{2}\left(\frac{h}{2}-y\right)\right] = \frac{b}{2}\left(\frac{h^2}{4}-y^2\right)$$

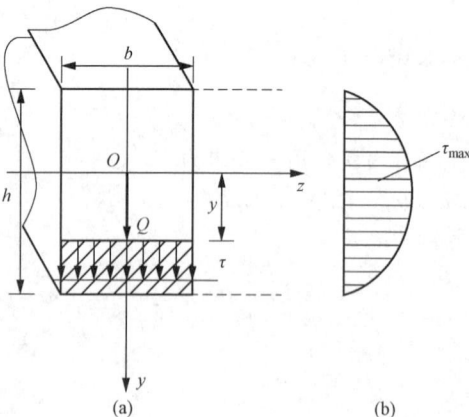

图 5-9

将 S_z^* 代入式（5-11）得

$$\tau = \frac{Q}{2I_z}\left(\frac{h^2}{4} - y^2\right) \tag{5-12}$$

由式（5-12）可知，矩形截面梁横截面上的切应力大小沿截面高度方向按二次抛物线规律变化 [图 5-9（b）]，且在横截面的上、下边缘处 $\left(y = \pm\frac{h}{2}\right)$ 的切应力为零，在中性轴上（$y=0$）的切应力值最大，即

$$\tau_{max} = \frac{F_S h^2}{8I_z} = \frac{F_S h^2}{8 \times bh^3/12} = \frac{3F_S}{2bh} = \frac{3F_S}{2A} \tag{5-13}$$

式中，$A = bh$ 为矩形截面的面积。

5.4.2 工字形截面梁

如图 5-10 所示，工字形截面梁由腹板和翼缘组成。横截面上的切应力主要分布于腹板上（如 18 号工字钢腹板上切应力的合力约为 $0.945F_S$）；翼缘部分的切应力分布比较复杂，数值很小，可以忽略。由于腹板是狭长矩形，则腹板上任一点的切应力可由式（5-11）计算。其切应力沿腹板高度方向的变化规律仍为二次抛物线（图 5-10）。中性轴上切应力值最大，其值为

$$\tau_{max} = \frac{QS_{z\,max}^*}{I_z d} \tag{5-14}$$

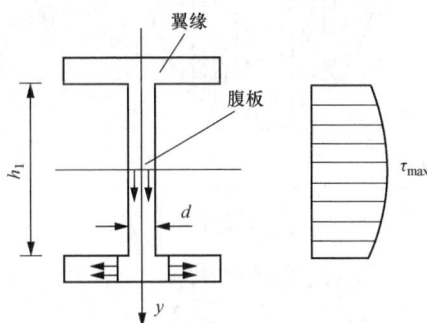

图 5-10

式中，d 为腹板的厚度；$S_{z\,max}^*$ 为中性轴一侧的截面面积对中性轴的静矩；比值 $I_z/S_{z\,max}^*$ 可直接由型钢有关数据表查出。

5.4.3 圆形截面梁的最大切应力

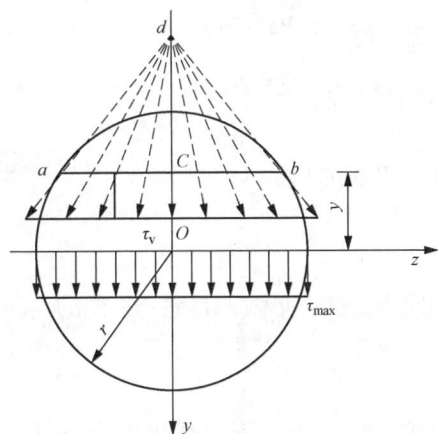

图 5-11

如图 5-11 所示，圆形截面上应力分布比较复杂，但其最大切应力仍在中性轴上各点处，由切应力互等定理可知，该圆形截面左右边缘上点的切应力方向不仅与其圆周相切，还与剪力 F_S 同向。若假设中性轴上各点切应力均布，便可借用式（5-14）来求 τ_{max} 的近似值，此时，b 为圆的直径 d，而 S_z^* 则为半圆面积对中性轴的静矩 $\left[S_z^* = \left(\frac{\pi d^2}{8}\right) \cdot \frac{2d}{3\pi}\right]$。将 S_z^* 和 d 代入式（5-14）便得

$$\tau_{max} = \frac{F_S S_z^*}{I_z b} = \frac{F_S \cdot \left(\frac{\pi d^2}{8}\right) \cdot \frac{2d}{3\pi}}{\frac{\pi d^4}{64} \cdot d} = \frac{4Q}{3A} \tag{5-15}$$

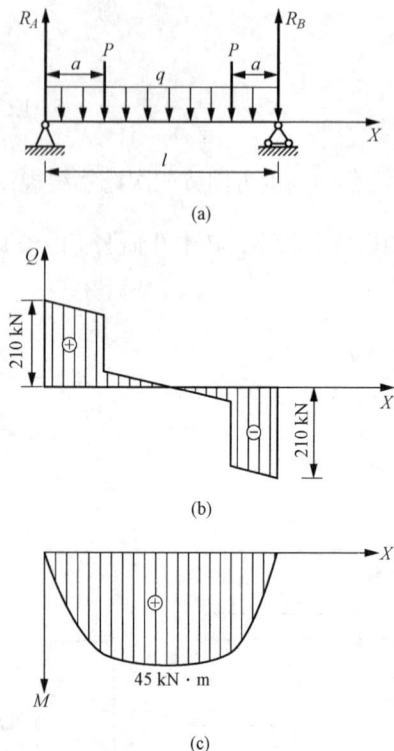

(a)

(b)

(c)

图 5-12

式中，A 为圆形截面的面积，$A = \dfrac{\pi}{4} d^2$。

由式（5-14）得，梁弯曲时切应力强度条件为

$$\tau_{\max} = \frac{F_{S\max} S^*_{z\max}}{I_z b} \leqslant [\tau] \qquad (5-16)$$

例 5-5 如图 5-12（a）所示，工字钢截面简支梁。已知 $l = 2 \, \text{m}$，$q = 10 \, \text{kN/m}$，$P = 200 \, \text{kN}$，$a = 0.2 \, \text{m}$。许用应力 $[\sigma] = 160 \, \text{MPa}$，$[\tau] = 100 \, \text{MPa}$。试选择工字钢型号。

解：由结构及荷载分布的对称性得梁的支座反力为

$$R_A = R_B = (ql + 2P)/2 = 210 \, \text{kN}$$

由图 5-12（b）、（c）所示的剪力图和弯矩图可知，$F_{S\max} = 210 \, \text{kN}$，$M_{\max} = 45 \, \text{kN} \cdot \text{m}$

由式（5-9）得

$$W_z = \frac{M_{\max}}{[\sigma]} = \frac{45 \times 10^3 \, \text{N} \cdot \text{m}}{160 \times 10^6 \, \text{Pa}} = 281 \times 10^{-6} \, \text{m}^3 = 281 \, \text{cm}^3$$

查型钢有关数据表，选取 22a 工字钢，其 $W_z = 309 \, \text{cm}^3$，$I_z / S^*_z = 18.9 \, \text{cm}$，腹板厚度 $d = 0.75 \, \text{cm}$。

由式（5-16）得

$$\tau_{\max} = \frac{F_{S\max} S^*_{z\max}}{I_z b} = \frac{210 \times 10^3 \, \text{N}}{18.9 \times 10^{-2} \, \text{m} \times 0.75 \times 10^{-2} \, \text{m}} = 148 \, \text{MPa} > [\tau]$$

由此可知，选取 22a 工字钢，因其切应力强度不够，则需重新选择。

若选取 25b 工字钢，由型钢有关数据表查出，$I_z / S^*_z = 21.3 \, \text{cm}$，$d = 1 \, \text{cm}$，由式（5-14）得

$$\tau_{\max} = \frac{F_{S\max} S^*_{z\max}}{I_z b} = \frac{210 \times 10^3 \, \text{N}}{21.3 \times 10^{-2} \, \text{m} \times 1 \times 10^{-2} \, \text{m}} = 98.6 \, \text{MPa} < [\tau]$$

因此，选取 25b 工字钢，同时满足梁的正应力和切应力强度条件。

5.5　开口薄壁杆件的切应力、弯曲中心

5.5.1　开口薄壁杆件的切应力

薄壁截面杆的弯曲切应力计算公式与矩形截面弯曲切应力公式在形式上是完全相同的，即

$$\tau = \frac{F_S S^*_z}{\delta I_z}$$

式中，I_z 为全截面关于中性轴的惯性矩；δ 为待求应力处的截面宽度；F_S 为截面内的剪力。对于某一横截面，以上 3 个量通常为常数。S^*_z 为待求应力处一侧截面关于中性轴的静矩，此量将能反映截面各处切应力的变化规律。

对于图 5-13 所示的工字形截面，翼缘上的切应力为

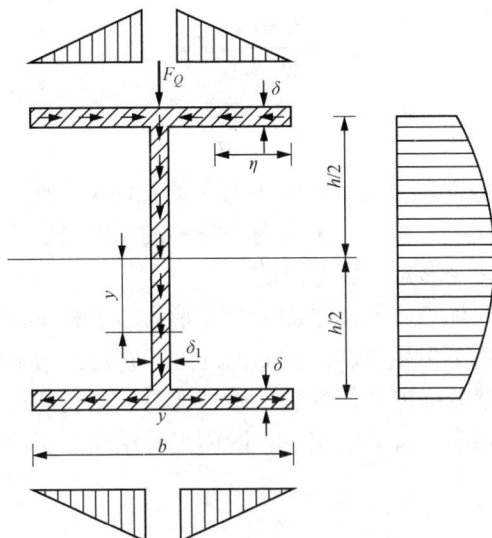

图 5-13

$$\tau = \frac{F_S}{\eta I_z} \cdot \left[\eta \cdot \delta \cdot \frac{h}{2} \right] = \frac{F_S h}{2I_z} \eta \qquad (5\text{-}17)$$

腹板上的切应力为

$$\tau = \frac{F_S}{\delta_1 I_z} \left[b\delta \cdot \frac{h}{2} + \left(\frac{h}{2} - y \right) \cdot \delta_1 \left(\frac{h}{2} + y \right) \Big/ 2 \right] = \frac{F_S}{2I_z} \left[\frac{b\delta h}{\delta_1} + \left(\frac{h^2}{4} - y^2 \right) \right] \qquad (5\text{-}18)$$

横截面上切应力类似于液体在流动，就叫作切应力流，如图 5-13 所示的"切应力流"。

5.5.2 弯曲中心

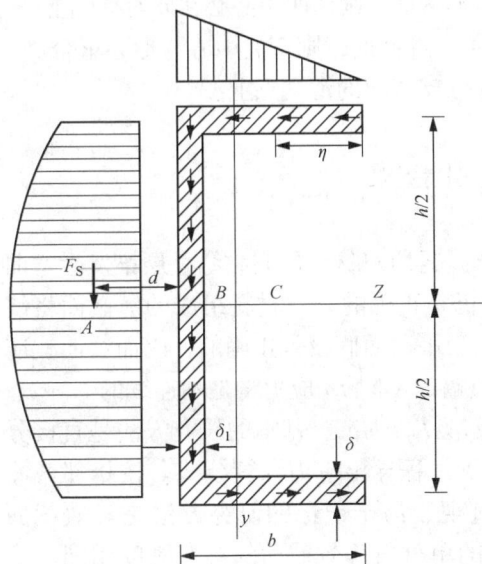

图 5-14

对于如图 5-13 所示的具有纵向对称轴 y 的截面，翼缘上水平方向切应力的合力是自平衡力系。腹板上的切应力的合力近似等于截面内的剪力 F_S。全截面上切应力的合力通过腹板。对于没有纵向对称轴的截面，如槽形截面，全截面上切应力的合力则不会通过腹板。

对于图 5-14 所示的槽形截面，可以证明翼缘及腹板的切应力分布如图 5-14 所示。式（5-17）和式（5-18）的切应力公式仍是适用的。此时全截面切应力的合力应通过位于腹板左侧、与腹板相距 d 的 A 点。A 点称为弯曲中心。注意到全截面切应力对 B 点之矩等于剪力 F_S 对 B 点之矩，即

$$h \int_0^b \tau \cdot \delta \mathrm{d}\eta = F_S d \qquad (5\text{-}19)$$

将（5-17）代入式（5-19），可得

$$\frac{h^2 F_S \delta b^2}{4I_z} = F_S d$$

解得

$$d = \frac{h^2 b^2 \delta}{4I_z} \tag{5-20}$$

式（5-20）中只有与截面尺寸及惯性矩 I_z 有关的几何量，而与载荷无关。对于非对称截面梁，即使横向外力作用在形心主惯性平面内，杆件的变形除了弯曲之外还将发生扭转。对于开口薄壁杆件，这一扭转变形是不容忽视的。

研究表明，只有当横向外力的作用平面平行于形心主惯性平面并且通过截面内某一特定点 A 时，杆件只发生弯曲而不发生扭转。截面内的这一特定点 A 就称为弯曲中心。因而确定弯曲中心的位置是开口薄壁截面的几何性质。确切地讲，所谓弯曲中心，应是沿形心主惯性轴方向加载时，两个方向切应力合力的交点。因而可总结出关于简单截面弯曲中心位置的如下规律，如表5-1所示。

表 5-1   几种截面的弯曲中心位置

截面形状	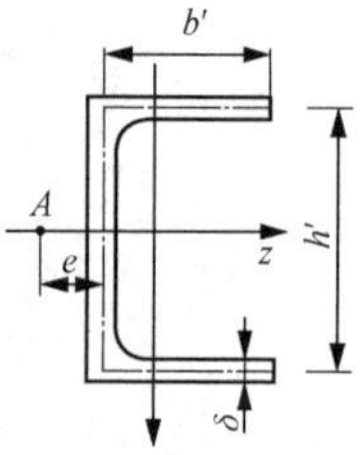	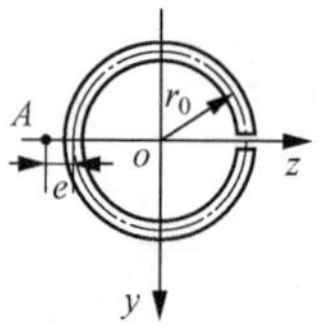	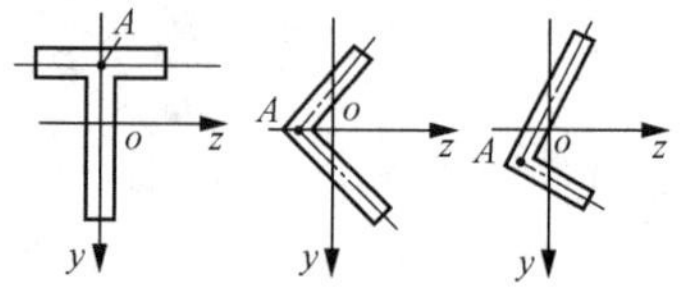	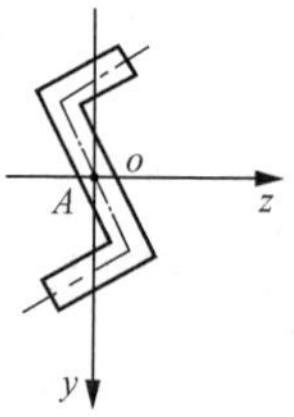
弯曲中心 A 的位置	$e = \dfrac{b'^2 h' \delta}{4I_z}$	$e = r_0$	在两个狭长矩形中线的交点	与形心重合

（1）如果截面具有一个对称轴，如图5-14所示槽形截面，则弯曲中心必在此对称轴上。

（2）如果截面具有两个对称轴，如图5-13所示工字形截面，则弯曲中心与形心重合。

（3）如果截面由两分支截面汇交，则弯曲中心在分支截面的汇交点上。

5.6 两种材料的组合梁

由两种材料组合的梁通常称为异质双材料叠层梁。异质双材料层间黏结叠层梁发生弯曲时，实验研究表明：① 小变形条件下，平截面假设仍是正确的，双材料组成的横截面将绕一个共同的中性轴转动。在异质材料的黏结层处，由于平截面假设是正确的，因而法向线应变是连续的；② 因为材料的力学性质不同（如弹性模量 E 不同），应力将是不连续的。

对于如图 5-15（a）所示双材料梁截面，弹性模量 $E_2 = nE_1$。基本的研究方法是直接分析法，即由几何条件、物理方程、静力学条件的分析过程导出应力计算公式。按相邻截面不平衡正应力的条件导出切应力计算公式。更为直观、易于记忆的研究方法是等效截面法。所谓等效，是指原始截面（双材料）和变换后的单材料等效截面的抗弯刚度相同、中性轴位置相同。

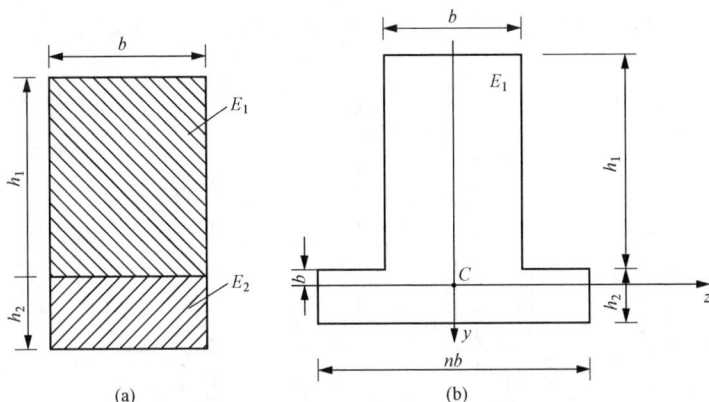

图 5-15

图 5-15（a）所示的双材料截面经等效变换后的等效单材料截面如图 5-15（b）所示，亦即将材料 2 的截面宽度扩大 n 倍。注意到变换后的截面具有纵向对称轴 y，截面形心 C 必定在 y 轴上。将参考轴选在材料分界面处，则表示中性轴位置的距离为

$$d = \frac{nbh_2 \cdot h_2/2 - bh_1 \cdot h_1/2}{nbh_2 + bh_1} = \frac{nh_2^2 - h_1^2}{2(nh_2 + h_1)}$$

若 $d>0$，表明中性轴在材料 2 内；若 $d<0$，表明中性轴在材料 1 内。材料 1 和材料 2 截面内的正应力 σ_{z1} 和 σ_{z2} 为

$$\sigma_{z1} = \frac{M}{I_1 + nI_2} y \tag{5-21}$$

$$\sigma_{z2} = \frac{nM}{I_1 + nI_2} y \tag{5-22}$$

式中，I_1 和 I_2 为两种材料原始截面关于中性轴 z 的惯性矩。将式（5-21）和式（5-22）分子和分母乘 E_1，得到

$$\sigma_{z1} = \frac{E_1 M}{E_1 I + n E_1 I_2} y = \frac{E_1 M}{E_1 I_1 + E_2 I_2} y$$

$$\sigma_{z2} = \frac{n E_1 M}{E_1 I_1 + n E_1 I_2} y = \frac{E_2 M}{E_1 I_1 + E_2 I_2} y$$

上两式中的分母（$E_1 I_1 + E_2 I_2$）即为组合截面的抗弯刚度。

材料 1 和材料 2 截面内的切应力 τ_1 和 τ_2 分别为

$$\tau_1 = \frac{F_S S_z^*}{b(I_1 + nI_2)}, \quad \tau_2 = \frac{n F_S S_z^*}{b(I_1 + nI_2)}$$

式中，S_z^* 为计算切应力处一侧截面关于中性轴的静矩。为方便计算既可以选上侧，又可以选下侧，以只含同种材料一侧为宜。

异质材料黏结叠层梁以使用等效截面法求解为宜。此种方法经截面等效变换后，将一个新问题处理为一个熟知问题，非常方便。应注意对被变换材料（如材料 2）截面应力计算均应乘系数 $n = E_2/E_1$。用此种方法求解可不必熟记本节的复杂公式。

例 5-6 如图 5-16（a）所示叠层梁的矩形截面系由铝和钢制成。材料的弹性模量 $E_{Al} = 70\,\text{GPa}$，$E_{st} = 210\,\text{GPa}$。已知铝材中最大正应力 $\sigma_{Al} = 60\,\text{MPa}$，（1）试求钢材中的最

大正应力，并画出截面上的应力分布情况；（2）若已知 $F_S = 6.11\,\text{kN}$，求材料分界面上的切应力。

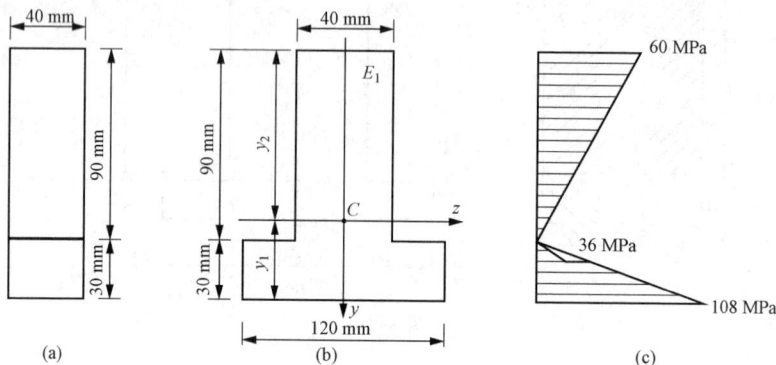

图 5-16

解：（1）使用等效截面法求解此题，注意到 $E_{st}/E_{Al} = 3$，原矩形截面的等效截面如图 5-16（b）所示。注意到等效截面具有竖直对称轴，其形心 C 一定在此对称轴上，若将水平参考轴选在下边缘处，则形心位置为

$$y_1 = \frac{30 \times 120 \times 15 + 40 \times 90 \times 75}{30 \times 120 + 40 \times 90} = 45(\text{mm})$$

$$y_2 = 120 - 45 = 75(\text{mm})$$

全截面关于中性轴的惯性矩 I_z 为

$$I_z = \frac{120}{12} \times 30^3 + 120 \times 30 \times (45 - 15)^2 + \frac{40}{12} \times 90^3 + 40 \times 90 \times (75 - 45)^2 = 918 \times 10^4 (\text{mm}^4)$$

已知铝材中最大正应力 60 MPa，则

$$\frac{M_{\max}}{I_z} \cdot y_2 = \sigma_{Al}, \quad M_{\max} = \frac{I_z \sigma_{Al}}{y_2} = 918 \times 10^4 \times 60 \div 75 = 7.34(\text{kN} \cdot \text{m})$$

钢材中的最大应力 σ_{st} 为

$$\sigma_{st} = 3 \frac{M_{\max}}{I_z} y_1 = \frac{3 \times 7.34 \times 10^6}{918 \times 10^4} \times 45 = 108(\text{MPa})$$

画出全截面上的应力分布如图 5-16（c）所示。

（2）若计算材料分界面上的切应力，则需计算界面一侧的部分截面关于中性轴 z 的静矩 S_z^*。按钢材截面计算：

$$S_z^* = 120 \times 30 \times (45 - 15) = 108 \times 10^3 (\text{mm}^3)$$

若按铝材计算，不计正负号，则有 $S_z^* = 40 \times 90 \times (75 - 45) = 108 \times 10^3 (\text{mm}^3)$，结果是一致的。

$$\tau = \frac{F_S S_z^*}{b I_z} = \frac{6.11 \times 10^3 \times 108 \times 10^3}{40 \times 918 \times 10^4} = 1.8(\text{MPa})$$

例 5-7　如图 5-17（a）所示异质材料叠层梁，且 $E_2 = 3E_1$，试求梁内的最大拉应力和最大压应力。

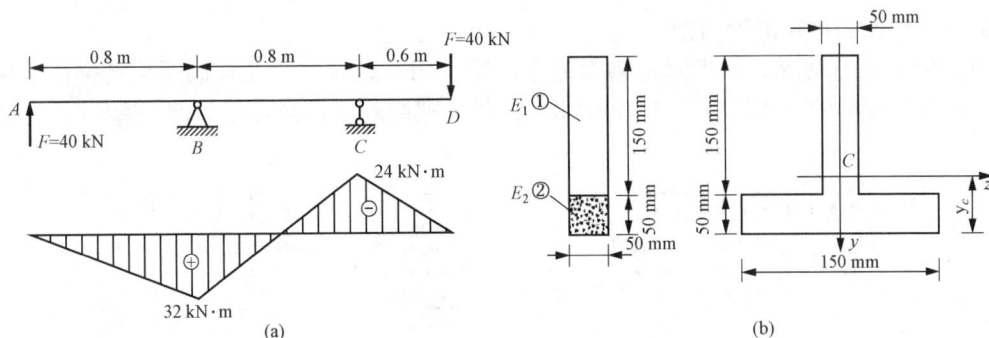

图 5-17

解： 首先对异质材料截面进行等效化处理，等效截面如图 5-17（b）所示形心 C 的位置：

$$y_C = \frac{50 \times 150 \times 25 + 50 \times 150 \times 125}{50 \times 150 \times 2} = 75(\text{mm})$$

关于中性轴 z 的惯性矩：

$$I_z = \frac{150}{12} \times 50^3 + 50 \times 150 \times (75-25)^2 + \frac{50}{12} \times 150^3 + 50 \times 150 \times (125-75)^2$$
$$= 53\,125 \times 10^3(\text{mm}^4)$$

画外伸梁 AD 的弯矩图如图 5-17（a）所示。

对于 B 截面，$M_B = 32 \text{ kN·m}$

$$\sigma_{\text{tmax}B} = \left(\frac{32 \times 10^6}{53\,125 \times 10^3} \times 75 \right) \times 3 = 135.5(\text{MPa})$$

$$\sigma_{\text{cmax}B} = \left(\frac{32 \times 10^6}{53\,125 \times 10^3} \times 125 \right) = 75.3(\text{MPa})$$

对于 C 截面，$M_C = -24 \text{ kN·m}$，

$$\sigma_{\text{tmax}C} = \left(\frac{24 \times 10^6}{53\,125 \times 10^3} \times 125 \right) = 56.5(\text{MPa})$$

$$\sigma_{\text{cmax}C} = \left(\frac{24 \times 10^6}{53\,125 \times 10^3} \times 75 \right) \times 3 = 101.6(\text{MPa})$$

因而可知，最大拉应力发生在 B 截面下边缘，$\sigma_{\text{tmax}\,B} = 135.5 \text{ MPa}$；最大压应力发生在 C 截面下边缘，$\sigma_{\text{cmax}\,C} = 101.6 \text{ MPa}$。两者均发生在材料 2 内。

5.7 提高弯曲强度的措施

前面曾经指出，弯曲正应力是控制梁的主要因素。因此，弯曲正应力的强度条件为

$$\sigma_{\text{max}} = \frac{M_{\text{max}}}{W_z} \leqslant [\sigma] \tag{5-23}$$

式（5-23）往往是设计梁的主要依据。从这个条件看出，要提高梁的承载能力应从两方面考虑：一方面是合理安排梁的受力情况，以降低最大弯矩的数值；另一方面则是采用合理的截面形状，以提高 W_z 的数值，充分利用材料的性能。

5.7.1　合理安排梁的受力情况

改善梁的受力情况，尽量降低梁内最大弯矩，相对地说，也是提高了梁的强度。因此，首先要合理布置梁的支座。如图 5-18 所示，以简支梁受均布载荷作用为例，有

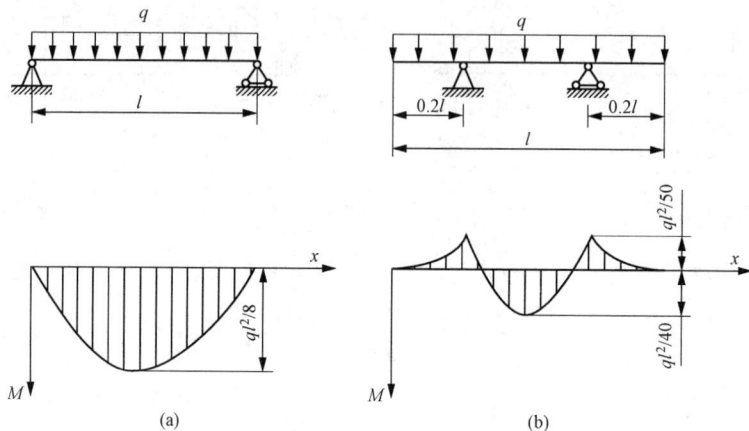

图 5-18

$$M_{\max} = \frac{ql^2}{8} = 0.125ql^2$$

若将两端支座靠近，移动距离 0.2l，如图 5-18（b）所示，则最大弯矩减小为

$$M_{\max} = \frac{ql^2}{40} = 0.025ql^2$$

只是前者的 1/5。即按图 5-18（b）设计支座，载荷可提高 4 倍。如图 5-19（a）所示门式起重机的大梁，图 5-19（b）所示柱形容器等，其支撑点略向中间移动，都可以取得降低 $M_{\max}$ 的效果。

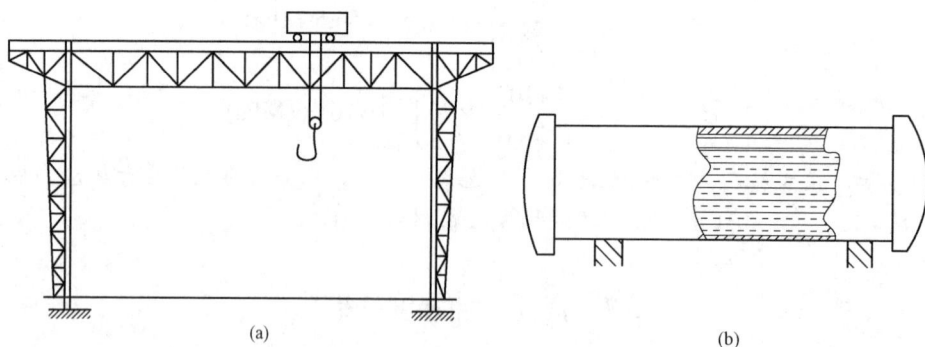

图 5-19

其次，合理布置载荷，也可收到降低最大弯矩的效果。例如，将轴上的齿轮安置得紧靠轴承，就会使齿轮传动轴上的力紧靠支座。如图 5-20 所示，轴的最大弯矩仅为 $M_{\max} = \frac{5}{36}Fl$；但是，如把集中力 F 作用于轴的中点，则 $M_{\max} = \frac{1}{4}Fl$。相比之下，前者的弯矩就小很多。此外，在情况允许的条件下，应尽可能地把较大的集中力分散成较小的力，或者改变

成分布载荷，例如把作用于跨度中点的集中力 F 分散成图 5-21 所示的两个集中力，则最大弯矩将由 $M_{\max} = \dfrac{1}{4}Fl$ 降低为 $M_{\max} = \dfrac{1}{8}Fl$。

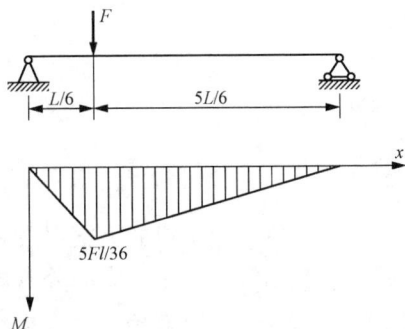

图 5-20

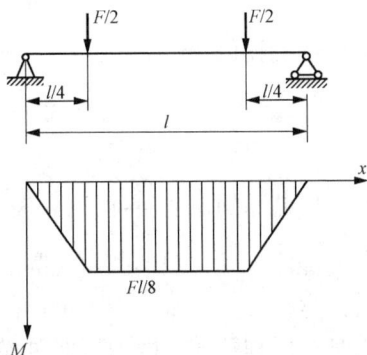

图 5-21

5.7.2　合理设计梁的截面

若把弯曲正应力的强度条件改写成

$$M_{\max} \leqslant [\sigma] W_z$$

可见，梁可能承受的 $M_{\max}$ 与抗弯截面系数 W_z 成正比，W_z 越大越有利。另外，使用材料的多少和自重的大小，与截面面积 A 成正比，面积越小越经济、越轻巧。因而合理的截面形状应该是截面面积 A 较小，而抗弯截面系数 W_z 较大。例如，使截面高度 h 大于宽度 b 的矩形截面梁，抵抗垂直平面内的弯曲变形时，如把截面竖放，如图 5-22（a）所示，则 $W_{z1} = \dfrac{bh^2}{6}$；如把截面横放，如图 5-22（b）所示，则 $W_{z2} = \dfrac{b^2 h}{6}$。两者之比是 $\dfrac{W_{z1}}{W_{z2}} = \dfrac{h}{b} > 1$。

可见，竖放比平放有较高的抗弯强度，更为合理。因此，房屋和桥梁等建筑物中的矩形截面梁，一般都是竖放的。

截面形状不同，其抗弯截面系数 W_z 也就不同。可以用比值 $\dfrac{W_z}{A}$ 来衡量截面形状的合理性

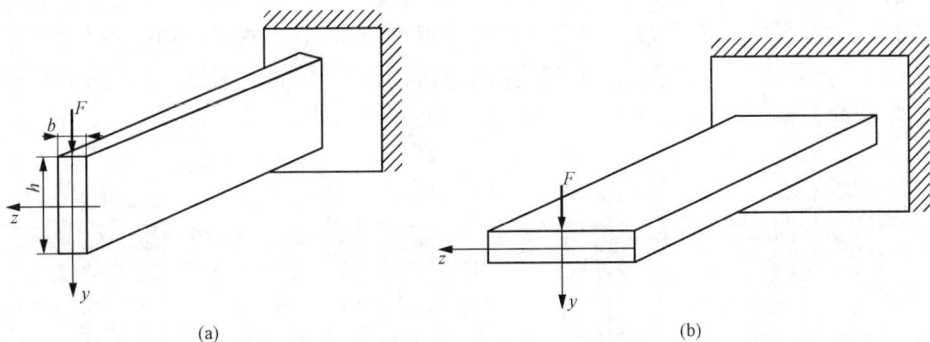

(a)　　　　　　　　　　　　　　　(b)

图 5-22

和经济性。比值 $\dfrac{W_z}{A}$ 较大，则截面的形状就较为经济合理。

可以算出矩形截面的比值 $\dfrac{W_z}{A}$ 为

$$\frac{W_z}{A} = \frac{bh^2}{6}\bigg/(bh) = 0.167h$$

圆形截面的比值 $\dfrac{W_z}{A}$ 为

$$\frac{W_z}{A} = \frac{\pi d^3}{32}\bigg/\frac{\pi d^2}{4} = 0.125d$$

几种常用截面的比值 $\dfrac{W_z}{A}$ 已列入表 5-2 中。从表 5-2 中所列数值可看出，工字钢或槽钢比矩形截面经济合理，矩形截面比圆形截面经济合理。因此，桥式起重机的大梁以及其他钢结构中的抗弯杆件，经常采用工字形截面、槽形截面或箱形截面等。从正应力的分布规律来看，这也是可以理解的。因为弯曲时梁截面上的点离中性轴越远，正应力越大。为了充分利用材料，应尽可能地把材料放到离中性轴较远处。圆截面在中性轴附近聚集了较多的材料，使其未能充分发挥作用。为了将材料移置到离中性轴较远处，可将实心圆截面改成空心圆截面。至于矩形截面，如把中性轴附近的材料移置到上、下边缘处，这就成了工字形截面。采用槽形或箱形截面也是按同样的想法。

表 5-2　　　　　　　　　　　　　　　几种截面的 W_z 和 A 的比值

截面形状	矩形	圆形	槽钢	工字钢
$\dfrac{W_z}{A}$	$0.167h$	$0.125h$	（$0.27\sim0.31$）h	（$0.27\sim0.31$）h

以上是从静载抗弯强度的角度讨论问题的。事物是复杂的，不能只从单方面考虑。例如，把一根细长的实心圆杆加工成空心圆杆，势必因加工复杂而提高成本。又如轴类零件，虽然承受弯曲，但它还承受扭转，还要完成传动任务，对它还有结构和工艺上的要求，考虑到这些方面，采用圆轴就比较切合实际。

在讨论截面的合理形状时，还应考虑到材料的特性。对抗拉和抗压强度相等的材料（如碳钢），宜采用对中性轴对称的截面，如圆形、矩形、工字形等。这样可使截面上、下边缘处的最大拉应力和最大压应力数值相等，同时接近许用应力。对抗拉和抗压强度不相等的材料（如铸铁），宜采用对中性轴偏于一侧受拉的截面形状，例如，图 5-23 中所表示的一些截面。对这类截面，最好能使 y_1 和 y_2 之比接近于下列关系：

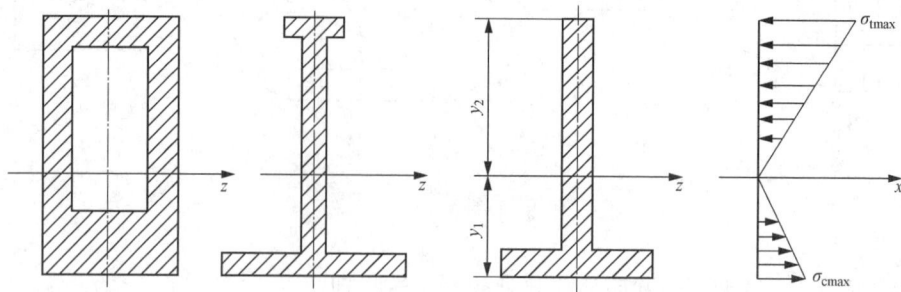

图 5-23

$$\frac{\sigma_{t\max}}{\sigma_{c\max}} = \frac{M_{\max}y_1}{I_z} \bigg/ \frac{M_{\max}y_2}{I_z} = \frac{y_1}{y_2} = \frac{[\sigma_t]}{[\sigma_c]}$$

式中，$[\sigma_t]$和$[\sigma_c]$分别表示拉伸和压缩的许用应力，则最大拉应力和最大压应力便可同时接近许用应力。

5.7.3　等强度梁的概念

前面讨论的梁都是等截面的，$W=$常数，但梁在各截面上的弯矩却随截面的位置而变化。由式（5-23）可知，对于等截面梁来说，只有在弯矩为最大值 $M_{\max}$ 的截面上，最大应力才有可能接近许用应力。其余各截面上弯矩较小，应力也就较低，材料没有充分利用。为了节约材料，减轻自重，可改变截面尺寸，使抗弯截面系数随弯矩而变化。在弯矩较大处采用较大截面，而在弯矩较小处采用较小截面，这种截面沿轴线变化的梁称为变截面梁。变截面梁的正应力计算仍可近似地用等截面梁的计算公式。如变截面梁各横截面上的最大正应力都相等，且都等于许用应力，就是等强度梁。设梁在任一截面上的弯矩为 $M(x)$，而截面的抗弯截面系数为 $W(x)$，根据上述等强度梁的要求，应有

$$\sigma_{\max} = \frac{M(x)}{W(x)} = [\sigma]$$

或

$$W(x) = \frac{M(x)}{[\sigma]} \tag{5-24}$$

这是等强度梁的 $W(x)$ 沿梁轴线变化的规律。

如图 5-24（a）所示在集中力 F 作用下的简支梁为等强度梁，截面为矩形，且设截面高度 $h=$ 常数，而宽度 b 为 x 的函数，即 $b=b(x)\left(0 \leqslant x \leqslant \dfrac{l}{2}\right)$，则由公式

$$W(x) = \frac{b(x)h^2}{6} = \frac{M(x)}{[\sigma]} = \frac{Fx/2}{[\sigma]}$$

于是

$$b(x) = \frac{3Fx}{[\sigma]h^2}$$

截面宽度 $b(x)$ 是 x 的一次函数如图 5-24（b）所示。因为载荷对称于跨度中点，所以式（5-25）截面形状也对跨度中点对称。按式（5-25）所表示的关系，在梁的两端，$x=0$，$b(x)=0$，即截面宽度等于零。这显然不能满足剪切强度要求。因此，要按剪切强度条件改变支座附近截面的宽度。设所需要的最小截面宽度为 $b_{\min}$，如图 5-24（c）所示，根据切应力强度条件

$$\tau_{\max} = \frac{3F_{S\max}}{2A} = \frac{3}{2}\frac{F/2}{b_{\min}h} = [\tau] \tag{5-25}$$

由此求得 $b_{\min} = \dfrac{3F}{4h[\tau]}$。

若设想把这一等强度梁分成若干狭条，然后叠置起来，并使其略微拱起，这就成为汽车以及其他车辆上经常使用的叠板弹簧，如图 5-25 所示。

若上述矩形截面等强度梁的截面宽度 b 为常数，而高度 h 为 x 的函数，即 $h=h(x)$，用完全相同的方法可以求得

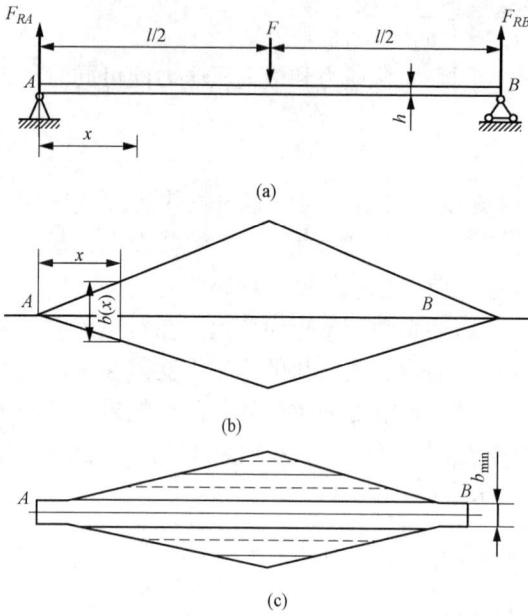

图 5-24

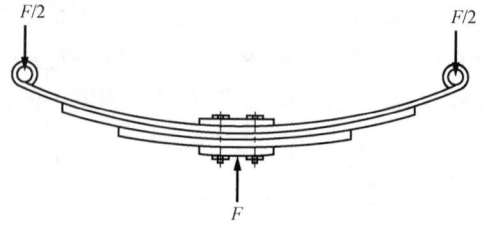

图 5-25

$$h(x) = \sqrt{\frac{3Fx}{b[\sigma]}} \qquad (5-26)$$

$$h_{\min} = \frac{3F}{4h[\tau]} \qquad (5-27)$$

按式（5-26）、式（5-27）确定的梁的形状如图 5-26（a）所示。如把梁做成图 5-26（b）所示的形式，就成了在厂房建筑中广泛使用的"鱼腹梁"。

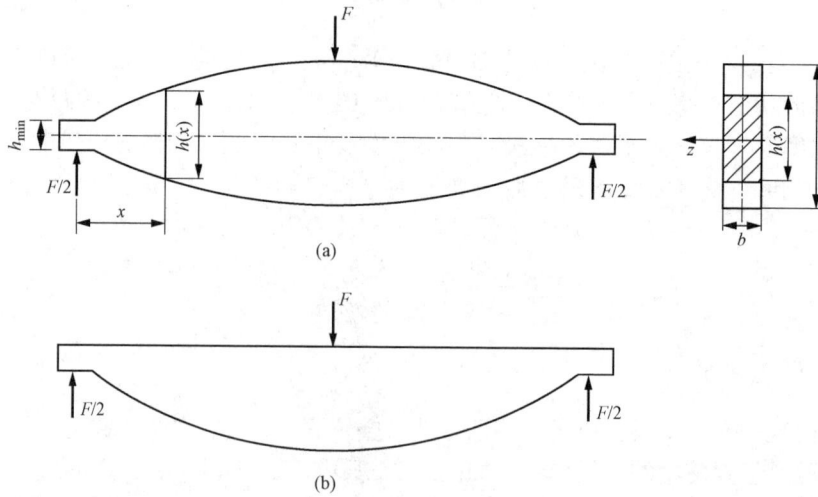

图 5-26

使用公式 $W(x)=\dfrac{M(x)}{[\sigma]}$，也可求得圆截面等强度梁的截面直径沿轴线的变化规律。但考虑到加工的方便及结构上的要求，常用阶梯形状的变截面梁（阶梯轴）来代替理论上的等强度梁，如图 5-27 所示。

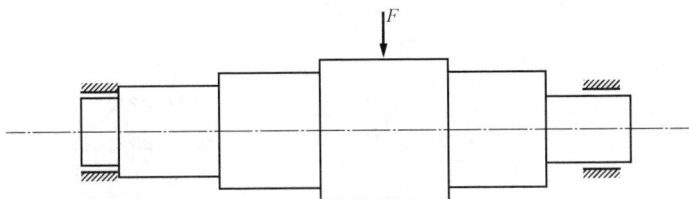

图 5-27

思 考 题

5-1　对于既有正弯矩区段又有负弯矩区段的梁，如果横截面为上下对称的工字形，则整个梁的横截面上的 σ_{tmax} 和 σ_{cmax} 是否一定在弯矩绝对值最大的横截面上？

5-2　对于全梁横截面上弯矩均为正值（或均为负值）的梁，如果中性轴不是横截面的对称轴，则整个梁的横截面上的 σ_{tmax} 和 σ_{cmax} 是否一定在弯矩最大的横截面上？

5-3　试问，在推导对称弯曲正应力公式时做了哪些假设？在什么条件下这些假设才是正确的？

5-4　请区别如下概念：纯弯曲与横力弯曲；中性轴与形心轴；弯曲刚度与弯曲截面系数。

5-5　为什么在直梁弯曲时，中性轴必定通过截面的形心？

习 题

5-1　长度为 250 mm、截面尺寸为 $h \times b = 0.8\ mm \times 25\ mm$ 的薄板尺，由于两端外力偶的作用而弯曲成中心角为 $60°$ 的圆弧。已知弹性模量 $E = 210\ GPa$。试求钢尺横截面上的最大正应力。

5-2　厚度为 $h =1.5\ mm$ 的刚带，卷成直径为 $D = 3\ mm$ 的圆环，试求钢带横截面上的最大正应力。已知钢的弹性模量 $E = 210\ GPa$。

5-3　直径为 d 的钢丝，其屈服强度为 $\sigma_{p0.2}$。现在两端施加外力偶使其弯曲成直径为 D 的圆弧。试求钢丝横截面上的最大正应力等于 $\sigma_{p0.2}$ 时 D 与 d 的关系式，并据此分析为何钢丝绳要用许多高强度的细钢丝组成。

5-4　梁在铅垂纵向对称面内受外力作用而弯曲。当梁具有图 5-28 所示各种不同形状的横截面时，试分别绘出各横截面上的正应力沿其高度变化的图。

5-5　矩形截面的悬臂梁受集中力和集中力偶作用，如图 5-29 所示。试求截面 m-m 和固定端面 n-n 上 A，B，C，D 四点处的正应力。

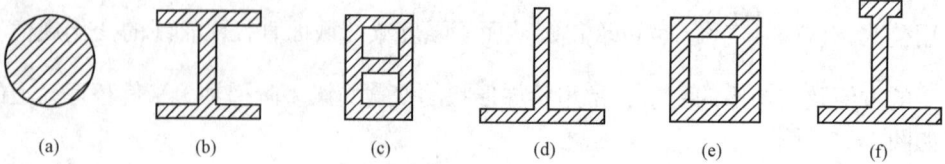

图 5-28

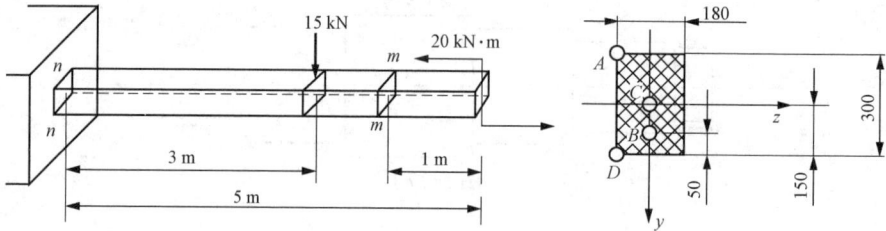

图 5-29

5-6 正方形截面的梁按图所示 a，b 的两种方式放置。试求：

（1）若两种情况下横截面上的弯矩 M 相等，比较横截面上的最大正应力。

（2）对于 $h = 200$ mm 的正方形，如图 5-30（c）所示，若切去高度为 $u = 1$ mm 的尖角，则弯曲截面系数 W_z 与未切角 ［图 5-30（b）］ 相比有何变化？

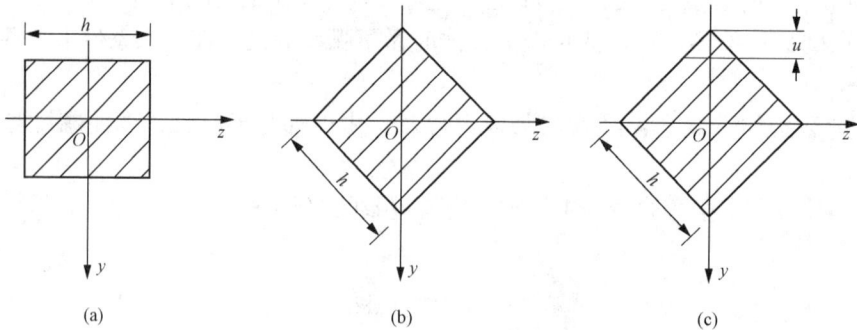

图 5-30

（3）为了使弯曲截面系数 W_z 为最大，则图中截面切去的尖角尺寸 u 应等于多少？这时的 W_z 比切去前增加百分之多少？

5-7 如图 5-31 所示，由 16 号工字钢制成的简支梁承受集中载荷 F。在梁的截面 $C\text{-}C$ 处下边缘，用标距 $s = 20$ mm 的应变仪量得纵向伸长 $\Delta S = 0.008$ mm。已知梁的跨长 $l = 1.5$ m，$a = 1$ m，弹性模量 $E = 210$ GPa。试求 F 力的大小。

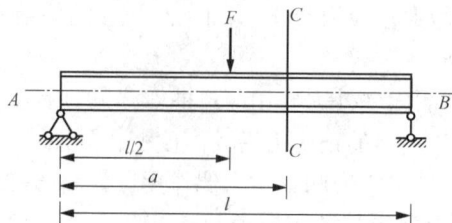

图 5-31

5-8 由两根 28a 号槽钢组成的简支梁受 3 个集中力作用，如图 5-32 所示。已知该梁材料为 Q235 钢，其许用弯曲正应力[σ]=170 MPa。试求梁的许可载荷 F。

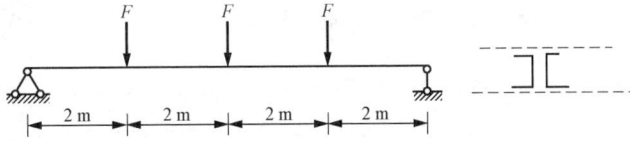

图 5-32

5-9 简支梁的载荷情况及尺寸如图 5-33 所示，试求梁的下边缘的总伸长量。

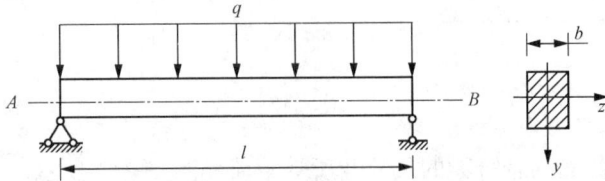

图 5-33

5-10 已知图 5-34 示铸铁简支梁的 $I_{z1}= 645 \times 10^6$ mm^4，E =120 GPa，许用拉应力[σ_t] = 30 MPa，E = 120 GPa，许用压应力[σ_c] = 90 MPa。试求：

（1）许可载荷 F；

（2）在许可载荷作用下，梁下边缘的总伸长量。

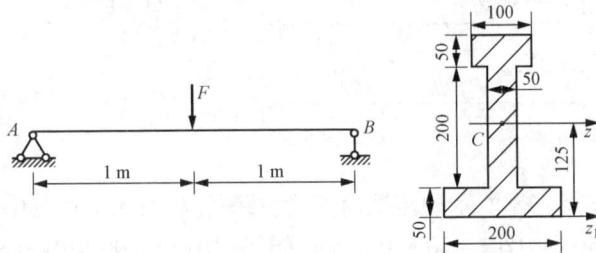

图 5-34

5-11 一简支木梁受力如图 5-35 所示，载荷 $F = 5$ kN，距离 $a = 0.7$ m，材料的许用弯曲正应力[σ] =10 MPa，横截面为 $\frac{h}{b}=3$ 的矩形。试按正应力强度条件确定梁横截面的尺寸。

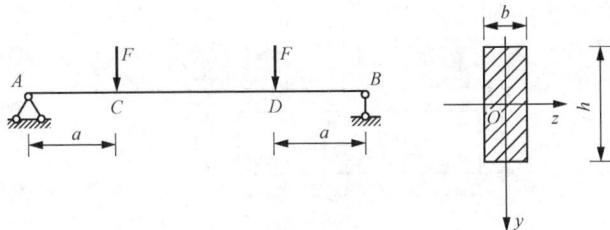

图 5-35

5-12　一矩形截面简支梁由圆柱形木料锯成，如图 5-36 所示。已知 $F = 5\ kN$，$a = 1.5\ m$，$[\sigma] = 10\ MPa$。试确定弯曲截面系数为最大时矩形截面的高宽比 $\dfrac{h}{b}$，以及梁所需木料的最小直径 d。

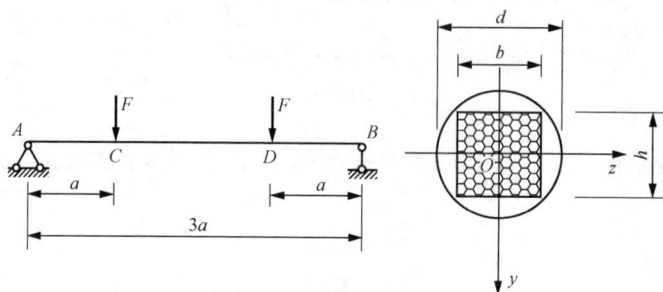

图 5-36

5-13　一正方形截面的悬臂梁的尺寸及所受载荷如图 5-37 所示。木料的许用弯曲正应力 $[\sigma] = 10\ MPa$。现需在梁的截面 C 上中性轴处钻一直径为 d 的圆孔，试问在保证梁强度的条件下，圆孔的最大直径 d（不考虑圆孔处应力集中的影响）可达多少？

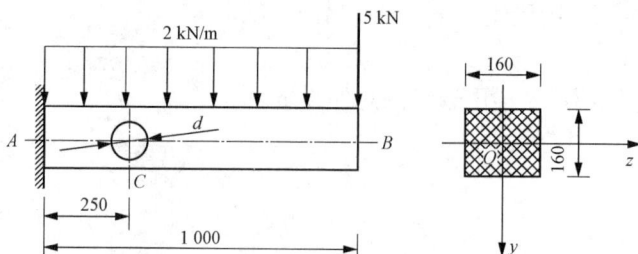

图 5-37

5-14　横截面如图 5-38 所示的铸铁简支梁，跨长 $l = 2\ m$，在其中点受一集中载荷作用 $F = 80\ kN$。已知许用拉应力 $[\sigma_t] = 30\ MPa$，许用压应力 $[\sigma_c] = 90\ MPa$。试确定截面尺寸。

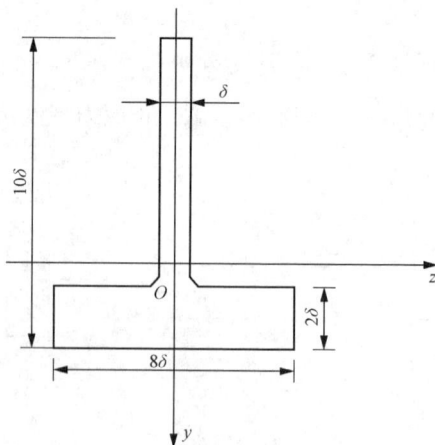

图 5-38

5-15　一铸铁梁如图 5-39 所示。已知材料的拉伸强度极限 σ_{bt}=150 MPa，压缩强度极限 σ_{bc}= 630 MPa，试求梁的安全因数。

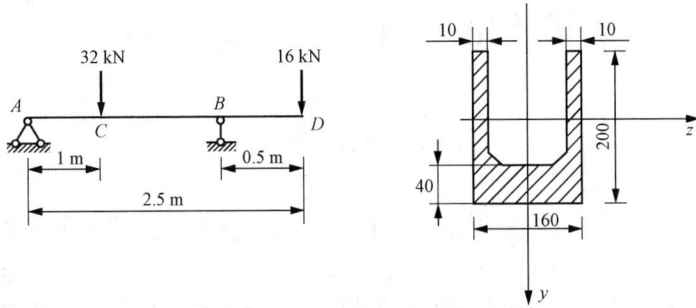

图 5-39

5-16　外伸梁 AC 承受载荷如图 5-40 所示，$M_e = 40$ kN·m，$q = 20$ kN/m。材料的许用弯曲正应力$[\sigma]$ =170 MPa，许用切应力$[\tau]$ =100 MPa。试选择工字钢的号码。

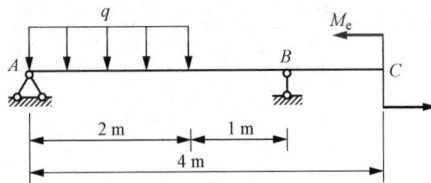

图 5-40

第6章 弯曲变形

6.1 工程中的弯曲变形问题

工程中对某些受弯杆件除强度要求外，往往还有刚度要求，即要求其变形不能过大。以图 6-1 所示的吊车梁为例，如果吊车梁变形过大，则吊车行驶会出现爬坡现象，引起振动，不能平稳行驶。图 6-2 所示车床的主轴变形过大，就会影响零件的加工精度，甚至会出现废品。因此，变形超过允许数值，即被认为是一种失效。

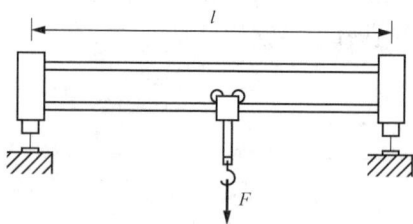

图 6-1

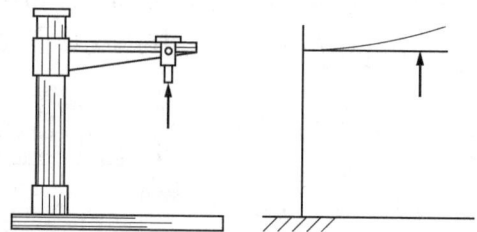

图 6-2

工程中虽然经常限制变形，但在某些情况下，常常又利用弯曲变形达到某些目的。例如叠板弹簧（图 6-3）应有较大的变形，才能起到缓冲减震的作用。弹簧扳手（图 6-4），具有明显的弯曲变形，才能准确测力矩。

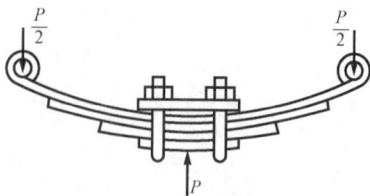

图 6-3

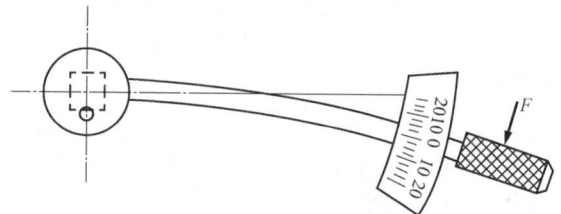

图 6-4

弯曲变形的计算除用于解决梁的刚度问题外，还用于求解超静定问题和振动问题。

6.2 梁挠曲线的微分方程

研究等直梁在对称弯曲变形时，采用与弯矩图相同的坐标系，即变形前的梁轴线为 x 轴，垂直向下的轴为 y 轴，见图 6-5。此时，xy 平面即为梁上荷载作用的纵向对称面。在对称弯曲的情况下，变形后梁的轴线将变为 xy 平面内的一条曲线，称为**挠曲线**。挠曲线上横坐标为 x 的任意点的纵坐标，用 w 来表示，它代表坐标为 x 的横截面的形心沿 y 方向的位移，称为该截面的**挠度**。挠曲线就是关于 x 的方程，可表达为

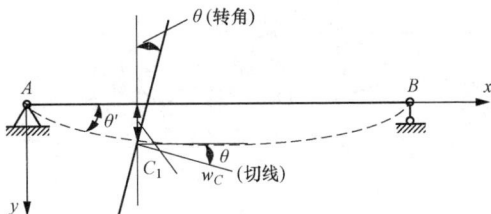

图 6-5

$$w = f(x) \qquad (6\text{-}1)$$

当梁弯曲时，由于梁轴线的长度保持不变，所以，截面形心沿梁轴方向也存在位移，但在小变形的条件下，截面形心的轴向位移远小于挠度，因而可以忽略不计。

弯曲变形中，梁的横截面相对于原来位置所转过的角度称为**转角**，并用 θ 表示。根据平面假设，弯曲变形前垂直轴线的横截面，变形后仍垂直于挠曲线。通过几何关系可知，任一截面的转角 θ 也等于挠曲线在该截面处的切线与 x 轴的夹角 θ'，即 $\theta = \theta'$。

工程实际中，挠曲线是一条非常平坦的曲线，θ 或 θ' 是一个非常小的角度，故有

$$\theta \approx \tan\theta = w' = f'(x) \qquad (6\text{-}2)$$

即横截面的转角等于挠曲线在该截面处的斜率。

由此可见，求得挠曲线方程后，就能确定梁内任一截面的挠度及转角。在图 6-5 所示的坐标系中，挠度向下为正、向上为负；转角顺时针转向为正，逆时针转向为负。

在建立纯弯曲正应力公式时，曾得到用中性层曲率表示的弯曲变形公式：

$$\frac{1}{\rho} = \frac{M}{EI}$$

在横力弯曲时，梁横截面上有弯矩也有剪力，但在工程上常用的梁，其跨长往往大于横截面高度的 10 倍，剪力对梁变形的影响很小，可以忽略不计，故该式仍可适用。但这时式中的 M 和 ρ 皆为 x 的函数，即

$$\frac{1}{\rho(x)} = \frac{M(x)}{EI} \qquad (6\text{-}3)$$

由高等数学可知，平面曲线 $w = w(x)$ 上任一点的曲率为

$$\frac{1}{\rho(x)} = \pm \frac{w''(x)}{(1 + w'^2)^{3/2}} \qquad (6\text{-}4)$$

将上述关系用于分析梁的变形，于是由式（6-3）得

$$\frac{1}{\rho(x)} = \frac{w''(x)}{(1 + w'^2)^{3/2}} = \pm \frac{M(x)}{EI} \qquad (6\text{-}5)$$

又因为梁的转角很小，w'^2 的值远小于 1，所以，式（6-5）可简化为

$$w'' = \pm \frac{M(x)}{EI}$$

w'' 与弯矩的关系如图 6-6 所示。由二阶导数的几何意义可知，当取 x 轴向右为正、y 轴向下为正时，曲线向上凸时 w'' 为正，向下凸时为负。而按弯矩的正、负号规定，梁弯曲后向下凸时为正，向上凸时为负。可见，在图 6-6 所示坐标系中，w'' 与 M 的正负号正好相反。即挠曲线近似微分方程为

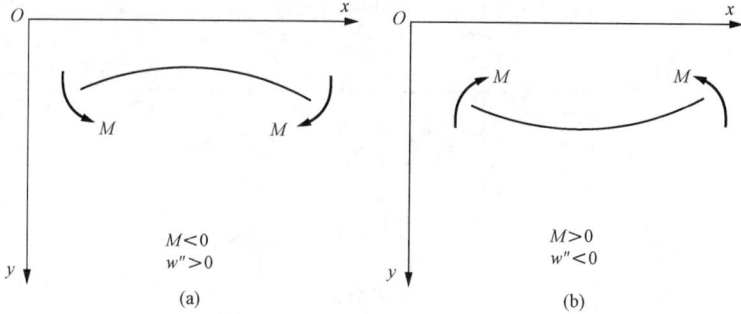

图 6-6

$$w'' = -\frac{M(x)}{EI} \qquad (6\text{-}6)$$

式（6-6）称为梁的**挠曲线近似微分方程**，从它出发可求出梁的转角方程和挠度方程。

6.3　用积分法求梁的弯曲变形

将式（6-6）相继积分两次，得转角方程和挠度方程分别为

$$\theta = w' = -\int \frac{M(x)}{EI}\mathrm{d}x + C_1 \qquad (6\text{-}7)$$

$$w = \int\left[\int \frac{M(x)}{EI}\mathrm{d}x\right]\mathrm{d}x + C_1 x + C_2 \qquad (6\text{-}8)$$

式（6-7）、式（6-8）中积分常数 C_1 与 C_2 可由梁上某些截面的已知位移条件来确定。例如，在固定端处，横截面的挠度与转角为零，即 $w = 0$，$\theta = 0$；在支座处，横截面的挠度为零，即 $w = 0$。梁截面的已知位移条件或约束条件称为梁位移的**边界条件**。

积分常数确定后，将其代入式（6-7）与式（6-8），即得完整的梁的转角方程与挠度方程。并由此可求出任意截面的转角和挠度。

当弯矩方程需要分段建立，或弯曲刚度沿梁轴变化，以致其表达式需要分段建立时，挠曲线近似微分方程也需要分段建立。而在各段的积分中，将分别包含两个积分常数。为了确定这些常数，除利用位移边界条件外，还应利用分段处挠曲线的连续、光滑条件，因为在相邻梁段的交接处，相邻两截面应具有相同的挠度和转角。分段处挠曲线所应满足的连续、光滑条件，称为梁位移的**连续条件**。

由此可见，梁的变形不仅与弯矩及梁的弯曲刚度有关，还与梁位移的边界条件及连续条件有关。

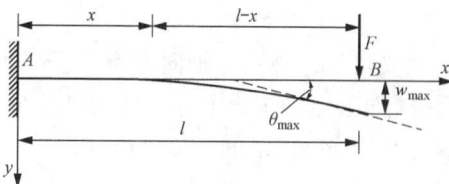

图 6-7

例 6-1　图 6-7 所示悬臂梁，自由端处承受集中力 F 作用。试求梁的挠曲线方程和转角方程，并确定其最大挠度 $w_{\max}$ 和最大转角 $\theta_{\max}$。设弯曲刚度 EI 为常数。

解：（1）建立挠曲线近似微分方程并积分。

梁的弯矩方程为　　　　$M(x) = -F(l-x)$

得挠曲线近似微分方程

$$w'' = -\frac{M(x)}{EI} = \frac{F}{EI}(l-x)$$

将上式相继积分两次，即得

$$\theta = w' = \frac{Flx}{EI} - \frac{Fx^2}{2EI} + C_1 \tag{1}$$

$$w = \frac{Flx^2}{2EI} - \frac{Fx^3}{6EI} + C_1 x + C_2 \tag{2}$$

（2）确定积分常数。在固定端处，横截面的转角和挠度均为零，即 $\theta(0)=0$，$w(0)=0$。
将上述边界条件代入式（1）与式（2）中，得

$$C_1 = 0, \; C_2 = 0$$

（3）建立转角与挠度方程。将确定的积分常数代入式（1）与式（2）中，得梁的转角与挠度方程分别为

$$\theta = \frac{Flx}{EI} - \frac{Fx^2}{2EI} \tag{3}$$

$$w = \frac{Flx^2}{2EI} - \frac{Fx^3}{6EI} \tag{4}$$

（4）画出挠曲线大致形状并计算最大转角 θ_{max} 与挠度 w_{max}。根据梁的受力情况及边界条件，画出梁的挠曲线的示意图（图6-7）后可知，梁的最大转角 θ_{max} 与挠度 w_{max} 都发生在 $x=l$ 的自由端截面 B 处。将 $x=l$ 代入式（1）与式（2）中，即得梁的最大转角与最大挠度分别为

$$\theta_{max} = \theta(l) = \frac{Fl^2}{2EI}, \; w = w(l) = \frac{Fl^3}{3EI}$$

以上结果均为正值，说明梁变形时 B 点向下移动，横截面 B 沿顺时针方向转动。

例 6-2 图 6-8 所示简支梁，承受集中荷载 F 作用，试确定梁的挠曲线方程和转角方程，并求其最大挠度和最大转角。设弯曲刚度 EI 为常数。

解：（1）建立挠曲线近似微分方程并积分。由平衡方程可得梁的两个支反力分别为

$$F_A = \frac{Fb}{l}, \; F_B = \frac{Fa}{l}$$

由于 AD 与 DB 段的弯矩方程不同，所以，挠曲线近似微分方程应分段建立，并分别进行积分。

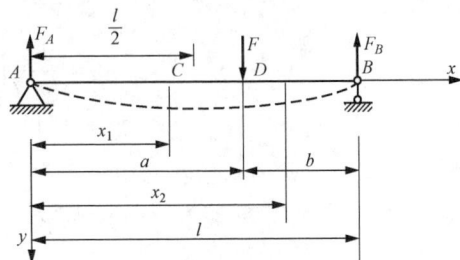

图 6-8

AD 段：
$$M_1 = F_A x = \frac{Fb}{l} x_1$$

$$w_1'' = -\frac{M_1}{EI} = -\frac{Fb}{EIl} x_1$$

$$\theta_1 = w_1' = -\frac{Fb}{2EIl} x_1^2 + C_1 \tag{1}$$

$$w_1 = -\frac{Fb}{6EIl} x_1^3 + C_1 x_1 + D_1 \tag{2}$$

DB 段 $(a \le x_2 \le l)$：
$$M_2 = \frac{Fb}{l} x_2 - F(x_2 - a)$$

$$w_2'' = -\frac{M_2}{EI} = -\frac{Fb}{EI}x_2 + \frac{F}{EI}(x_2 - a)$$

$$\theta_2 = w_2' = -\frac{Fb}{2EIl}x_2^2 + \frac{F}{2EI}(x_2 - a)^2 + C_2 \tag{3}$$

$$w_2 = -\frac{Fb}{6EIl}x_2^3 + \frac{F}{6EI}(x_2 - a)^2 + C_2 x_2 + D_2 \tag{4}$$

在对 DB 进行积分运算时，对含有 (x_2-a) 的项不要展开，而以 (x_2-a) 作为自变量进行积分，这样可使下面确定积分常数的工作得到简化。

（2）确定积分常数。利用 D 点的连续条件 $\theta_1(a)=\theta_2(a)$ 和 $w_1(a)=w_2(a)$，可得

$$C_1 = C_2, \quad D_1 = D_2$$

利用两端的铰支座处，挠度均为零的边界条件 $w_1(0)=0$ 和 $w_2(l)=0$，可得

$$D_1 = D_2 = 0$$

$$C_1 = C_2 = \frac{Fb}{6lEI}(l^2 - b^2)$$

（3）建立转角与挠度方程。将确定的积分常数代入式（1）、（2）、（3）、（4）中，得两段梁的转角与挠度方程分别为

$$\theta_1 = \frac{Fb}{2lEI}\left[\frac{1}{3}(l^2 - b^2) - x^2\right] \tag{5}$$

$$w_1 = \frac{Fbx}{6lEI}[l^2 - b^2 - x^2] \tag{6}$$

$$\theta_2 = \frac{Fb}{2lEI}\left[\frac{l}{b}(x - a)^2 - x^2 + \frac{1}{3}(l^2 - b^2)\right] \tag{7}$$

$$w_2 = \frac{Fb}{6lEI}\left[\frac{l}{b}(x - a)^3 - x^3 + (l^2 - b^2)x\right] \tag{8}$$

（4）画出挠曲线大致形状并计算最大转角 $\theta_{\max}$ 与挠度 $w_{\max}$。根据梁的受力情况及边界条件，画出梁的挠曲线的示意图（图6-8）后可知，梁的最大转角应出现在左右两支座处。

将 $x=0$ 和 $x=l$ 分别代入式（5）、式（7），即得左右两支座处的转角分别为

$$\theta_A = \theta_1(0) = \frac{Fb(l^2 - b^2)}{6lEI} = \frac{Fab(l + b)}{6lEI}$$

$$\theta_B = \theta_2(l) = -\frac{Fab(l + a)}{6lEI}$$

当 $a>b$ 时，右支座处截面的转角绝对值为最大，其值为

$$\theta_{\max} = \theta_B = -\frac{Fab(l + a)}{6lEI}$$

此梁的最大挠度应在 $w'=0$ 处。如果 $a>b$，则最大挠度应发生在 AD 段内。

令 $w_1'=0$ 得

$$x_1 = \sqrt{\frac{l^2 - b^2}{3}} = \sqrt{\frac{a(a + 2b)}{3}}$$

将 x_1 值代入式（6）中得

$$w_{\max} = \frac{Fb}{9\sqrt{3}lEI}\sqrt{(l^2 - b^2)^3}$$

在特殊情况下，如果荷载作用在简支梁的跨度中点处，即 $a = b = \dfrac{l}{2}$，则

$$\theta_{\max} = \pm \frac{Fl^2}{16EI}, \ w_{\max} = w_C = \frac{Fl^3}{48EI}$$

借用此例，讨论简支梁最大挠度的近似计算问题。先求出上述梁跨度中点 C 的挠度

$$w_C = \frac{Fb}{48EI}(3l^2 - 4b^2)$$

由 x_1 的单调性可知，b 越小则 x_1 越大。这说明集中荷载 F 越靠近右支座，梁的最大挠度点离中点越远。当 b 很小时，b^2 与 l^2 相比可以忽略不计时，此时最大挠度和中点挠度分别为

$$w_{\max} = 0.064\,2\frac{Fbl^2}{EI}, \ w_C = 0.062\,5\frac{Fbl^2}{EI}$$

在这种极端情况下，最大挠度和中点挠度也相差很小（相对误差不到 3%）。因此，对于简支梁不论其受何种荷载，只要其挠曲线不出现拐点，则可用梁跨长中点的挠度代替其最大挠度，并不引起最大的误差。

在例 6-2 中，遵循了两个规则：① 对各段梁，都从同一坐标原点到截面之间的梁段上的外力列出弯矩方程，因此后一段梁的弯矩方程中包括前一段梁的弯矩方程和新增的 $(x-a)$ 项；② 对含 $(x-a)$ 项积分时，以 $(x-a)$ 作为自变量，于是由挠曲线在 $x = a$ 处的连续条件，就能得到两梁上相应的积分常数分别相等的结果，从而简化了确定积分常数的工作。

6.4　用叠加法求梁的弯曲变形

由前述分析可知，当梁的变形微小，且材料在线弹性范围内的情况下，挠曲线近似微分方程是线性的。又因为在小变形的前提下，梁变形后其跨长的改变可以忽略不计，计算弯矩用的是变形前的位置，所以弯矩与荷载的关系也是线性的。

由于挠曲线近似微分方程为线性微分方程，而弯矩又与荷载呈线性关系，所以，梁上同时作用几个荷载时，挠曲线近似微分方程的解，必等于各荷载单独作用时挠曲线近似微分方程解的线性组合。而由此求得的挠度与转角也一定呈线性关系。

因此，当梁上同时作用几个荷载时，可分别求出每一个荷载单独作用引起的变形，把所得的变形叠加即为这些荷载共同作用时的变形。这就是计算弯曲变形的**叠加法**。证明如下：

F_1、F_2、F_3 三种荷载单独作用时产生的弯矩分别为 M_1、M_2、M_3，挠度分别为 w_1、w_2、w_3；共同作用产生的弯矩为 M，挠度为 w。根据挠曲线近似微分方程可得，$EIw_1'' = -M_1$，$EIw_2'' = -M_2$，$EIw_3'' = -M_3$，$EIw'' = -M$，而弯矩满足 $M = M_1 + M_2 + M_3$，因此 $EIw'' = EIw_1'' + EIw_2'' + EIw_3''$，即 $w = w_1 + w_2 + w_3$。同理，$\theta = \theta_1 + \theta_2 + \theta_3$。

由此可见，当求几个荷载共同作用下梁的变形时，可分别求出每一荷载单独作用于梁上的变形，然后将其叠加即可。工程上为了应用方便，将简单荷载作用下的常见梁的位移计算结果制成图表，以便实际计算时查用（附录 C）。表 6-1 给出了简单荷载作用下的几种梁的特殊截面的挠度和转角，以便利用叠加法计算弯曲变形时使用。

表 6-1　　　　　　　　　　　　　简单荷载作用下梁的位移

序号	梁的简图	端面转角	特殊截面挠度
1		$\theta_B = \dfrac{M_e l}{EI}$	$w_B = \dfrac{M_e l^2}{2EI}$
2		$\theta_B = \dfrac{F l^2}{2EI}$	$w_B = \dfrac{F l^3}{3EI}$
3		$\theta_B = \dfrac{q l^3}{6EI}$	$w_B = \dfrac{q l^4}{8EI}$
4		$\theta_A = \dfrac{M_e l}{3EI}$ $\theta_B = -\dfrac{M_e l}{6EI}$	$w_C = \dfrac{M_e l^2}{16EI}$
5		$\theta_A = \dfrac{F l^2}{16EI}$ $\theta_B = -\dfrac{F l^2}{16EI}$	$w_C = \dfrac{F l^3}{48EI}$
6		$\theta_A = \dfrac{q l^3}{24EI}$ $\theta_B = -\dfrac{q l^3}{24EI}$	$w_C = \dfrac{5 q l^4}{384EI}$

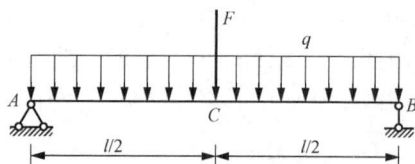

图 6-9

例 6-3　图 6-9 所示简支梁，同时承受均布荷载 q 与集中荷载 F 作用，使用叠加法计算横截面 C 的挠度。设弯曲刚度 EI 为常数。

解：由表 6-1 查得，当均布荷载 q 单独作用时，简支梁跨度中点截面 C 的挠度为

$$w_q = \frac{5 q l^4}{384EI}(\downarrow)$$

当集中荷载 F 单独作用时，该截面的挠度为

$$w_F = \frac{F l^3}{48EI}(\downarrow)$$

根据叠加法，当荷载 q 与 F 共同作用时，截面 C 的挠度为

$$w = w_q + w_F = \frac{5 q l^4}{384EI} + \frac{F l^3}{48EI}(\downarrow)$$

例 6-4　图 6-10 所示外伸梁，求外伸端的挠度和转角。设弯曲刚度 EI 为常数。

解：将外伸梁 C 处的荷载移动到附件支座 A 处，看成 CA 段悬臂梁 [图 6-11（a）] 与 AB 段简支梁的叠加，AB 段简支梁的荷载又是附加力偶矩 M_A 荷载 [图 6-11（b）] 与 AB 中点力 F [图 6-11（c）] 的叠加，具体见图 6-11。

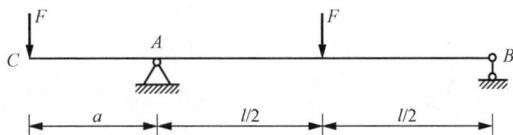

图 6-10

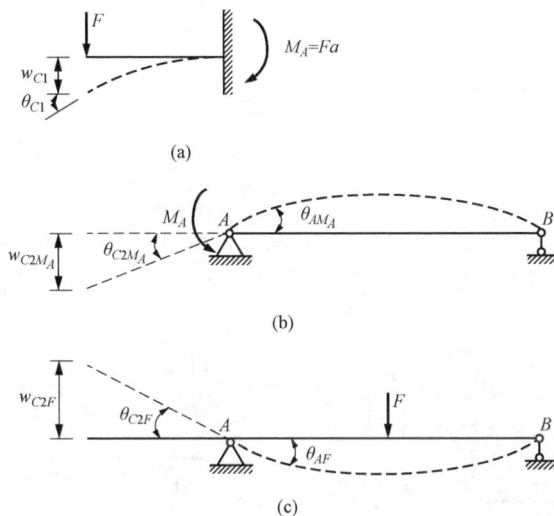

(a)

(b)

(c)

图 6-11

应用叠加法得

$$\theta_C = \theta_{C1} + \theta_{C2}$$

其中

$$\theta_{C2} = \theta_{C2M_A} + \theta_{C2F}$$

由梁变形表查得

$$\theta_{C1} = -\frac{Fa^2}{2EI}, \ \theta_{C2M_A} = \theta_{AM_A} = -\frac{Fal}{3EI}, \ \theta_{C2F} = \theta_{AF} = \frac{Fl^2}{16EI}$$

故

$$\theta_C = -\frac{Fa^2}{2EI} - \frac{Fal}{3EI} + \frac{Fl^2}{16EI} = -\frac{F}{48EI}(24a^2 + 16al - 3l^2)$$

$$w_C = w_{C1} + w_{C2}$$

其中

$$w_{C2} = w_{C2F} + w_{C2M_A}$$

由梁变形表查得

$$w_{C1} = \frac{Fa^3}{3EI}$$

又因为 $w_{C2M_A} = \theta_{C2M_A} \cdot a = \frac{Fal}{3EI} \cdot a = \frac{Fa^2l}{3EI}$, $w_{C2F} = -\theta_{C2F} \cdot a = -\frac{Fl^2}{16EI} \cdot a = -\frac{Fl^2a}{16EI}$

所以

$$w_C = \frac{Fa}{3EI} + \frac{Fa^2l}{3EI} - \frac{Fl^2a}{16EI} = \frac{Fa}{48EI}(16a + 16l - 3l^2)$$

例 6-5 试用叠加法求图 6-12 所示梁 C 截面的挠度，设弯曲刚度 EI 已知。

解: 本题计算的是外伸梁简支梁部分中点 C 处的挠度，等效为把外伸部分的荷载全部移动到 B 支座处 [图 6-13（a）]，半跨均布荷载等效为对称荷载与反对称荷载的叠加，具体见

图 6-13（b）、（c）。

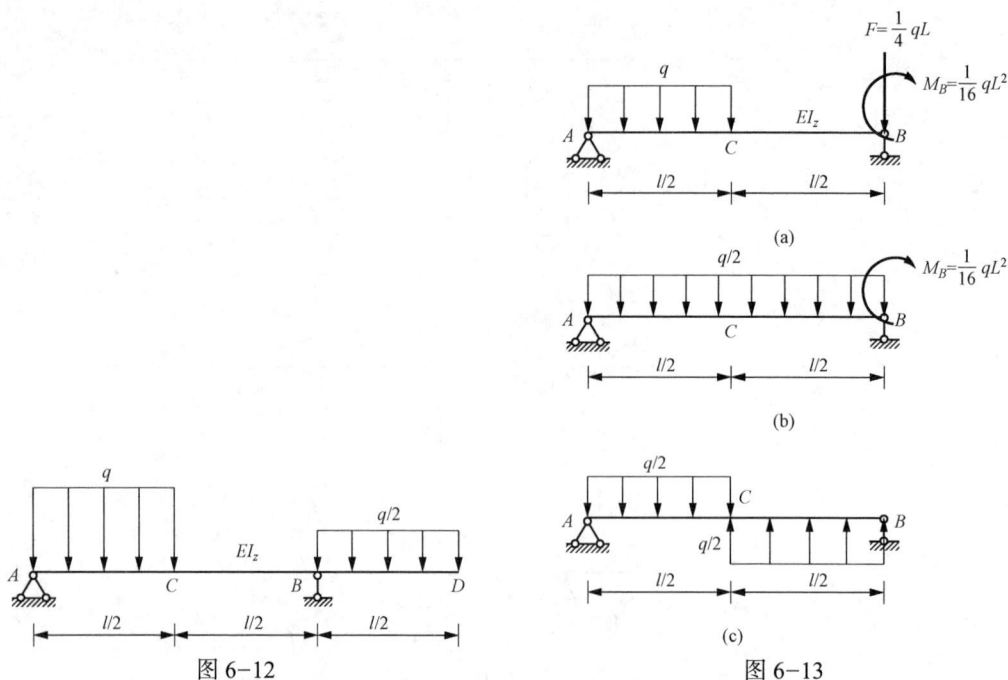

图 6-12

图 6-13

通过查表可知

$$w_C = w_{Cb} + w_{Cc} = w_{Cbq} + w_{CbM} + w_{Cc} = \frac{5\left(\dfrac{q}{2}\right)L^4}{384EI_z} - \frac{\left(\dfrac{qL^2}{16}\right)L^2}{16EI_z} + 0 = \frac{qL^4}{384EI_z}$$

6.5 梁的弯曲应变能

当梁弯曲时，梁内将积储应变能。首先，讨论梁纯弯曲时［图 6-14（a）］的应变能。在弹性体变形过程中，外力所做的功 W 在数值上等于积蓄在弹性体内的应变能 V_ε。梁在纯弯曲时只受外力偶作用，因此，梁内的弯曲应变能 V_ε 在数值上就等于作用在梁上的外力偶所做的功 W。

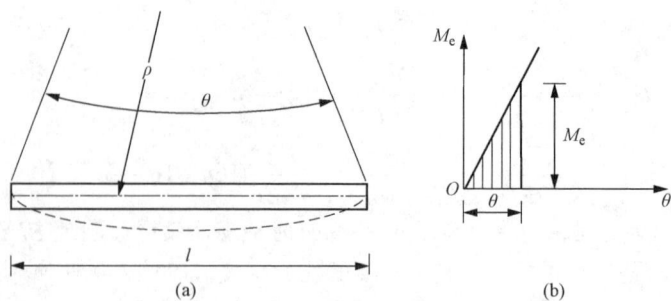

图 6-14

直梁纯弯曲时，它的各个横截面上的弯矩 M 都等于外力偶矩 M_e。而在线性范围内，梁轴线在弯曲后将成为一曲率为 $\kappa = \dfrac{1}{\rho} = \dfrac{M}{EI}$ 的一段圆弧，相距为 l 的两个横截面它们的相对转角为

$$\theta = \frac{l}{\rho} = \frac{Ml}{EI} \text{ 或 } \theta = \frac{M_e l}{EI}$$

θ 与 M_e 间的关系可由图 6-14（b）所示直线表示。直线下的三角形面积就代表外力偶所做的功 W，即

$$W = \frac{1}{2} M_e \theta$$

由于 $M = M_e$，故上式可改写为

$$W = \frac{1}{2} M \theta$$

根据弹性体内积蓄的应变能 V_ε 等于外力偶所做的功 W 可知

$$V_\varepsilon = \frac{1}{2} M_e \theta = \frac{M_e^2 l}{2EI} \tag{6-9}$$

或

$$V_\varepsilon = \frac{M^2 l}{2EI} \tag{6-10}$$

在横力弯曲时，梁除发生弯曲变形外，还有剪切变形，因此梁内的应变能包含两部分：与弯曲相对应的弯曲应变能和与剪切变形相对应的剪切应变能。但是，由于在工程中常用的梁的跨长往往大于横截面高度的 10 倍，因而梁的剪切应变能与弯曲应变能相比常可略去不计。

对于弯曲应变能，可取长为 $\mathrm{d}x$ 的微段（图 6-15），其相邻的两横截面的弯矩分别为 $M(x)$ 和 $M(x) + \mathrm{d}M(x)$，而弯矩的增量 $\mathrm{d}M(x)$ 为一无穷小，可略去不计，于是按式（6-10）计算其弯曲应变能为

$$\mathrm{d}V_\varepsilon = \frac{M^2(x)}{2EI}\mathrm{d}x$$

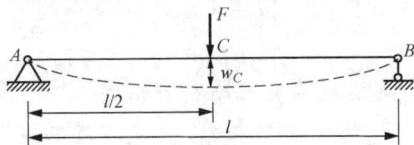

图 6-15

全梁的弯曲应变能则可通过积分求得为

$$V_\varepsilon = \int_l \frac{M^2(x)}{2EI}\mathrm{d}x \tag{6-11}$$

式中，$M(x)$ 为梁任意截面上的弯矩表达式。当梁内各段的弯矩表达式不同时，积分也须分段进行。

以上各式只有当梁在线弹性范围内工作时才是适用的。

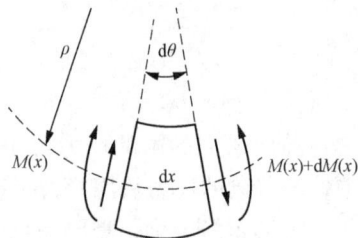

图 6-16

例 6-6　简支梁弯曲刚度为 EI，梁的跨中受一集中荷载 F 作用，如图 6-16 所示。求梁内积蓄的弯曲应变能 V_ε，并利用能量法求跨中点 C 截面的挠度 w_C。

解：（1）求梁内积蓄的弯曲应变能 V_ε。根据对称关系，此梁左段（AC 段）和（CB 段）内的弯曲应变能相等，因此，只需求出左段梁内的应变能乘以 2 即得整个梁的应变能。

AC 段（$0 \leqslant x \leqslant l/2$）弯矩方程为

$$M(x) = \frac{1}{2}Fx$$

弯曲应变能为

$$V_{\varepsilon 1} = \int_0^{\frac{l}{2}} \frac{\left(\frac{1}{2}Fx\right)^2}{2EI} \mathrm{d}x = \frac{F^2 l^3}{192EI}$$

整个梁的应变能为

$$V_{\varepsilon} = 2V_{\varepsilon 1} = \frac{F^2 l^3}{96EI}$$

（2）求跨中点 C 截面的挠度 w_C。C 截面的挠度 w_C 就是荷载 F 的作用点 C 沿荷载作用方向的位移，因此在加载过程中所做的功为

$$W = \frac{1}{2}Fw_C$$

根据弹性体内应变能等于外力所做的功，有 $V_{\varepsilon}=W$，即

$$\frac{F^2 l^3}{96EI} = \frac{1}{2}Fw_C$$

从而求得

$$w_C = \frac{Fl^3}{48EI}$$

w_C 等于正值，表示 C 截面的挠度的方向与荷载 F 的方向相同。

6.6 简 单 超 静 定 梁

前面研究的梁的反力仅用静力平衡方程即可求解，这种梁都是静定梁。但在工程实际中，某些梁的反力只用静力平衡方程并不能全部确定。这种梁称为**超静定梁**或静不定梁。

求解超静定梁，需要综合应用静力平衡方程、几何方程和物理方程。在超静定梁中，凡是多于维持平衡所必需的约束称为**多余约束**，与其相应的反力称为**多余约束反力**。去掉多余约束，剩余的结构称为基本静定系。用多余约束反力代替多余约束的作用（解除多余约束）后，得到的系统称为原超静定系统的相当系统。

对于由于约束多于维持平衡所必需的数目而形成的静不定问题，根据选取的基本静定系，由变形几何方程和力与变形（位移）间的物理关系所得的补充方程，即可求得多余约束反力。解得多余约束反力后，其余的支反力以及杆件的内力和变形（位移）就可按基本静定系求解。

例 6-7　一弯曲刚度为 EI 的超静定梁如图 6-17 所示，试绘制其剪力图和弯矩图。

解：该梁为一次超静定梁，如果以支座 B 为多余约束，F_B 为多余约束力，则基本静定系如图 6-17（b）所示。根据变形协调条件，可得变形几何方程为

$$w_{Bq} + w_{BF_B} = 0$$

由梁变形表中查得

$$w_{Bq} = \frac{ql^4}{8EI}, \quad w_{BF_B} = -\frac{F_B l^3}{3EI}$$

补充方程为

$$\frac{ql^4}{8EI} - \frac{F_B l^3}{3EI} = 0$$

解方程得

$$F_B = \frac{3}{8}ql$$

求出多余约束力 F_B 后，由静力平衡方程求出其他的支座反力并绘出剪力图和弯矩图如图 6-18 所示。

以上分析表明，求解超静定梁的关键在于确定多余约束反力，其方法和步骤可概述如下：

（1）判断超静定次数。

（2）解除多余约束，并用相应多余约束反力代替其作用，得原超静定梁的相当系统。

（3）计算该相当系统在多余约束处的位移，并根据变形协调条件建立变形几何方程。

（4）计算多余约束反力。

多余约束反力求出后，作用在相当系统上的外力均为已知，由此即可计算超静定梁的内力、应力和位移。

例 6-8 一弯曲刚度为 EI 的超静定梁如图 6-19 所示，试绘制其剪力图和弯矩图。

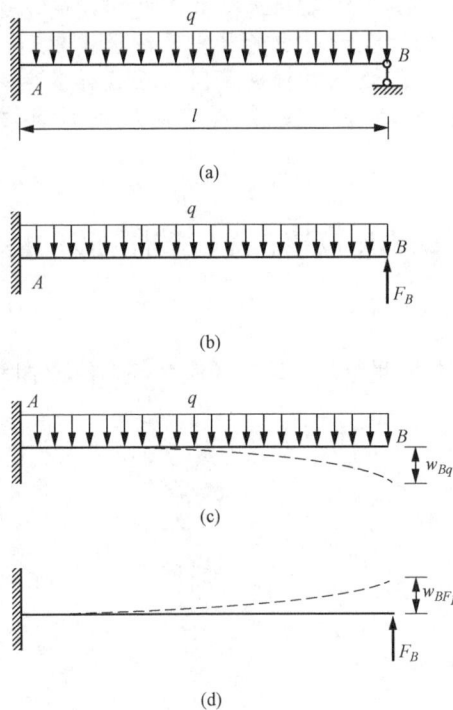

图 6-17

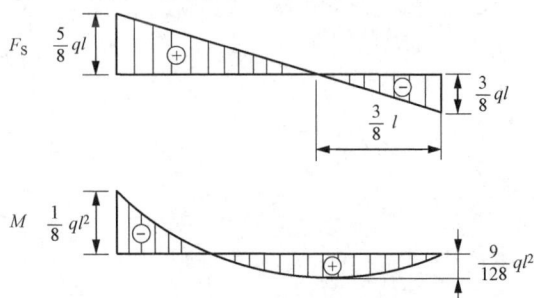

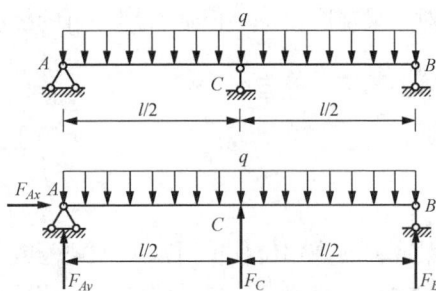

图 6-18

图 6-19

解：（1）判断超静定次数。梁在 A、B、C 三处共有四个未知约束力，而独立平衡方程只有三个，故该梁为一次超静定梁。

（2）选择梁的相当系统。解除 C 处约束加上多余约束力 F_C 得到相当系统如图 6-19 所示。

（3）建立变形几何方程。因为受力和变形必须与原梁完全相同，所以在解除约束 C 处的挠度为零，即

$$w_C = w_{Cq} + w_{CF} = 0$$

（4）计算多余约束反力。由梁变形表查得

$$w_{Cq} = \frac{5ql^4}{384EI}(\downarrow), \ w_{CF} = \frac{Fl^3}{48EI}(\uparrow)$$

代入上式得

$$\frac{5ql^4}{384EI} - \frac{Fl^3}{48EI} = 0$$

解方程得

$$F_C = \frac{15}{24}ql$$

（5）求其他支座反力。由静力平衡方程可求得

$$F_{Ax} = 0, \ F_{Ay} = \frac{9}{48}ql, \ F_B = \frac{9}{48}ql$$

（6）绘制剪力图和弯矩图如图 6-20 所示。

注意：多余约束的选择并不是固定的，选择不同的多余约束所对应的相当系统也是不同的，所对应的变形协调方程也不同。在选择多余约束时，选择的基本静定系简单，后续计算才会简单。

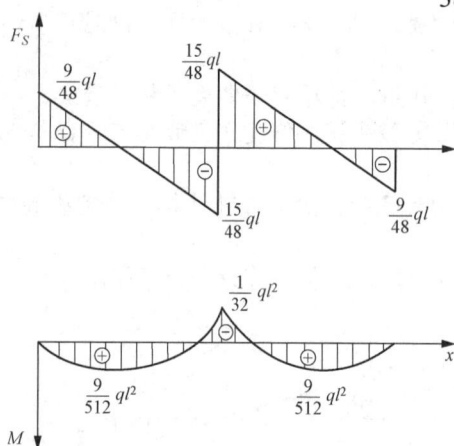

图 6-20

6.7 梁的刚度校核、提高弯曲刚度的措施

6.7.1 梁的刚度校核

在机械与工程结构中，为了正常工作，梁不仅应具有足够的强度，还应具备必要的刚度。

对于梁挠度，许可值通常用许可的挠度与跨长之比 $\left[\dfrac{w}{l}\right]$ 作为标准。

梁的刚度条件为

$$\left.\begin{array}{c} \dfrac{w_{max}}{l} \leqslant \left[\dfrac{w}{l}\right] \\ \theta_{max} \leqslant [\theta] \end{array}\right\} \qquad （6-12）$$

梁或轴的许用位移值可从有关规范或手册中查得。

6.7.2 提高弯曲刚度的措施

由挠曲线的近似微分方程及其积分可以看出，梁的变形与梁的受力、支撑条件、跨度长短以及截面的弯曲刚度 EI 有关。因此，提高弯曲刚度应考虑以下因素：

1. 改善受力，减小弯矩

弯矩是引起弯曲变形的主要因素，而通过改善梁的受力状况可减小弯矩，从而减小梁的挠度和转角。例如，对于跨度中点承受集中荷载 F 的简支梁，最大挠度 $w_{max} = \dfrac{Fl^3}{48EI}$。如果

将该荷载改为均布荷载（合力仍为 F，$F=ql$），最大挠度 $w_{max} = \dfrac{5Fl^3}{384EI}$。梁的最大挠度仅为前者的 62.5%。

2. 合理安排梁的约束

由于梁的挠度和转角值与其跨长的 n 次幂成正比，所以，设法缩短梁的跨长，将能显著地减小其挠度和转角值。工程中常调整约束位置，采用两端外伸的结构，就是为了缩短跨长，从而减小梁的最大挠度值。例如，图 6-21（a）所示跨度为 l 的简支梁，承受均布荷载 q 作用，如果将梁两端的铰支座各向内移动 $l/4$ ［图 6-21（b）］，最大挠度仅为前者的 8.75%。

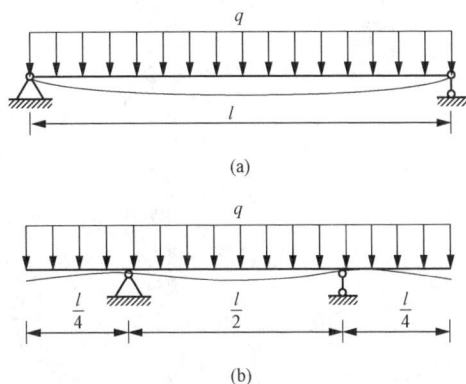

图 6-21

3. 适当增加支座

在梁的跨长不能缩短的情况下，增加梁的约束即做成超静定梁，也可以使梁的挠度显著减小（见例 6-8）。

4. 合理选择截面形状

影响梁强度的材料性能是极限应力 σ_u，而影响梁刚度的材料性能则是弹性模量 E。对于钢材来说，采用高强度钢可以显著提高梁的强度，但对梁的刚度改善并不明显，这是因为高强度钢与普通碳素钢的弹性模量 E 十分接近。因此，为提高梁的刚度，应设法增大惯性矩 I 值。在截面面积不变的情况下，采用适当的截面形状使截面面积分布在距中性轴较远处，以增大截面的惯性矩，这样不仅可降低应力，还能增大梁的弯曲刚度以减小变形。因此，工程中常采用工字形、箱形等截面。

5. 梁的合理加强

梁的弯曲正应力取决于危险面的弯矩与抗弯截面系数；而梁的位移则与梁的所有微段的变形有关。因此，对梁的危险截面采用局部加强，即可提高梁的强度，但为了提高梁的刚度，则必须在更大的范围内增加梁的弯曲刚度 EI。

例 6-9 起重量为 50 kN 的单梁吊车，由 45b 号工字钢制成，其跨度 $l = 10$ m（图 6-22）。已知许用挠度 $\left[\dfrac{w}{l}\right] = \dfrac{1}{500}$，材料的弹性模量 $E = 210$ GPa。试校核该吊车梁的刚度。

解：吊车梁的计算简图如图 6-22 所示，梁的自重为均布荷载；吊车的轮压为集中荷载，当吊车行至梁的中点时，跨中点 C 截面所产生的挠度最大。

（1）求 C 截面的挠度。由型钢规格表（附录 B）知，梁的自重及梁横截面的惯性矩分别为

$$q = 874 \text{ N/m}, \quad I = 33\,760 \times 10^{-8} \text{ m}^4$$

集中荷载 F 和均布荷载 q 引起 C 截面挠度分别为

$$w_{CF} = \frac{Fl^3}{48EI} = \frac{50 \times 10^3 \times 10^3}{48 \times 210 \times 10^9 \times 33\,760 \times 10^{-8}} = 0.014\,69 (\text{m}) = 14.69 (\text{mm})$$

$$w_{Cq} = \frac{5ql^4}{384EI} = \frac{5 \times 874 \times 10^4}{384 \times 210 \times 10^9 \times 33\,760 \times 10^{-8}} = 0.001\,605 (\text{m}) = 1.605 (\text{mm})$$

叠加法求得 C 截面的挠度为

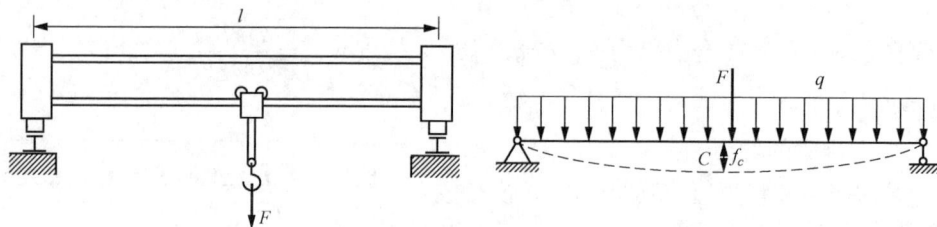

6-22

$$w_C = w_{CF} + w_{Cq} = 14.69 + 1.605 = 16.3\,(\text{mm})$$

（2）校核梁的刚度。梁的许用挠度为

$$\left[\frac{w}{l}\right] = \frac{1}{500} = 0.002$$

$$\left[\frac{w_C}{l}\right] = \frac{16.3}{10 \times 10^3} = 0.001\,63 < \left[\frac{w}{l}\right] = \frac{1}{500} = 0.002$$

因此，该梁满足刚度要求。

思　考　题

6-1　挠曲线的近似微分方程是如何建立的？应用条件是什么？

6-2　梁的变形与截面的位移有何区别？它们之间有何关系？

6-3　如何确定积分法求梁位移时所产生的积分常数？

6-4　试写出利用积分法计算梁位移时的边界条件和连续条件（见图 6-23）。

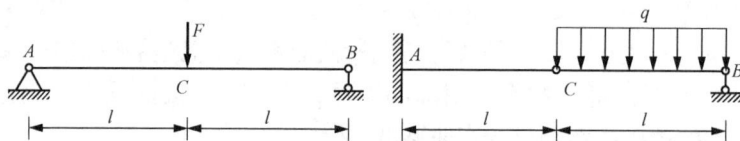

图 6-23

6-5　判断图 6-24 中各梁的超静定次数

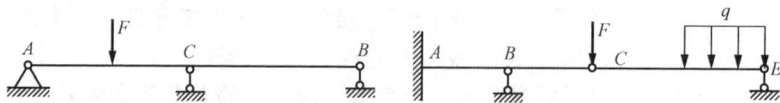

图 6-24

6-6　一受弯的碳素钢梁，为提高其弯曲刚度改用优质碳素合金钢是否合理？为什么？

6-7　如何求 [例 6-5] 中截面 D 的挠度 w_D 和转角 θ_D？

![习 题]

6-1 试用积分法求图 6-25 所示各梁的转角方程、挠曲线方程及指定截面的转角和挠度。已知梁的弯曲刚度 EI 为常数。

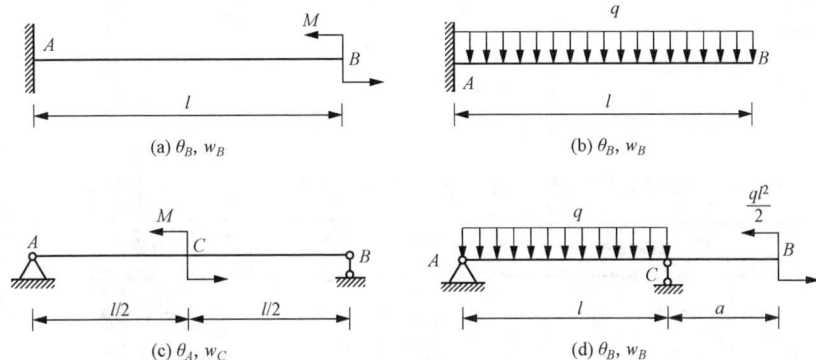

图 6-25

6-2 用叠加法求图 6-26 所示梁中指定截面的挠度和转角，已知梁的弯曲刚度 EI 为常数。

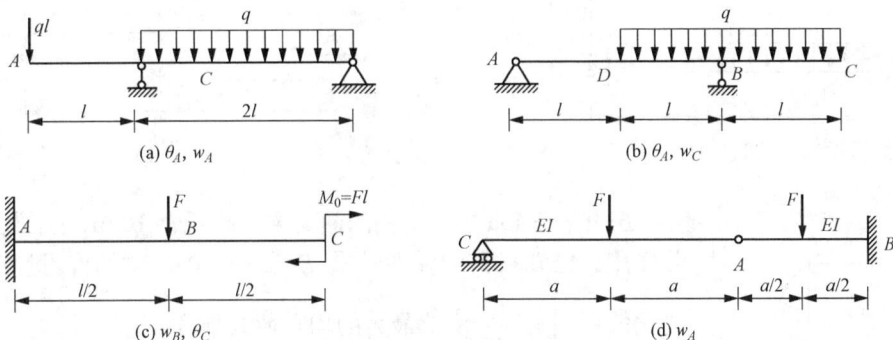

图 6-26

6-3 图 6-27 所示外伸梁，两端承受载 F 的作用，弯曲刚度 EI 为常数。试问：

（1）当 x/l 为何值时，梁跨度中点的挠度与自由端的挠度相等？

（2）当 x/l 为何值时，梁跨度中点的挠度最大？

6-4 试计算图 6-28 所示刚架截面 A 的水平和铅垂位移，已知梁弯曲刚度 EI 为常数。

6-5 试求图 6-29 所示超静定梁截面 C 的挠度，已知梁弯曲刚度 EI 为常数。

6-6 试求图 6-30 所示超静定梁支座约束力，已知梁弯曲刚度 EI 为常数。

6-7 图 6-31 所示结构中梁为 16 号工字钢，其右端用钢杆吊起。钢拉杆截面为圆形，直径 d=10 mm。两者均为 A3 钢，$E = 200$ GPa。试求梁及拉杆内的最大正应力。

6-8 图 6-32 所示简支梁，两端各作用的力偶矩分别为 M_1 和 M_2，如欲使挠曲线的拐点位于左端 $l/3$ 处，则 M_1 与 M_2 应保持何种关系？

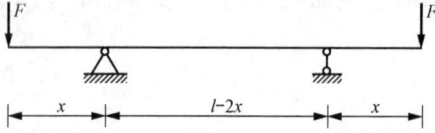

图 6-27

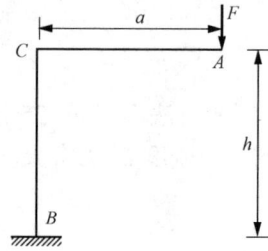

图 6-28

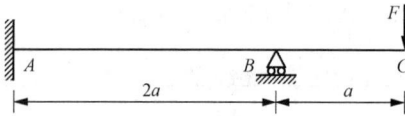

图 6-29

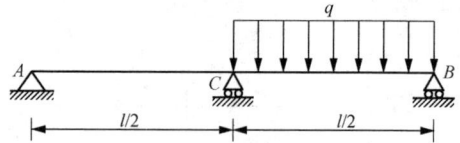

图 6-30

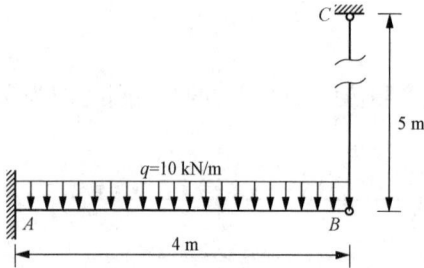

图 6-31

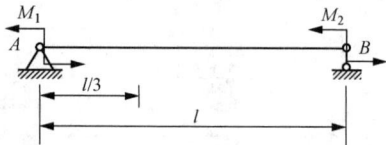

图 6-32

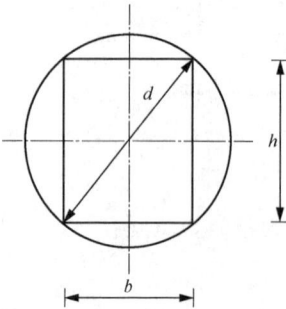

图 6-33

6-9　一 45a 号工字钢的简支梁，跨长 $l = 10\text{ m}$，全梁受均布荷载作用，已知材料的弹性模量 $E = 210\text{ GPa}$。梁的许可挠度与跨长之比值 $\left[\dfrac{w}{l}\right] = \dfrac{1}{600}$，求最大的均布荷载集度 q。

6-10　欲在直径为 d 的圆木中锯出弯曲刚度为最大的矩形截面梁（图 6-33），试求截面高度 h 与宽度 b 的合理比值。

第 7 章 应力状态和强度理论

7.1 应 力 状 态 概 述

7.1.1 一点应力状态的概念

在前面几章中，讨论了杆件在拉伸（压缩）、扭转和弯曲等基本变形下横截面上的应力，并根据横截面上的应力及相应的实验结果，分别建立了只有正应力或只有切应力作用时的强度条件。但只有这些，对于复杂问题的强度分析是远远不够的。

例如，仅仅根据横截面上的应力，不能说明为什么低碳钢试件拉伸至屈服时，表面会出现与轴线成 45° 的滑移线；也不能说明铸铁圆轴扭转时，为什么会沿 45° 螺旋面破坏；铸铁压缩时，其破坏面为什么不像铸铁圆轴扭转破坏那样呈颗粒状，而是呈错动光滑状。

又如，根据横截面上的应力分析和相应的实验结果，不能直接建立既有正应力又有切应力时的强度条件，无法进一步分析。

事实上，构件受力变形后，不仅会在横截面上产生应力，还会在斜截面上产生应力，并且同一斜截面上各点应力情况一般是不同的。**同一面上不同点的应力各不相同，此即应力的点的概念。同一点不同截面方位（方向面）上的应力也是各不相同的，此即应力的面的概念。过一点不同方向面上应力的集合，称为这一点的应力状态。研究一点的应力状态，就是研究一点处沿各个不同方位的截面上的应力及其变化规律。**其目的在于寻找该点应力的最大值及其所在的截面，为解决复杂应力状态下杆件的强度问题提供理论依据。

7.1.2 一点应力状态的描述

研究构件内某一点的应力时，可围绕该点截取一微小正六面体（**单元体或微体**）来考虑。当单元体各边长趋于零时，便代表一个点。在单元体的各个面上标出应力，称为应力单元体，简称**单元体**。由于应力在构件内是连续的，单元体又是无穷小量，所以，可以认为单元体各个面上的应力是均匀分布的。在相对面上的应力，则大小相等、方向相反。当单元体三对互相垂直的截面上的应力均已知时（称其为**原始单元体**），则通过该点的其他方向截面上的应力可用截面法求得。因此，通过**原始单元体**可以描述一点的应力状态。

在取原始单元体时，应尽量使其三对面上的应力容易确定。例如，对于矩形截面杆，三对面中的一对面为杆的横截面，另外两对面为平行于杆表面的纵截面；对于圆截面杆，除一对为横截面外，另外两对面中有一对为同轴圆柱面，另一对为通过杆轴线的径向纵截面。

图 7-1 中给出杆件拉伸时 K 点的基本单元体。图 7-2 中给出受扭圆轴表面上 K 点的基本单元体。图 7-3 中给矩形截面梁上 K 点的基本单元体。

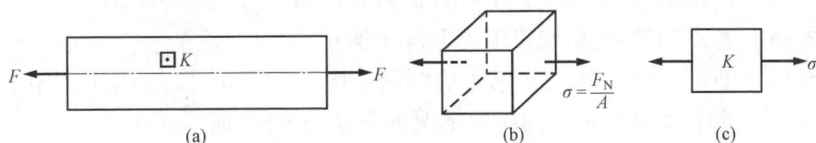

图 7-1

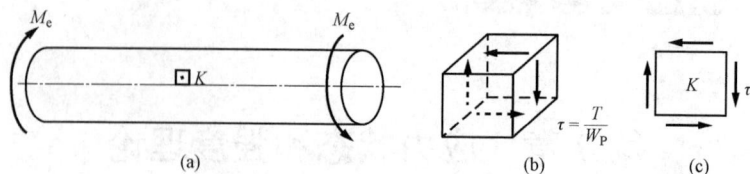

图 7-2

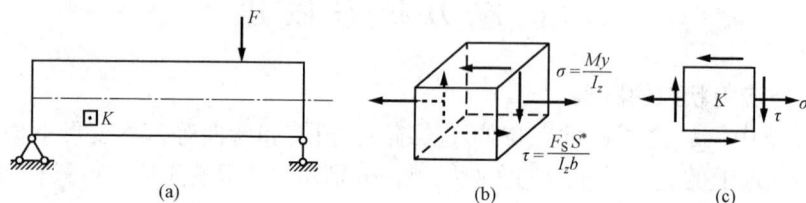

图 7-3

7.1.3　主平面和主应力

单元体上切应力等于零的面称为**主平面**，由主平面组成的单元体称为**主单元体**，主平面的法线方向称为**主方向**，主平面上的正应力称为**主应力**。

在弹性力学中已经证明：对受力构件内的任意一点一定可以找到由三对相互垂直的主平面组成的主单元体，其上的三个主应力用符号 σ_1、σ_2 和 σ_3 表示，并按它们代数值的大小顺序排列，即 $\sigma_1 \geqslant \sigma_2 \geqslant \sigma_3$。

7.1.4　应力状态的分类

一点处应力状态根据主应力情况可分成三类：只有一个主应力不为零的称为**单向应力状态**［图 7-4（a）］；一个主应力为零，另外两个主应力不为零的称为**二向应力状态**［图 7-4（b）］；三个主应力都不为零的称为**三向应力状态**［图 7-4（c）］。通常将单向应力状态称为简单应力状态，二向和三向应力状态统称为复杂应力状态。

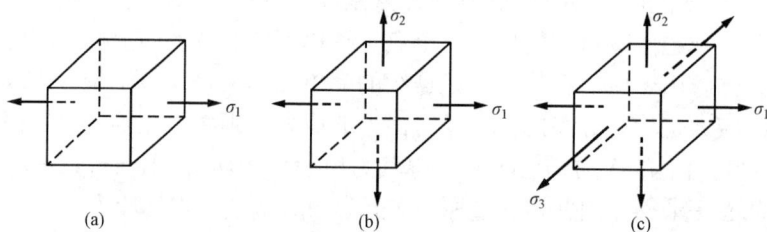

图 7-4

应该注意的是，一点的应力状态的类型必须是在计算主应力之后，根据主应力情况才能确定。

7.1.5　应力状态的实例

在实际构件中，复杂应力状态是常见的。例如，图 7-5（a）所示的螺旋桨轴既受拉、又受扭，轴表面上 K 点的应力状态如图 7-5（b）所示。

又如，充压气瓶与气缸，均为受内压的圆筒［图 7-6（a）］。在内压作用下，筒壁纵、横截面同时受拉，筒壁表面上 K 点的应力情况如图 7-6（b）所示。

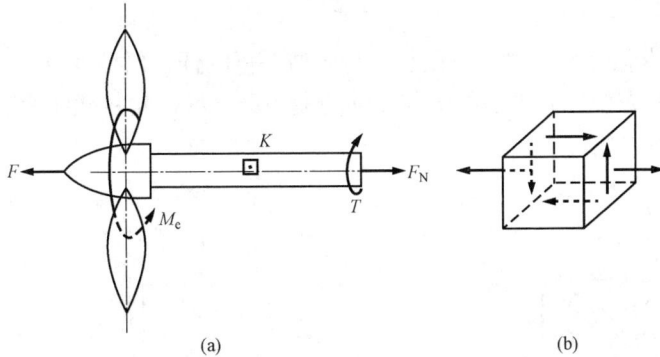

图 7-5

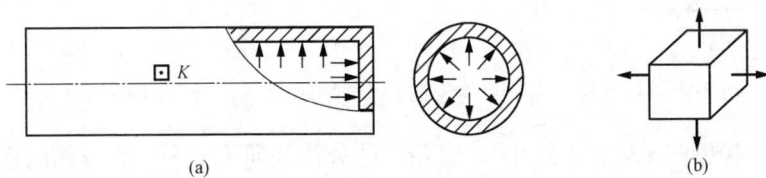

图 7-6

　　再如，在滚珠轴承中，滚珠与外圈的接触点的应力状态为三向应力状态。围绕接触点 K [图 7-7（a）]以垂直和平行于压力 F 的平面截取单元体，如图 7-7（b）所示。在滚珠与外圈的接触面上，有压应力，单元体向周围膨胀，于是引起周围材料对它的约束应力。所取单元体的三对相互垂直的面皆为主平面，且三个主应力皆不为零，因此 K 点处于三向受压状态。与此相似，桥式起重机的大梁两端的滚动轮与轨道的接触处，火车车轮与钢轨的接触处，也都是三向应力状态。

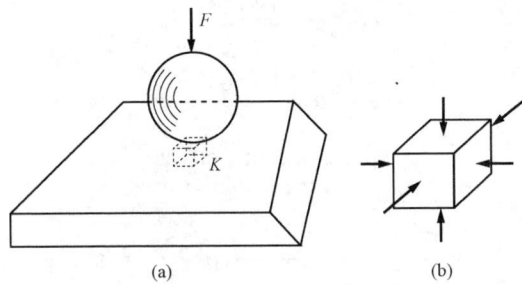

图 7-7

7.2　平面应力状态应力分析——解析法

　　在单元体的六个侧面中，仅在四个侧面上有应力，而且应力作用线均平行于单元体的不受力表面，这种应力状态称为**平面应力状态**，如图 7-1（c）、图 7-2（c）、图 7-3（c）、图 7-5（b）、图 7-6（b）所示。

7.2.1　任意斜截面上的应力

　　平面应力状态的一般形式如图 7-8 所示。在 x 面（垂直于 x 轴的截面）上作用有应力 σ_x

与τ_x，在y面（垂直于y轴的截面）上作用有应力σ_y与τ_y，在z面（垂直于z轴的截面）上作用没有应力。若上述应力均已知，现在研究与z轴平行的任一斜截面ef上的应力。如图7-9（a）所示，斜截面的方位以其外法线n与x轴的夹角α表示，此斜截面称为α斜截面，简称α面，α斜截面上的应力用σ_α和τ_α表示。

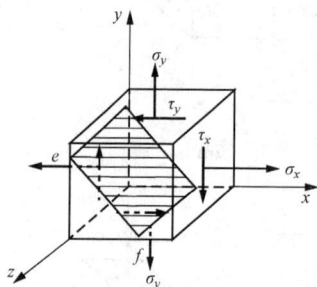

图 7-8

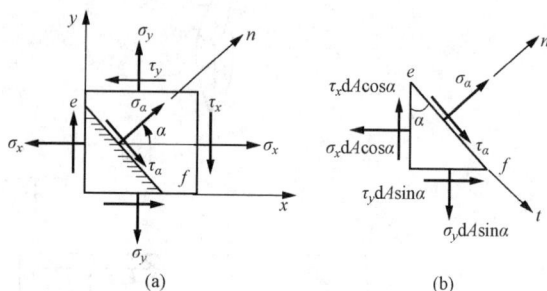

图 7-9

用截面法，假想在α面上"截开"，取左下部分作为研究对象。设α面的面积为dA，微体受力如图7-9（b）所示，其沿α面的法向与切向的平衡方程分别为

$\sum F_n = 0, \ \sigma_\alpha dA + (\tau_x dA\cos\alpha)\sin\alpha - (\sigma_x dA\cos\alpha)\cos\alpha + (\tau_y dA\sin\alpha)\cos\alpha - (\sigma_y dA\sin\alpha)\sin\alpha = 0$

$\sum F_t = 0, \ \tau_\alpha dA - (\tau_x dA\cos\alpha)\cos\alpha - (\sigma_x dA\cos\alpha)\sin\alpha + (\tau_y dA\sin\alpha)\sin\alpha + (\sigma_y dA\sin\alpha)\cos\alpha = 0$

由此得

$$\sigma_\alpha = \sigma_x \cos^2\alpha + \sigma_y \sin^2\alpha - (\tau_x + \tau_y)\sin\alpha\cos\alpha \tag{7-1}$$

$$\tau_\alpha = (\sigma_x - \sigma_y)\sin\alpha\cos\alpha + \tau_x\cos^2\alpha - \tau_y\sin^2\alpha \tag{7-2}$$

根据切应力互等定理可知，τ_x和τ_y的数值相等，将二倍角公式

$$\cos^2\alpha = \frac{1 + \cos 2\alpha}{2}$$

$$\sin^2\alpha = \frac{1 - \cos 2\alpha}{2}$$

$$\sin 2\alpha = 2\sin\alpha\cos\alpha$$

代入式（7-1）和式（7-2），化简后得

$$\sigma_\alpha = \frac{\sigma_x + \sigma_y}{2} + \frac{\sigma_x - \sigma_y}{2}\cos 2\alpha - \tau_x\sin 2\alpha \tag{7-3}$$

$$\tau_\alpha = \frac{\sigma_x - \sigma_y}{2}\sin 2\alpha + \tau_x\cos 2\alpha \tag{7-4}$$

此即平面应力状态下斜截面应力的一般公式。

在应用上述公式时，正应力以拉伸为正；切应力以使微体有顺时针方向转动趋势者为正；方位角α以x轴正向为始边、转向沿逆时针方向为正。

应该指出，上述公式是根据静力平衡条件建立的，因此，它们既可用于线弹性问题，也可用于非线性或非弹性问题，既可用于各向同性材料，也可用于各向异性材料，即与材料力学性能无关。

7.2.2　正应力极值及主应力

由式（7−3）和式（7−4）可以看出，斜截面上的正应力σ_α和切应力τ_α随着α角的改变而变化，即σ_α和τ_α都是α的函数。利用上述公式可以确定正应力和切应力的极值，并确定它们所在平面的位置。

由$\dfrac{d\sigma_\alpha}{d\alpha}=0$可得

$$\frac{d\sigma_\alpha}{d\alpha}=-2\cdot\frac{\sigma_x-\sigma_y}{2}\sin 2\alpha-2\tau_x\cos 2\alpha=0$$

即

$$\frac{\sigma_x-\sigma_y}{2}\sin 2\alpha+\tau_x\cos 2\alpha=0 \tag{7-5}$$

将式（7−5）与式（7−4）对比可知，正应力极值所在截面上的切应力为零，即正应力极值所在截面为主平面。

设正应力极值所在截面（主平面）的方位角为α_0，则由式（7−5）得

$$\tan 2\alpha_0=-\frac{2\tau_x}{\sigma_x-\sigma_y} \tag{7-6}$$

此方程有两个根$\alpha_{01}=\alpha_0$和$\alpha_{02}=\alpha_0+90°$，说明处于平面应力状态的单元体上的正应力极值有两个，它们所在截面是相互垂直的。式（7−3）由三角函数的和差化积公式，可得正应力的两个极值为

$$\left.\begin{matrix}\sigma_{max}\\ \sigma_{min}\end{matrix}\right\}=\frac{\sigma_x+\sigma_y}{2}\pm\sqrt{\left(\frac{\sigma_x-\sigma_y}{2}\right)^2+\tau_x^2} \tag{7-7}$$

在平面应力状态中，有一个主应力已知为零，比较σ_{max}、σ_{min}和 0 的代数值大小，便可确定σ_1、σ_2和σ_3。

以上分析中并没有确定σ_{01}和σ_{02}与σ_{max}和σ_{min}的对应关系。哪个主平面上有σ_{max}？可用以下两种方法确定：

方法一　考察图 7−10 所示微体的平衡。假设其斜截面上只有极限应力σ_{max}作用，沿水平方向的平衡方程为

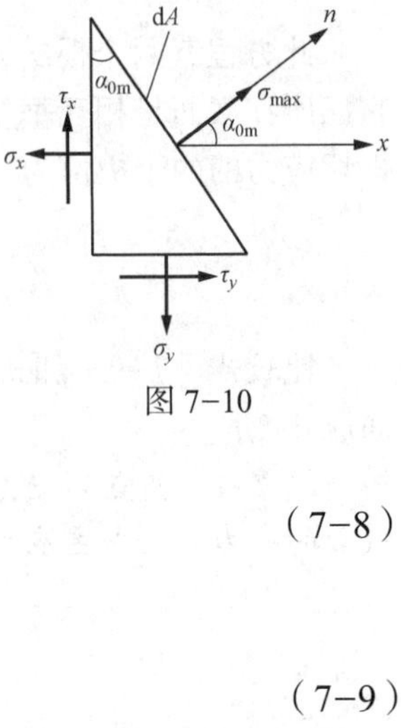

图 7−10

$$-\sigma_x dA\cos\alpha_{0m}+\tau_y dA\sin\alpha_{0m}+\sigma_{max}dA\cos\alpha_{0m}=0$$

解得

$$\tan\alpha_{0m}=\frac{\sigma_x-\sigma_{max}}{\tau_y} \tag{7-8}$$

根据切应力互等定理，式（7−8）可写作

$$\tan\alpha_{0m}=\frac{\sigma_x-\sigma_{max}}{\tau_x} \tag{7-9}$$

这个角就是极限应力σ_{max}所在平面的方位角。同理，如果将式（7−9）中的σ_{max}替换为σ_{min}，便可计算极限应力σ_{min}所在平面的方位角。

方法二　将直角坐标系建立在单元体的中心，此坐标系可以将单元体分为四个象限，极限应力所在主平面满足如下规律：σ_{max}的方位角与原始单元体上两个箭头相对应的切应力τ_x、τ_y的合矢量在同一象限，另一个主应力σ_{min}与σ_{max}垂直。即：①若$\tau_x>0$，则σ_{max}方向在

第二、四象限［图 7-11（a）］；②若 $\tau_x < 0$，则 σ_{max} 方向在第一、三象限［图 7-11（b）］；③若 $\tau_x = 0$，则 x、y 轴即为主平面法线方向。

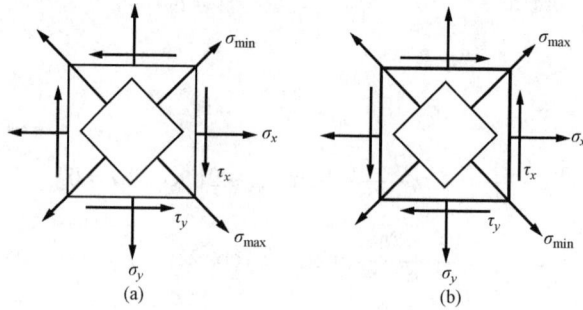

图 7-11

7.2.3　切应力极值

由 $\dfrac{\mathrm{d}\tau_\alpha}{\mathrm{d}\alpha} = 0$ 可得

$$\frac{\mathrm{d}\tau_\alpha}{\mathrm{d}\alpha} = (\sigma_x - \sigma_y)\cos 2\alpha - 2\tau_x \sin 2\alpha = 0$$

即

$$(\sigma_x - \sigma_y) - 2\tau_x \tan 2\alpha = 0 \tag{7-10}$$

设切应力极值所在截面的方位角为 α_1，则由式（7-10）得

$$\tan 2\alpha_1 = \frac{\sigma_x - \sigma_y}{2\tau_x} \tag{7-11}$$

此方程有两个根 α_1 和 $\alpha_1 + 90°$，说明处于平面应力状态的单元体上的切应力极值有两个，它们所在截面是相互垂直的。由式（7-11）可求出 $\cos 2\alpha_1$ 和 $\sin 2\alpha_1$，然后代入式（7-4）中得切应力的两个极值为

$$\left.\begin{array}{c}\tau_{max}\\\tau_{min}\end{array}\right\} = \pm\sqrt{\left(\frac{\sigma_x - \sigma_y}{2}\right)^2 + \tau_x^2} \tag{7-12}$$

比较式（7-9）和式（7-11）可知 α_0 和 α_1 相差 45°，这说明切应力极值所在平面与主平面成 45°角。

例 7-1　某点的应力状态如图 7-12（a）所示，其中应力单位为 MPa。试求：（1）指定截面的应力；（2）主应力；（3）主平面，并画出主应力单元体。

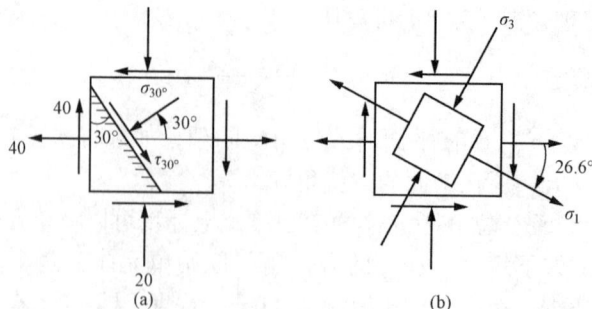

图 7-12

解：由单元体可知， $\sigma_x = 40\,\text{MPa}$， $\sigma_y = -20\,\text{MPa}$， $\tau_x = 40\,\text{MPa}$， $\alpha = 30°$。

（1）计算指定截面上的应力：

$$\sigma_{30°} = \frac{\sigma_x + \sigma_y}{2} + \frac{\sigma_x - \sigma_y}{2}\cos 2\alpha - \tau_x \sin 2\alpha$$

$$= \frac{40 - 20}{2} + \frac{40 + 20}{2}\cos 60° - 40\sin 60° = -9.6(\text{MPa})$$

$$\tau_{30°} = \frac{\sigma_x - \sigma_y}{2}\sin 2\alpha + \tau_x \cos 2\alpha$$

$$= \frac{40 + 20}{2}\sin 60° + 40\cos 60° = 46.0(\text{MPa})$$

按照 $\sigma_{30°}$ 和 $\tau_{30°}$ 的实际指向画出应力线，如图 7-12（a）所示。

（2）求主应力。正应力的极值为

$$\left.\begin{array}{c}\sigma_{\max}\\\sigma_{\min}\end{array}\right\} = \frac{\sigma_x + \sigma_y}{2} \pm \sqrt{\left(\frac{\sigma_x - \sigma_y}{2}\right)^2 + \tau_x^2}$$

$$= \frac{40 - 20}{2} \pm \sqrt{\left(\frac{40 + 20}{2}\right)^2 + 40^2} = \begin{cases} 60\,\text{MPa} \\ -40\,\text{MPa} \end{cases}$$

另一个主应力为零，因此三个主应力为

$$\sigma_1 = 60\,\text{MPa},\ \sigma_2 = 0,\ \sigma_3 = -40\,\text{MPa}$$

（3）求主平面。

方法一：

$$\tan \alpha_{01} = \frac{\sigma_x - \sigma_1}{\tau_x} = \frac{40 - 60}{40} = -0.5$$

$$\alpha_{01} = -26.6°$$

方法二：

$$\tan 2\alpha_0 = -\frac{2\tau_x}{\sigma_x - \sigma_y} = -\frac{2 \times 40}{40 + 20} = -1.33$$

$$2\alpha_0 = -53.13° \text{ 或 } 126.87°,\ \alpha_0 = -26.6° \text{ 或 } 63.4°$$

由于 $\tau_x = 40\,\text{MPa} > 0$， $\sigma_{\max}$（ σ_1 ）方位角在第二、四象限内，可得角度为 $-26.6°$。

主应力单元体如图 7-12（b）所示。

例 7-2 如图 7-13 所示矩形截面简支梁，试分析任一横截面 $m-m$ 上各点的主应力，并进一步分析全梁的情况。

解：（1）截面 $m-m$ 上各点处的主应力。在截面上下边缘的 a 和 e 点，处于单向应力状态；中性轴上的 c 点，处于纯剪切应力状态；而在其间的 b 和 d 点，同时承受弯曲正应力 σ 和弯曲切应力 τ。

梁内任一点处的主应力及其方位角可由下式确定：

$$\sigma_1 = \frac{1}{2}(\sigma + \sqrt{\sigma^2 + 4\tau^2}) > 0 \tag{1}$$

$$\sigma_3 = \frac{1}{2}(\sigma - \sqrt{\sigma^2 + 4\tau^2}) < 0 \tag{2}$$

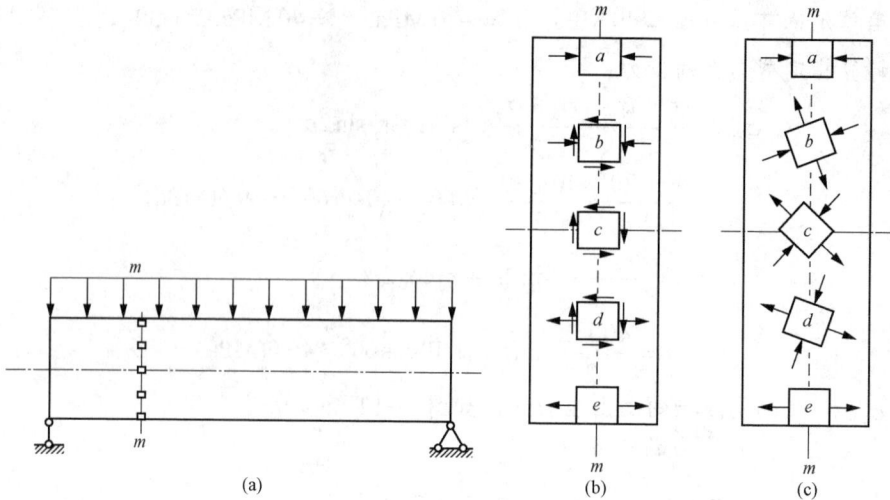

图 7-13

$$\sigma_2 = 0$$

$$\tan 2\alpha_0 = -\frac{2\tau}{\sigma}$$

　　式（1）和（2）表明，在梁内任一点处的两个主应力中，其中一个必为拉应力，而另一个必为压应力。

　　（2）主应力迹线。根据梁内各点处的主应力方向，可绘制两组曲线。在一组曲线上，各点的切向即该点的主拉应力方向；而在另一组曲线上，各点的切向则为该点的主压应力方向。由于各点处的主拉应力和主压应力相互垂直，所以上述两组曲线正交。上述曲线族称为梁的**主应力迹线**。

　　承受均布荷载的简支梁的主应力迹线如图 7-14（a）所示。图 7-14（a）中，实线代表主拉应力迹线，虚线代表主压应力迹线。在梁的上、下边缘的主应力迹线与边缘平行或垂直；在梁的中性层处，主应力迹线的倾角为 45°。因为水平方向的主拉应力 σ_1 可能使梁发生竖向的裂缝，倾斜方向的主拉应力 σ_1 可能使梁发生斜向裂缝，所以在钢筋混凝土梁中，不仅要配置纵向的抗拉钢筋，常常还要配置斜向的弯起钢筋，如图 7-14（b）所示。

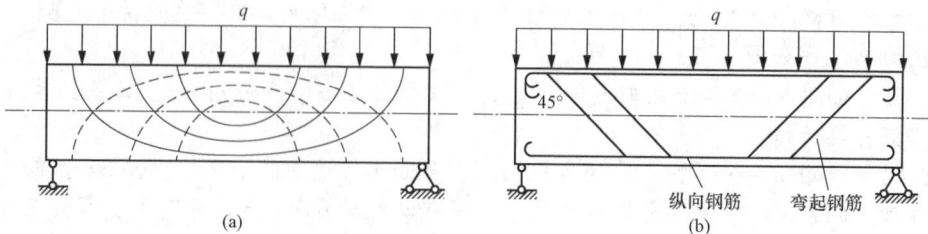

图 7-14

7.3　平面应力状态应力分析——图解法

　　式（7-3）和式（7-4）揭示了平面应力状态下如何从单元体上的已知应力 σ_x、σ_y 和 τ_x 计算任意斜截面上的应力 σ_α 和 τ_α，表明原始单元体确实可以表示一点处的应力状态，尽管这里是以平面应力状态为例，但对于三向应力状态也存在类似结论。

一点应力状态除了可用单元体描述外，还可用应力圆描述。

7.3.1　应力圆

由式（7-3）与（7-4）可知，应力 σ_α 和 τ_α 均为 α 的函数，说明在 σ_α 与 τ_α 之间存在确定的函数关系，上述两式为其参数方程。为了建立 σ_α 与 τ_α 之间的直接关系式，将式（7-3）与式（7-4）改写成如下形式：

$$\sigma_\alpha - \frac{\sigma_x + \sigma_y}{2} = \frac{\sigma_x - \sigma_y}{2}\cos 2\alpha - \tau_x \sin 2\alpha$$

$$\tau_\alpha - 0 = \frac{\sigma_x - \sigma_y}{2}\sin 2\alpha + \tau_x \cos 2\alpha$$

将以上两式各自平方后再相加，得

$$\left(\sigma_\alpha - \frac{\sigma_x + \sigma_y}{2}\right)^2 + (\tau_\alpha - 0)^2 = \left(\frac{\sigma_x - \sigma_y}{2}\right)^2 + \tau_x^2 \qquad （7-13）$$

由此可以看出，在以 σ 为横坐标轴、τ 为纵坐标轴的平面内，上式的轨迹为圆，其圆心 C 的坐标为 $\left(\dfrac{\sigma_x + \sigma_y}{2},\ 0\right)$，半径为 $R = \sqrt{(\dfrac{\sigma_x - \sigma_y}{2})^2 + \tau_x^2}$。圆上任一点的纵、横坐标则分别代表单元体相应截面的切应力和正应力，此圆称为**应力圆**或**莫尔圆**。

7.3.2　应力圆的绘制

已知单元体如图 7-15 所示，在 $\sigma-\tau$ 平面内，与 x 面对应的点位于 $D(\sigma_x, \tau_x)$，与 y 面对应的点位于 $E(\sigma_x, \tau_y)$，由于 τ_x 和 τ_y 数值相等，直线 DE 与坐标轴 σ 的交点 C，即为应力圆的圆心，其横坐标为 $\dfrac{\sigma_x + \sigma_y}{2}$。于是，以 C 为圆心，CD 或 CE 为半径作圆，即为所求的应力圆。

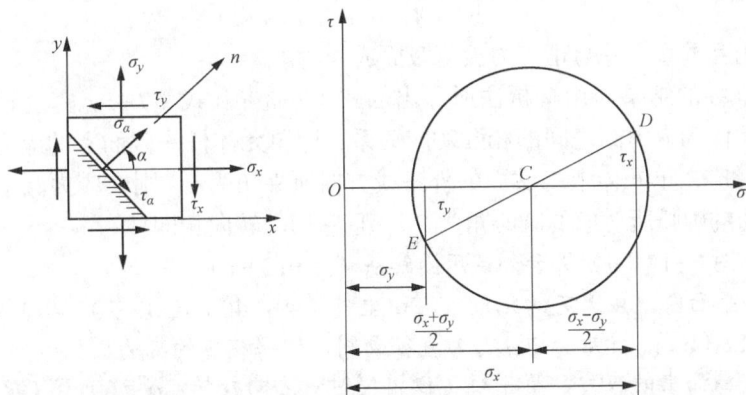

图 7-15

7.3.3　应力圆的应用

应力圆确定后，如图 7-16 所示，欲求 α 截面上的应力，则只需将半径 CD 沿方位角 α 的转向旋转 2α 至 CH 处，所得 H 点的纵、横坐标 τ_H 与 σ_H，即分别代表 α 截面的切应力 τ_α 与正应

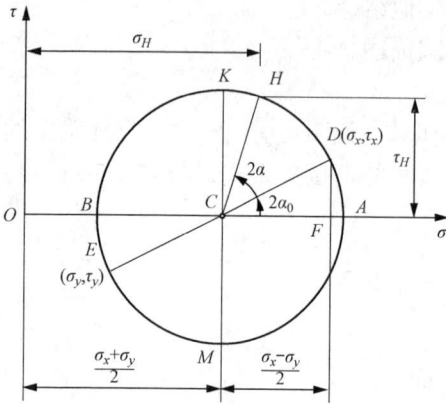

图 7-16

力 σ_α。证明如下：

将 $\angle DCF$ 用 $2\alpha_0$ 表示，则

$$
\begin{aligned}
\sigma_H &= \overline{OC} + \overline{CH}\cos(2\alpha_0 + 2\alpha) \\
&= \overline{OC} + \overline{CD}\cos(2\alpha_0 + 2\alpha) \\
&= \overline{OC} + \overline{CD}\cos 2\alpha_0 \cos 2\alpha - \overline{CD}\sin 2\alpha_0 \sin 2\alpha \\
&= \frac{\sigma_x + \sigma_y}{2} + \frac{\sigma_x - \sigma_y}{2}\cos 2\alpha - \tau_x \sin 2\alpha = \sigma_\alpha
\end{aligned}
$$

同理可证，

$$
\tau_H = \tau_\alpha
$$

图 7-16 所示的应力圆与坐标轴 σ 相交于 A 点与 B 点。这表明，在平行于 z 轴的各截面中，最大与最小正应力所在截面相互垂直，且最大与最小正应力分别为

$$
\left.\begin{array}{c}\sigma_{\max} \\ \sigma_{\min}\end{array}\right\} = \overline{OC} \pm \overline{CA} = \frac{\sigma_x + \sigma_y}{2} \pm \sqrt{\left(\frac{\sigma_x - \sigma_y}{2}\right)^2 + \tau_x^2}
$$

而最大正应力所在截面的方位角 α_0 可确定为

$$
\tan 2\alpha_0 = -\frac{\overline{DF}}{\overline{CF}} = -\frac{\tau_x}{\dfrac{\sigma_x - \sigma_y}{2}} = -\frac{2\tau_x}{\sigma_x - \sigma_y}
$$

式中，负号表示由 x 面至最大正应力作用面为顺时针方向。

由图 7-16 还可以看出，应力圆上存在 K 和 M 两个极值点。这表明，在平行于 z 轴的各截面中，最大与最小切应力分别为

$$
\left.\begin{array}{c}\tau_{\max} \\ \tau_{\min}\end{array}\right\} = \pm\sqrt{\left(\frac{\sigma_x - \sigma_y}{2}\right)^2 + \tau_x^2}
$$

其所在截面也相互垂直，并与正应力极值截面成 45° 角。

从应力圆推导的结果与用解析法所导出的式（7-3）和式（7-4）完全相同。在图解法中应注意，单元体和应力圆之间的相互对应关系，即单元体任一截面上的应力值与应力圆上一点的坐标值对应；单元体上二截面的外法线方向所夹角为 α，则在应力圆上与此二截面相对应的两点之间的圆弧所对应的圆心角为 2α，且它们的转向相同。

例 7-3 如图 7-17（a）所示，试用图解法解 [例 7-1]。

解： 在 σ-τ 平面内，按选定的比例尺，由坐标（40，40）与（-20，40）分别确定 D 点和 E 点 [图 7-17（b）]。然后，以 DE 为直径画圆，即得相应的应力圆。

为确定指定截面上的应力，将半径 CD 沿逆时针方向旋转 $2\alpha = 60°$ 至 CH 处，所得的 H 点即为指定截面的对应点。按选定的比例尺，量得 $\overline{OF} = 9.6\,\mathrm{MPa}$（压应力），$\overline{OG} = 46\,\mathrm{MPa}$，由此得

$$
\sigma_{30°} = -\overline{OF} = -9.6\,\mathrm{MPa}
$$

$$
\tau_{30°} = \overline{OG} = 46\,\mathrm{MPa}
$$

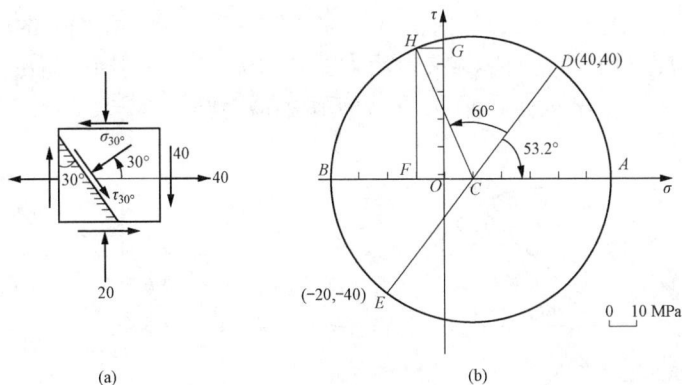

图 7-17

应力圆与坐标轴 σ 相交于 A 点与 B 点,按选定的比例尺,量得 $\overline{OA}=60\,\text{MPa}$ (拉应力) $\overline{OB}=40\,\text{MPa}$ (压应力),由此得

$$\sigma_1=\overline{OA}=60\,\text{MPa},\ \sigma_2=0,\ \sigma_3=-\overline{OB}=-40\,\text{MPa}$$

从应力圆中量得 $\angle DCA=53.2°$,而且,由于自半径 CD 至 CA 的转向为顺时针方向,因此,主应力 σ_1 的方位角为

$$\alpha_{01}=-\frac{\angle DCA}{2}=-\frac{53.2°}{2}=-26.6°$$

7.4 三向应力状态

前面研究斜截面的应力及极值应力时,引入了两个限制条件:一是单元体处于平面应力状态,二是所取斜截面均平行于 z 轴。本节研究应力状态的一般形式——三向应力状态,并研究所有斜截面的应力。

7.4.1 三向应力圆

图 7-18 所示主单元体,主应力 σ_1、σ_2 和 σ_3 均已知。

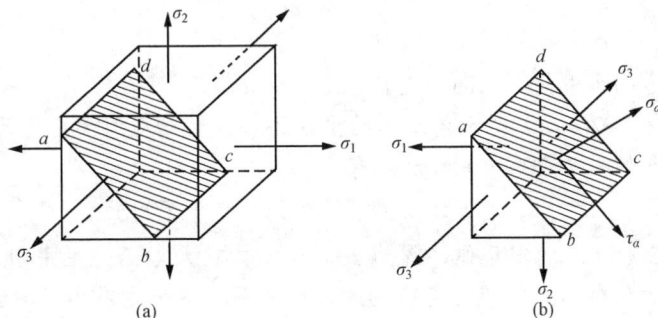

图 7-18

首先分析与 σ_3 平行的任意斜截面 $abcd$ 上的应力。假想用该截面将单元体截开,并研究左下部分 [图 7-18(b)] 的平衡。由于 σ_3 所在的两个截面上的力是自相平衡的力系,所以

斜截面上的应力 σ_α 和 τ_α 与 σ_3 无关，仅由 σ_1 和 σ_2 来决定。因而这类截面上的应力 σ_α 和 τ_α，可用 σ_1 和 σ_2 所确定的应力圆上的点的坐标来表示［图 7-19（a）］。同理，与 σ_1（或 σ_2）平行的任意斜截面上的应力，可由 σ_2、σ_3（或 σ_1、σ_3）所画的应力圆来确定。

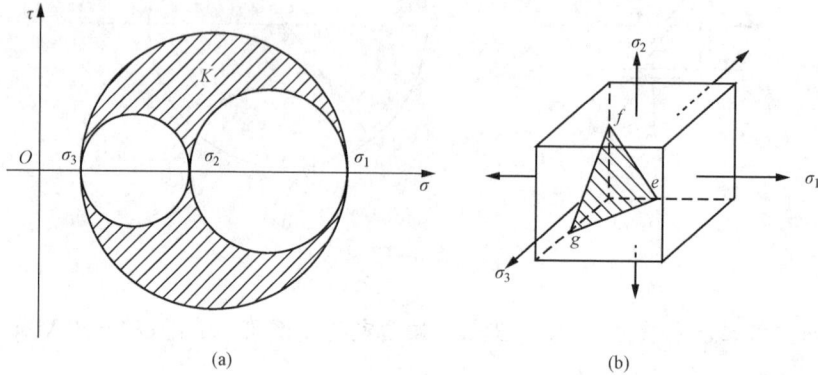

(a)   (b)

图 7-19

这样，三个应力圆上各点的坐标值就代表着单元体内与任一主应力平行截面上的正应力和切应力。对于与三个主应力均不平行的任意斜截面 efg［图 7-19（b）］，可以证明，其法向应力 σ_n 和 τ_n，将由三个应力圆所围成阴影区内点 K 的坐标来表示，并可用以下公式计算：

$$\sigma_n = \sigma_1 \cos^2 \alpha + \sigma_2 \cos^2 \beta + \sigma_3 \cos^2 \gamma \tag{7-14}$$

$$\tau_n = \sqrt{\sigma_1^2 \cos^2 \alpha + \sigma_2^2 \cos^2 \beta + \sigma_3^2 \cos^2 \gamma - \sigma_n^2} \tag{7-15}$$

式中，α, β, γ 分别代表斜截面 efg 的外法线与 x, y, z 轴的夹角。

7.4.2　三向应力状态的最大应力

由图 7-19（a）可以看出，三向应力状态下，一点处的最大正应力和最小正应力分别为

$$\sigma_{max} = \sigma_1 \tag{7-16}$$

$$\sigma_{min} = \sigma_3 \tag{7-17}$$

而最大的切应力为

$$\tau_{max} = \frac{\sigma_1 - \sigma_3}{2} \tag{7-18}$$

其作用面与 σ_2 平行，与 σ_1 和 σ_3 都成 45°角。

上述结论同样适用于单向与二向应力状态。

例 7-4　试求图 7-20（a）所示单元体的主应力和最大切应力（应力单位为 MPa）。

解： 建立坐标系如图 7-20（a）所示，有

$$\sigma_x = 0, \quad \sigma_y = 0, \quad \sigma_z = 110\,\text{MPa}, \quad \tau_x = -60\,\text{MPa}$$

这是一个空间应力状态的单元体，因为 z 面上无切应力，z 面为主平面，σ_z 为主应力，它对所有平行于 z 轴的斜截面上的应力没有影响，所以另外两个主应力可按图 7-20（b）所示的平面应力状态求得。由式（7-7）得

$$\left.\begin{array}{c}\sigma_{max}\\\sigma_{min}\end{array}\right\} = \frac{\sigma_x + \sigma_y}{2} \pm \sqrt{\left(\frac{\sigma_x - \sigma_y}{2}\right)^2 + \tau_x^2}$$

$$= \frac{0+0}{2} \pm \sqrt{\left(\frac{0-0}{2}\right)^2 + \left(-60\right)^2} = \begin{cases} 60\,\text{MPa} \\ -60\,\text{MPa} \end{cases}$$

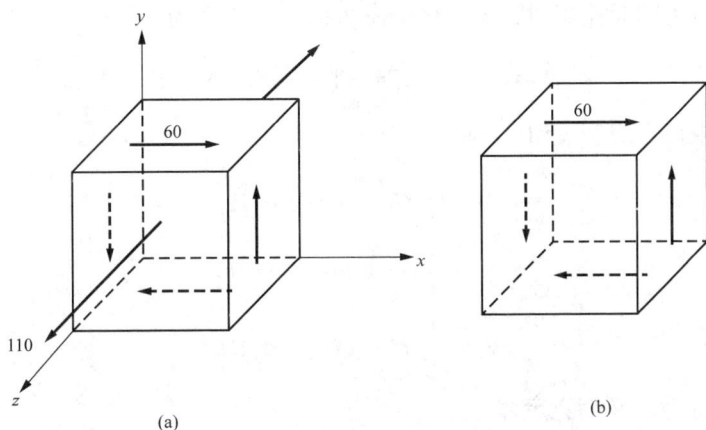

图 7-20

此时单元体只有切应力没有正应力，称为纯剪切应力状态。得到的正应力极值的绝对值与纯剪切的切应力绝对值相等。因此，三个主应力为

$$\sigma_1 = 110\,\text{MPa}, \ \sigma_2 = 60\,\text{MPa}, \ \sigma_3 = -60\,\text{MPa}$$

最大切应力为

$$\tau_{\max} = \frac{\sigma_1 - \sigma_3}{2} = \frac{110+60}{2} = 85\,(\text{MPa})$$

7.5 广 义 胡 克 定 律

设从受力物体内某点处取出一主单元体，其上作用着主应力 σ_1、σ_2 和 σ_3，如图 7-21（a）所示。该单元体受力之后，它在各个方向的长度都要发生改变，沿三个主应力方向的线应变称为**主应变**，并分别用 ε_1、ε_2 和 ε_3 表示。如材料是各向同性的且在线弹性范围内工作，同时变形是微小的，可以用叠加法求主应变。

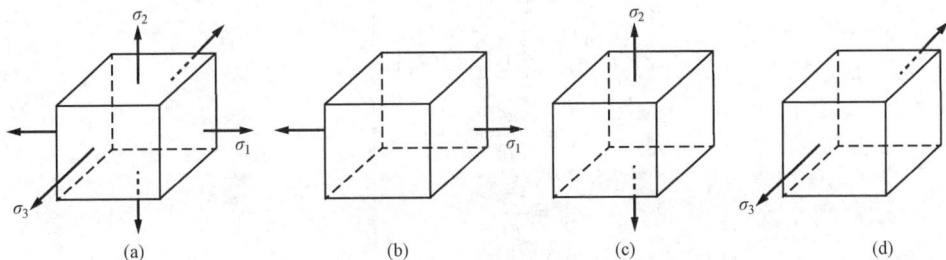

图 7-21

首先求主应变 ε_1。当 σ_1 单独作用时，根据拉压胡克定律，可得到 σ_1 方向的线应变为

$$\varepsilon_1' = \frac{\sigma_1}{E}$$

当 σ_2 和 σ_3 分别单独作用时，σ_1 方向的线应变分别为

$$\varepsilon_1'' = -\nu\frac{\sigma_2}{E}, \ \varepsilon_1''' = -\nu\frac{\sigma_3}{E}$$

因此，当三个主应力同时作用时，单元体沿 σ_1 方向的线应变为

$$\varepsilon_1 = \varepsilon_1' + \varepsilon_1'' + \varepsilon_1''' = \frac{1}{E}[\sigma_1 - \nu(\sigma_2 + \sigma_3)]$$

同理，可以求得主应变 ε_2 和 ε_3，则

$$\left.\begin{array}{l} \varepsilon_1 = \dfrac{1}{E}[\sigma_1 - \nu(\sigma_2 + \sigma_3)] \\[2mm] \varepsilon_2 = \dfrac{1}{E}[\sigma_2 - \nu(\sigma_1 + \sigma_3)] \\[2mm] \varepsilon_3 = \dfrac{1}{E}[\sigma_3 - \nu(\sigma_1 + \sigma_2)] \end{array}\right\} \qquad (7\text{-}19)$$

式（7-19）称为**广义胡克定律**。

　　实际上，对于各向同性材料，当其处在线弹性范围内且为小变形时，正应力 σ_x、σ_y 和 σ_z 不会引起切应变 γ_{xy}、γ_{yz} 和 γ_{zx}，切应力 τ_{xy}、τ_{yz} 和 τ_{zx} 也不会引起 ε_x、ε_y 和 ε_z，这样对于图 7-22 所示的一般空间应力状态便有如下形式的广义胡克定律：

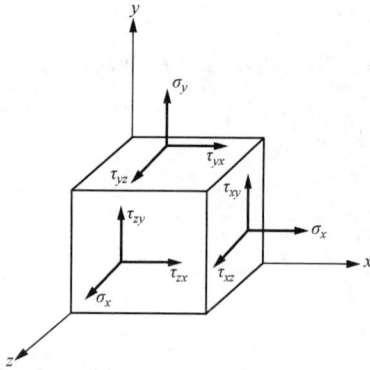

图 7-22

$$\left.\begin{array}{l} \varepsilon_x = \dfrac{1}{E}[\sigma_x - \nu(\sigma_y + \sigma_z)] \\[2mm] \varepsilon_y = \dfrac{1}{E}[\sigma_y - \nu(\sigma_x + \sigma_z)] \\[2mm] \varepsilon_z = \dfrac{1}{E}[\sigma_z - \nu(\sigma_x + \sigma_y)] \\[2mm] \gamma_{xy} = \dfrac{\tau_{xy}}{G}, \ \gamma_{yz} = \dfrac{\tau_{yz}}{G}, \ \gamma_{zx} = \dfrac{\tau_{zx}}{G}, \end{array}\right\} \qquad (7\text{-}20)$$

若为平面应力状态，设 $\sigma_z = 0$，则式（7-20）变为

$$\left.\begin{array}{l} \varepsilon_x = \dfrac{1}{E}[\sigma_x - \nu\sigma_y] \\[2mm] \varepsilon_y = \dfrac{1}{E}[\sigma_y - \nu\sigma_x] \\[2mm] \varepsilon_z = -\dfrac{\nu}{E}(\sigma_x + \sigma_y)] \\[2mm] \gamma_{xy} = \dfrac{\tau_{xy}}{G} \end{array}\right\} \qquad (7\text{-}21)$$

也可以用应变表示应力，式（7-20）变为

$$\left.\begin{aligned}
\sigma_x &= \frac{E}{1-\nu^2}(\varepsilon_x + \nu\varepsilon_y) \\
\sigma_y &= \frac{E}{1-\nu^2}(\varepsilon_y + \nu\varepsilon_x) \\
\tau_x &= G\gamma_{xy}
\end{aligned}\right\}
\qquad (7\text{-}22)$$

例 7-5　如图 7-23 所示的圆轴，直径为 d，弹性模量为 E，泊松比为 ν，承受轴向拉力 F 和扭力矩 $M_e = Fd$ 的作用，在轴表面 K 点处测得与轴线成 45°方向的正应变 $\varepsilon_{45°}$，试求拉力 F。

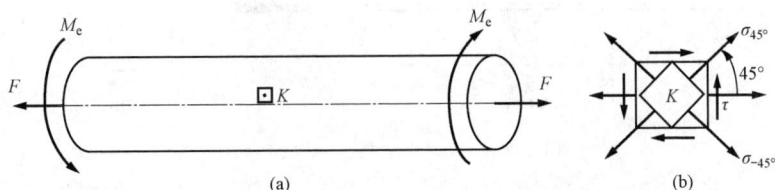

图 7-23

解：（1）K 点的应力状态分析。取 K 点的基本单元体如图 7-23（b）所示，其应力为

$$\sigma_x = \frac{F_N}{A} = \frac{F}{\dfrac{\pi d^2}{4}} = \frac{4F}{\pi d^2}$$

$$\tau_x = -\tau = -\frac{T}{W_P} = -\frac{M_e}{\dfrac{\pi d^3}{16}} = -\frac{16F}{\pi d^2}$$

（2）计算与应变有关的应力 $\sigma_{45°}$ 和 $\sigma_{-45°}$。

$$\begin{aligned}
\sigma_{45°} &= \frac{\sigma_x + \sigma_y}{2} + \frac{\sigma_x - \sigma_y}{2}\cos 2\alpha - \tau_x \sin 2\alpha \\
&= \frac{2F}{\pi d^2} + \frac{2F}{\pi d^2}\cos 90° + \frac{16F}{\pi d^2}\sin 90° = \frac{18F}{\pi d^2} \\
\sigma_{-45°} &= \frac{\sigma_x + \sigma_y}{2} + \frac{\sigma_x - \sigma_y}{2}\cos 2\alpha - \tau_x \sin 2\alpha \\
&= \frac{2F}{\pi d^2} + \frac{2F}{\pi d^2}\cos(-90°) + \frac{16F}{\pi d^2}\sin(-90°) = -\frac{14F}{\pi d^2}
\end{aligned}$$

（3）代入广义胡克定律，计算 F。

$$\varepsilon_{45°} = \frac{1}{E}(\sigma_{45°} - \nu\sigma_{-45°}) = \frac{1}{E}\left(\frac{18F}{\pi d^2} - \nu\frac{14F}{\pi d^2}\right) = \frac{2F(9 + 7\nu)}{\pi d^2 E}$$

$$F = \frac{\pi d^2 E}{2(9 + 7\nu)}\varepsilon_{45°}$$

例 7-6　截面为 28a 工字钢的简支梁如图 7-24（a）所示，由试验测得中性层上 K 点处与轴线夹 45°方向上的线应变 $\varepsilon_{45°} = -260 \times 10^{-6}$，已知钢材的 $E = 210\,\text{GPa}$，$\nu = 0.28$，求作用在梁上的荷载 F。

解：（1）应力状态分析。K 点在工字钢的中性层上，正应力为零，切应力最大，单元体为纯剪切应力状态，如图 7-24（b）所示。易求得 K 点所在横截面的剪力为 $F_S = \dfrac{2}{3}F(\downarrow)$，单元体应力为

$$\sigma_x = \sigma_y = 0, \ \tau_x = \tau = \frac{F_S S_z^*}{I_z d}$$

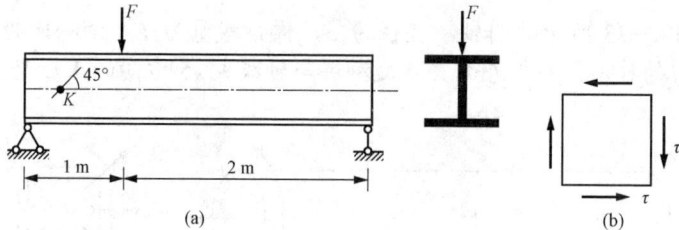

图 7-24

（2）计算与应变有关的应力 $\sigma_{45°}$ 和 $\sigma_{-45°}$。

$$\sigma_\alpha = \frac{\sigma_x + \sigma_y}{2} + \frac{\sigma_x - \sigma_y}{2}\cos 2\alpha - \tau_x \sin 2\alpha$$

$$\sigma_{45°} = -\tau, \sigma_{-45°} = \tau$$

（3）代入广义胡克定律，计算 F。

$$\varepsilon_{45°} = \frac{1}{E}(\sigma_{45°} - \nu\sigma_{-45°}) = -\frac{\tau(1+\nu)}{E} = -\frac{F_S S_z^*}{E I_z d}(1+\nu) = -\frac{2F S_z^*}{3E I_z d}(1+\nu)$$

由型钢表查得，28a 号工字钢 $d = 8.5$ mm，$I_z : S_z = 24.62$ cm

$$F = -\frac{3E(I_z : S_z)d\varepsilon_{45°}}{2(1+\nu)} = \frac{3 \times 210 \times 10^9 \times 24.62 \times 10^{-2} \times 8.5 \times 10^{-3} \times 260 \times 10^{-6}}{2 \times (1+0.28)} = 133.9 \text{ (kN)}$$

7.6　复杂应力状态下的应变能与畸变能密度

7.6.1　复杂应力状态下的应变能密度

在弹性体内一点处取出一主单元体，如图 7-25 所示，设单元体的三个棱边分别为 dx、dy 和 dz。在主应力 σ_1、σ_2、σ_3 作用下，单元体沿 x、y 与 z 轴方向的伸长分别为 $\varepsilon_1 dx$、$\varepsilon_2 dy$ 与 $\varepsilon_3 dz$，因此，单元体上的应变能为

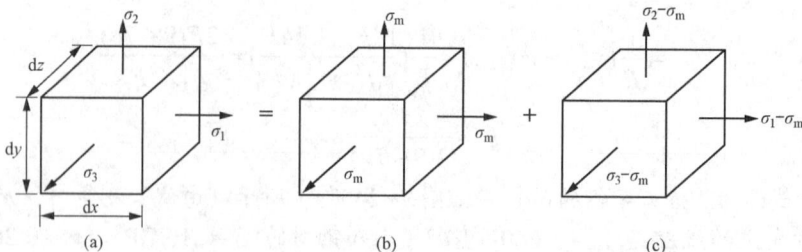

图 7-25

$$dV_\varepsilon = dW = \frac{\sigma_1 dydz \cdot \varepsilon_1 dx}{2} + \frac{\sigma_2 dzdx \cdot \varepsilon_2 dy}{2} + \frac{\sigma_3 dxdy \cdot \varepsilon_3 dz}{2}$$

由此得单位体积内的应变能，即应变能密度为

$$v_\varepsilon = \frac{1}{2}(\sigma_1\varepsilon_1 + \sigma_2\varepsilon_2 + \sigma_3\varepsilon_3) \tag{7-23}$$

将式（7-19）代入式（7-23）得

$$v_\varepsilon = \frac{1}{2E}[\sigma_1^2 + \sigma_2^2 + \sigma_3^2 - 2v(\sigma_1\sigma_2 + \sigma_2\sigma_3 + \sigma_3\sigma_1)] \tag{7-24}$$

7.6.2 体积应变

如图 7-25（a）所示的主单元体，变形前的体积为 $dV = dxdydz$，变形后的体积为

$$dV_1 = (1+\varepsilon_1)(1+\varepsilon_2)(1+\varepsilon_3)dxdydz = (1+\varepsilon_1)(1+\varepsilon_2)(1+\varepsilon_3)dV$$

展开上式，并略去高阶微量得

$$dV_1 = (1 + \varepsilon_1 + \varepsilon_2 + \varepsilon_3)dV$$

则单元体的体积变化率即体积应变为

$$\Theta = \frac{dV_1 - dV}{dV} = \varepsilon_1 + \varepsilon_2 + \varepsilon_3 \tag{7-25}$$

将式（7-19）代入式（7-25）得

$$\Theta = \frac{1-2v}{E}(\sigma_1 + \sigma_2 + \sigma_3) \tag{7-26}$$

可见，体积应变只与三个主应力之和有关，与各主应力之间的比例无关。

7.6.3 体积改变能密度与畸变能密度

一般情形下，物体变形时，同时包含了体积改变与形状改变。因此，总应变能密度包含相互独立的两种应变能密度，即

$$v_\varepsilon = v_V + v_d \tag{7-27}$$

式中，v_V 为体积改变能密度；v_d 为畸变能密度（形状改变的应变能密度）。

如图 7-25（a）所示，任意三向应力状态的应力 σ_1、σ_2 与 σ_3 均可分解为两部分：一部分 [图 7-25（b）] 为承受平均应力 σ_m，其值为

$$\sigma_m = \frac{1}{3}(\sigma_1 + \sigma_2 + \sigma_3) \tag{7-28}$$

在三向等拉应力作用下，单元体只产生体积改变，而没有形状改变，由式（7-24）可求得其体积改变能密度

$$v_V = \frac{1-2v}{6E}(\sigma_1 + \sigma_2 + \sigma_3)^2 \tag{7-29}$$

另一部分 [图 7-25（c）] 为三向分别承受 $\sigma_1 - \sigma_m$、$\sigma_2 - \sigma_m$ 与 $\sigma_3 - \sigma_m$ 的应力状态，其平均应力为

$$\sigma_m' = \frac{1}{3}(\sigma_1 + \sigma_2 + \sigma_3 - 3\sigma_m) = 0$$

因为其平均应力为零，所以单元体的体积不变，仅形状改变。将式（7-24）、式（7-29）代入式（7-27）中，可求得畸变能密度

$$v_d = \frac{1+v}{6E}[(\sigma_1 - \sigma_2)^2 + (\sigma_2 - \sigma_3)^2 + (\sigma_3 - \sigma_1)^2] \tag{7-30}$$

7.7　强 度 理 论 概 述

在前面各章中，对各种构件总是先计算出横截面上的最大正应力 σ_{max} 和最大切应力 τ_{max}，然后建立如下的强度条件：

$$\sigma_{max} \leqslant [\sigma] = \frac{\sigma_u}{n}, \ \tau_{max} \leqslant [\tau] = \frac{\tau_u}{n}$$

实践证明，这种直接根据试验结果建立的正应力强度条件，对于材料处于单向应力状态下的构件是适宜的；切应力的强度条件对材料处于纯剪切应力状态下的构件是适宜的。

然而，在工程实际中，大多数构件危险点的材料是处于复杂应力状态的，如何建立复杂应力状态下的强度条件？若仿照前述简单应力状态下构件强度条件建立的方法，直接通过试验测定材料在各种复杂应力状态下的极限应力，实际上这是很难实现的。因为实际构件危险点的单元体可能处于各种各样的复杂应力状态，而任何一种复杂应力状态的主应力的相互间的比值又可能有无限多种，即使要针对一种复杂应力状态来进行试验，其工作量也是很大的，显然解决这类问题已不能采用直接试验的方法。因此，研究材料在复杂应力状态下的破坏或失效的规律极为必要。

大量的试验结果表明，无论应力状态多么复杂，材料在常温静载作用下的失效形式主要有两种：一种是断裂，如脆性材料在轴向拉伸时，没有明显的塑性变形，直到最后才失去正常的工作能力，这种情况就以断裂作为失效标志；另一种是屈服（或称为流动），屈服破坏时，材料发生显著的塑性变形，构件失去了正常的工作能力，因而，从工程意义上来说，屈服即作为另一种失效标志。

对于同一种失效形式，引起失效的原因中包含着共同因素。复杂应力状态下的强度失效的判据，就是提出关于材料在不同应力状态下失效共同原因的各种假说或学说。关于材料破坏规律的假说或学说，称为**强度理论**。根据强度理论，就可以利用单向拉伸试验的结果，建立复杂应力状态下的强度条件。

显然，这些假说或学说的正确性，必须经受试验与实践的检验。实际上，也正是在反复试验与实践的基础上，强度理论才逐步得到发展并日趋完善。

7.8　强度理论及其相当应力

7.8.1　最大拉应力理论（第一强度理论）

这一理论认为，引起材料断裂的主要因素是最大拉应力。也就是说，不论材料处于何种应力状态，只要最大拉应力达到材料单向拉伸断裂时的最大拉应力，材料即发生断裂。因此，材料的断裂准则为

$$\sigma_1 = \sigma_b$$

在工程设计中，考虑适当的强度储备，将强度极限 σ_b 除以安全系数 n，即得到许用应力 $[\sigma]$，因此，按第一强度理论建立的强度条件为

$$\sigma_1 \leqslant [\sigma] \tag{7-31}$$

式中，σ_1 为构件危险点处的最大拉应力；$[\sigma]$ 为单向拉伸时材料的许用应力。

试验证明，脆性材料在两向或三向拉伸断裂时，这一理论与试验结果相当接近；而当存在压应力时，且只要最大压应力值不超过最大拉应值，该理论与试验结果也大致相近。由于该理论与铸铁、陶瓷、玻璃、岩石和混凝土等脆性材料拉伸试验结果相符，它曾对以脆性材料为主要建筑材料的 17～19 世纪期间的生产实践起过很大的指导作用。

7.8.2　最大拉应变理论（第二强度理论）

这一理论认为，引起材料断裂的主要因素是最大拉应变。也就是说，不论材料处于何种应力状态，只要最大拉应变达到材料单向拉伸断裂时的最大拉应变，材料即发生断裂。因此，材料的断裂条件为

$$\varepsilon_1 = \varepsilon_{1u}$$

对于铸铁等脆性材料，从开始受力直到断裂，其应力-应变关系近似符合胡克定律，因此，复杂应力状态下的最大拉应变为

$$\varepsilon_1 = \frac{1}{E}[\sigma_1 - \nu(\sigma_2 + \sigma_3)]$$

而材料在单向拉伸断裂时的最大拉应变为

$$\varepsilon_{1u} = \frac{\sigma_b}{E}$$

于是断裂条件可改写为

$$\sigma_1 - \nu(\sigma_2 + \sigma_3) = \sigma_b$$

考虑适当的强度储备后，按第二强度理论建立的强度条件为

$$\sigma_1 - \nu(\sigma_2 + \sigma_3) \leqslant [\sigma] \tag{7-32}$$

该理论能较好地解释石块或混凝土等脆性材料受轴向压缩时沿纵向开裂的现象，因为在单向压缩下，其最大拉应变发生在横向。对于铸铁，在拉-压二向应力且压应力超过拉应力值时试验结果也与按这一理论的计算结果相近。

7.8.3　最大切应力理论（第三强度理论）

这一理论认为，引起材料屈服的主要因素是最大切应力。也就是说，不论材料处于何种应力状态，只要最大切应力达到材料单向拉伸屈服时的最大切应力，材料即发生屈服。因此，材料的屈服条件为

$$\tau_{max} = \tau_s$$

由式（7-18）可知，复杂应力状态下的最大切应力为

$$\tau_{max} = \frac{\sigma_1 - \sigma_3}{2}$$

而材料在单向拉伸屈服时的最大切应力为

$$\tau_s = \frac{\sigma_s}{2}$$

于是屈服条件可以改写为

$$\sigma_1 - \sigma_3 = \sigma_s$$

考虑适当的强度储备后，按第三强度理论建立的强度条件为

$$\sigma_1 - \sigma_3 \leqslant [\sigma] \tag{7-33}$$

该理论能较好地解释塑性材料出现屈服的现象，例如，低碳钢拉伸时，沿与轴线成 45°

的方向出现滑移线的现象支持了这一理论。由于该理论的强度条件形式简明，试验结果与理论计算较为接近，故在工程中得到广泛应用。但这一理论忽略了 σ_2 的影响，使得理论结果与试验结果相比偏于安全。

7.8.4　畸变能理论（第四强度理论或 Mises 应力）

这一理论认为，引起材料屈服的主要因素是畸变能密度。也就是说，不论材料处于何种应力状态，只要畸变能密度达到材料单向拉伸屈服时的畸变能密度，材料即发生屈服。因此，材料的屈服条件为

$$v_{\mathrm{d}} = v_{\mathrm{ds}}$$

由式（7-30）可知，复杂应力状态下的畸变能密度为

$$v_{\mathrm{d}} = \frac{1+\nu}{6E}[(\sigma_1 - \sigma_2)^2 + (\sigma_2 - \sigma_3)^2 + (\sigma_3 - \sigma_1)^2]$$

而材料在单向拉伸屈服时的畸变能密度为

$$v_{\mathrm{ds}} = \frac{(1+\nu)\sigma_{\mathrm{s}}^2}{3E}$$

于是屈服条件可以改写为

$$\sqrt{\frac{1}{2}[(\sigma_1 - \sigma_2)^2 + (\sigma_2 - \sigma_3)^2 + (\sigma_3 - \sigma_1)^2]} = \sigma_{\mathrm{s}}$$

考虑适当的强度储备后，按第四强度理论建立的强度条件为

$$\sqrt{\frac{1}{2}[(\sigma_1 - \sigma_2)^2 + (\sigma_2 - \sigma_3)^2 + (\sigma_3 - \sigma_1)^2]} \leqslant [\sigma] \tag{7-34}$$

该理论较全面地考虑了各个主应力对强度的影响，它与塑性材料的试验结果基本相符，比第三强度理论更接近实际情况。

7.8.5　相当应力

由式（7-31）～式（7-34）可以看出，当根据强度理论建立复杂应力状态的强度条件时，在形式上是用主应力的某个综合值与单向应力状态的许用应力进行比较，这个主应力的综合值称为相当应力，并用 σ_{r} 表示。这样，四个强度理论可以分别写成

$$\left.\begin{aligned}
\sigma_{\mathrm{r}1} &= \sigma_1 \leqslant [\sigma] \\
\sigma_{\mathrm{r}2} &= \sigma_1 - \nu(\sigma_2 + \sigma_3) \leqslant [\sigma] \\
\sigma_{\mathrm{r}3} &= \sigma_1 - \sigma_3 \leqslant [\sigma] \\
\sigma_{\mathrm{r}4} &= \sqrt{\frac{1}{2}[(\sigma_1 - \sigma_2)^2 + (\sigma_2 - \sigma_3)^2 + (\sigma_3 - \sigma_1)^2]} \leqslant [\sigma]
\end{aligned}\right\} \tag{7-35}$$

7.9　莫尔强度理论及其相当应力

在第 7.8 节所介绍的四个强度理论中，均假设材料失效是由于某一因素达到某个极限值

所引起的。铸铁压缩是切应力导致的破坏，但第三强度理论却不能
解释这种现象。德国工程师莫尔认为，材料沿某截面滑移不仅与该
截面的切应力大小有关，还和该截面的正应力有关。这好比要推动
一个物体在另一物体上移动（图7-26），推力 F_t 与物体接触面的性质
及接触面上的正压力 F 有关，接触面上的正压力 F 越大，摩擦力也
越大，物体越不易沿接触面滑移。由此推测，若最大切应力作用面
上还存在较大的压应力，材料就不一定在最大的切应力面上滑移，滑移发生在切应力与正应
力组合最不利的截面上。因此，莫尔认为极限切应力 τ_u 是滑动面上正应力的函数：

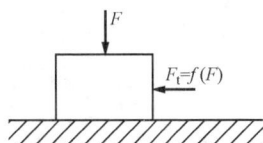

图 7-26

$$\tau_u = f(\sigma)$$

这一函数关系需要通过不同应力状态下的试验来确定。

为测定极限切应力 τ_u，莫尔认为可做某种材料轴向拉伸试验、轴向压缩试验、扭转试验
等一系列破坏试验，根据试验结果先画出一系列对应破坏值的极限应力圆，再绘出这一系列
极限应力圆的包络线（图 7-27）。

莫尔强度理论认为，对于某一种材料，上述这些极限应力圆有唯一的包络线，对于同样
材料的受力构件中的主单元体，如果由 σ_1 与 σ_3 所画的应力圆与上述包络线相切或相交，则材
料发生失效。

在实际应用中，为减少试验工作量并便于计算，用单向拉伸许用应力 $[\sigma_t]$ 与单向压缩许
用应力 $[\sigma_c]$ 分别画应力圆（图 7-28），并以其公切线代替实际应用的许用包络线。

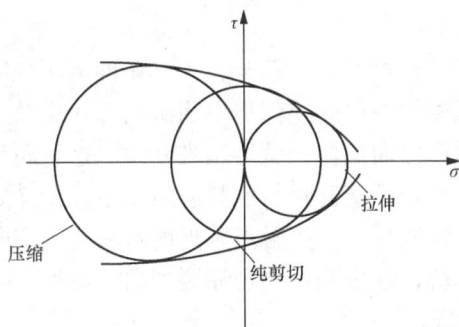

图 7-27

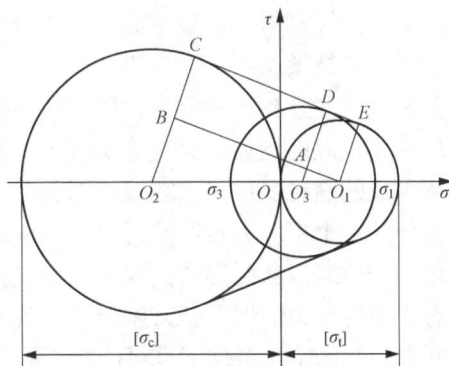

图 7-28

现研究上述许用应力圆所应满足的条件，并建立相应的强度条件。

由图 7-28 可以看出，当主应力 σ_1 与 σ_3 所画的应力圆与许用包络线相切时，下述关系
成立：

$$\frac{\overline{O_3 A}}{\overline{O_2 B}} = \frac{\overline{O_3 O_1}}{\overline{O_2 O_1}}$$

$$\overline{O_3 A} = \overline{O_3 D} - \overline{O_1 E} = \frac{\sigma_1 - \sigma_3}{2} - \frac{[\sigma_t]}{2}$$

$$\overline{O_2 B} = \overline{O_2 C} - \overline{O_1 E} = \frac{[\sigma_c]}{2} - \frac{[\sigma_t]}{2}$$

$$\overline{O_3O_1} = \overline{OO_1} - \overline{OO_3} = \frac{[\sigma_t]}{2} - \frac{\sigma_1 + \sigma_3}{2}$$

$$\overline{O_1O_2} = \overline{O_2O} + \overline{OO_1} = \frac{[\sigma_c]}{2} + \frac{[\sigma_t]}{2}$$

整理得失效条件为

$$\sigma_1 - \frac{[\sigma_t]}{[\sigma_c]}\sigma_3 = [\sigma_t]$$

考虑适当的强度储备后，并引入相当应力的概念，莫尔强度理论的强度条件为

$$\sigma_{rM} = \sigma_1 - \frac{[\sigma_t]}{[\sigma_c]}\sigma_3 \leqslant [\sigma_t] \qquad (7-36)$$

对于抗拉强度和抗压强度不等的脆性材料，莫尔强度理论往往能给出较为满意的结果。对于抗拉强度和抗压强度相等的材料，莫尔强度理等同第三强度理论，因此莫尔强度理可以看作是第三强度理论的推广。

7.10　强度理论的综合应用

工程中常用的四个强度理论，是分别针对断裂与屈服两种失效形式建立的。在工程设计中，如何选用强度理论是一个比较复杂的问题。一般说来，脆性材料通常以断裂的形式失效，宜采用第一和第二强度理论；而塑性材料通常以屈服形式失效，宜采用第三和第四强度理论；对于脆性材料，如果主应力中正负号不同，则用莫尔强度理论比用第一、第二强度理论更接近试验结果。

但是也应注意到，材料失效的形式不仅与材料的性质有关，还与其工作条件（所处应力状态的形式、温度及加载速度等）有关。例如，低碳钢在单向拉伸下以屈服的形式失效，但低碳钢制成的螺钉受拉时，螺纹根部因应力集中引起三向拉伸，就会出现断裂。这是因为当三向拉伸的三个主应力数值接近时，屈服现象很难出现，塑性材料也只能毁于断裂。又如，铸铁单向受拉时以断裂形式失效，但如以钢球压在铸铁板上，接触点附近的材料处于三向受压状态，随着压力的增大，铸铁板会出现明显的凹坑，这表明已出现屈服现象。可见，同一种材料在不同的工作条件下也可能有不同的失效形式。

通过以上分析可知，不同材料可以发生不同的失效形式，即使是同一种材料，在不同应力状态下也可能有不同的失效形式。

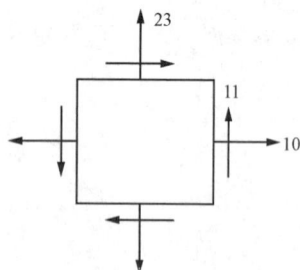
图 7-29

例 7-7　已知铸铁构件上危险点的应力状态（单位：MPa）如图 7-29 所示，若铸铁的许用应力$[\sigma_t] = 30$ MPa，试校核该点的强度。

解：根据所给的应力状态知。

$$\sigma_x = 10 \text{ MPa}, \ \sigma_y = 23 \text{ MPa}, \ \tau_x = -11 \text{ MPa}$$

由式（7-7）得

$$\left.\begin{array}{c}\sigma_{max} \\ \sigma_{min}\end{array}\right\} = \frac{\sigma_x + \sigma_y}{2} \pm \sqrt{\left(\frac{\sigma_x - \sigma_y}{2}\right)^2 + \tau_x^2}$$

$$= \frac{10+23}{2} \pm \sqrt{\left(\frac{10-23}{2}\right)^2 + (-11)^2} = \begin{cases} 29.28 \text{ MPa} \\ 3.72 \text{ MPa} \end{cases}$$

则主应力为

$$\sigma_1 = 29.28 \text{ MPa}, \ \sigma_2 = 3.72 \text{ MPa}, \ \sigma_3 = 0$$

主应力均为拉应力，宜采用第一强度理论校核强度，即

$$\sigma_{r1} = 29.28 \text{ MPa} < [\sigma_t] = 30 \text{ MPa}$$

故此危险点满足强度要求。

例 7-8　如图 7-30 所示的一种常见的应力状态，试分别根据第三、第四强度理论建立相应的强度条件。

解：由式（7-7）可知，该单元体的正应力极值为

$$\left. \begin{array}{c} \sigma_{\max} \\ \sigma_{\min} \end{array} \right\} = \frac{1}{2}(\sigma \pm \sqrt{\sigma^2 + 4\tau^2})$$

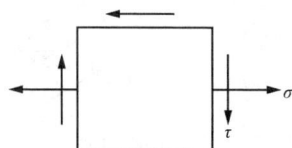

图 7-30

则主应力为

$$\sigma_1 = \frac{1}{2}(\sigma + \sqrt{\sigma^2 + 4\tau^2}), \ \sigma_2 = 0, \ \sigma_3 = \frac{1}{2}(\sigma - \sqrt{\sigma^2 + 4\tau^2})$$

根据第三强度理论得

$$\sigma_{r3} = \sqrt{\sigma^2 + 4\tau^2} \leqslant [\sigma]$$

根据第四强度理论得

$$\sigma_{r4} = \sqrt{\sigma^2 + 3\tau^2} \leqslant [\sigma]$$

例 7-9　28a 工字钢简支梁如图 7-31（a）所示，简化后截面尺寸如图 7-31（b）所示。已知：$F = 100 \text{ kN}$，$l = 3 \text{ m}$，$a = 0.8 \text{ m}$，材料的许用正应力 $[\sigma] = 160 \text{ MPa}$，许用的切应力 $[\tau] = 100 \text{ MPa}$。试对梁的强度作全面校核。（当危险点处于复杂应力状态时，按第四强度理论校核其强度）

解：对于工字形截面，弯曲正应力最大值发生在截面的上、下边缘处；弯曲切应力的最大值发生在中性轴处。但还要注意到腹板与翼缘交界点，弯曲正应力与弯曲切应力值均相当大，这些点处于复杂应力状态。因此，工字形截面梁除校核最大弯曲正应力与最大切应力外，还要对腹板与翼缘交界点进行强度校核。

（1）内力计算。梁的剪力图与弯矩图如图 7-31（c）所示，最大剪力和弯矩分别为

$$F_{S\max} = 100 \text{ kN}, \ M_{\max} = 80 \text{ kN} \cdot \text{m}$$

（2）正应力强度校核。梁弯曲时，其上、下边缘的正应力达到最大值，而切应力很小，可忽略不计，因此上、下边缘点可视为单向应力状态。

由型钢表查得 $W_z = 508 \text{ cm}^3$，最大弯曲正应力为

$$\sigma_{\max} = \frac{M_{\max}}{W_z} = \frac{80 \text{ kN} \cdot \text{m}}{508 \text{ cm}^3} = 157.5 \text{ MPa} < [\sigma] = 160 \text{ MPa}$$

梁的正应力满足强度要求。

（3）切应力强度校核。梁弯曲时，其中性轴上点切应力最大，而正应力为零，因此这些点处于纯剪切应力状态。

由型钢表查得 $I_z = 7114 \text{ cm}^4$，$I_z / S_{z\max}^* = 24.62 \text{ cm}$，$\delta = 8.5 \text{ mm}$。最大弯曲切应力为

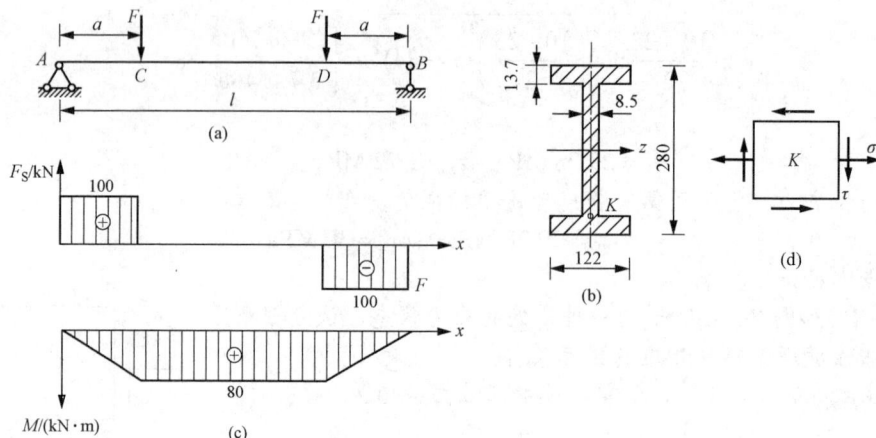

图 7-31

$$\tau_{max} = \frac{F_S S^*_{z\,max}}{I_z \delta} = \frac{F_S}{\dfrac{I_z}{S^*_{z\,max}} \delta} = \frac{100 \text{ kN}}{24.62 \text{ cm} \times 8.5 \text{ cm}} = 47.8 \text{ MPa} < [\tau] = 100 \text{ MPa}$$

梁的切应力满足强度要求。

（4）腹板与翼缘交界处点的强度校核。梁的危险点也可能出现在 C 左（或 D 右）截面腹板与翼缘交界处，例如 C 左截面上 K 点的应力状态如图 7-31（d）所示。其中弯曲正应力为

$$\sigma = \frac{My}{I_z} = \frac{80 \text{ kN} \cdot \text{m} \times (140 - 13.7) \text{ mm}}{7\,114 \text{ cm}^4} = 142.0 \text{ MPa}$$

弯曲切应力为

$$\tau = \frac{F_S S^*_z}{I_z \delta} = \frac{100 \text{ MPa} \times 122 \text{ mm} \times 13.7 \text{ mm} \times \left(140 - \dfrac{13.7}{2}\right) \text{ mm}}{7\,114 \text{ cm}^4 \times 8.5 \text{ mm}} = 36.8 \text{ MPa}$$

根据第四强度理论得

$$\sigma_{r4} = \sqrt{\sigma^2 + 3\tau^2} = \sqrt{142.0 \text{ MPa}^2 + 3 \times 36.8 \text{ MPa}^2} = 155.6 \text{ MPa} < [\sigma] = 160 \text{ MPa}$$

该点满足强度要求，梁满足全部强度条件。

思 考 题

7-1 何谓一点的应力状态？如何研究一点的应力状态？

7-2 "构件中 A 点的应力等于 80 MPa"，这样的说法是否恰当，为什么？

7-3 "单向应力状态有一个主平面，二向应力状态有两个主平面"，对吗？

7-4 "平面应力状态一定是二向应力状态，空间应力状态一定是三向应力状态"，对吗？举例说明。

7-5 平面应力分析得到的 σ_{max} 及 σ_{min} 就是 σ_1 和 σ_3 吗？

7-6 将实心的钢球从其外部迅速加热，问在球心所取的单元体将处在怎样的应力状态？

7-7 在单元体的某个方向上的线应变为零，试问相应的正应力是否也为零？在单元体

某个方向上的切应变为零，其相应的切应力是否也为零？

7-8　体积应变 Θ 相同的应力单元体，其应力具有什么共同点？

7-9　什么是强度理论？它是怎样提出和建立的？

7-10　将沸水倒入厚玻璃杯时，杯子会发生破裂，这是什么原因？当杯子破裂时，裂缝从外壁开始还是从内壁开始？为什么？

7-11　冬天的自来水管因结冰时受内压而胀破，显然水管中的冰也受到同样的反作用力，为何冰未碎而水管却破裂了？

7-12　铸铁在轴向压缩试验时，破裂面与压力轴线是 45°吗？试用莫尔强度理论予以解释。

习　　题

7-1　构件的受力如图 7-32 所示，试用单元体表示危险点的应力状态。

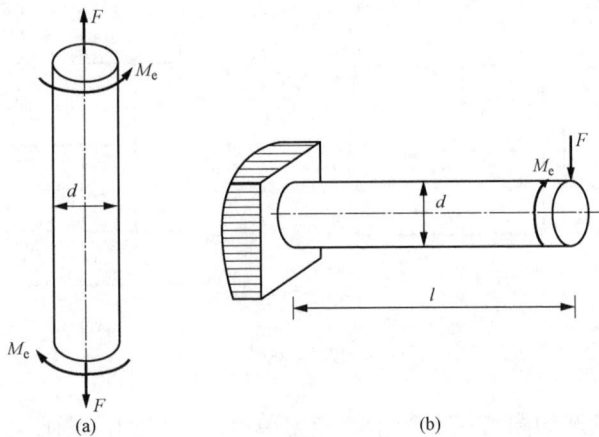

图 7-32

7-2　已知应力状态如图 7-33 所示（应力单位为 MPa），试用解析法计算图中指定截面的正应力与切应力。

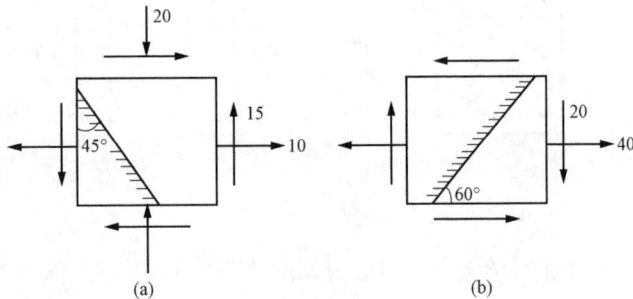

图 7-33

7-3　已知应力状态如图 7-34 所示（应力单位为 MPa），试用解析法计算主应力的大小及所在平面的方位, 并在单元体中画出。

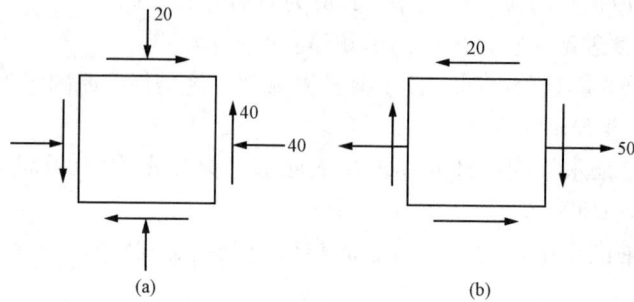

图 7-34

7-4 试用图解法解题 7-2。

7-5 用图解法解题 7-3。

7-6 已知矩形截面梁的某个截面上的剪力 F_S =120 kN, 弯矩 M =10 kN·m, 截面尺寸 (单位为 mm) 如图 7-35 所示。试求 1、2、3、4 点的主应力与最大切应力。

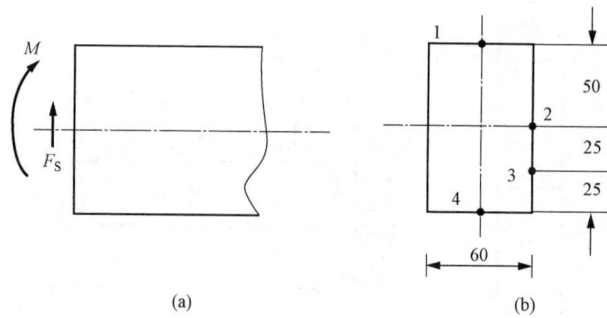

图 7-35

7-7 已知应力状态如图 7-36 所示 (应力单位为 MPa), 试画三向应力圆, 并求主应力、最大正应力与最大切应力。

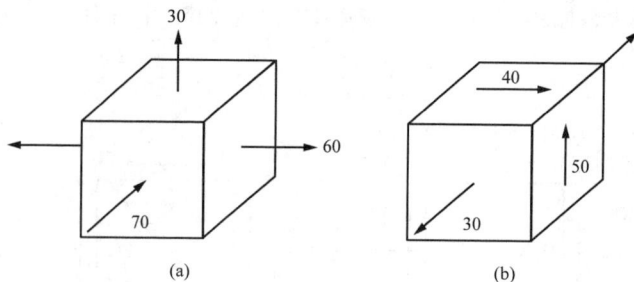

图 7-36

7-8 已知某点 A 处截面 AB 与 AC 的应力如图 7-37 所示 (应力单位为 MPa), 试求主应力的大小及最大切应力。

7-9 如图 7-38 所示矩形截面杆, 承受轴向荷载 F 的作用, 试计算线段 AB 的正应变。

设截面尺寸 b 和 h 与材料的弹性常数 E 和 ν 均已知。

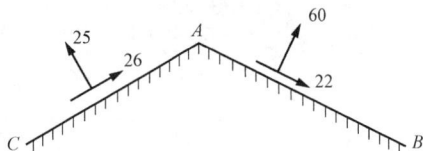

图 7-37

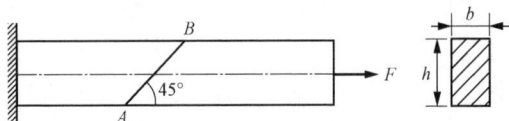

图 7-38

7-10 在受集中力 F 作用的矩形截面简支梁（图 7-39）中，测得中性层上 K 点处沿 45° 方向的线应变为 $\varepsilon_{45°}$。已知材料的弹性常数 E, ν 和梁的横截面尺寸及长度尺寸 b, h, a, l。求集中力 F。

7-11 如图 7-40 所示的钢制立方体块，其各个面上都承受均匀相等的静水压力 p，已知边长 AB 的改变量 $\Delta AB = -24 \times 10^{-3}$ mm，$E = 200$ GPa，$\nu = 0.29$。其中应力的单位为 MPa。

（1）求 BC 和 BD 边的长度改变量。

（2）确定静水压力值。

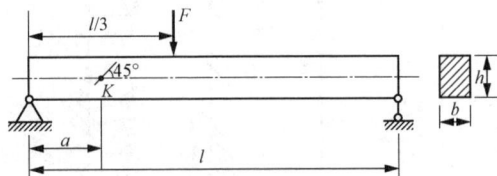

图 7-39

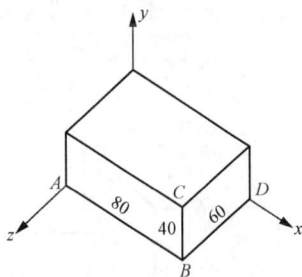

图 7-40

7-12 如图 7-41 所示，空心钢轴表面 K 点与母线成 45° 方向的线应变 $\varepsilon_{45°} = 200 \times 10^{-6}$，已知轴的外径为 120 mm，内径为 80 mm，轴的转速 $n = 120$ r/min，$E = 206$ GPa，$\nu = 0.28$。试求轴所传递的功率。

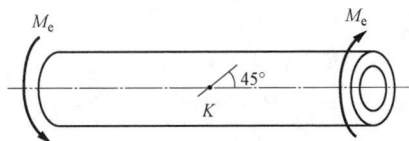

图 7-41

7-13 如图 7-42 所示的正方形截面钢杆两端被固定，在中部 1/3 的长度上受到横向的均布压力 $p = 100$ MPa 的作用，试求端部的约束反力。已知 $a = 10$ mm，$\nu = 0.3$。

7-14 直径 $D = 50$ mm 的实心铜柱，紧密无隙地放在壁厚 $\delta = 1$ mm 的钢套筒内，如图 7-43 所示。铜柱受到 $F = 200$ kN 的压力，已知钢的弹性模量 $E_s = 200$ GPa，铜的弹性模量 $E_c = 100$ GPa，泊松比 $\nu_c = 0.32$，试求钢套筒的环向应力。

7-15 构件中危险点的应力状态如图 7-44 所示，试对以下两种情况进行强度校核：

（1）构件材料为钢，$\sigma_x = 45$ MPa，$\sigma_y = 135$ MPa，$\sigma_z = 0$，$\tau_x = 0$，许用应力 $[\sigma] = 160$ MPa。

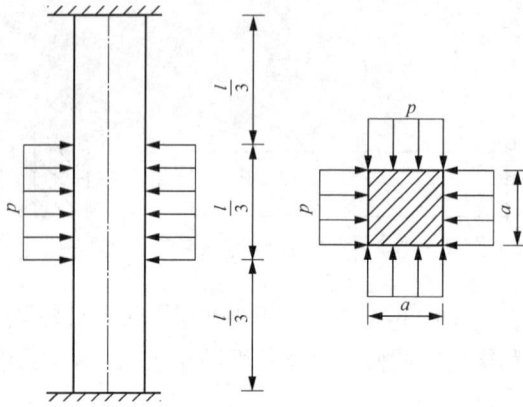

图 7-42

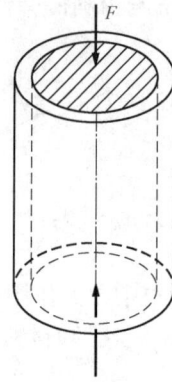

图 7-43

（2）构件材料为铸铁，$\sigma_x = 20\,\text{MPa}$, $\sigma_y = -25\,\text{MPa}$, $\sigma_z = 30\,\text{MPa}$, $\tau_x = 0$，许用应力$[\sigma] = 30\,\text{MPa}$。

7-16 如图 7-45 所示正方形棱柱体。试比较在下列两种情况下的相当应力σ_{r3}，弹性常数 E 和 ν 均已知：（1）棱柱体轴向受压；（2）棱柱体在刚性模内受压。

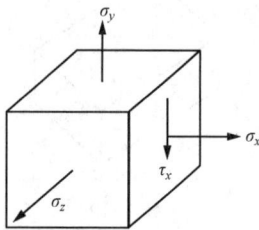

图 7-44

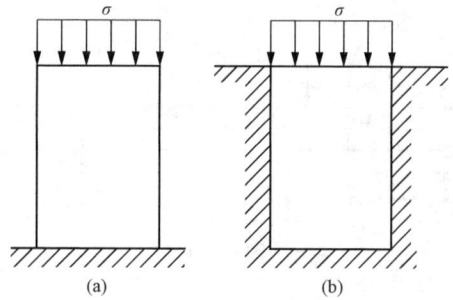

(a) (b)

图 7-45

7-17 如图 7-46 所示薄壁圆筒形钢制内压容器，其平均直径 $D = 800\,\text{mm}$，内压 $p = 4\,\text{MPa}$, $[\sigma] = 160\,\text{MPa}$。试按第三强度理论选择圆筒形容器的壁厚$\delta$。

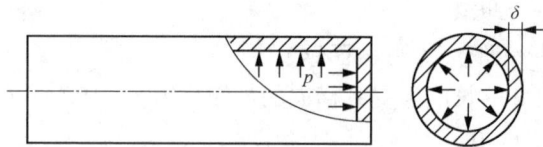

图 7-46

7-18 从承受内压两端开口的管道中对称地截出一段，如图 7-47 所示。两端作用有弯矩 $M_0 = \dfrac{ql^2}{50}$。管道外径$= D = 1\,\text{m}$，壁厚$\delta = 30\,\text{mm}$，内压 $p = 4\,\text{MPa}$，均布自重 $q = 60\,\text{kN/m}$，材料许用应力$[\sigma] = 120\,\text{Mpa}$。试按第三强度理论进行强度校核。

7–19　如图 7–48 所示脆性材料的立柱。已知其拉伸强度极限 σ_b 和压缩强度极限 σ_c，且 $\sigma_c = 3\sigma_b$，试用莫尔强度理论推测压缩试件破裂面和轴线之间的夹角。

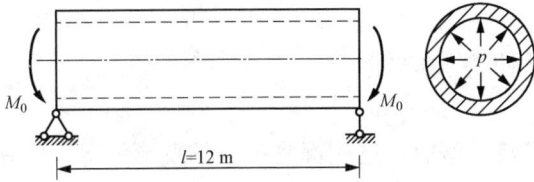

图 7–47

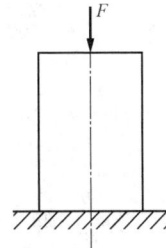

图 7–48

第 8 章　组　合　变　形

8.1　组合变形和叠加原理

　　构件的基本变形有拉伸（压缩）、剪切、扭转、弯曲，这些都是单一的变形情况。而在实际工程中，构件的受力情况比较复杂，其受力后的变形并不单纯是某一种基本变形，而往往是两种或两种以上基本变形的组合。这种由两种或两种以上的基本变形组合而成的变形称为**组合变形**。例如，图 8-1（a）所示的烟囱，除自重所引起的轴向压缩外，还有因水平方向风力作用而产生的弯曲变形；图 8-1（b）所示厂房支柱的变形也是压缩与弯曲的组合变形；图 8-1（c）所示小型压力机立柱的变形是拉伸和弯曲的组合变形；图 8-1（d）所示齿轮传动轴的变形是扭转和弯曲的组合变形。

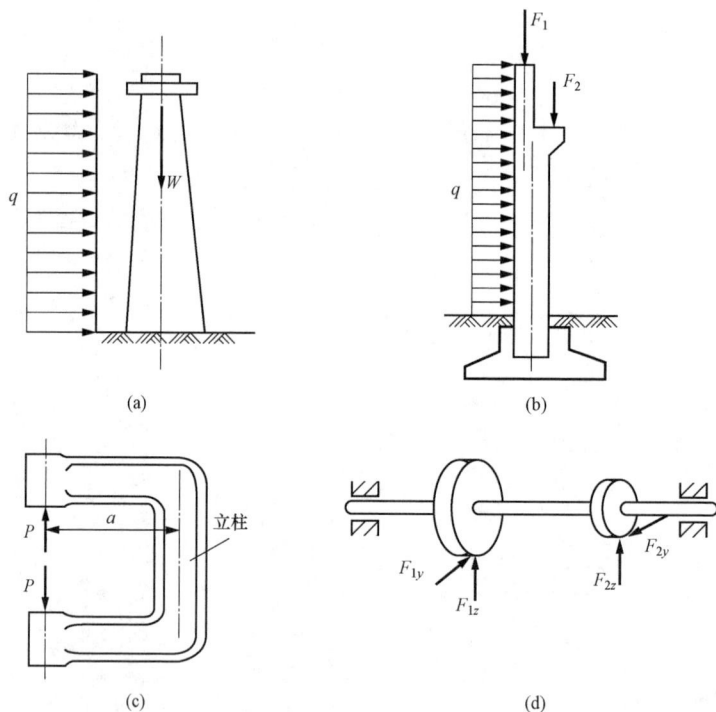

(a)　　　　　　　　　　(b)

(c)　　　　　　　　　　(d)

图 8-1

　　对于组合变形下的构件，在线弹性范围内、小变形条件下，可以认为组合变形中的每一种基本变形都是相互独立、互不影响的，因而可将组合变形分解为基本变形，将载荷化为符合基本变形外力作用条件的外力系，分别计算构件在每一种基本变形下的内力、应力或应变，然后将所得各种结果叠加，此即为**叠加原理**。

　　在实际工程中进行强度计算时，要根据各种基本变形的组合情况，确定构件的危险截面、危险点的位置及危险点的应力状态后，利用叠加原理进行强度计算。

对组合变形问题进行强度和刚度计算的步骤如下：

（1）将所作用的荷载分解或简化为几个各自只引起一种基本变形的荷载分量；

（2）分别计算各荷载分量所引起的应力和变形；

（3）根据叠加原理，把所求得的应力或变形进行叠加，即得到原来荷载作用下构件所产生的应力及变形。

在分析组合变形过程中，需要化繁为简，层层简化，一步一步处理，将其分解成多个基本的变形形式。

8.2　两相互垂直平面内的弯曲

梁在受外力作用时的弯曲有平面弯曲和斜弯曲。外力作用平面与梁的主轴平面重合的弯曲称为**平面弯曲**；外力作用平面与梁的主轴平面不重合的弯曲称为斜弯曲。斜弯曲包括两种情形：一是所有外力都作用在通过梁轴线的两个不同的主轴平面内；二是全部外力虽然作用在通过轴线的同一平面内，但这一平面并不是主轴平面。

因为将斜弯曲分解为两个主轴平面内的弯曲最为方便，所以可以将横向力沿截面的两个主轴方向分解，也可以先求出截面上的总内力矩，然后将其矢量向两个主轴方向分解。

8.2.1　矩形截面梁的强度计算

以矩形截面悬臂梁为例来分析其强度计算问题，如图 8-2（a）所示。

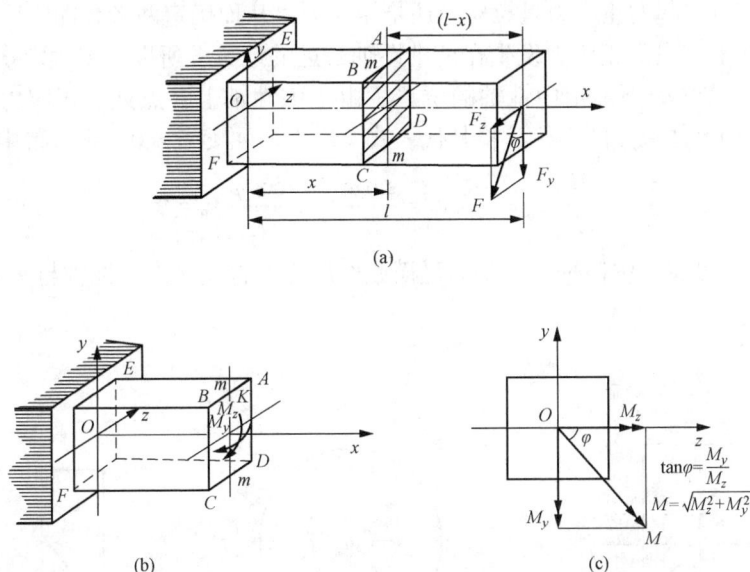

(a)

(b)

(c)

图 8-2

设矩形截面悬臂梁在自由端处作用一个垂直于梁轴并通过截面形心的力 F，力 F 与截面的形心主轴 y 成 φ 角。如果将外力向两个主轴分解［图 8-2（a）］，则得两个分力的大小为

$$F_y = F\cos\varphi,\ F_z = F\sin\varphi$$

这两个力单独作用时都将使梁产生在 xy 和 xz 主轴平面内的弯曲，两者均为平面弯曲，且发生弯曲的这两个平面相互垂直。斜弯曲与平面弯曲一样，在弯曲梁的横截面上也有剪力和弯矩两种内力，但一般情况下剪力影响较小，故通常认为梁在斜弯曲情况下的强度是由弯矩引起的最大正应力来控制的，因此在进行内力分析时，主要是计算弯矩。

在梁的任意横截面 m-m 上，由分力 F_y 和 F_z 所引起的弯矩分别为

$$M_y = F_z(l-x) = F(l-x)\sin\varphi = M\sin\varphi$$
$$M_z = F_y(l-x) = F(l-x)\cos\varphi = M\cos\varphi$$

式中，M 为 F 在 m-m 截面上的总弯矩，$M = F(l-x)$。

根据平面弯曲时的正应力公式，梁的任一横截面 m-m 上任一点 $K(y,z)$ 处由弯矩 M_y 和 M_z 所引起的弯曲正应力分别为

$$\sigma' = \frac{M_y z}{I_y} = \frac{zM}{I_y}\sin\varphi, \ \sigma'' = \frac{M_z y}{I_z} = \frac{yM}{I_z}\cos\varphi$$

式中，I_y，I_z 分别为横截面对形心主轴 y 和 z 的形心主惯性矩。

根据叠加原理，梁横截面 m-m 上任意点 K 处的总弯曲正应力为这两个正应力的代数和，即

$$\sigma = \sigma' + \sigma'' = \frac{M_y z}{I_y} + \frac{M_z y}{I_z} = M\left(\frac{z\sin\varphi}{I_y} + \frac{y\cos\varphi}{I_z}\right) \quad (8-1)$$

σ 的正负号由弯矩 M_y、M_z 的正负与点的坐标 (y,z) 的正负确定，也可以根据 M_y、M_z 的实际方向判断它们所引起的正应力是拉应力还是压应力，从而确定两者叠加之后的正负号。

由于横截面上的最大正应力发生在离中性轴最远的地方，所以，要确定横截面上最大正应力点的位置，首先必须确定中性轴的位置。由于中性轴上各点处的正应力均为零，若用 y_0、z_0 代表中性轴上任一点的坐标，将其代入式（8-1），并令 $\sigma = 0$，则可得中性轴方程为

$$\frac{M_y}{I_y}z_0 + \frac{M_z}{I_z}y_0 = \frac{\sin\varphi}{I_y}z_0 + \frac{\cos\varphi}{I_z}y_0 = 0 \quad (8-2)$$

由式（8-2）可见，中性轴是一条通过横截面形心的直线，设中性轴与 z 轴的夹角为 α，如图 8-3 所示。

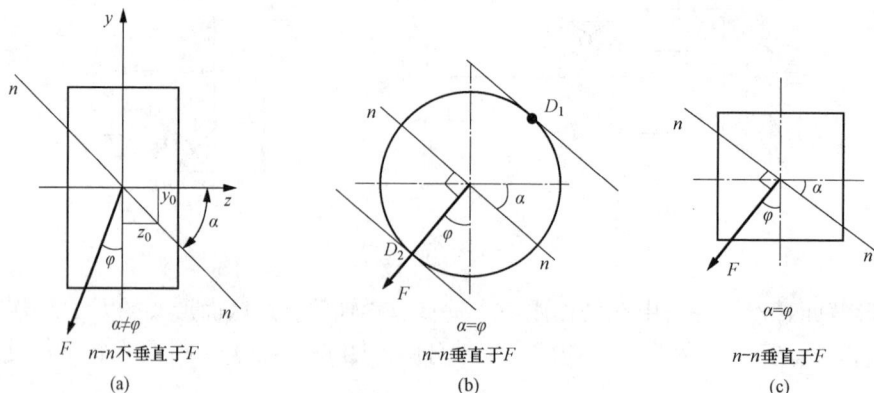

图 8-3

则 $\tan\alpha = \dfrac{y_0}{z_0}$ ，而由式（8-2）可得

$$\tan\alpha = -\frac{M_y I_z}{M_z I_y} = -\frac{I_z}{I_y}\tan\varphi \tag{8-3}$$

由式（8-3）可看出，中性轴的位置取决于载荷 F 与 y 轴的夹角 φ 及截面的形状和尺寸。因为除圆形、正方形等截面外，一般情况下，梁横截面的两个形心主惯性矩并不相等（$I_y \neq I_z$），所以 $\alpha \neq \varphi$ ，即中性轴并不垂直于外力作用的平面。这是斜弯曲与平面弯曲的重要区别之一。

在确定中性轴的位置后，作平行于中性轴的两条直线，分别与横截面周边相切于 D_1、D_2 两点［图 8-3（b）］，该两点即分别为横截面上拉应力和压应力最大的点，即危险点。将两点的坐标（y，z）代入式（8-1），就可得到横截面上的最大拉、压应力。

对于工程中常用的矩形、工字形等截面梁，其横截面都有两个相互垂直的对称轴，且截面的周边具有棱角，故横截面上的最大正应力必发生在截面棱角处。于是，可根据梁的变形情况，直接确定截面上最大拉、压应力点的位置，而无须确定出中性轴。如图 8-2 所示的悬臂梁，固定端的 M_y 和 M_z 同时达到最大值，这显然就是危险截面。危险点就是该截面上 A、C 两点，其中 A 点是最大拉应力点，C 点是最大压应力点。由于危险点处于单向应力状态，若材料的抗拉强度和抗压强度相同，则可建立如下的强度条件：

$$\sigma_{\max} = \frac{M_{y\max}z_{\max}}{I_y} + \frac{M_{z\max}y_{\max}}{I_z} = \frac{M_{y\max}}{W_y} + \frac{M_{z\max}}{W_z} \leqslant [\sigma] \tag{8-4}$$

例 8-1 20a 号工字钢悬臂梁承受均布荷载 q 和集中力 $F=qa/2$，如图 8-4（a）所示。已知钢的允许弯曲正应力 $[\sigma] = 160$ MPa，$a = 1$ m。试求梁的许可荷载集度 $[q]$。

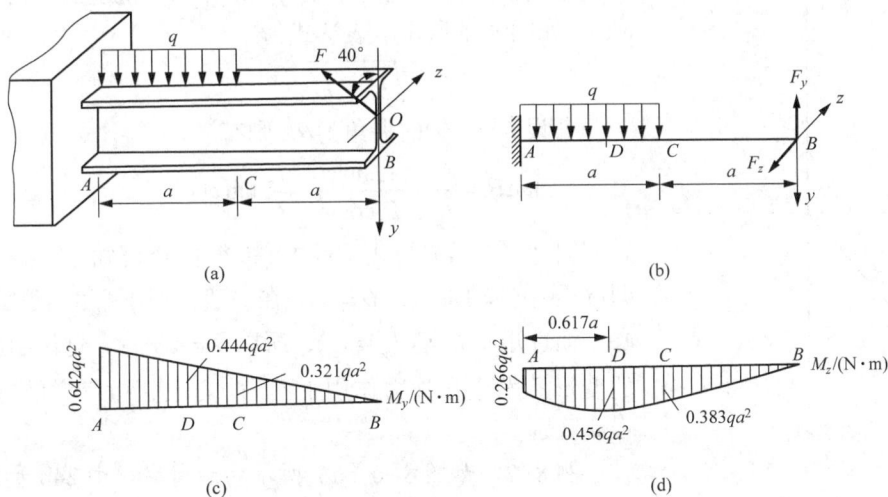

图 8-4

解：将自由端截面 B 上的集中力沿两主轴分解为

$$F_y = F\cos 40° = \frac{qa}{2}\cos 40° = 0.383\,qa$$

$$F_z = F\sin 40° = \frac{qa}{2}\sin 40° = 0.321qa$$

作梁的计算简图 [图 8-4（b）]，分别绘出两个主轴平面内的弯矩图 [图 8-4（c）、（d）]。由型钢表查得，20a 号工字钢的弯曲截面系数 W_z 和 W_y 分别为

$$W_z = 237\times10^{-6}\ \text{m}^3,\ W_y = 31.5\times10^{-6}\ \text{m}^3$$

根据工字钢截面 $W_z \neq W_y$ 的特点并结合内力图，可判断可能的危险截面为截面 A 或者截面 D，按叠加原理分别算出截面 A 及截面 D 上的最大拉伸应力，即

$$(\sigma_{\max})_A = \frac{M_{yA}}{W_y} + \frac{M_{zA}}{W_z} = \frac{0.642\,q\times(1\ \text{m})^2}{31.5\times10^{-6}\ \text{m}^3} + \frac{0.266\,q\times(1\ \text{m})^2}{237\times10^{-6}\ \text{m}^3} = (21.5\times10^3\ \text{m}^{-1})\,q$$

$$(\sigma_{\max})_D = \frac{M_{yD}}{W_y} + \frac{M_{zD}}{W_z} = \frac{0.444\,q\times(1\ \text{m})^2}{31.5\times10^{-6}\ \text{m}^3} + \frac{0.456\,q\times(1\ \text{m})^2}{237\times10^{-6}\ \text{m}^3} = (16.02\times10^3\ \text{m}^{-1})\,q$$

由此可见，梁的危险点在固定端截面 A 的棱角处。由于危险点处是单向应力状态，故其强度条件为

$$\sigma_{\max} = (\sigma_{\max})_A = (21.5\times10^3\ \text{m}^{-1})q \leqslant [\sigma] = 160\ \text{MPa}$$

解得

$$[q] = \frac{160\times10^6\ \text{Pa}}{21.5\times10^3\ \text{m}^{-1}} = 7.44\times10^3\ \text{N/m} = 7.44\ \text{kN/m}$$

8.2.2　矩形截面梁的变形计算

在计算矩形截面梁的挠度时，同样可以应用叠加原理。以图 8-2 所示的悬臂梁为例，分力 F_y 和 F_z 在自由端引起的挠度分别为

$$f_y = \frac{F_y l^3}{3EI_z} = \frac{Fl^3\cos\varphi}{3EI_z},\quad f_z = \frac{F_y l^3}{3EI_y} = \frac{Fl^3\sin\varphi}{3EI_y}$$

梁自由端的总挠度 f 是 f_y 和 f_z 两个挠度的几何和（矢量和），如图 8-5 所示，表达式为

$$f = \sqrt{f_y^2 + f_z^2} \tag{8-5}$$

若设 f 与 y 轴的夹角为 θ，则有

$$\tan\theta = \frac{f_z}{f_y} = \frac{I_z\sin\varphi}{I_y\cos\varphi} = \frac{I_z}{I_y}\tan\varphi \tag{8-6}$$

对式（8-6）与式（8-3）进行比较可知，$\tan\alpha = -\tan\theta$ 即 f 与中性轴垂直，$\theta = \alpha$。在一般情况下，由于梁的两个形心主惯性矩不相等 $(I_y \neq I_z)$，所以 $\theta = \alpha \neq \varphi$，这说明斜弯曲梁的变形不发生在外力作用平面内。这是平面弯曲与斜弯曲的本质区别。

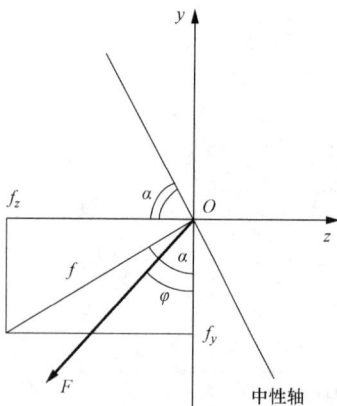
图 8-5

例 8-2　如图 8-6（a）所示的悬臂梁，由 24b 号工字钢制成，材料的弹性模量 $E = 2\times10^5$ MPa。试求：（1）固定端截面上的中性轴位置；（2）自由端的总挠度。

解：首先将 F 力分解为梁的两个主惯性平面内的分力，即

$$F_y = F\cos\varphi = 2\ \text{kN}\times\cos30° = 1.73\ \text{kN}$$

$$F_z = F\sin\varphi = 2\ \text{kN}\times\sin30° = 1\ \text{kN}$$

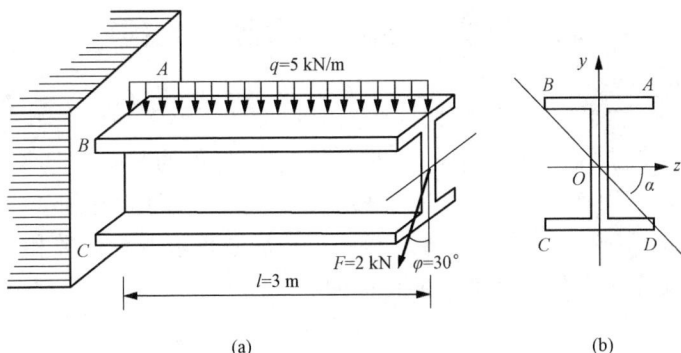

图 8-6

梁上的最大弯矩显然在梁的固定端截面。由 F_z 引起的弯矩为

$$M_y = F_z l = 1\,\text{kN} \times 3\,\text{m} = 3\,\text{kN·m}\quad（内侧受拉，外侧受压）$$

由 q 和 F_y 引起的弯矩为

$$M_z = F_y l + \frac{1}{2}ql^2 = 1.73 \times 3 + \frac{1}{2} \times 5 \times 3^2 = 27.7(\text{kN·m})\quad（上侧受拉，下侧受压）$$

（1）确定固定端截面上中性轴的位置

查型钢表可知，对于 24b 号工字钢，$I_z = 4\,800\,\text{cm}^4$，$I_y = 297\,\text{cm}^4$。

由式（8-3）得 $\tan\alpha = -\dfrac{I_z M_y}{I_y M_z} = -1.75$，即 $\alpha = -60.3°$，也就是中性轴过第二、四象限，

与 z 轴的夹角为 60.3°。中性轴位置如图 8-6（b）所示。

（2）计算自由端挠度。

$$f_z = \frac{F_z l^3}{3EI_y} = \frac{1 \times 10^3 \times 3^3}{3 \times 2 \times 10^{11} \times 2.97 \times 10^{-6}} = 1.52 \times 10^{-2}(\text{m})$$

$$f_y = \frac{F_y l^3}{3EI_z} + \frac{ql^4}{8EI_z} = \frac{1.73 \times 10^3 \times 3^3}{3 \times 2 \times 10^{11} \times 48 \times 10^{-6}} + \frac{5 \times 10^3 \times 3^4}{8 \times 2 \times 10^{11} \times 48 \times 10^{-6}} = 0.689 \times 10^{-2}(\text{m})$$

自由端的总挠度为

$$f = \sqrt{f_y^2 + f_z^2} = \sqrt{(1.52 \times 10^{-2})^2 + (0.689 \times 10^{-2})^2} = 0.66 \times 10^{-2}(\text{m})$$

8.2.3　圆形截面梁的强度和变形计算

将图 8-2（a）的矩形截面梁换为圆形截面梁，荷载 F 不变，分析过程相似。由于圆形截面过形心的任一轴均为形心主轴，且惯性矩均相等，所以圆形截面梁发生的是平面弯曲，而不是斜弯曲。

强度计算时，中性轴与荷载 F 垂直，危险点在距离中性轴最远处［图 8-3（b）］，其强度条件为

$$\sigma_{\max} = \frac{M_{\max}}{W} \leqslant [\sigma] \tag{8-7}$$

式中，$M_{\max}$ 为截面合弯矩（矢量和）的最大值；W 为圆形截面的惯性矩。

挠度计算时，与矩形截面梁相同，按照叠加原理，分别求挠度后再求其几何和（矢量和）。

8.3　拉伸（压缩）与弯曲组合变形

在轴向力与横向力共同作用下，杆件将发生拉伸（压缩）与弯曲组合变形，如图 8-1（a）所示烟囱受力是轴向压力和横向风力的作用。这时杆件的横截面上将产生弯矩、轴力和剪力。对于实心截面，剪力引起的切应力比较小，一般不予考虑。因此，可分别计算由横向力和轴向力引起的杆横截面上的正应力，然后按叠加原理求两者代数和，即得在拉伸（压缩）和弯曲组合变形下，杆件横截面上的正应力。

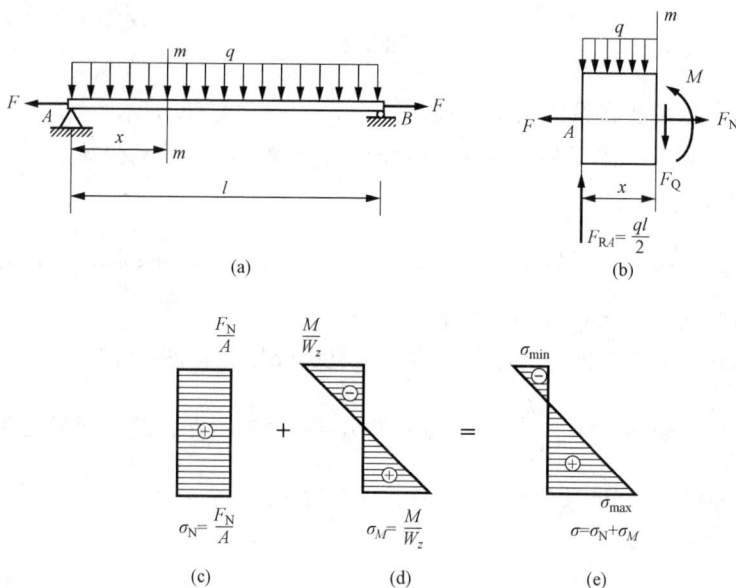

图 8-7（a）所示为一梁在水平拉力 F 和竖向均布力 q 共同作用下产生拉伸与弯曲组合变形。现以此来说明杆在拉伸与弯曲组合变形时的强度计算。

在任意横截面 $m-m$ 上，内力有轴力 F_N，弯矩 M 和剪力 F_S［图 8-7（b）］。若剪力 F_S 忽略不计，则只考虑轴力和弯矩的作用。轴力 F_N 引起的正应力在截面上是均匀分布的，用 σ_N 表示［图 8-7（c）］；弯矩引起的正应力呈线性分布，用 σ_M 表示［图 8-7（d）］，由叠加原理得出叠加后的总应力为 σ［图 8-7（e）］。则任意横截面上离中性轴距离为 y 处的应力为

$$\sigma = \sigma_N + \sigma_M = \frac{F_N}{A} \pm \frac{My}{I_z} \tag{8-8}$$

由应力图和式（8-8）可看出，最大正应力和最小正应力发生在弯矩最大的横截面上且在离中性轴最远的下边缘和上边缘处，其计算式为

$$\left.\begin{array}{r}\sigma_{max} \\ \sigma_{min}\end{array}\right\} = \frac{F_N}{A} \pm \frac{M_{max}}{W_z} \tag{8-9}$$

由于危险点在上下边缘处，它们的应力状态为单向应力状态，所以，可将其最大应力与材料的允许应力相比较，以进行强度计算。其强度条件可表示为

$$\sigma_{max} \leqslant [\sigma] \tag{8-10}$$

例 8-3 图 8-8（a）中起重机横梁由 16 号工字钢制成，起重机最大吊重 $P=12\,\text{kN}$。试求横梁 AB 危险截面上的最大正应力和最小正应力。

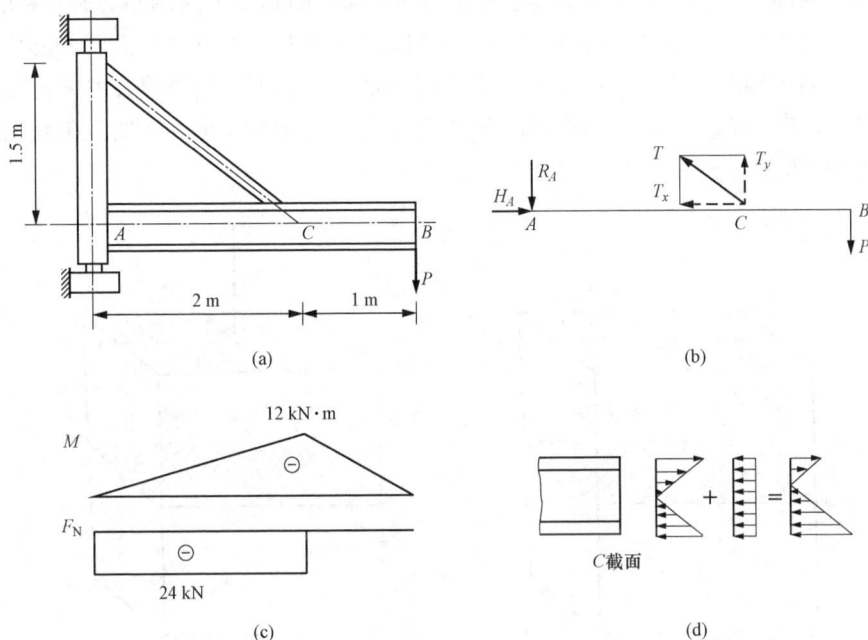

图 8-8

解: 根据横梁 AB 的受力简图 [图 8-8（b）]，由平衡方程 $\sum M_A=0$ 得

$$2T_y=3P, T_y=1.5P=1.5\times12\,\text{kN}=18\,\text{kN}$$

于是

$$T_x=\frac{2}{1.5}T_y=24\,\text{kN}$$

作 AB 梁的弯矩图和轴力图如图 8-3（c）所示，在 C 点左侧任意截面上的轴力都相等，而 C 点的弯矩最大，因此 C 为危险截面。其轴力和弯矩分别为

$$F_N=-T_x=-24\,\text{kN}$$

$$M_{\text{max}}=M_C=P\times1\,\text{m}=12\,\text{kN}\times1\,\text{m}=12\,\text{kN}\cdot\text{m}$$

横梁 AB 危险截面上的最大正应力 σ_{max} 和最小正应力 σ_{min} 分别在梁的上边缘和下边缘。由型钢表查得，16 号工字钢的 $W_z=141\,\text{cm}^3$，$A=26.1\,\text{cm}^2$。由式（8-9）得

$$\left.\begin{array}{c}\sigma_{\text{max}}\\\sigma_{\text{min}}\end{array}\right\}=\frac{F_N}{A}\pm\frac{M_{\text{max}}}{W_z}=\frac{-24\times10^3}{26.1\times10^{-4}}\pm\frac{12\times10^3}{141\times10^{-6}}=\begin{cases}75.9\,\text{MPa}\\-94.3\,\text{MPa}\end{cases}$$

由以上计算可知，横梁危险截面的上边缘受最大拉应力，为 75.9 MPa；下边缘受最大压应力，为 94.3 MPa。

8.4 偏心拉伸（压缩）与截面核心

8.4.1 偏心拉伸（压缩）

作用在直杆上的外力，当其作用线与杆的轴线平行但不重合时，将引起偏心拉伸或偏心

压缩。如图 8-1（b）、（c）所示厂房支柱和钻床立柱受力后的变形，即为偏心拉伸和偏心压缩。

现以矩形截面的等直杆承受距离截面形心为 e（称为偏心距）的偏心力 F［图 8-9（a）］为例，来讨论偏心拉压时的强度计算。若(y_F, z_F)是偏心力 F 作用点在坐标系 Oyz 中的坐标，z_F 是偏心力 F 对 y 轴的偏心距，y_F 是偏心力 F 对 z 轴的偏心距。先将偏心力 F 向截面形心 O 点简化，得到轴向力 F_N 和力偶矩 M_e，若 M_e 的作用面不是主轴平面，则将其矢量沿两个主轴方向分解为 M_y 和 M_z［图 8-9（b）］。

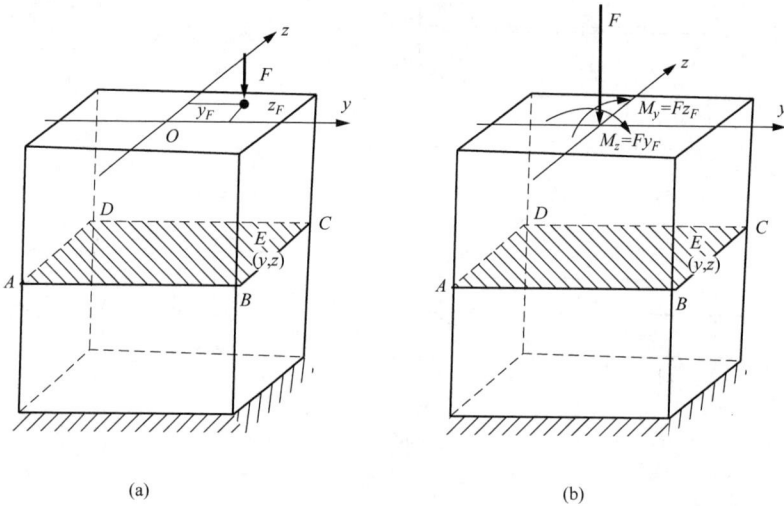

(a)　　　　　　　　　　　　　　　　(b)

图 8-9

由截面法可求得直杆在任意截面上的内力为

轴力：
$$F_N = -F$$

弯矩：
$$M_y = Fz_F, \quad M_z = Fy_F$$

在上述三个内力作用下，任意横截面上的任一点 $E(y, z)$处［图 8-9（b）］，对应于轴力 $F_N = -F$ 和两个弯矩 $M_y = Fz_F$，$M_z = Fy_F$ 的正应力分别为

$$\sigma' = \frac{F_N}{A} = -\frac{F}{A}, \quad \sigma'' = -\frac{M_z}{I_z}y, \quad \sigma''' = -\frac{M_y}{I_y}z$$

由于 E 点与偏心力 F 在同一象限内，根据杆件的变形可知，σ'、σ''、σ''' 均为压应力，根据叠加原理，则 E 点处的总应力为

$$\sigma = \sigma' + \sigma'' + \sigma''' = -\frac{F_N}{A} - \frac{M_z}{I_z}y - \frac{M_y}{I_y}z \qquad (8-11)$$

或
$$\sigma = -\frac{F}{A} - \frac{Fy_F}{I_z}y - \frac{Fz_F}{I_y}z = -\frac{F}{A}\left(1 + \frac{Ay_F}{I_z}y + \frac{Az_F}{I_y}z\right) \qquad (8-12)$$

式中，A 为横截面面积；I_y 和 I_z 分别为横截面对 y 轴和 z 轴的惯性矩。利用惯性矩与惯性半径的关系 $I_y = Ai_y^2$，$I_z = Ai_z^2$，则式（8-12）可改写为

$$\sigma = -\frac{F}{A}\left(1 + \frac{y_F y}{i_z^2} + \frac{z_F z}{i_y^2}\right) \qquad (8-13)$$

式（8-13）是一个平面方程，这表明横截面上的正应力分布规律为一斜平面，而应力平面与横截面相交的直线就是中性轴（沿该直线 $\sigma = 0$）。设中性轴上任一点的坐标为(y_0, z_0)，代入式（8-13），并令 $\sigma = 0$，即可得中性轴方程为

$$1 + \frac{y_F y_0}{i_z^2} + \frac{z_F z_0}{i_y^2} = 0 \qquad (8-14)$$

由式（8-14）可知，在偏心拉伸（压缩）情况下，中性轴在截面上的位置与偏心力 F 作用点的坐标(y_F, z_F)有关，并且是一条不通过截面形心的直线，设中性轴与坐标轴 y、z 的截距

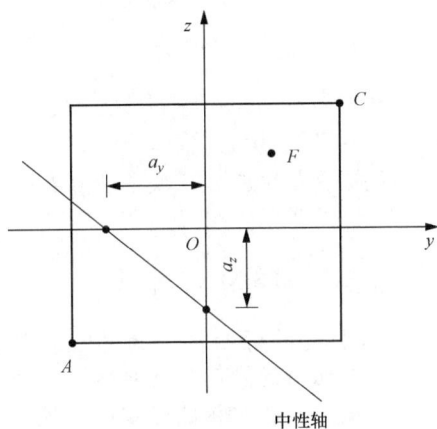

图 8-10

分别为 a_y 和 a_z。在式（8-14）中，令 $z_0 = 0$，则 $y_0 = a_y$；令 $y_0 = 0$，则 $z_0 = a_z$。于是得

$$a_y = -\frac{i_z^2}{y_F}, \quad a_z = -\frac{i_y^2}{z_F} \qquad (8-15)$$

式（8-15）表明，a_y 与 y_F、a_z 与 z_F 总是符号相反。因此，中性轴与外力作用点分别位于截面形心的两侧，如图 8-10 所示。

中性轴确定后，作两条与中性轴平行的直线与横截面的周边相切，两切点即为横截面上最大拉应力和最大压应力所在的危险点。对于图 8-10 所示的矩形截面杆，任意横截面上的角顶点 A 点和 C 点为危险点，A 点和 C 点的正应力分别是截面上的最大拉应力和最大压应力。将两点的坐标代入式（8-12）后，可得

$$\left.\begin{array}{r}\sigma_{\max}^+ \\ \sigma_{\max}^-\end{array}\right\} = -\frac{F}{A} \pm \frac{F y_F}{I_z} y_{\max} \pm \frac{F z_F}{I_y} z_{\max}$$

$$= -\frac{F}{A} \pm \frac{M_z}{I_z} y_{\max} \pm \frac{M_y}{I_y} z_{\max} = -\frac{F}{A} \pm \frac{M_z}{W_z} \pm \frac{M_y}{W_y} \qquad (8-16)$$

式（8-16）对于箱形、工字形等具有棱角的横截面都是适用的。由式（8-16）还可看出，当外力的偏心距（y_F, z_F）值较小时，横截面上就可能不出现拉（压）应力，即中性轴不与横截面相交。

由于危险点处为单向应力状态，所以，在求得最大正应力后，就可根据材料的许用应力$[\sigma]$来建立强度条件，即

$$\sigma_{\max}^+ \leqslant [\sigma^+], \quad \sigma_{\max}^- \leqslant [\sigma^-] \qquad (8-17)$$

例 8-4 图 8-11（a）所示为一带切槽的钢板原宽度 $b = 80$ mm，厚度 $t = 10$ mm，切槽深度 $a = 10$ mm，在钢板的两端施加有 $F = 80$ kN 的拉力，钢板的许用应力$[\sigma] = 140$ MPa，试校核其强度。

解：由于钢板有切槽，外力 F 对有切槽处的截面为偏心拉伸，其偏心距 e 为

$$e = \frac{b}{2} - \frac{b-a}{2} = \frac{a}{2} = 5 \text{ mm}$$

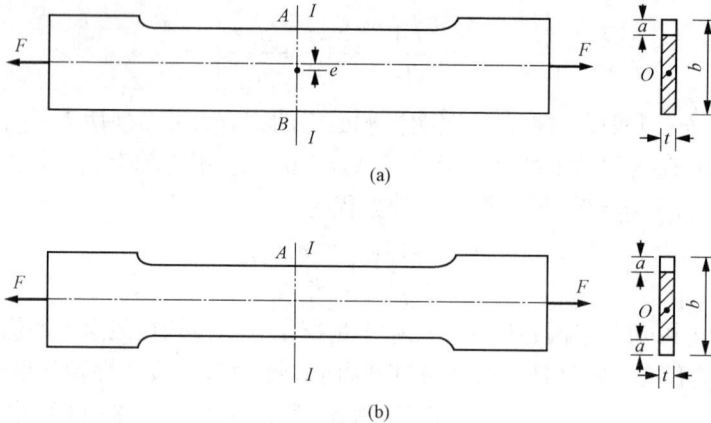

图 8-11

将 F 向 I–I 截面形心简化，得该截面上的轴力 F_N 和弯矩 M 分别为

$$F_N = P = 80\ \text{kN},\ M = Pe = 80 \times 10^3 \times 5 \times 10^{-3} = 400(\text{N} \cdot \text{m})$$

轴力 F_N 引起均匀分布的拉应力，M 在 I–I 截面的 A 点引起最大拉应力，故危险点在 A 点，因该点为单向应力状态，所以强度条件为

$$\sigma_{\text{max}} = \frac{F_N}{A} + \frac{M}{W_z} = \frac{80 \times 10^3}{10 \times (80-10) \times 10^{-6}} + \frac{6 \times 400}{10 \times (80-10)^2 \times 10^{-9}} = 163.3(\text{MPa}) > [\sigma]$$

校核表明钢板的强度不够。由计算可知，由于微小偏心引起的弯曲应力为总应力的 30%。在实际工程中，为了保证构件强度，在条件允许时，可在切槽的对称位置再开一个同样的切槽 [图 8-11（b）]。在此情况下，截面 I–I 虽然面积有所减小，但却消除了偏心，使应力均匀分布，此时 A 点的强度条件为

$$\sigma = \frac{F_N}{A} = \frac{80 \times 10^3}{10 \times 60 \times 10^{-6}} = 133\,(\text{MPa}) < [\sigma]$$

结果表明钢板是安全的。可见，使构件内应力均匀分布，是充分利用材料，提高强度的方法之一。

8.4.2 截面核心

由前文可知，当偏心压力 F 的偏心距较小时，杆横截面上就可能不出现拉应力，同理，当偏心拉力 F 的偏心距较小时，杆的横截面上也可能不出现压应力。土建工程中常用的混凝土构件和砖、石砌体，其拉伸强度远低于压缩强度，在这类构件的设计计算中，往往认为其拉伸强度为零。这就要求构件在受偏心压力作用时，其横截面上不出现拉应力。为此，应使中性轴不与横截面相交。由式（8-15）可见，对于给定的截面，y_F 和 z_F 值越小，a_y 和 a_z 值就越大，即外力作用点离形心越近，中性轴距形心就越远。因此，当外力作用点位于截面形心附近的一个区域内时，就可以保证中性轴不与横截面相交，这个区域称为**截面核心**。当外力作用在截面核心的边界上时，与此相对应的中性轴就正好与截面的周边相切，如图 8-12 所示。利用这一关系就可确定截面核心的边界。

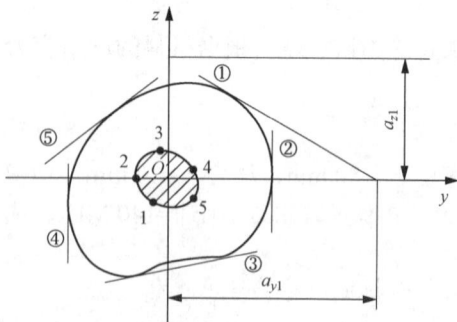

图 8-12

为确定任意形状截面（图 8-12）的截面核心边界，可将与截面周边相切的任一直线①看作是一条中性轴，其在 y, z 两个形心主惯性轴上的截距分别为 a_{y1} 和 a_{z1}，则由式（8-15）就可以确定该中性轴所对应的外力作用点 1，即截面核心边界上一个点的坐标 (ρ_{y1}, ρ_{z1})：

$$\rho_{y1} = -\frac{i_z^2}{a_{y1}}, \quad \rho_{z1} = -\frac{i_y^2}{a_{z1}} \tag{8-18}$$

同样，分别将截面周边相切或外接的直线②、③、④、⑤等看作是中性轴，并按上述方法求得与其对应的截面核心边界上的点 2、3、4、5 等的坐标。连接这些点得到一条封闭曲线，这条曲线即为所求截面核心的边界，而该边界曲线所包围的区域，即为截面核心，图 8-12 中的阴影部分为该截面的核心。现以圆形截面和矩形截面为例，说明截面核心边界的确定方法。

对于直径为 d 的圆形截面，由于截面对于圆心 O 是极对称的，所以，截面核心的边界对于圆心也应是极对称的，即核心是以 O 为圆心的圆（图 8-13 所示阴影部分）。求截面核心圆半径的方法如下：

作一条与圆截面周边相切于 A 点的直线①（图 8-13），将其看作是中性轴，并取 OA 为 y 轴，于是，该中性轴在 y, z 两个形心主惯性轴上的截距分别为

$$a_{y1} = \frac{d}{2}, \quad a_{z1} = \infty$$

而圆截面的 $i_y^2 = i_z^2 = d^2/16$，将以上各值代入式（8-18），就可得到与其对应的截面核心边界上点 1 的坐标为

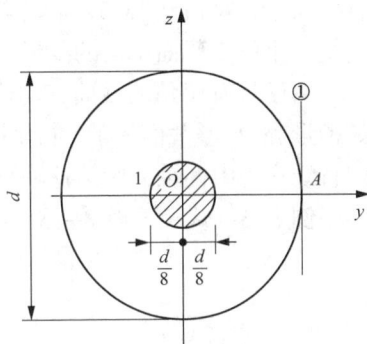

图 8-13

$$\rho_{y1} = -\frac{i_z^2}{a_{y1}} = -\frac{d^2/16}{d/2} = -\frac{d}{8}, \quad \rho_{z1} = -\frac{i_y^2}{a_{z1}} = 0$$

则截面核心圆的半径为 $d/8$，如图 8-13 所示，其中阴影部分即为截面核心。

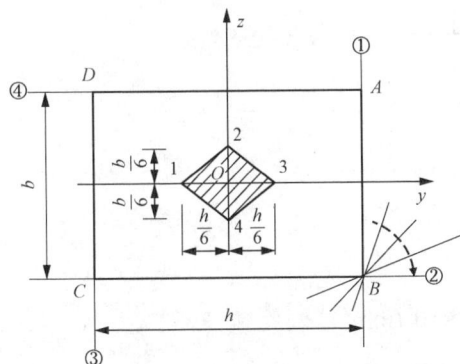

图 8-14

对应边长为 b 和 h 的矩形截面（图 8-14），y, z 两对称轴为截面的形心主惯性轴。先将与 AB 边相切的直线①看作是中性轴，其在 y, z 两轴上的截距分别为

$$a_{y1} = \frac{h}{2}, \quad a_{z1} = \infty$$

矩形截面 $i_y^2 = \frac{b^2}{12}$, $i_z^2 = \frac{h^2}{12}$。将以上各式代入式（8-18），就可得到与中性轴①对应的截面核心边界上点 1 的坐标为

$$\rho_{y1} = -\frac{i_z^2}{a_{y1}} = -\frac{h^2/12}{h/2} = -\frac{h}{6}, \quad \rho_{z1} = -\frac{i_y^2}{a_{z1}} = 0$$

同理，分别将与 BC，CD 和 DA 边相切的直线②、③、④看作是中性轴，可求得对应的截面核心边界上点 2，3，4 的坐标依次为

$$\rho_{y2}=0, \rho_{z2}=\frac{b}{6}; \ \rho_{y3}=\frac{h}{6}, \ \rho_{z3}=0; \ \rho_{y4}=0, \ \rho_{z4}=-\frac{b}{6}$$

这样，就得到了截面核心边界上的 4 个点。当中性轴从截面的一个侧边绕截面的一个顶点旋转到其相邻边时，例如当中性轴绕顶点 B 从直线①旋转到直线②时，将得到一系列通过 B 点但斜率不同的中性轴，而 B 点的坐标(y_B, z_B)是这一系列中性轴上所共有的，将其代入中性轴方程（8-14），经改写后得

$$1+\frac{y_B}{i_z^2}y_F+\frac{z_B}{i_y^2}z_F=0$$

式中，由于 y_B，z_B 为常数，所以，该式就可看作是表示外力作用点的坐标 y_F 与 z_F 间关系的直线方程。即当中性轴绕 B 点旋转时，相应的外力作用点移动的轨迹是一条连接点 1，2 的直线。于是将 1，2，3，4 四点中相邻的两点以直线连接，即得矩形截面的截面核心边界。它是一个位于截面中央的菱形，其对角线长度分别为 $h/3$ 和 $b/3$（图 8-14）。

对于具有棱角的截面，均可按上述方法确定截面核心。对于周边有凹进部分的截面（例如槽形和 T 形截面等），在确定截面核心的边界时，应该注意不能取与凹进部分的周边相切的直线作为中性轴，因为这种直线显然将与横截面相交。

例 8-5 试确定图 8-15（a）所示 T 形截面的截面核心（截面尺寸单位为 mm）。

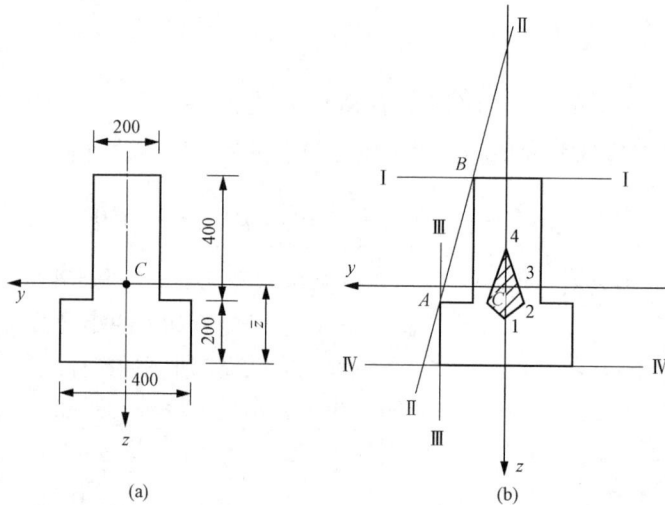

图 8-15

解：（1）计算截面的形心和形心主惯性矩 I_y，I_z。

横截面积为 $A=400\times200+400\times200=1.6\times10^5 (\text{mm}^2)$

横截面对底边的静面矩为 $S=400\times200\times400+400\times200\times100=4\times10^7 (\text{mm}^3)$

形心 C 到底边的距离为 $z_0=\frac{S}{A}=\frac{4\times10^7}{1.6\times10^5}=250 (\text{mm})$

形心主惯性矩为

$$I_y = \frac{200 \times 400^3}{12} + 200 \times 400 \times (400-250)^2 + \frac{400 \times 200^3}{12} + 200 \times 400 \times (250-100)^2$$

$$= 4.933 \times 10^9 (\text{mm}^4)$$

$$I_z = \frac{200 \times 400^3}{12} + \frac{400 \times 200^3}{12} = 1.333 \times 10^9 (\text{mm}^4)$$

惯性半径为

$$i_y^2 = \frac{I_y}{A} = \frac{4.933 \times 10^9}{1.6 \times 10^5} = 3.083 \times 10^4 (\text{mm}^2)$$

$$i_z^2 = \frac{I_z}{A} = \frac{1.333 \times 10^9}{1.6 \times 10^5} = 0.833 \times 10^4 (\text{mm}^2)$$

（2）求截面核心 [图 7-15（b）]。根据截面核心的定义，假定中性轴与截面边缘保持相切而且连续变化，即可求得截面核心的边界。

1）以 I-I 为中性轴，所对应的外力作用点为 1 点，因为 I-I 与 y、z 轴的截距为

$$a_{y1} = \infty, \quad a_{z1} = -3500 \text{ mm}$$

代入式（8-18）得 1 点坐标为

$$\rho_{y1} = -\frac{i_z^2}{a_{y1}} = 0, \quad \rho_{z1} = -\frac{i_y^2}{a_{z1}} = -\frac{3.088 \times 10^4}{-350} = 88.1 (\text{mm})$$

2）以连接 A，B 两顶点的直线 II-II 为中性轴，所对应的外力作用点为 2 点，因为 A，B 两点的坐标分别为（200，50）和（10，-350），所以 II-II 的直线方程为

$$z - 50 = \frac{50 + 350}{200 - 100}(y - 200), \quad 即 z = 4y - 750$$

其截距为

$$a_{y2} = 187.5 \text{ mm}, \quad a_{z2} = -750 \text{ mm}$$

则 2 点的坐标为

$$\rho_{y2} = -\frac{i_z^2}{a_{y2}} = -\frac{0.833 \times 10^4}{187.5} = -44.4 (\text{mm}), \quad \rho_{z2} = -\frac{i_y^2}{a_{z2}} = -\frac{3.088 \times 10^4}{-750} = 41.1 (\text{mm})$$

3）以直线 III-III 为中性轴，所对应的外力作用点为 3 点，III-III 直线的截距为

$$a_{y3} = 200 \text{ mm}, \quad a_{z3} = \infty$$

则 3 点的坐标为

$$\rho_{y3} = -\frac{i_z^2}{a_{y3}} = -\frac{0.833 \times 10^4}{200} = -41.7 (\text{mm}), \quad \rho_{z3} = -\frac{i_y^2}{a_{z3}} = 0$$

4）以直线 IV-IV 为中性轴，对应的外力作用点为 4 点，IV-IV 直线的截距为

$$a_{y4} = \infty, \quad a_{z3} = 250 \text{ mm}$$

则 4 点坐标为

$$\rho_{y4} = -\frac{i_z^2}{a_{y4}} = 0, \quad \rho_{z4} = -\frac{i_y^2}{a_{z4}} = -\frac{3.088 \times 10^4}{250} = -123.3 (\text{mm})$$

当中性轴 I-I 绕 B 点转到 II-II 时，外力作用点由 1 点变到 2 点，又由 B 点坐标不变，因此，外力作用点在变化过程中始终在 1、2 的连线上。同理，连接 2、3、4 各点，并根据对称性，则可得到截面核心，如图 8-15（b）所示。

8.5　扭转与弯曲的组合

　　工程中常有一些杆件发生扭转与弯曲的组合变形，如机械传动中的轴类零件在齿轮啮合力、皮带拉力作用下除了杆件的扭转变形外，由于受自身重力的影响，还会产生弯曲变形，从而产生弯曲与扭转的组合变形。由于传动轴大都是圆形截面，所以，以圆截面杆为主，讨论杆件发生扭转与弯曲组合变形时的强度计算。

　　现以图 8-16（a）所示的曲柄为例，说明弯曲与扭转组合受力时强度的计算方法。为分析圆截面杆 AB 的受力，可将力 F 向 AB 杆右端 B 的截面形心简化，简化后得到一作用于 B 截面的横向力 F 和一作用于 B 端截面的力偶矩 $M_e = Fa$ ［图 8-16（b）］，F 的作用使杆 AB 产生弯曲，M_e 的作用使杆 AB 产生扭转。分别作杆 AB 的弯矩图和扭矩图，如图 8-16（c）、（d）所示，由于弯曲引起的剪力影响很小，在此忽略不计。由弯矩图和扭矩图可知，轴的危险截面为固定端截面，危险截面上的弯矩和扭矩分别为

$$M = Pl, \quad T = M_e = Fa$$

　　根据弯矩 M 和扭矩 T 的实际方向及与之相应的应力分布规律可知，危险截面的最大弯曲正应力 σ 发生在竖直直径的上、下两端点 a 和 b 处，而最大扭转切应力 τ 发生在截面周边上的各点［图 8-16（e）］。因此，危险截面上的危险点为点 a 和 b。

　　由于弯扭组合受力的圆轴一般由塑性材料制成，其拉、压许用应力相同，即危险点 a、b

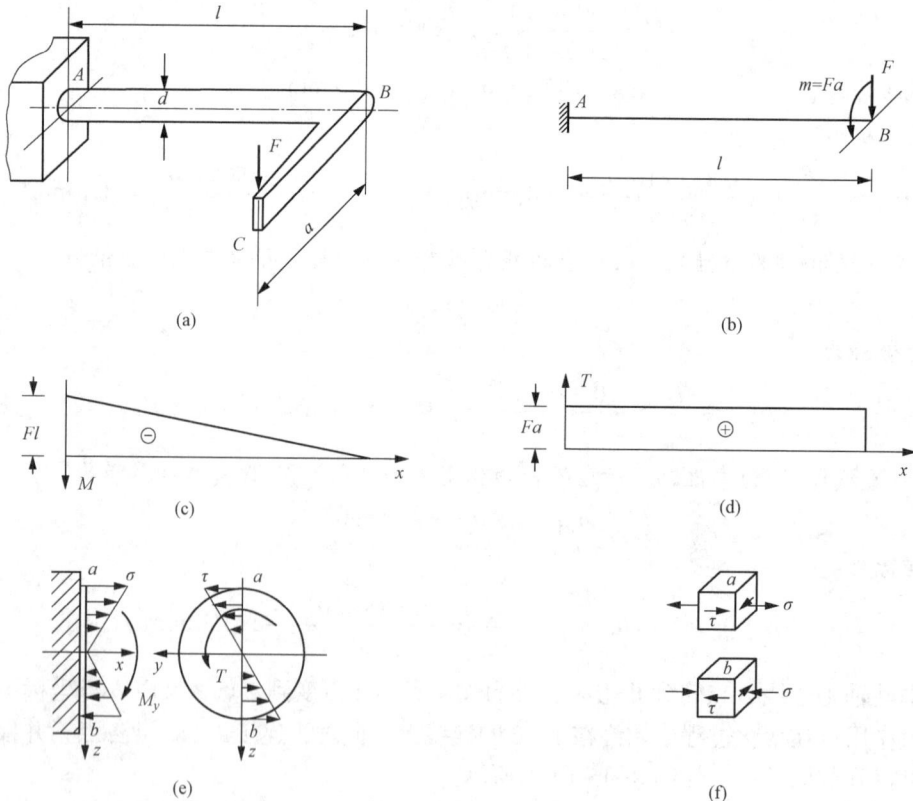

图 8-16

的危险程度是相同的，所以，在进行强度计算时只需校核一个点即可，例如 a 点。围绕 a 点分别用横截面、径向纵截面和切向纵截面截取单元体，其上的应力状态如图 8-16（f）所示，其上的正应力和切应力分别为 $\sigma = \dfrac{M}{W}$，$\tau = \dfrac{T}{W_{\mathrm{p}}}$。

可见，a 点处于平面应力状态，其三个主应力为

$$\sigma_1 = \frac{1}{2}(\sigma + \sqrt{\sigma^2 + 4\tau^2}),\ \sigma_2 = 0,\ \sigma_3 = \frac{1}{2}(\sigma - \sqrt{\sigma^2 + 4\tau^2})$$

对于用塑性材料制成的杆件，应选用第三或第四强度理论建立强度条件，强度表达式分别为

$$\sigma_{\mathrm{r3}} = \sqrt{\sigma^2 + 4\tau^2} \leqslant [\sigma] \tag{8-19}$$

$$\sigma_{\mathrm{r4}} = \sqrt{\sigma^2 + 3\tau^2} \leqslant [\sigma] \tag{8-20}$$

将 $\sigma = \dfrac{M}{W}$，$\tau = \dfrac{T}{W_{\mathrm{p}}}$ 代入式（8-19）和式（8-20），又因圆截面 $W_{\mathrm{p}} = 2W = \dfrac{\pi d^3}{16}$，则得到强度条件的另一种表达式为

$$\sigma_{\mathrm{r3}} = \frac{\sqrt{M^2 + T^2}}{W} \leqslant [\sigma] \tag{8-21}$$

$$\sigma_{\mathrm{r4}} = \frac{\sqrt{M^2 + 0.75T^2}}{W} \leqslant [\sigma] \tag{8-22}$$

令 $M_{\mathrm{r3}} = \sqrt{M^2 + T^2}$，$M_{\mathrm{r4}} = \sqrt{M^2 + 0.75T^2}$，则式（8-21）和式（8-22）可表达为

$$\sigma_{\mathrm{r3}} = \frac{M_{\mathrm{r3}}}{W} \leqslant [\sigma] \tag{8-23}$$

$$\sigma_{\mathrm{r4}} = \frac{M_{\mathrm{r4}}}{W} \leqslant [\sigma] \tag{8-24}$$

M_{r3} 和 M_{r4} 分别称为对应于第三强度理论和第四强度理论的"计算弯矩"或"相当弯矩"。

若将 $W = \pi d^3 / 32$ 代入式（8-23）和式（8-24），则可得到设计弯扭组合受力变形的圆轴直径的公式为

$$d \geqslant \sqrt[3]{\frac{32M_{\mathrm{r3}}}{\pi[\sigma]}} \approx \sqrt[3]{10\frac{M_{\mathrm{r3}}}{[\sigma]}},\ d \geqslant \sqrt[3]{\frac{32M_{\mathrm{r4}}}{\pi[\sigma]}} \approx \sqrt[3]{10\frac{M_{\mathrm{r4}}}{[\sigma]}}, \tag{8-25}$$

值得注意的是，式（8-19）或式（8-20）适用于图 8-13（f）所示的平面应力状态，而不论正应力是由弯曲或其他变形引起的，切应力 τ 是由扭转或其他变形引起的，也不论正应力和切应力是正值或是负值。例如，船舶的推进轴将同时发生扭转、弯曲和轴向拉伸（或压缩），其危险点处的正应力 σ 就应该等于弯曲正应力与轴向拉伸（或压缩）正应力之和。但式（8-21）～式（8-24）仅适用于扭转与弯曲组合变形下的圆截面杆，对于非圆截面杆，由于不存在 $W_{\mathrm{p}} = 2W$ 的关系，所以此四式就不再适用，但其分析方法依然相同。

还应指出的是，对于机器中的转轴，其横截面周边各点的位置将随轴的转动而改变。因此，截面周边各点处弯曲正应力的数值和正负号都将随着轴的转动而交替变化，这种应力称为"交变应力"。实践表明，在交变应力下，杆件往往在最大应力远小于材料的静载强度指标的情况下就发生破坏。因此在机械设计中，对于在交变应力下工作的构件另有相应的强度

计算准则。但在一般转轴的初步设计时，仍按上述各式进行强度计算，只是需将许用应力值适当降低。

例 8-6　图 8-17 所示，ABC 为一圆截面折杆，在自由端 C 的形心上作用有外力其方向分别与 x、z 轴平行。折杆材料的许用应力 $[\sigma]=160$ MPa，若不考虑剪力的影响，试用第三强度理论校核 AB 段上 A 截面的强度。已知 $F_1=300$ N，$F_2=400$ N，$l=200$ mm，$a=150$ mm，$d=20$ mm。

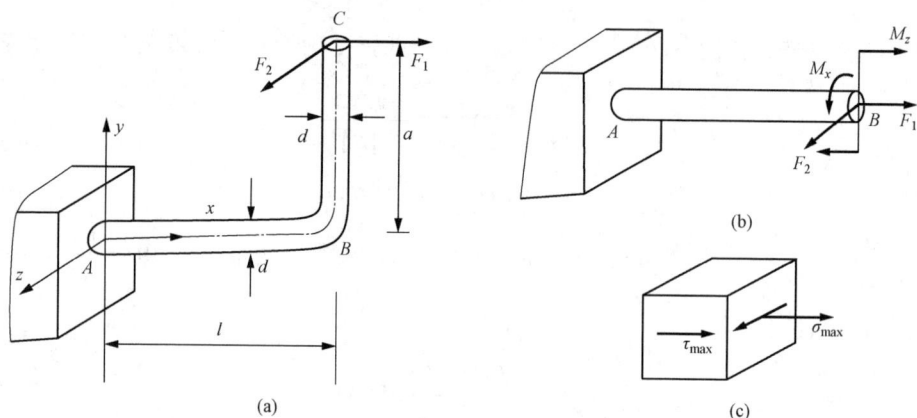

图 8-17

解： 将 F_1 向 B 截面形心简化，得到轴向拉力 F_1 和弯矩 $M_z=F_1a$；将 F_2 向 B 截面形心简化，得到横向力 F_2 和力偶矩 $M_x=F_2a$，简化结果如图 8-17（b）所示。可见，A 截面受到轴向拉伸、两相互垂直平面内弯曲和扭转的组合变形。

A 截面的最大正应力 σ_{max} 在后上边缘处。其值为

$$\sigma_{max}=\frac{F_1}{A}+\frac{\sqrt{M_z^2+M_y^2}}{W}=\frac{4F_1}{\pi d^2}+\frac{32\times\sqrt{(F_1a)^2+(F_2l)^2}}{\pi d^3}$$

$$=\frac{4\times300}{\pi\times20^2}+\frac{32\times\sqrt{(300\times150)^2+(400\times200)^2}}{\pi\times20^3}=117.8(MPa)$$

A 截面的最大扭转切应力 τ_{max} 在其圆周上。其值为

$$\tau_{max}=\frac{T}{W_p}=\frac{16F_2a}{\pi d}=\frac{16\times400\times150}{\pi\times20^3}=38.2(MPa)$$

由第三强度理论有

$$\sigma_{r3}=\sqrt{\sigma_{max}^2+4\tau_{max}^2}=\sqrt{117.8^2+4\times38.2^2}=140.4(MPa)<[\sigma]$$

则该杆的强度足够安全。

思　考　题

8-1　简述用叠加原理解决组合变形强度问题的步骤。

8-2　拉伸（压缩）弯曲组合变形杆件危险点的位置如何确定？建立强度条件时为什么不必利用强度理论？

8-3 构件发生拉伸（压缩）弯曲组合变形时，在什么条件下可按叠加原理计算其横截面上的最大正应力？

8-4 矩形截面直杆上对称地作用着两个力 F 如图 8-18 所示，杆件将发生什么变形？若去掉其中一个后，杆件将发生什么变形？

8-5 什么叫截面核心？它在工程中有什么用途？

8-6 正方形截面（边长为 b）及其荷载如图 8-19 所示，其最大正应力能否利用下式计算？为什么？

$$\sigma_{\max} = \frac{M_{y\max}}{W_y} + \frac{M_{z\max}}{W_z}$$

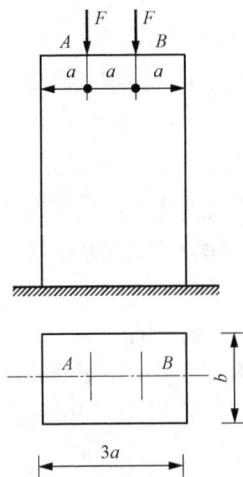

图 8-18

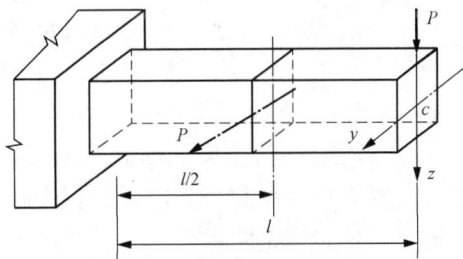

图 8-19

8-7 若梁为矩形截面，试证明当横向力沿截面的对角线作用时，则另一对角线必为中性轴。

8-8 斜弯曲梁的挠曲线是一条平面曲线，还是一条空间曲线？应如何判断？

8-9 弯扭组合的圆截面杆，在建立强度条件时，为什么要用强度理论？

8-10 第三强度理论的强度条件表达式有三种形式：① $\sigma_{r3} = \sigma_1 - \sigma_3 \leqslant [\sigma]$；② $\sigma_{r3} = \sqrt{\sigma^2 + 4\tau^2} \leqslant [\sigma]$；③ $\sigma_{r3} = \dfrac{\sqrt{M^2 + T^2}}{W} \leqslant [\sigma]$。它们各适用什么情况？为什么？

习 题

8-1 如图 8-20 所示悬臂梁的横截面，若在梁的自由端作用有垂直于梁轴线的力 F，其作用方向如图 8-20 所示，则图（a）的变形为_____，图（b）的变形为_____，图（c）的变形为_____，图（d）的变形为_____。

8-2 如图 8-21 所示悬臂吊车，横梁采用 25a 号工字钢，梁长 l = 4 m，α = 30°，横梁

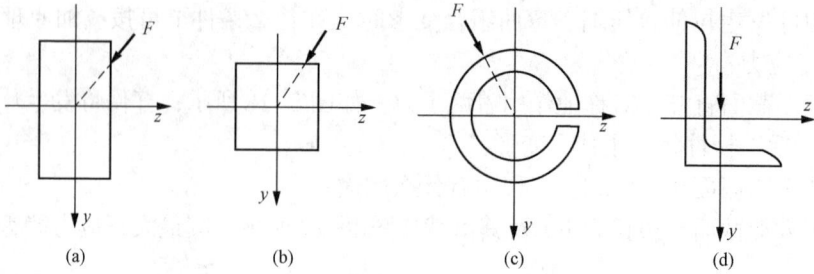

图 8-20

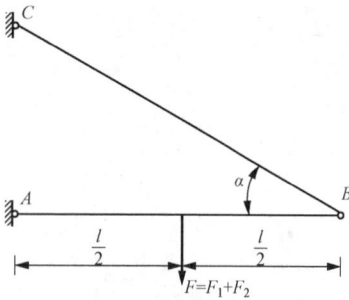

图 8-21

重 $F_1 = 20$ kN，电动葫芦 $F_2 = 4$ kN，横梁材料的许用应力 $[\sigma]$ =100 MPa，试校核横梁的强度。

8-3　如图 8-22 所示，砖砌烟囱高 $h = 30$ m，底截面 $m-m$ 的外径 $d_1 = 3$ m，内径 $d_2 = 2$ m，自重 $P_1 = 2000$ kN，受 $q = 1$ kN/m 的风力作用。试求：

（1）烟囱底截面的最大正应力。

（2）若烟囱的基础埋深 $h_0 = 4$ m，基础及填土自重 $P_2 = 1000$ kN，土壤的许用压应力 $[\sigma] = 0.3$ MPa，圆形基础的直径 D 应为多大？

注：计算风力时，可忽略烟囱直径的变化，把它看作是等截面的。

8-4　螺旋夹紧器立臂的横截面为 $a \times b$ 的矩形，如图 8-23 所示。已知该夹紧器工作时承受的夹紧力 $F = 16$ kN，材料的许用应力 $[\sigma] = 160$ MPa，立臂厚 $a = 20$ mm，偏心距 $e = 140$ mm。试求立臂宽度 b。

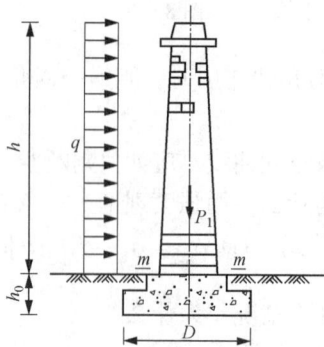

图 8-22

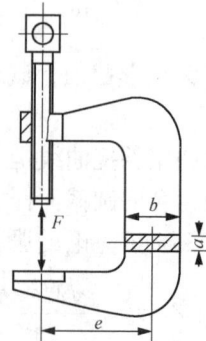

图 8-23

8-5　截面为 16a 号槽钢的简支梁，如图 8-24 所示，跨长 $l = 4.2$ m，承受均布荷载作用，$q = 2$ kN/m，梁放在 $\varphi = 20°$ 的斜面上。求梁危险截面上的 A 点和 B 点处的弯曲正应力。

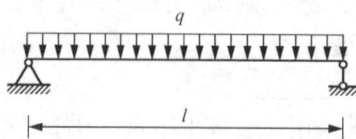

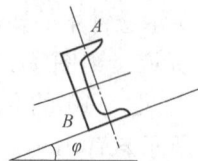

图 8-24

8-6　图 8-25 所示一矩形截面的厂房柱，受压力 $F_1 = 100\ kN$，$F_2 = 45\ kN$，F_2 与柱轴线的偏心距 $e = 200\ mm$，截面宽 $b = 180\ mm$，若使柱截面上不出现拉应力，问截面高度 h 应为多少？此时最大压应力为多大？

8-7　钩头螺栓的直径 $d = 20\ mm$，如图 8-26 所示，当拧紧螺母时承受偏心力 F 的作用，若 $[\sigma] = 120\ MPa$，试求许用载荷 $[F]$。

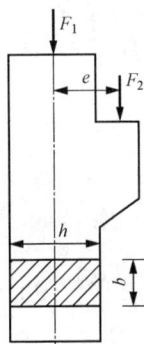

图 8-25

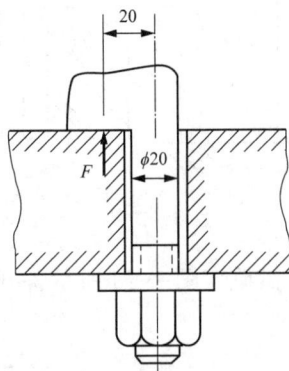

图 8-26

8-8　一受拉构件形状如图 8-27 所示，已知截面尺寸为 $40\ mm \times 5\ mm$，承受轴向拉力 $F = 12\ kN$，拉杆开有切口，如不计应力集中影响，当材料的 $[\sigma] = 100\ MPa$ 时，试确定切口的最大许可深度 x。

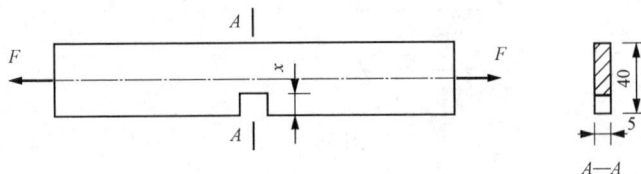

图 8-27

8-9　图 8-28 所示一浆砌块石挡土墙，墙高 4 m，已知墙背承受的土压力 $F = 137\ kN$，并且与竖直线所成夹角为 $\alpha = 45.7°$，浆砌石的密度为 $2.35 \times 10^3\ kg/m^3$，其他尺寸如图 8-28 所示。试取 1 m 长的墙体作为计算对象，计算作用在截面 AB 上 A 点和 B 点处的正应力。又砌体的许用压应力 $[\sigma_c] = 3.5\ MPa$，$[\sigma_t] = 0.14\ MPa$，试校核其强度。

8-10　如图 8-29 所示，柱截面形状为正方形，边长为 a，顶端受轴向压力 F 作用，在右侧开一 $a/4$ 的槽。求：

（1）开槽前后柱内压应力值及所在的位置。

（2）若在柱的左侧对称位置再开一个相同的槽，则应力有何变化？

8-11　如图 8-30 所示，梁的截面为 $100\ mm \times 100\ mm$ 的正方形，若 $F = 3\ kN$，试作轴

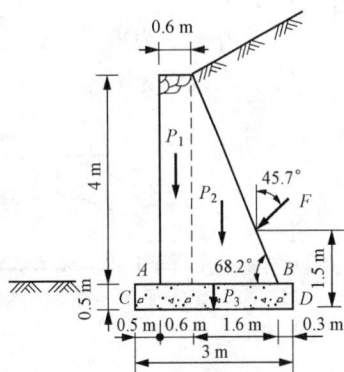

图 8-28

力图及弯矩图,并求最大拉应力及最大压应力。

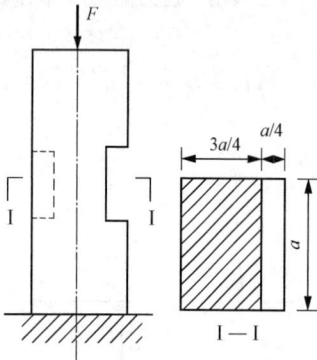

图 8-29

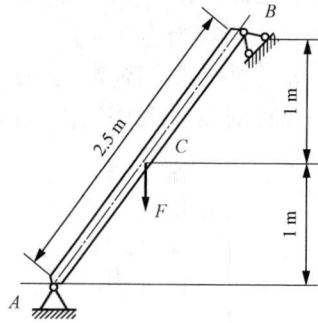

图 8-30

8-12 试确定图 8-31 所示各截面图形的截面核心(截面尺寸单位为 mm)。

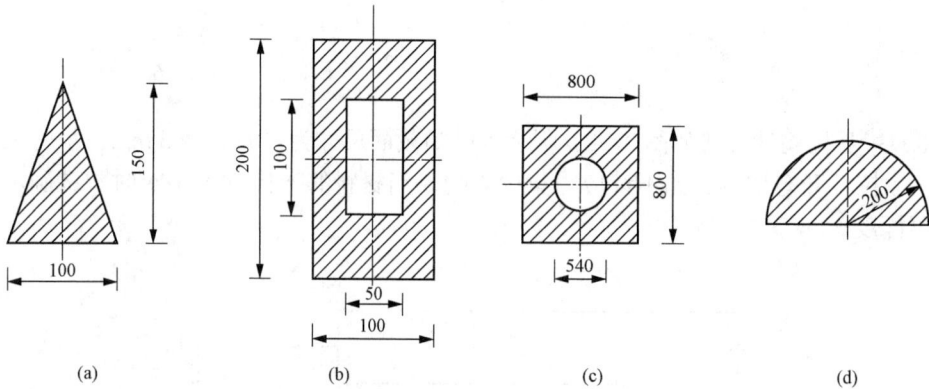

图 8-31

8-13 如图 8-32 所示悬臂梁受到水平力 $F_1 = 0.8$ kN 及竖直方向上的力 $F_2 = 1.65$ kN 的作用,$l = 1$ m。

(1)若截面为矩形,$b = 90$ mm,$h = 180$ mm,试指出危险点的位置,并求最大正应力;

(2)若截面为圆形,$d = 130$ mm,试求最大正应力,并指出危险点的位置。

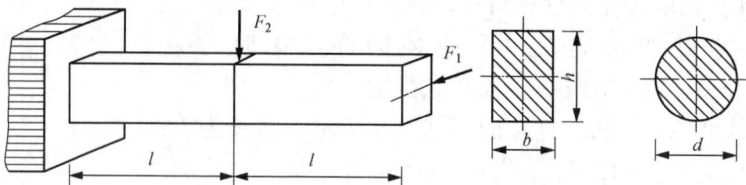

图 8-32

8-14 如图 8-33 所示悬臂梁长 $l = 3$ m,由 25b 号工字钢制成,作用在梁上的均布荷载 $q = 5$ kN/m,集中力 $F = 2$ kN,力 F 与轴的夹角 $\varphi = 30°$。试求:梁内的最大拉应力和最大压应力。

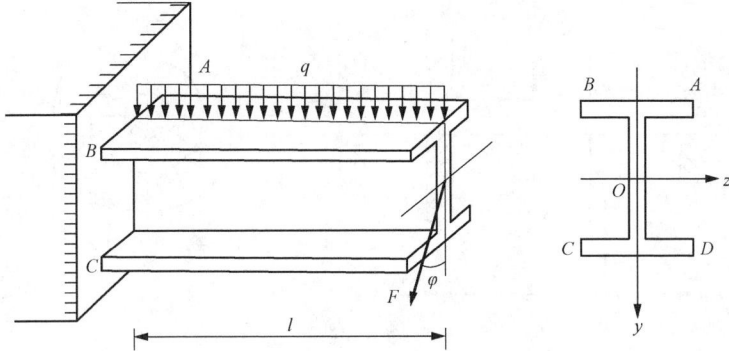

图 8-33

8-15 图 8-34 所示矩形截面悬臂梁,在自由端承受集中力 F,证明当 $b/h=1/2$ 时,使正应力最大的角度为 $\alpha = 63.4°$。

8-16 图 8-35 所示直角曲拐,一端固定,已知 $l = 200$ mm, $a = 150$ mm,直径 $d = 50$ mm,材料的许用应力 $[\sigma] = 130$ MPa,试按第三强度理论确定曲拐的许可荷载 $[F]$。

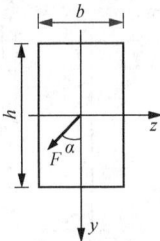

图 8-34

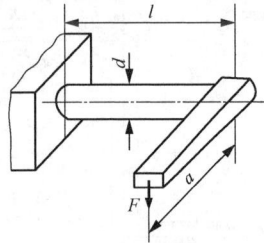

图 8-35

8-17 如图 8-36 所示,铁道路标圆信号板装在外径为 $D = 60$ mm 的空心圆柱上,所受的最大风载 $p = 2$ kN/m², $[\sigma] = 60$ MPa,试按第三强度理论选定空心柱的臂厚。

8-18 圆形截面的开口圆环,尺寸如图 8-37 所示,在开口处作用一对垂直于圆环平面的力 F,若 $[\sigma] = 600$ MPa,试按第三强度理论求许可荷载 $[F]$(提示:考虑 1/4 圆弧及半圆弧处)。

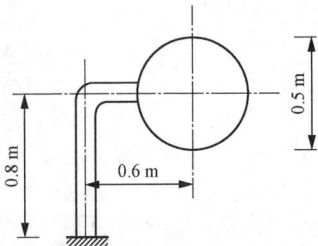

图 8-36

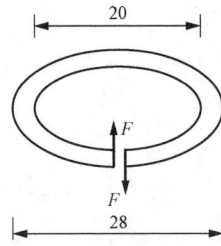

图 8-37

8-19 如图 8-38 所示转轴上装有两个轮子,轮子上分别有力 F_1 与 F_2 作用,且处于平衡状态。已知 $F_2 = 2$ kN,轴的直径 $d = 80$ mm,轴材料的许用应力 $[\sigma] = 80$ MPa,大轮直径 $D_2 = 1$ m,小轮直径 $D_1 = 0.5$ m,试用第四强度理论校核轴的强度。

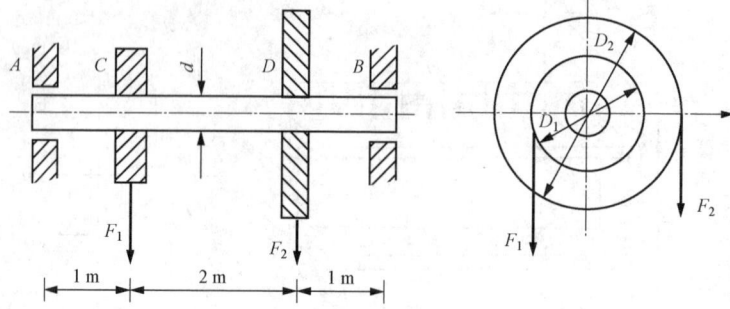

图 8-38

8-20　一手摇绞车如图 8-39 所示。已知轴的直径 $d = 25$ mm，材料为 Q235 钢，其许用应力 $[\sigma] = 80$ MPa，试按第四强度理论求绞车的最大起吊重量 P。

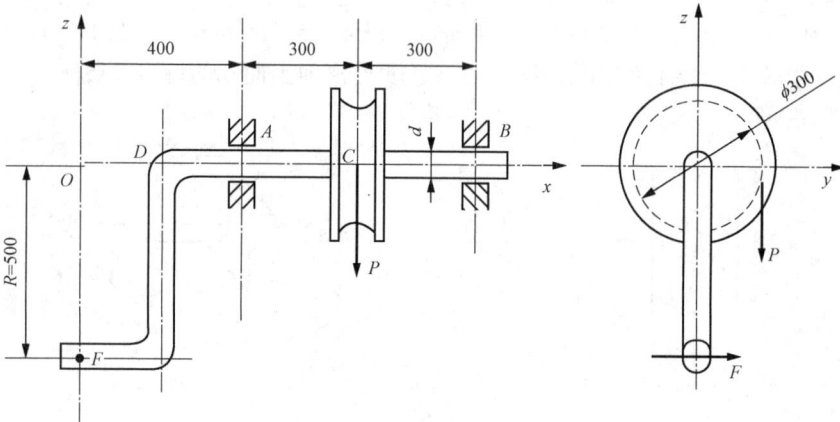

图 8-39

第9章 压杆稳定

9.1 稳定的概念

在轴向拉伸（压缩）杆件的强度计算中，只需其横截面上的正应力不超过材料的许用应力，就从强度上保证了杆件的正常工作。但在实际结构中，受压杆件的横截面尺寸一般都较按强度条件算出的为大，且其横截面的形状往往与梁的横截面形状相仿。例如，钢桁架桥上弦杆（压杆）的截面、厂房钢柱的截面等，见图 9-1。其原因可由一个简单的实验来加以说明。

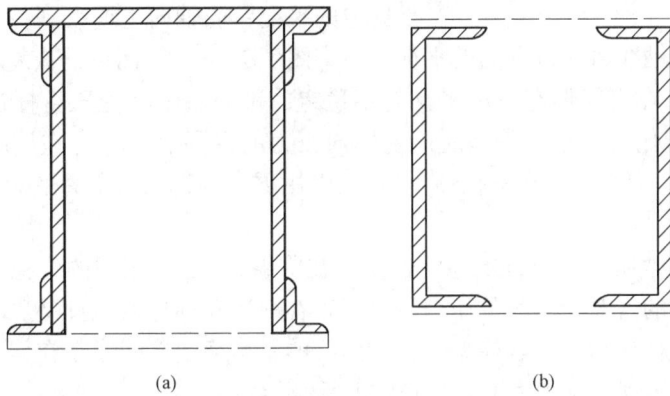

(a)   (b)

图 9-1

取一根长为 300 mm 的钢板尺，其横截面尺寸为 20 mm × 1 mm。若钢的许用应力为 $[\sigma] = 196$ MPa，则按强度条件算得钢尺所能承受的轴向压力应为

$$F = (196 \times 10^6 \text{ Pa}) \times (20 \times 10^{-3} \text{ m} \times 1 \times 10^{-3} \text{ m}) = 3920 \text{ N}$$

但若将钢尺竖立在桌上，用手压其上端，则当压力不到 40 N 时，钢尺就被明显压弯。显然，这个压力较 3.92 kN 小两个数量级。当钢尺被明显压弯时，就不可能再承担更大的压力。由此可见，钢尺的承载能力并不取决于轴向压缩的压缩强度，而是与钢尺受压时变弯有关。为此需提高压杆的弯曲刚度。同理，将一张平的卡片纸竖放在桌上，其自重就可能使其变弯。但若把纸片折成类似于角钢的形状，就须在其顶端放上一个轻砝码，才能使其变弯。而若将纸片卷成圆筒形，则虽放上一个轻砝码，也不能使其变弯。这就表明，压杆是否变弯，与杆横截面的弯曲刚度有关。而且，实际的压杆在制造时其轴线不可避免地会存在初曲率，作用在压杆上的外力的合力作用线也不可能毫无偏差地与杆的轴线相重合，压杆的材料本身也不可避免地存在不均匀性。这些因素都可能使压杆在外压力作用下除发生轴向压缩变形外，还发生附加的弯曲变形。为便于说明问题，可将这些因素用外压力的偏心来模拟。压杆在偏心压力作用下，即使偏心距很小，压杆的次要变形——弯曲变形也有可能随着压力的增大而加速增长，并逐渐转化为主要变形，从而导致压杆丧失承载能力。

如上所述，实际压杆受压力作用时，将会发生不同程度的压弯现象。但在对压杆的承载能力进行理论研究时，通常将压杆抽象为由均质材料制成、轴线为直线，且外压力作用线与压杆轴线重合的理想"中心受压直杆"的力学模型。在这一力学模型中，由于不存在使压杆产生弯曲变形的初始因素，因此，在轴向压力下就不可能发生弯曲现象。为此，在分析中心受压直杆时，当压杆承受轴向压力[图 9-2（a）中的力 F]后，假想地在杆上施加一微小的横向力[图 9-2（a）中的力 F']，使杆发生弯曲变形，然后撤去横向力。实验表明，当轴向力不大时，撤去横向力后，杆的轴线将恢复其原来的直线平衡形态[图 9-2（b）]，则压杆在直线形态下的平衡是稳定的平衡；当轴向力增大到一定的界限值时，撤去横向力后，杆的轴线将保持弯曲的平衡形态[图9-2（c）]，而不再恢复其原有的直线平衡形态，则压杆原来在直线形态下的平衡是不稳定的平衡。中心受压直杆在直线形态下的平衡，由稳定平衡转化为不稳定平衡时所受轴向压力的界限值，称为临界压力，或简称临界力，并用 F_{cr} 表示。中心受压直杆在临界力 F_{cr} 作用下，其直线形态的平衡开始丧失稳定性，简称为失稳。

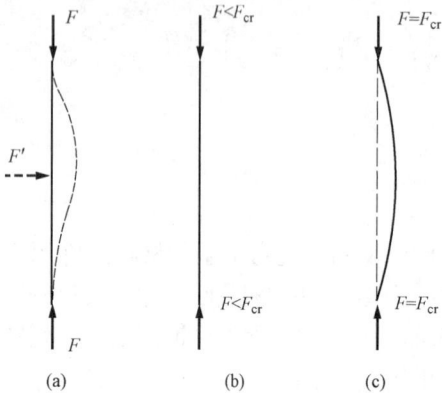

必须指出，通常所说的压杆的稳定性及其在临界力 F_{cr} 作用下的失稳，是就中心受压直杆的力学模型而言的。对于实际的压杆，由于存在前述几种导致压杆受压时弯曲的因素，通常可用偏心受压直杆作为其力学模型。实际压杆的平衡稳定性问题是在偏心压力作用下，杆的弯曲变形是否会出现急剧增大而丧失正常的承载能力。

压杆失稳的概念在中心受压直杆的力学模型中与在偏心受压直杆的力学模型中是截然不同的。本章主要以中心受压直杆这一力学模型为对象，来研究压杆平衡稳定性的问题及其临界力 F_{cr} 的计算。

9.2 两端铰支细长压杆的临界压力

细长的中心受压直杆在临界力作用下，处于不稳定平衡的直线形态下，其材料仍处于理想的线弹性范围内，这类稳定问题称为线弹性稳定问题。

现以两端球形铰支、长度为 l 的等截面细长中心受压直杆[图 9-3（a）]为例，推导其临界力的计算公式。由前所述，中心受压直杆在临界力作用下将在微弯形态下维持平衡。假设压杆的轴线在临界力 F_{cr} 作用下呈曲线形态。此时，压杆任一 x 截面沿 y 方向的挠度为 $w = f(x)$，该截面上的弯矩为

$$M(x) = F_{cr}w \tag{9-1}$$

弯矩的正负号仍按以前的规定，压力 F_{cr} 取为正值，挠度 w 以沿 y 轴正值方向者为正。

将弯矩 $M(x)$ 代入式（6-6）可得挠曲线的近似微分方程为

$$EI\omega'' = -M(x) = -F_{cr}w \tag{9-2}$$

式中，I 为压杆横截面的最小形心主惯性矩。

将式（9-2）两端均除以 EI，并令

$$\frac{F_{cr}}{EI} = k^2 \qquad (9-3)$$

则式（9-2）可改为二阶常系数线性微分方程

$$w'' + k^2 w = 0 \qquad (9-4)$$

其通解为

$$w = A \sin kx + B \cos kx \qquad (9-5)$$

式中，A、B 两待定常数可用挠曲线的边界条件确定。

由 $x=0$，$w=0$ 的边界条件，可得 $B=0$。由 $x=\dfrac{l}{2}$，$w=\delta$（δ 为挠曲线中点的挠度）的边界条件，可得

$$A = \frac{\delta}{\sin(kl/2)}$$

最后，由常数 A，B 及 $x=l$，$w=0$ 的边界条件得

$$0 = \frac{\delta}{\sin(kl/2)} \sin kl = 2\delta \cos(kl/2) \qquad (9-6)$$

式（9-6）仅在 $\delta=0$ 或 $\cos(kl/2)=0$ 时才能成立。显然，若 $\delta=0$，则压杆的轴线并非微弯的挠曲线。欲使压杆在微弯形态下维持平衡，必须有

$$\cos\frac{kl}{2} = 0 \qquad (9-7)$$

即得

$$\frac{kl}{2} = \frac{n\pi}{2}, \quad (n=1,3,5,\cdots\cdots)$$

其最小解为 $n=1$ 时的解，于是

$$kl = \sqrt{\frac{F_{cr}}{EI}}\, l = \pi \qquad (9-8)$$

$$F_{cr} = \frac{\pi^2 EI}{l^2} \qquad (9-9)$$

式（9-9）即两端球形铰支（简称两端铰支）等截面细长中心受压直杆临界力 F_{cr} 的计算公式。由于式（9-9）最早由瑞士数学家欧拉导出，所以，通常称为欧拉公式。

在 $kl=\pi$ 的情况下，$\sin(kl/2)=\sin(\pi/2)=1$，故由常数 A，B 及式（9-5）可知，挠曲线方程为

$$w = \delta \sin\frac{\pi x}{l} \qquad (9-10)$$

即挠曲线为半波正弦曲线。

应该指出，在以上求解过程中，挠曲线中点挠度 δ 是个无法确定的值，即不论 δ 为任何微小值，上述平衡条件都能成立，似乎压杆受临界力作用时可以在微弯形态下处于随遇平衡

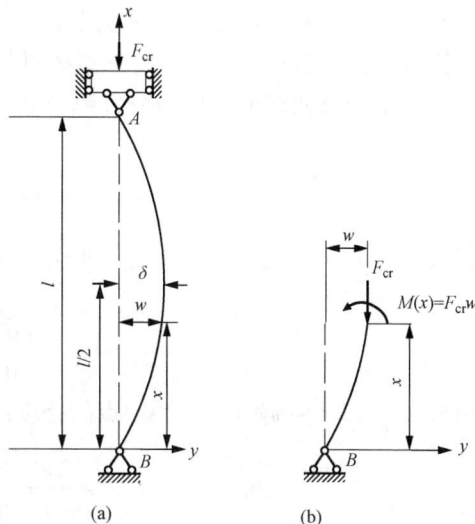

（或 "中性平衡"）的状态。事实上，这种随遇平衡状态是不成立的，δ 值之所以无法确定，是因为在推导过程中使用了挠曲线的近似微分方程。

若采用挠曲线的精确微分方程

$$\frac{\mathrm{d}\theta}{\mathrm{d}s} = -\frac{M(x)}{EI} = -\frac{F_{cr}w}{EI} \qquad (9-11)$$

将式（9-11）两边对 s 取导数，并注意到 $\dfrac{\mathrm{d}w}{\mathrm{d}s} = \sin\theta$，其中 θ 为挠曲线的转角，则有

$$\frac{\mathrm{d}^2\theta}{\mathrm{d}s^2} = -\frac{F_{cr}}{EI}\sin\theta \qquad (9-12)$$

由式（9-12）可解得挠曲线中点的挠度 δ 与压力 F 之间的近似关系式为

$$\delta = \frac{2\sqrt{2}l}{\pi}\sqrt{\frac{F}{F_{cr}}-1}\left[1 - \frac{1}{2}\left(\frac{F}{F_{cr}}-1\right)\right] \qquad (9-13)$$

式（9-13）可用图 9-4（a）中的曲线 AB 来表示，即曲线在 A 点处的切线是水平的；当 $F \geqslant F_{cr}$ 时，压杆在微弯平衡形态下，压力 F 与挠度 δ 间存在一一对应的关系。而由挠曲线近似微分方程得出的 $F-\delta$ 关系如图 9-4（b）所示，即当 $F = F_{cr}$ 时，压杆在微弯形态下，呈现随遇平衡的特征。

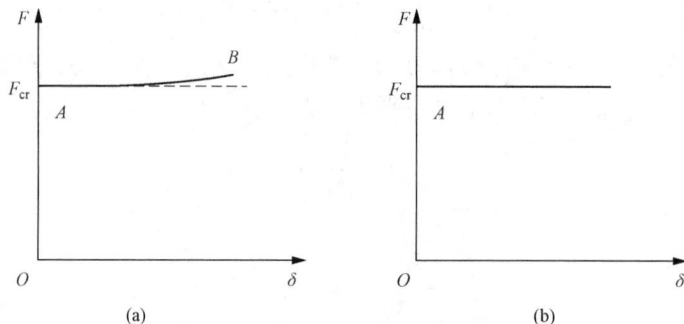

图 9-4

9.3　其他支座条件下细长压杆的临界压力

不同杆端约束下细长中心受压直杆的临界力表达式，可通过类似的方法推导。本节给出几种典型的理想支撑约束条件下，细长中心受压直杆的欧拉公式表达式，如表 9-1 所示。

由表 9-1 可以看出，中心受压直杆的临界力 F_{cr} 受到杆端约束情况的影响。杆端约束越强，杆的抗弯能力就越大，其临界力也就越高。对于各种杆端约束情况，细长中心受压等直杆临界力的欧拉公式可写成统一的形式：

$$F_{cr} = \frac{\pi^2 EI}{(\mu l)^2} \qquad (9-14)$$

式中，因数 μ 称为压杆的长度因数，与杆端的约束情况有关。μl 称为原压杆的相当长度，其物理意义可从表 9-1 中各种杆端约束下细长压杆失稳时挠曲线形状的比拟来说明。由于压杆

失稳时挠曲线上拐点处的弯矩为零，故可设想拐点处有一铰，而将压杆在挠曲线两拐点间的一段看作是两端铰支压杆，并利用两端铰支压杆临界力的欧拉公式（9-9），得到原支撑条件下压杆的临界力 F_{cr}。这两拐点之间的长度，即为相当长度 μl。或者说，相当长度为各种支撑条件下的细长压杆失稳时，挠曲线中相当于半波正弦曲线的一段长度。

表 9-1　　　　　典型的理想支撑约束条件下细长中心受压直杆的欧拉公式表达式

约束端情况	两端铰支	一端固定另一端铰支	两端固定	一端固定另一端自由	两端固定但可沿横向相对移动
失稳时挠曲线形状		C-挠曲线拐点	C,D-挠曲线拐点		C-挠曲线拐点
临界力 F_{cr}	$F_{cr}=\dfrac{\pi^2 EI}{l^2}$	$F_{cr}\approx\dfrac{\pi^2 EI}{(0.7l)^2}$	$F_{cr}=\dfrac{\pi^2 EI}{(0.5l)^2}$	$F_{cr}=\dfrac{\pi^2 EI}{(2l)^2}$	$F_{cr}=\dfrac{\pi^2 EI}{l^2}$
长度因数 μ	$\mu=1$	$\mu\approx0.7$	$\mu=0.5$	$\mu=2$	$\mu=1$

应当注意，细长压杆临界力的欧拉公式（9-9）或式（9-14）中，I 是横截面对某一形心主惯性轴的惯性矩。若杆端在各个方向的约束情况相同（如球形铰等），则 I 应取最小的形心主惯性矩。在工程实际问题中，支撑约束程度与理想的支撑约束条件总有所差异，因此，其长度因数 μ 值应根据实际支撑的约束程度，以表 9-1 为参考来加以选取。在有关的设计规范中，对各种压杆的 μ 值多有具体的规定。

例 9-1　图 9-5 所示一根下端固定、上端自由并在自由端受轴向压力作用的等直细长压杆，杆长为 l。在临界力作用下，杆失稳时有可能在 xy 平面内维持微弯状态下的平衡，其弯曲刚度为 EI。试推导其临界力 F_{cr} 的欧拉公式，并求压杆的挠曲线方程。

解：根据杆端约束情况，杆在临界力 F_{cr} 作用下的挠曲线形状如图 9-5 所示。最大挠度 δ 发生在杆的自由端。由临界力引起的杆任意 x 横截面上的弯矩

$$M(x)=-F_{cr}(\delta-w) \qquad (1)$$

式中，w 为该横截面处杆的挠度。将式（1）代入杆的挠曲线近似微分方程得

$$EIw''=-M=F_{cr}(\delta-w) \qquad (2)$$

将式（2）移项，并简化得

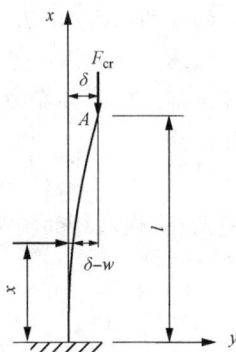

图 9-5

$$w'' + k^2 w = k^2 \delta \tag{3}$$

式中，$k^2 = \dfrac{F_{cr}}{EI}$。微分方程的通解为

$$w = A\sin kx + B\cos kx + \delta \tag{4}$$

式（4）中的待定常数 A，B，k 可由挠曲线的边界条件确定：

在 $x = 0$ 处：　　　　　　　　$w = 0$，$w' = 0$

在 $x = l$ 处：　　　　　　　　$w = \delta$

将式（4）取一阶导数后可得

$$w' = Ak\cos kx - Bk\sin kx \tag{5}$$

将边界条件 $x = 0$，$w' = 0$ 代入式（5）得 $A = 0$。再将边界条件 $x = 0$，$w = 0$ 代入式（4），得 $B = -\delta$。于是，式（4）可写作

$$w = \delta(1 - \cos kx) \tag{6}$$

最后将边界条件 $x = l$，$w = \delta$ 代入式（6），即得

$$\delta = \delta(1 - \cos kl) \tag{7}$$

能使挠曲线方程成立的条件为

$$\cos kl = 0 \tag{8}$$

从而得出

$$kl = n\pi/2, \ n = 1, 3, 5, \cdots\cdots \tag{9}$$

由其最小解 $kl = \dfrac{\pi}{2}$，即得压杆临界力 F_{cr} 的欧拉公式为

$$F_{cr} = \frac{\pi^2 EI}{4l^2} = \frac{\pi^2 EI}{(2l)^2} \tag{10}$$

以 $k = \dfrac{\pi}{2l}$ 代入式（6），即得此压杆的挠曲线方程为

$$w = \delta\left(1 - \cos\frac{\pi x}{2l}\right)$$

式中，δ 为杆自由端的微小挠度，其值不定。

例 9-2　如图 9-6（a）所示一下端固定、上端铰支、长度为 l 的细长中心受压等直杆，杆的弯曲刚度为 EI。试推导其临界力 F_{cr} 的欧拉公式，并求压杆的挠曲线方程。

解：在临界力 F_{cr} 作用下，根据压杆的约束情况，其挠曲线形状将如图 9-6 所示。在上端支撑处，除临界力 F_{cr} 外将有水平力 F_y 作用 [图 9-6（b）]。因此，杆的任意 x 横截面上的弯矩为

$$M(x) = F_{cr}w - F_y(l - x) \tag{1}$$

将 $M(x)$ 代入杆的挠曲线近似微分方程，并经简化后，即得

$$w'' + k^2 w = k^2 \frac{F_y}{F_{cr}}(l - x) \tag{2}$$

式中，$k^2 = \dfrac{F_{cr}}{EI}$。微分方程的通解为

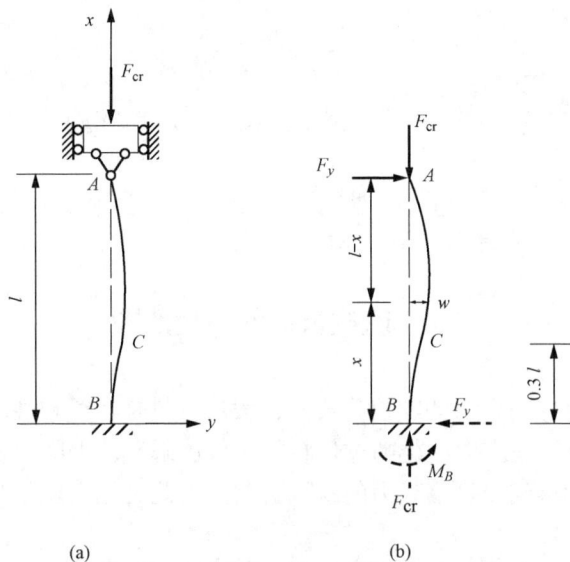

图 9-6

$$w = A\sin kx + B\cos kx + \frac{F_y}{F_{cr}}(l-x) \tag{3}$$

其一阶导数为

$$w' = Ak\cos kx - Bk\sin kx - \frac{F_y}{F_{cr}} \tag{4}$$

由挠曲线在固定端处的边界条件 $x = 0$，$w' = 0$ 可得

$$A = \frac{F_y}{kF_{cr}} \tag{5}$$

又由边界条件 $x = 0$，$w = 0$ 可得

$$B = -\frac{F_y l}{F_{cr}} \tag{6}$$

将式（5）、式（6）中的 A，B 代入式（3），即得

$$w = \frac{F_y}{F_{cr}}\left[\frac{1}{k}\sin kx - l\cos kx + (l-x)\right] \tag{7}$$

由铰支处的边界条件 $x = l$，$w = 0$ 得

$$\frac{F_y}{F_{cr}}\left(\frac{1}{k}\sin kl - l\cos kl\right) = 0 \tag{8}$$

杆在微弯形态下平衡时，F_y 不可能等于零，于是必须有

$$\frac{1}{k}\sin kl - l\cos kl = 0 \tag{9}$$

即

$$\tan kl = kl \tag{10}$$

由此解出

$$kl = 4.49 \tag{11}$$

从而得到压杆临界力 F_{cr} 的欧拉公式为

$$F_{cr} = \frac{(4.49)^2 EI}{l^2} \approx \frac{\pi^2 EI}{(0.7l)^2} \qquad (12)$$

将式（11）中的 $k = \dfrac{4.49}{l}$ 代入式（7），可得压杆的挠曲线方程为

$$w = \frac{F_y l}{F_{cr}} \left[\frac{\sin kx}{4.49} - \cos kx + \left(1 - \frac{x}{l} \right) \right] \qquad (13)$$

9.4 欧拉公式的适用范围

在推导中心受压直杆临界力的欧拉公式时，假定材料是在线弹性范围内工作的，因此，压杆在临界力 F_{cr} 作用下的应力不得超过材料的比例极限 σ_p，否则，挠曲线的近似微分方程不能成立，也就不可能得到压杆临界力的欧拉公式。由此可见，压杆临界力的欧拉公式有其一定的应用范围。

当压杆受临界力 F_{cr} 作用而在直线平衡形态下维持不稳定平衡时，横截面上的压应力可按公式 $\sigma = \dfrac{F}{A}$ 计算。于是，各种支撑情况下压杆横截面上的应力为

$$\sigma_{cr} = \frac{F_{cr}}{A} = \frac{\pi^2 EI}{(\mu l)^2 A} = \frac{\pi^2 E}{(\mu l/i)^2} \qquad (9-15)$$

式中，σ_{cr} 称为临界应力；$i = \sqrt{I/A}$ 为压杆横截面对中性轴的惯性半径；μl 为压杆的相当长度，两者的比值 $(\mu l/i)$ 称为压杆的长细比或柔度。其值越大，相应的 σ_{cr} 值就越小，即压杆越容易失稳。压杆的柔度记为 λ，即

$$\lambda = \frac{\mu l}{i} \qquad (9-16)$$

于是，式（9-15）可写为

$$\sigma_{cr} = \frac{\pi^2 E}{\lambda^2} \qquad (9-17)$$

由前面的分析可知，只有在 $\sigma_{cr} \leqslant \sigma_p$ 的范围内，才可用欧拉公式（9-14）计算压杆的临界力。于是，欧拉公式的应用范围可表示为

$$\sigma_{cr} = \frac{\pi^2 E}{\lambda^2} \leqslant \sigma_p$$

或写为

$$\lambda \geqslant \sqrt{\frac{\pi^2 E}{\sigma_p}} = \pi \sqrt{\frac{E}{\sigma_p}} = \lambda_p \qquad (9-18)$$

式中，λ_p 为能够应用欧拉公式的压杆柔度的界限值。通常称 $\lambda \geqslant \lambda_p$ 的压杆为大柔度压杆，或细长压杆。而当压杆的柔度 $\lambda < \lambda_p$ 时，就不能应用欧拉公式，通常称其为中小柔度压杆。这一界限值的大小取决于压杆材料的力学性能。例如，对于 Q235 钢，可取 $E = 206\,\text{GPa}$，$\sigma_p = 200\,\text{MPa}$，则由式（9-18）可得

$$\lambda_{\mathrm{p}} = \pi \sqrt{\frac{E}{\sigma_{\mathrm{p}}}} = \pi \sqrt{\frac{206 \times 10^9\,\mathrm{Pa}}{200 \times 10^6\,\mathrm{Pa}}} \approx 100$$

因而，由 Q235 钢制成的压杆，只有当其柔度 $\lambda \geqslant 100$ 时才能按欧拉公式计算其临界力。

将式（9-17）所示压杆临界应力 σ_{cr} 与压杆柔度 λ 间的关系用曲线来表示，如图 9-5 中的双曲线所示，称为欧拉临界应力曲线。显然，图 9-7 中的实线部分是欧拉公式适用范围内的曲线，而虚线部分则无意义，因为当 $\lambda < \lambda_{\mathrm{p}}$ 时，$\sigma_{\mathrm{cr}} > \sigma_{\mathrm{p}}$ 欧拉公式已不再适用。

根据柔度的大小可将压杆分为三类：

（1）大柔度杆或细长杆 $\lambda \geqslant \lambda_{\mathrm{p}}$。杆将发生弹性屈曲，此时压杆在直线平衡形式下横截面上的正应力不超过材料的比例极限。

（2）中长杆或中柔度杆 $\lambda_{\mathrm{s}} \leqslant \lambda \leqslant \lambda_{\mathrm{p}}$。压杆亦发生屈曲，此时压杆在直线平衡形式下横截面上的正应力已超过材料的比例极限。截面上某些部分已进入塑性状态，为非弹性屈曲。一般用经验公式计算临界应力，如直线型经验公式，$\sigma_{\mathrm{cr}} = a - b\lambda$，其中 a，b 都是材料常数。

（3）粗短杆或小柔度杆 $\lambda < \lambda_{\mathrm{s}}$。压杆不会发生屈曲，但会发生屈服。

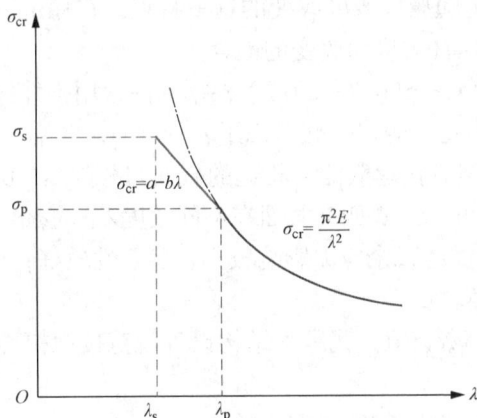

图 9-7

9.5 压杆的稳定校核

9.5.1 安全系数法

以前的讨论表明，对各种不同柔度的压杆，总可以根据欧拉公式或经验公式计算出杆件相应的临界应力，将其乘以杆件横截面积 A，便得到临界压力 F_{cr}。对于工程中的压杆，为保证其能够安全正常工作而不丧失稳定性，应使压杆实际承受的轴向压力 F 小于相应的临界压力，而且应具有一定的安全储备。故稳定条件为

$$n_{\mathrm{w}} = \frac{F_{\mathrm{cr}}}{F} \geqslant n_{\mathrm{st}} \tag{9-19}$$

式中，F 为压杆的工作压力；F_{cr} 为压杆的临界压力，按第 9.4 节方法计算；n_{w} 为压杆的工作安全系数；n_{st} 为规定的稳定安全系数，该值一般高于强度安全系数，其原因是一些难以避免的缺陷，如初弯曲、压力偏心等，会严重影响压杆的稳定，且压杆柔度越大，影响也越大。

关于稳定安全系数 n_{st}，一般可从设计手册或规范中查到。采用式（9-19）进行稳定计算的方法称为安全系数法。采用此法进行计算，具体步骤如下：

（1）根据压杆的实际尺寸及支撑情况，计算出压杆各个弯曲平面的柔度 λ，从而得出最大柔度 λ_{max}。

（2）根据 λ_{max}，确定计算压杆临界压力 F_{cr} 的具体公式，并计算出临界压力 F_{cr}。

（3）利用上述稳定条件进行稳定计算。

9.5.2 稳定因数法

如前所述，实际压杆可能存在杆件的初曲率、压力的偏心度以及截面上的残余应力等不利因素，将降低压杆的临界应力。然而，压杆所能承受的极限应力总是随压杆的柔度而改变的，柔度越大，极限应力值越低。因此，设计压杆时所用的许用应力也应随压杆柔度的增大而减小。在压杆设计中，将压杆的稳定许用应力 $[\sigma]_{st}$ 写作材料的强度许用应力 $[\sigma]$ 乘以一个随压杆柔度 λ 而改变的稳定因数 $\varphi = \varphi(\lambda)$，即

$$[\sigma]_{st} = \frac{\sigma_{cr}}{n_{st}} = \frac{\sigma_{cr}}{n_{st}[\sigma]}[\sigma] = \varphi[\sigma] \tag{9-20}$$

以反映压杆的稳定许用应力随压杆柔度改变的这一特点。在稳定因数 $\varphi = \varphi(\lambda)$ 中，也考虑了压杆的稳定安全因数 n_{st} 随压杆柔度而改变的因素。

我国钢结构设计标准（GB 50017—2017）根据国内常用构件的截面形式、尺寸和加工条件，规定了相应的残余应力变化规律，并考虑了 $l/1000$ 的初曲率，计算了 96 根压杆的稳定因数 φ 与柔度 λ 间的关系值，然后把承载能力相近的截面归并为 a、b、c、d 四类，根据不同材料的屈服强度分别给出 a、b、c、d 四类截面在不同柔度 λ 下的 φ 值（表 9-2～表 9-5），以供压杆设计时参考。其中，a 类的残余应力影响较小，稳定性较好；c 类的残余应力影响较大；基本上多数情况下可取 b 类。

对于木制压杆的稳定因数 φ 值，我国木结构设计规范按照树种的强度等级分别给出了两组计算公式：

树种强度等级为 TC17、TC15 及 TB20 时有

$$\lambda \leqslant 75: \qquad \varphi = \frac{1}{1 + \left(\dfrac{\lambda}{80}\right)^2} \tag{9-21}$$

$$\lambda > 75: \qquad \varphi = \frac{3000}{\lambda^2} \tag{9-22}$$

树种强度等级为 TC13、TC11、TB11、TB13、TB15 及 TB17 时有

$$\lambda \leqslant 91: \qquad \varphi = \frac{1}{1 + \left(\dfrac{\lambda}{65}\right)^2} \tag{9-23}$$

$$\lambda > 91: \qquad \varphi = \frac{2800}{\lambda^2} \tag{9-24}$$

关于树种强度等级，TC17 有柏木、东北落叶松等；TC15 有铁杉、西南云杉等；TC13 有红松、马尾松等；TC11 有西北云杉、冷杉等；TB20 有紫心木、桐木等；TB17 有栎木等；TB15 有水曲柳、桦木等；TB13 有海棠木等；TB11 有大叶椴等。代号后的数字为树种的弯曲

表 9-2

a 类截面中心受压直杆的稳定因数 φ

λ/εk	0	1.0	2.0	3.0	4.0	5.0	6.0	7.0	8.0	9.0
0	1.000	1.000	1.000	1.000	0.999	0.999	0.998	0.998	0.997	0.996
10	0.995	0.994	0.993	0.992	0.991	0.989	0.988	0.986	0.985	0.983
20	0.981	0.979	0.977	0.976	0.974	0.972	0.970	0.968	0.966	0.964
30	0.963	0.961	0.959	0.957	0.954	0.952	0.950	0.948	0.946	0.944
40	0.941	0.939	0.937	0.934	0.932	0.929	0.927	0.924	0.921	0.918
50	0.916	0.913	0.910	0.907	0.903	0.900	0.897	0.893	0.890	0.886
60	0.883	0.879	0.875	0.871	0.867	0.862	0.858	0.854	0.849	0.844
70	0.839	0.834	0.829	0.824	0.818	0.813	0.807	0.801	0.795	0.789
80	0.783	0.776	0.770	0.763	0.756	0.749	0.742	0.735	0.728	0.721
90	0.713	0.706	0.698	0.691	0.683	0.676	0.668	0.660	0.653	0.645
100	0.637	0.630	0.622	0.614	0.607	0.599	0.592	0.584	0.577	0.569
110	0.562	0.555	0.548	0.541	0.534	0.527	0.520	0.513	0.507	0.500
120	0.494	0.487	0.481	0.475	0.469	0.463	0.457	0.451	0.445	0.439
130	0.434	0.428	0.423	0.417	0.412	0.407	0.402	0.397	0.392	0.387
140	0.382	0.378	0.373	0.368	0.364	0.360	0.355	0.351	0.347	0.343
150	0.339	0.335	0.331	0.327	0.323	0.319	0.316	0.312	0.308	0.305
160	0.302	0.298	0.295	0.292	0.288	0.285	0.282	0.279	0.276	0.273
170	0.270	0.267	0.264	0.261	0.259	0.256	0.253	0.250	0.248	0.245
180	0.243	0.240	0.238	0.235	0.233	0.231	0.228	0.226	0.224	0.222
190	0.219	0.217	0.215	0.213	0.211	0.209	0.207	0.205	0.203	0.201
200	0.199	0.197	0.196	0.194	0.192	0.190	0.188	0.187	0.185	0.183
210	0.182	0.180	0.178	0.177	0.175	0.174	0.172	0.171	0.169	0.168
220	0.166	0.165	0.163	0.162	0.161	0.159	0.158	0.157	0.155	0.154
230	0.150	0.151	0.150	0.149	0.148	0.147	0.145	0.144	0.143	0.142
240	0.141	0.140	0.139	0.137	0.136	0.135	0.134	0.133	0.132	0.131

注 ε_k 为钢号修正系数，其值为 235 与钢材牌号中屈服点数值的比值的平方根，即当钢材为 Q235 钢时，ε_k 为 1。

表 9-3

b 类截面中心受压直杆的稳定因数 φ

λ/ε_k	0	1.0	2.0	3.0	4.0	5.0	6.0	7.0	8.0	9.0
0	1.000	1.000	1.000	0.999	0.999	0.998	0.997	0.996	0.995	0.994
10	0.992	0.991	0.989	0.987	0.985	0.983	0.981	0.978	0.976	0.973
20	0.970	0.967	0.963	0.960	0.957	0.953	0.950	0.946	0.943	0.939
30	0.936	0.932	0.929	0.925	0.921	0.918	0.914	0.910	0.906	0.903
40	0.899	0.895	0.891	0.886	0.882	0.878	0.874	0.870	0.865	0.861
50	0.856	0.852	0.847	0.842	0.837	0.833	0.828	0.823	0.818	0.812
60	0.807	0.802	0.796	0.791	0.785	0.780	0.774	0.768	0.762	0.757
70	0.751	0.745	0.738	0.732	0.726	0.720	0.713	0.707	0.701	0.694
80	0.687	0.681	0.674	0.668	0.661	0.654	0.648	0.641	0.634	0.628
90	0.621	0.614	0.607	0.601	0.594	0.587	0.581	0.574	0.568	0.561
100	0.555	0.548	0.542	0.535	0.529	0.523	0.517	0.511	0.504	0.498
110	0.492	0.487	0.481	0.475	0.469	0.464	0.458	0.453	0.447	0.442
120	0.436	0.431	0.426	0.421	0.416	0.411	0.406	0.401	0.396	0.392
130	0.387	0.383	0.378	0.374	0.369	0.365	0.361	0.357	0.352	0.348
140	0.344	0.340	0.337	0.333	0.329	0.325	0.322	0.318	0.314	0.311
150	0.308	0.304	0.301	0.297	0.294	0.291	0.288	0.285	0.282	0.279
160	0.276	0.273	0.270	0.267	0.265	0.262	0.259	0.256	0.253	0.251
170	0.248	0.246	0.243	0.241	0.238	0.236	0.234	0.231	0.229	0.227
180	0.225	0.222	0.220	0.218	0.216	0.214	0.212	0.210	0.208	0.206
190	0.204	0.202	0.200	0.198	0.196	0.195	0.193	0.191	0.189	0.188
200	0.186	0.184	0.183	0.181	0.179	0.178	0.176	0.175	0.173	0.172
210	0.170	0.169	0.167	0.166	0.165	0.163	0.162	0.160	0.159	0.158
220	0.156	0.155	0.154	0.152	0.151	0.150	0.149	0.147	0.146	0.145
230	0.144	0.143	0.142	0.141	0.139	0.138	0.137	0.136	0.135	0.134
240	0.133	0.132	0.130	0.130	0.129	0.128	0.127	0.126	0.125	0.124
250	0.123	—	—	—	—	—	—	—	—	—

表 9—4

c 类截面中心受压直杆的稳定因数 φ

λ/ε_k	0	1.0	2.0	3.0	4.0	5.0	6.0	7.0	8.0	9.0
0	1.000	1.000	1.000	0.999	0.999	0.998	0.997	0.996	0.995	0.993
10	0.992	0.990	0.988	0.986	0.983	0.981	0.978	0.976	0.973	0.970
20	0.966	0.959	0.953	0.947	0.940	0.934	0.928	0.921	0.915	0.909
30	0.902	0.896	0.890	0.883	0.877	0.871	0.865	0.858	0.852	0.845
40	0.839	0.833	0.826	0.820	0.813	0.807	0.800	0.794	0.787	0.781
50	0.774	0.768	0.761	0.755	0.748	0.742	0.735	0.728	0.722	0.715
60	0.709	0.702	0.695	0.689	0.682	0.675	0.669	0.662	0.656	0.649
70	0.642	0.636	0.629	0.623	0.616	0.610	0.603	0.597	0.591	0.584
80	0.578	0.572	0.565	0.559	0.553	0.547	0.541	0.535	0.529	0.523
90	0.517	0.511	0.505	0.499	0.494	0.488	0.483	0.477	0.471	0.467
100	0.462	0.458	0.453	0.449	0.445	0.440	0.436	0.432	0.427	0.423
110	0.419	0.415	0.411	0.407	0.402	0.398	0.394	0.390	0.386	0.383
120	0.379	0.375	0.371	0.367	0.363	0.360	0.356	0.352	0.349	0.345
130	0.342	0.338	0.335	0.332	0.328	0.325	0.322	0.318	0.315	0.312
140	0.309	0.306	0.303	0.300	0.297	0.294	0.291	0.288	0.285	0.282
150	0.279	0.277	0.274	0.271	0.269	0.266	0.263	0.261	0.258	0.256
160	0.253	0.251	0.248	0.246	0.244	0.241	0.239	0.237	0.235	0.232
170	0.230	0.228	0.226	0.224	0.222	0.220	0.218	0.216	0.214	0.212
180	0.210	0.208	0.206	0.204	0.203	0.201	0.199	0.197	0.195	0.194
190	0.192	0.190	0.189	0.187	0.185	0.184	0.182	0.181	0.179	0.178
200	0.176	0.175	0.173	0.172	0.170	0.169	0.167	0.166	0.165	0.163
210	0.162	0.161	0.159	0.158	0.157	0.155	0.154	0.153	0.152	0.151
220	0.149	0.148	0.147	0.146	0.145	0.144	0.142	0.141	0.140	0.139
230	0.138	0.137	0.136	0.135	0.134	0.133	0.132	0.131	0.130	0.129
240	0.128	0.127	0.126	0.125	0.124	0.123	0.123	0.122	0.121	0.120
250	0.119	—	—	—	—	—	—	—	—	—

表 9-5　　d 类截面中心受压直杆的稳定因数 φ

λ/ε_k	0	1.0	2.0	3.0	4.0	5.0	6.0	7.0	8.0	9.0
0	1.000	1.000	0.999	0.999	0.998	0.996	0.994	0.992	0.990	0.987
10	0.984	0.981	0.978	0.974	0.969	0.965	0.960	0.955	0.949	0.944
20	0.937	0.927	0.918	0.909	0.900	0.891	0.883	0.874	0.865	0.857
30	0.848	0.840	0.831	0.823	0.815	0.807	0.798	0.790	0.782	0.774
40	0.766	0.758	0.751	0.743	0.735	0.727	0.720	0.712	0.705	0.697
50	0.690	0.682	0.675	0.668	0.660	0.653	0.646	0.639	0.632	0.625
60	0.618	0.611	0.605	0.598	0.591	0.585	0.578	0.571	0.565	0.559
70	0.552	0.546	0.540	0.534	0.528	0.521	0.516	0.510	0.504	0.498
80	0.492	0.487	0.481	0.476	0.470	0.465	0.459	0.454	0.449	0.444
90	0.439	0.434	0.429	0.424	0.419	0.414	0.409	0.405	0.401	0.397
100	0.393	0.390	0.386	0.383	0.380	0.376	0.373	0.369	0.366	0.363
110	0.359	0.356	0.353	0.350	0.346	0.343	0.340	0.337	0.334	0.331
120	0.328	0.325	0.322	0.319	0.316	0.313	0.310	0.307	0.304	0.301
130	0.298	0.296	0.293	0.290	0.288	0.285	0.282	0.280	0.277	0.275
140	0.272	0.270	0.267	0.265	0.262	0.260	0.257	0.255	0.253	0.250
150	0.248	0.246	0.244	0.242	0.239	0.237	0.235	0.233	0.231	0.229
160	0.227	0.225	0.223	0.221	0.219	0.217	0.215	0.213	0.211	0.210
170	0.208	0.206	0.204	0.202	0.201	0.199	0.197	0.196	0.194	0.192
180	0.191	0.189	0.187	0.186	0.184	0.183	0.181	0.180	0.178	0.177
190	0.175	0.174	0.173	0.171	0.171	0.168	0.167	0.166	0.164	0.163
200	0.162	—	—	—	—	—	—	—	—	—

强度（单位为 MPa）。

例 9-3 厂房的钢柱长 7 m，上、下两端分别与基础和梁连接。由于与梁连接的一端可发生侧移，因此，根据柱顶和柱脚的连接刚度，钢柱的长度因数取为 $\mu = 1.3$。钢柱由两根 Q235 钢的槽钢组成（图 9-8），符合钢结构设计规范中的实腹式 b 类截面中心受压杆的要求。在柱脚和柱顶处用螺栓借助于连接板与基础和梁连接，同一横截面上最多有四个直径为 30 mm 的螺栓孔。钢柱承受的轴向压力为 250 kN，材料的强度许用应力[σ]＝170 MPa。试为钢柱选择槽钢号码。

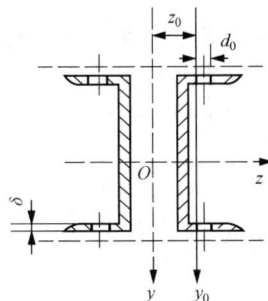

图 9-8

解：（1）按稳定条件选择槽钢号码。在选择截面时，由于 $\lambda = \mu l/i$ 中的 i 不知道，λ 值无法算出，相应的稳定因数 φ 也就无法确定。于是，先假设一个 φ 值进行计算。假设 $\varphi = 0.50$，得到压杆的稳定许用应力为

$$[\sigma]_{st} < \varphi[\sigma] = 0.50 \times 170 \text{ MPa} = 85 \text{ MPa}$$

按稳定条件可算出每根槽钢所需的横截面积为

$$A = \frac{F/2}{[\sigma]_{st}} = \frac{250 \times 10^3 \text{ N}/2}{85 \times 10^6 \text{ Pa}} = 14.7 \times 10^{-4} \text{ m}^2$$

由型钢表（附录 B）查得，14a 号槽钢的横截面面积为 $A = 18.51 \text{ cm}^2$，$i_z = 5.52 \text{ cm}$ 对于图示组合截面，由于 I_z 和 A 均为单根槽钢的 2 倍，故 i_z 值与单根槽钢截面的值相同。由 i_z 算得

$$\lambda = \frac{1.3 \times 7 \text{ m}}{5.52 \times 10^{-2} \text{ m}} = 165$$

由表 9-3 查出，Q235 钢压杆对应于柔度 $\lambda = 165$ 的稳定因数为

$$\varphi = 0.262$$

显然，前面假设的中 0.50 过大，需重新假设较小的 φ 值再进行计算。但重新假设的 φ 值也不应采用 0.262，因为降低 φ 后所需的截面面积必然加大，相应的 i_z 也将加大，从而使 λ 减小而 φ 增大。因此，试用 $\varphi = 0.35$ 进行截面选择：

$$A = \frac{F/2}{\varphi[\sigma]} = \frac{250 \times 10^3 \text{ N}/2}{0.35 \times (170 \times 10^6 \text{ Pa})} = 21 \times 10^{-4} \text{ m}^2$$

试用 16a 号槽钢，$A = 21.95 \text{ cm}^2$，$i_z = 6.28 \text{ cm}$，柔度为

$$\lambda = \frac{\mu l}{i_z} = \frac{1.3 \times 7 \text{ m}}{6.28 \times 10^{-2} \text{ m}} = 144.9$$

与 λ 值对应的 φ 为 0.326，接近于试用的 $\varphi = 0.35$。按 $\varphi = 0.326$ 进行核算，以校核 16a 号槽钢是否可用。此时，稳定许用应力为

$$[\sigma]_{st} = \varphi[\sigma] = 0.326 \times 170 \text{ MPa} = 55.4 \text{ MPa}$$

而钢柱的工作应力为

$$\sigma = \frac{F/2}{A} = \frac{250 \times 10^3 \text{ N}/2}{21.95 \times 10^{-4} \text{ m}^2} = 56.9 \text{ MPa}$$

虽然工作应力略大于压杆的稳定许用应力，但仅超过

$$\frac{56.9 \text{ MPa} - 55.4 \text{ MPa}}{55.4 \text{ MPa}} \times 100\% = 2.7\%$$

这是允许的。

（2）计算组合槽钢间距 h。以上计算是根据横截面对于 z 轴的惯性半径 i_z 进行的，即考虑的是压杆在 xy 平面内的稳定性。为保证槽钢组合截面压杆在 xz 平面内的稳定性，须计算两槽钢的间距（图 9-8）。假设压杆在 xy、xz 两平面内的长度因数相同，则应使槽钢组合截面对 y 轴的 i_y 与对 z 轴的 i_z 相等。由惯性矩平行移轴定理

$$I_y = I_{y_0} + A\left(z_0 + \frac{h}{2}\right)^2$$

可得

$$i_y^2 = i_{y_0}^2 + \left(z_0 + \frac{h}{2}\right)^2$$

16a 号槽钢的 $i_{y_0} = 1.83\,\text{cm} = 18.3\,\text{mm}$，$z_0 = 1.8\,\text{cm} = 18\,\text{mm}$。令 $i_y = i_z = 62.8\,\text{mm}$，可得

$$\frac{h}{2} = \sqrt{(62.8\,\text{mm})^2 - (18.3\,\text{mm})^2} - 18\,\text{mm} = 42.1\,\text{mm}$$

从而得到

$$h = 2 \times 42.1\,\text{mm} = 84.2\,\text{mm}$$

实际所用的两槽钢间距应不小于 84.2 mm。

组成压杆的两根槽钢是靠缀条（或缀板）将它们连接成整体的，为了防止单根槽钢在相邻两缀板间局部失稳，应保证其局部稳定性不低于整个压杆的稳定性。根据这一原则来确定相邻两缀板的最大间距。有关这方面的细节问题将在钢结构计算中讨论。

（3）校核静截面强度。由型钢规格表（附录 B）查得，16a 号槽钢的翼缘厚度 $\delta = 10\,\text{mm}$，则被每个螺栓孔所削弱的横截面面积为

$$\delta d_0 = 10\,\text{mm} \times 30\,\text{mm} = 300\,\text{mm}^2$$

因此，压杆横截面的静截面面积为

$$2A - 4\delta d = 2 \times 2195\,\text{mm}^2 - 4 \times 300\,\text{mm}^2 = 3190\,\text{mm}^2$$

从而静截面上的压应力为

$$\sigma = \frac{F}{2A - 4\delta d} = \frac{250 \times 10^3\,\text{N}}{3.190 \times 10^{-3}\,\text{m}^2} = 83.1\,\text{MPa} < [\sigma] = 170\,\text{MPa}$$

由此可见，静截面的强度是足够的。

例 9-4　由 Q235 钢加工成的工字形截面连杆，两端为柱形铰，即在 xy 平面内失稳时，杆端约束情况接近于两端铰支，长度因数 $\mu_z = 1.0$；而在 xz 平面内失稳时，杆端约束情况接近于两端固定，$\mu_y = 0.6$，如图 9-9 所示。已知连杆在工作时承受的最大压力为 $F = 40\,\text{kN}$，材料的强度许用应力 $[\sigma] = 206\,\text{MPa}$，并符合钢结构设计规范中 a 类中心受压杆的要求。试校核其稳定性。

解： 横截面的面积和形心主惯性矩分别为

$$A = (12\,\text{mm}) \times (24\,\text{mm}) + 2 \times (6\,\text{mm}) \times (22\,\text{mm}) = 552\,\text{mm}^2$$

$$I_z = \frac{(12\,\text{mm}) \times (24\,\text{mm})^3}{12} + 2 \times \left[\frac{(22\,\text{mm}) \times (6\,\text{mm})^3}{12} + (22\,\text{mm}) \times (6\,\text{mm}) \times (15\,\text{mm})^2\right]$$

$$= 7.40 \times 10^4\,\text{mm}^4$$

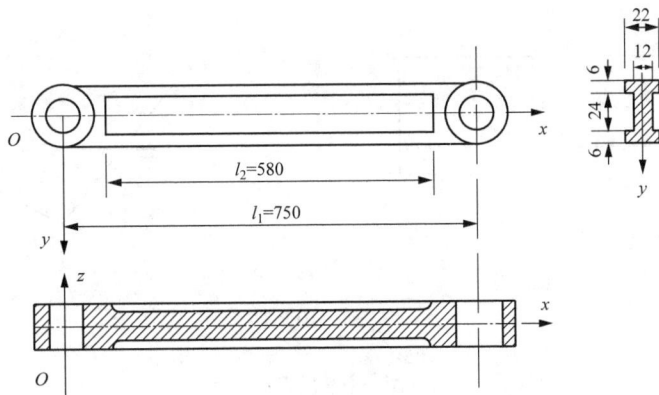

图 9-9

$$I_y = \frac{(24\text{ mm}) \times (12\text{ mm})^3}{12} + 2 \times \frac{(6\text{ mm})(22\text{ mm})^3}{12} = 1.41 \times 10^4 \text{ mm}^4$$

横截面对 z 轴和 y 轴的惯性半径分别为

$$i_z = \sqrt{\frac{I_z}{A}} = \sqrt{\frac{7.40 \times 10^4 \text{ mm}^4}{552 \text{ mm}^2}} = 11.58 \text{ mm}$$

$$i_y = \sqrt{\frac{I_y}{A}} = \sqrt{\frac{1.41 \times 10^4 \text{ mm}^4}{552 \text{ mm}^2}} = 5.05 \text{ mm}$$

于是，连杆的柔度值为

$$\lambda_z = \frac{\mu_z l_1}{i_z} = \frac{1.0 \times 750 \text{ mm}}{11.58 \text{ mm}} = 64.8$$

$$\lambda_y = \frac{\mu_y l_2}{i_y} = \frac{0.6 \times 580 \text{ mm}}{5.05 \text{ mm}} = 68.9$$

在两柔度值中，应按较大的柔度值 $\lambda_y = 68.9$ 来确定压杆的稳定因数 φ。由表 9-2，并用内插法求得

$$\varphi = 0.849 + \frac{9}{10}(0.844 - 0.849) = 0.845$$

将 φ 值代入式（9-20），即得杆的稳定许用应力为

$$[\sigma]_{st} = \varphi[\sigma] = 0.845 \times 206 \text{ MPa} = 174 \text{ MPa}$$

将连杆的工作应力与稳定许用应力比较，可得

$$\sigma = \frac{F}{A} = \frac{40 \times 10^3 \text{ N}}{552 \times 10^{-6} \text{ m}^2} = 72.5 \text{ MPa} < [\sigma]_{st} = 174 \text{ MPa}$$

故连杆满足稳定性要求。

例 9-5 结构用低碳钢 A5 制成，已知 $E = 205$ GPa，$\sigma_s = 275$ MPa，$\sigma_{cr} = 338 - 1.12\lambda$，$\lambda_p = 90$，$\lambda_s = 50$，$n = 2$，$n_{st} = 3$，$AB$ 梁为 16 号工字钢，BC 杆为圆形截面 $d = 60$ mm，AB 梁和 BC 杆长度如图 9-10（a）所示，求 $[P]$。

解： 由变形协调方程可得 $y_B = \Delta l_{BC}$，即

$$\frac{5P \times 1^3}{6EI} - \frac{N \times 2^3}{3EI} = \frac{N \times 1}{EA}$$

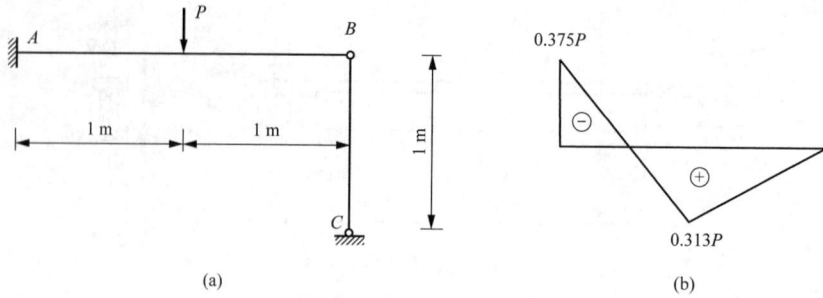

图 9-10

解得
$$N = 0.312P$$

BC 杆为直径 60 mm 的圆形截面，$I_x = I_y = \dfrac{\pi d^4}{64} = 6.36 \times 10^5 \text{ mm}^4$，则压杆对中性轴的惯

性半径 $i = \sqrt{\dfrac{I}{A}} = 15 \text{ mm} = 0.015 \text{ m}$，柔度为 $\lambda = \dfrac{\mu l}{i} = \dfrac{1 \times 1}{0.015} = 66.7$，代入已知条件可得，临界

应力为
$$\sigma_{\text{cr}} = 338 - 1.12\lambda = 338 - 1.12 \times 66.7 = 263 \text{ (MPa)}$$

可得临界荷载为
$$P_{\text{cr}} = \sigma_{\text{cr}} \cdot A = 263 \times 10^6 \times \frac{\pi \times 60^2 \times 10^{-6}}{4} \text{ N} = 743 \text{ kN}$$

代入稳定条件 $n = \dfrac{P_{\text{cr}}}{0.312P} = \dfrac{743}{0.312P} \geqslant [n]_{\text{st}} = 3$，可得 $P \leqslant 764 \text{ kN}$。

画出 AB 杆弯矩图如图 9-10（b）所示，可得最大弯矩值为 $M_{\max} = 0.375P$，AB 梁为 16
号工字钢，$W_z = 141 \times 10^{-6} \text{ m}^3$，则最大应力为
$$\sigma_{\max} = \frac{M_{\max}}{W_z} = \frac{0.375P}{141 \times 10^{-6}} \leqslant [\sigma] = \frac{\sigma_s}{n} = 137.5 \times 10^6$$

解得 $P \leqslant 51.7 \text{ kN}$

故 P 值的范围为 $P \leqslant 51.7 \text{ kN}$。

例 9-6　如图 9-11（a）所示，结构梁 AB 及立柱 CD 分别由 16 号工字形钢和连成一体
的两根 $63 \times 63 \times 5$ 的角钢制成，梁及立柱的材料均为 A3 钢 $[\sigma] = 170 \text{ MPa}$，$E = 210 \text{ GPa}$，试
验算梁及立柱的安全性。

解： 由变形协调方程可得 $y_{qC} - y_{NC} = \Delta l_{DC}$，即 $\dfrac{5ql^4}{384EI} - \dfrac{Nl^3}{48EI} = \Delta l_{DC}$，$(l = 4 \text{ m})$，略去

Δl_{DC}，解得 $N = 120 \text{ kN}$。

由型钢规格表（附录 B）查得，$63 \times 63 \times 5$ 的角钢面积 $A = 6.143 \text{ cm}^2$，惯性矩 $I_z = 19.03 \text{ cm}^4$，
惯性半径 $i_z = 19.4 \text{ mm}$，CD 杆截面为双肢等边角钢，I_z 为 $63 \times 63 \times 5$ 的角钢惯性矩的 2 倍，A

为 $63 \times 63 \times 5$ 的角钢面积的 2 倍，惯性半径 $i_z = \sqrt{\dfrac{I_z}{A}}$，故双角钢截面惯性半径同 $63 \times 63 \times 5$

的角钢惯性半径 $i_z = 19.4 \text{ mm}$，柔度为 $\lambda = \dfrac{\mu l}{i} = \dfrac{1.0 \times 2000}{19.4} = 103$。

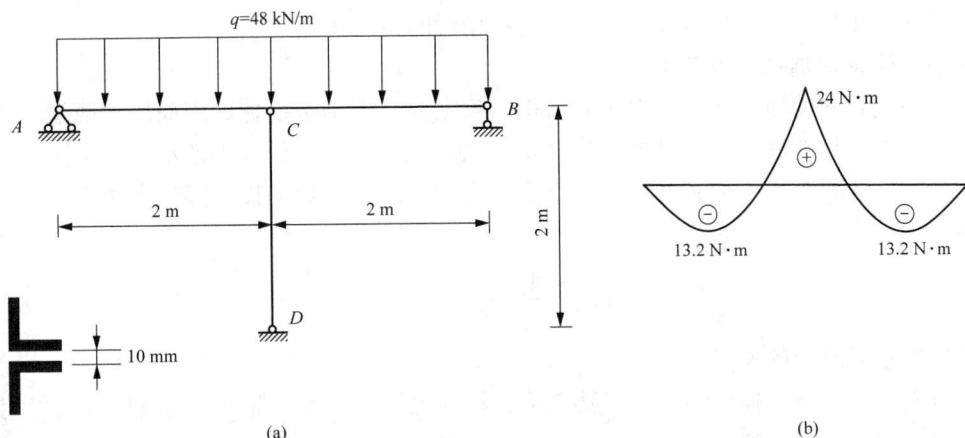

图 9-11

查得稳定因数为 $\varphi = 0.535$，计算应力为 $\sigma = \dfrac{N}{A} = 97.7\,\text{MPa} \leqslant \varphi[\sigma] = 91\,\text{MPa}$，结构不稳定。

画出 AB 杆弯矩图如图 9-11（b）所示，可得最大弯矩值为 $M_{max} = 24\,\text{kN} \cdot \text{m}$，则最大应力为 $\sigma_{max} = \dfrac{M_{max}}{W_z} = \dfrac{24 \times 10^3}{141 \times 10^{-6}} = 170\,(\text{MPa}) = [\sigma] = 170\,\text{MPa}$

强度满足要求，但由于结构不稳定，故结构仍是不安全的。

9.6 提高压杆稳定性的措施

通过前文的讨论可知，影响压杆临界压力和临界应力的因素，或者说影响压杆稳定性的因素，包括有压杆横截面的形状和尺寸、压杆的长度、压杆端部的约束情况及压杆的材料性质等。因此，要提高压杆的稳定性，必须从上述几方面采取适当措施才能实现。

9.6.1 选择合理的截面形状

由压杆临界应力的计算公式可知，两类压杆临界应力的大小均与其柔度有关，且柔度越小，临界应力越高，压杆抵抗失稳的能力越强。

由压杆的柔度可知，对于一定长度和约束条件的压杆，在面积一定的前提下，为了减小压杆的柔度，则应加大惯性矩，因此应尽可能使材料远离截面形心。如空心环形截面就比实心圆形截面更合理。因为若两者截面面积相同，环形截面的 I 和 i 都比实心圆截面的大得多。但要注意，若为薄壁圆筒，则其壁厚不能过薄，要有一定限制，以防止圆筒出现局部失稳现象。同理，由型钢组成的桥梁桁架中的压杆或建筑物中的柱的组合截面，也都应该把型钢适当分散放置。

如压杆在各个纵向平面内的相当长度 μl 相同，应使截面对任一形心轴的惯性半径 i 相等或接近相等。这样，就可以使压杆在任一纵向平面内的柔度 λ 都相等或接近相等，从而保证压杆在任一纵向平面内具有相等或相近的抗失稳能力。如圆形、圆环形及正多边形截面，都能满足这一要求。有一些压杆在不同的纵向平面内的相当长度 μl 不同，这就要求压杆截面对其两个形心主惯性轴有不同的惯性半径，以使两个纵向主惯性平面内的柔度相等或接近相等，从而保证压杆在两个主惯性平面内仍具有相近的稳定性。

9.6.2　改善杆端的约束条件

对于一定材料的压杆，其临界压力与相当长度 μl 的平方成反比，因而压杆两端的约束条件直接影响着压杆的稳定性。例如长为 l 的两端铰支压杆，其长度因数 $\mu=1$，若在这一压杆的中间另加一个铰支座，或者两端的铰支座改为固定端，则相当长度都变为 $0.5l$，临界压力则变为

$$F_{cr} = \frac{\pi^2 EI}{(0.5l)^2} = 4\frac{\pi^2 EI}{l^2}$$

是原来临界压力的 4 倍。

一般来讲，增加压杆的约束，使其更不容易发生弯曲变形，都可以提高压杆的稳定性。

9.6.3　合理选择材料

对于细长压杆来说，由欧拉公式可知，临界力的大小与材料的弹性模量 E 有关。但由于各种钢材的 E 值大致相等，所以选用优质钢材或普通碳钢并无很大差别。

对于中柔度压杆，无论是根据经验公式或理论分析，都说明临界应力与材料的强度有关。优质钢在一定程度上可以提高临界应力，因此从稳定角度考虑，选用优质钢为好。

至于小柔度压杆，本来就属于强度问题，当然是选用优质钢更合理。

思 考 题

9-1　试问具有初曲率和荷载偶然偏心的拉杆，是否也存在丧失稳定的问题？

9-2　细长压杆在推导欧拉临界力时，是否与所选坐标有关？就下端固定、上端自由，并在自由端受轴向压力作用的等直细长压杆而言，若取坐标如图 9-12 所示，试问能否推导出欧拉公式 $F_{cr} = \dfrac{\pi^2 EI}{(2l)^2}$。

9-3　两端为柱形铰、受轴向压力作用的矩形截面杆如图 9-13 所示。杆在 xy 平面内失稳时，杆端约束为两端铰支；在 xz 平面内失稳时杆端约束可认为不能绕 y 轴转动。试问压杆的 b 与 h 的合理比值应为多大？

9-4　试分析图 9-14 所示结构在什么情况下会丧失承载能力，什么情况下不会丧失承载能力？若要计算该结构的许可荷载，则应从哪些方面考虑？

图 9-12

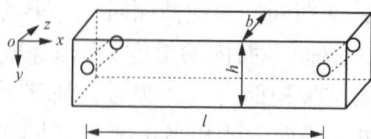

图 9-13

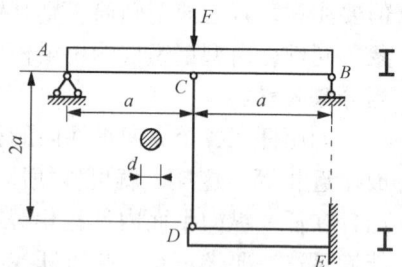

图 9-14

9-1 在第 9.2 节中已对两端球形铰支的等截面细长压杆，按图 9-15（a）所示坐标系及挠曲线形状，导出了临界力公式 $F_{cr} = \dfrac{\pi^2 EI}{l^2}$。试分析当分别取图 9-15（b）、（c）、（d）所示坐标系及挠曲线形状时，压杆在 F_{cr} 作用下的挠曲线微分方程是否与图 9-15（a）所示情况下的相同，由此所得的 F_{cr} 公式又是否相同。

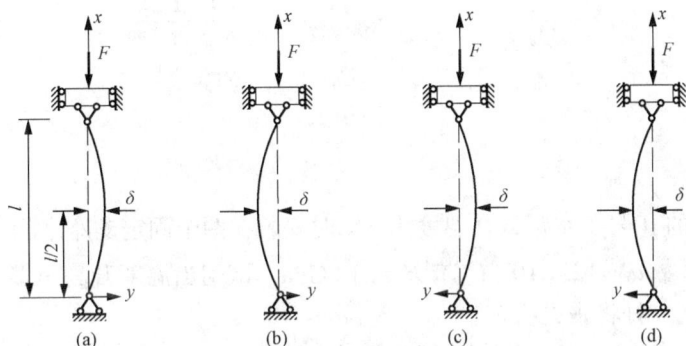

图 9-15

9-2 图 9-16 所示各杆材料和截面均相同，试问哪根杆能承受的压力最大，哪根最小？［图 9-16（f）所示杆在中间支撑处不能转动］

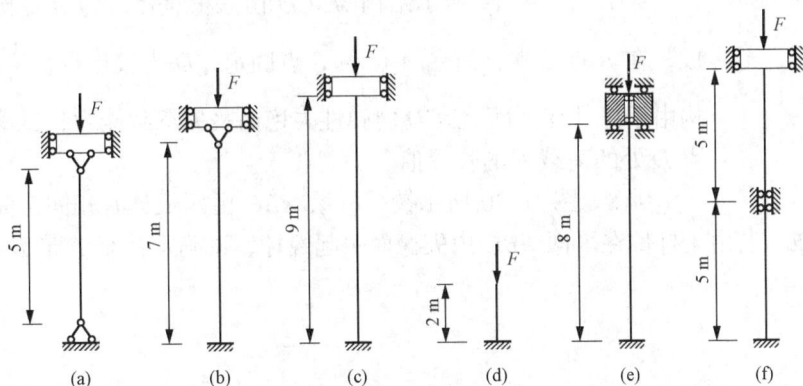

图 9-16

9-3 图 9-17（a）、（b）所示的两细长杆均与基础刚性连接，但第一根杆［图 9-17（a）］的基础放在弹性地基上，第二根杆［图 9-17（b）］的基础放在刚性地基上。试问两杆的临界力是否均为 $F_{cr} = \dfrac{\pi^2 EI_{min}}{(2l)^2}$？为什么？并由此判断压杆长度因数 μ 是否可能大于 2。

螺旋千斤顶［图 9-17（c）］的底座对丝杆（起顶杆）的稳定性有无影响？校核丝杠稳定性时，把它看作下端固定（固定于底座上）、上端自由、长度为 l 的压杆是否偏于安全？

9-4 试推导两端固定、弯曲刚度为 EI，长度为 l 的等截面中心受压直杆的临界力 F_{cr} 的

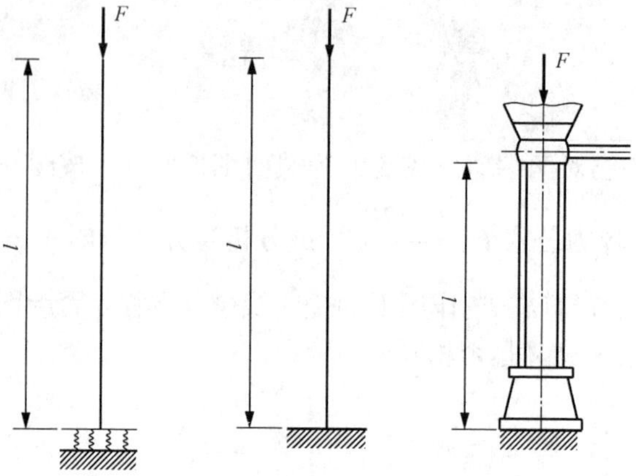

图 9-17

欧拉公式。

9-5　长 5 m 的 10 号工字钢，在温度为 0 ℃时安装在两个固定支座之间，这时杆不受力。已知钢的线膨胀系数 $a_l = 125 \times 10^{-7}$（℃）$^{-1}$，$E = 210$ GPa。试问当温度升高至多少摄氏度时，杆将丧失稳定？

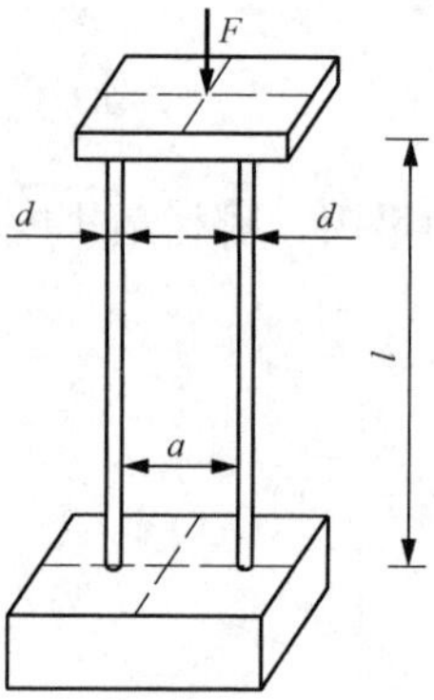

9-6　两根直径为 d 的立柱，上、下端分别与强劲的顶、底块刚性连接，如图 9-18 所示。试根据杆端约束条件，分别在总压力 F 作用下，立柱可能产生的几种失稳形态下的挠曲线形状，分别写出对应的总压力 F 之临界值的算式（按细长杆考虑），确定最小临界力 F_{cr} 的算式。

图 9-18

9-7　图 9-19 所示结构 ABCD 由三根直径均为 d 的圆截面钢杆组成，在 B 点铰支，而在 A 点和 C 点固定，D 为铰接点，$\dfrac{l}{d} = 10\pi$。若结构由于杆件在平面 ABCD 内弹性失稳而丧失承载能力，试确定作用于结点 D 处的荷载 F 的临界值。

9-8　图 9-20 所示铰接杆系 ABC 由两根具有相同截面和同样材料的细长杆组成。若由于杆件在平面 ABC 内失稳而引起毁坏，试确定荷载 F 最大时的 θ 角（假设 $0 < \theta < \dfrac{\pi}{2}$）。

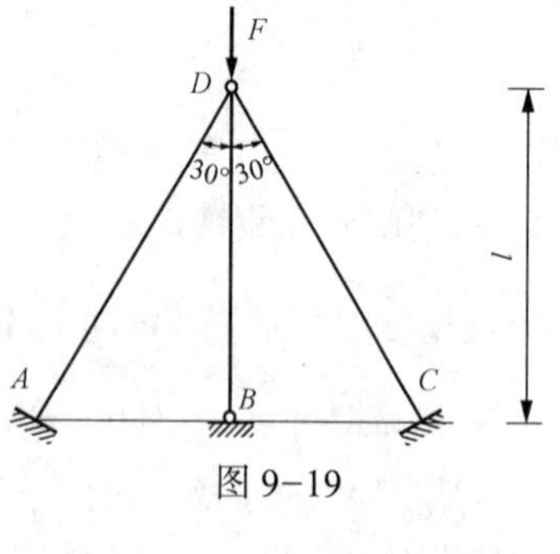

图 9-19

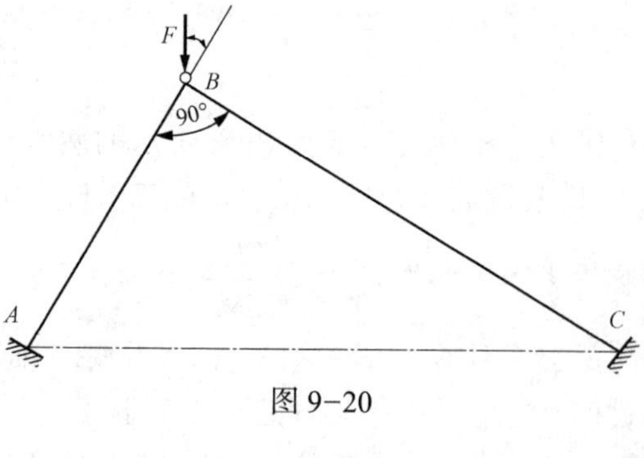

图 9-20

9-9 下端固定、上端铰支、长 $l = 4$ m 的压杆，由两根 10 号槽钢焊接而成，如图 9-21 所示，并符合钢结构设计规范中实腹式 b 类截面中心受压杆的要求。已知杆的材料为 Q235 钢，强度许用应力$[\sigma] = 170$ MPa，试求压杆的许可荷载。

9-10 如果杆分别由下列材料制成：（1）比例极限 $\sigma_p = 220$ MPa，弹性模量 $E = 190$ GPa 的钢；（2）$\sigma_p = 490$ MPa，$E = 215$ GPa，含镍 3.5%的镍钢；（3）$\sigma_p = 20$ MPa，$E = 11$ GPa 的松木。试求可用欧拉公式计算临界力的压杆的最小柔度。

9-11 两端铰支、强度等级为 TC13 的木柱，截面为 150 mm×150 mm 的正方形，长度 $l = 3.5$ m，强度许用应力$[\sigma] = 10$ MPa。试求木柱的许可荷载。

9-12 已知结构所有的连接均为铰连接，如图 9-22 所示，在 B 点处承受竖直荷载 $F = 1.3$ kN，木材的强度许用应力$[\sigma] = 10$ MPa。试校核该杆 BC 的稳定性。

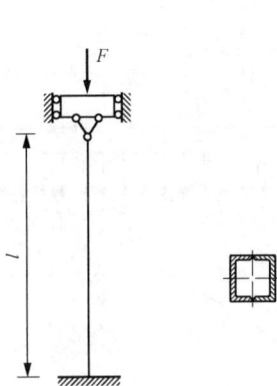

图 9-21

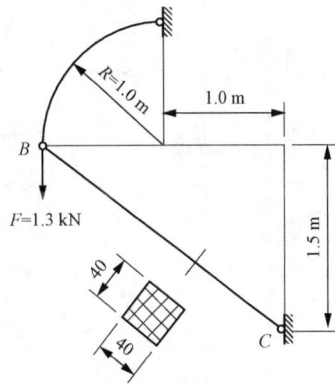

图 9-22

9-13 一支柱由 4 根 80 mm×80 mm×6 mm 的角钢组成（图 9-23），并符合钢结构设计规范中实腹式 b 类截面中心受压杆的要求。支柱的两端为铰支，柱长 $l = 6$ m，压力为 450 kN。若材料为 Q235 钢，强度许用应力$[\sigma] = 170$ MPa，试求支柱横截面边长 a 的尺寸。

9-14 某桁架的受压弦杆长 4 m，由缀板焊成一体，并符合钢结构设计规范中实腹式 b 类截面中心受压杆的要求，截面形式如图 9-24 所示，材料为 Q235 钢，$[\sigma] = 170$ MPa。若按两端铰支考虑，试求杆所能承受的许可压力。

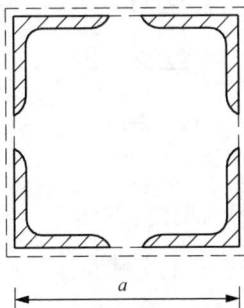

图 9-23

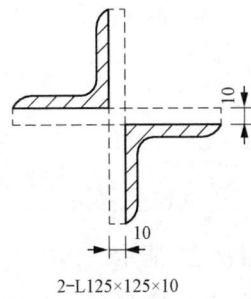

2-L125×125×10

图 9-24

9-15　图 9-25 所示结构中 BC 为圆截面杆，其直径 $d = 80$ cm；AC 为边长 $a = 70$ mm 的正方形截面杆。已知该结构的约束情况为 A 端固定，B、C 为球铰。两杆材料均为 Q235 钢，弹性模量 $E = 210$ GPa,可各自独立发生弯曲互不影响。若结构的稳定安全因数 $n_{st} = 2.5$，试求所能承受的许可应力。

9-16　图 9-26 所示为一简单托架，其撑杆 AB 为圆截面木杆，强度等级为 TC15。若架上受集度为 $q = 50$ kN/m 的均布荷载作用，AB 两端为柱形铰，材料的强度许用应力$[\sigma] = 11$ MPa，试求撑杆所需的直径 d。

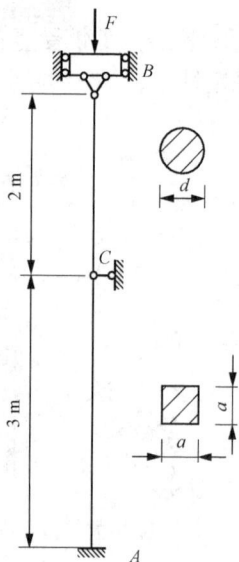

图 9-25

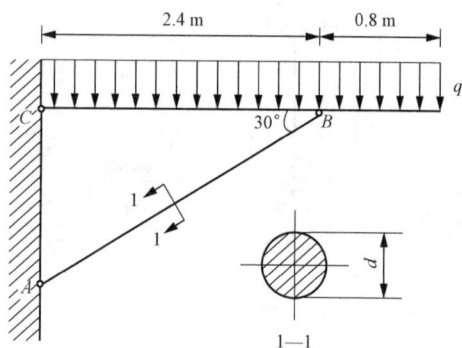

图 9-26

9-17　图 9-27 所示结构中杆 AC 与 CD 均由 Q235 钢制成，C、D 两处均为球铰。已知 $d = 20$ mm, $b = 100$ mm, $h = 180$ mm; $E = 200$ GPa, $\sigma_s = 235$ MPa, $\sigma_b = 400$ MPa；强度安全因数 $n = 2.0$,稳定安全系数 $n_{st} = 3.0$。试确定该结构的许可荷载。

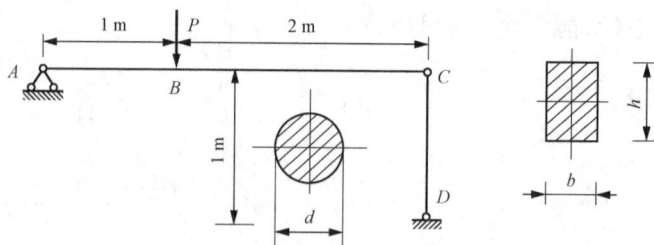

图 9-27

9-18　图 9-28 所示结构中钢梁 AB 及立柱 CD 分别由 16 号工字钢和连成一体的两根 63 mm × 63 mm × 5 mm 角钢制成，杆 CD 符合钢结构设计规范中实腹式 b 类截面中心受压杆的要求。均布荷载集度 $q = 48$ kN/m。梁及柱的材料均为 Q235 钢，$[\sigma] = 170$ MPa,$E = 210$ GPa。试验算梁和立柱是否安全。

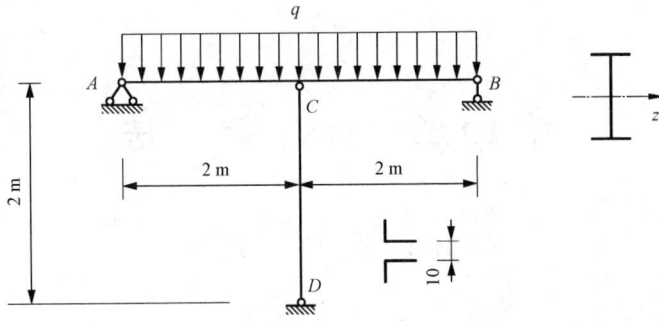

图 9-28

第 10 章 能 量 法

10.1 概 述

弹性体在外力作用下会产生变形，外力的作用点也随之发生位移，这时外力便作了功，我们把物体在变形过程中，外力沿其作用线方向所做的功称为外力功，用 W 表示。弹性体在外力做功的同时主要以变形的形式将能量储存起来，弹性体因变形而储存的能量称为应变能，用 V_ε 表示。如果忽略弹性体变形过程中的能量损失，那么外力功 W 全部转换为弹性体的应变能 V_ε，即

$$W = V_\varepsilon \tag{10-1}$$

这个关系称为功能原理。

与能量有关的一些定理和原理统称为能量原理。利用能量原理对结构进行分析的方法统称能量法。能量法是一种重要的计算方法，在固体力学中的应用非常广泛，该方法不受构件材料、形状及变形类型的限制。它既可解静定问题，也可解超静定问题；既适用于线弹性结构，也适用于非线性弹性结构，甚至可以推广到弹塑性体，许多大型结构的力学计算多采用能量法。

10.2 应变能和余能

10.2.1 外力功的基本公式

在外力作用下，弹性体发生变形，荷载作用点沿荷载作用方向的位移分量，称为该荷载的相应位移。如果材料符合胡克定律，而且构件或结构的变形很小，不影响外力的作用，则构件或结构的位移与荷载成正比，即所谓线性弹性体。

对于线性弹性体，荷载 f 与相应位移 δ 成正比（图 10-1），即

$$f \propto \delta$$

如果引进比例常数 k，则

$$f = k\delta$$

因此，当荷载 f 与相应位移 δ 分别由零逐渐增加至最大值 F 与 Δ 时，荷载所作功为

$$W = \int_0^\Delta f\mathrm{d}\delta = \int_0^\Delta k\delta\mathrm{d}\delta = \frac{k\Delta^2}{2}$$

或

$$W = \frac{F\Delta}{2} \tag{10-2}$$

式（10-2）表明，对于线性弹性体，荷载所作功等于荷载终值 F 与相应位移终值 Δ 乘积的一半。式（10-2）为计算线性弹性体外力功的基本公式。式（10-2）中的 F 为广义力（力或力偶），Δ 是广义力的相应位移（线位移或角位移）。这里的"相应"有两个含义：一是方

向相应，即力的作用点沿着力的作用线方向的位移；二是性质相应，即集中力只能在线位移上做功，集中力偶只能在角位移上做功。

当杆件或结构上作用着一组广义力 $F_i(i=1, 2, \cdots, n)$时，与 F_i 相应的广义位移为$\Delta_i(i=1, 2, \cdots, n)$，则在线弹性范围内的外力功为

$$W = \sum_{i=1}^{n} \frac{F_i \Delta_i}{2} \tag{10-3}$$

这个关系称为克拉比隆定理。

式（10-3）表明，外力功只与荷载及其相应位移的最终数值有关，而与加载的次序无关，这是外力功的一个重要的特点。

值得注意的是，式（10-3）任何一项的位移Δ_i，均是全部荷载共同作用的结果，但又是荷载 F_i 作用点处，沿 F_i 方向的位移。此外，外力功是一个代数量，荷载方向与相应位移方向一致时为正，相反则为负。

例如，对于图 10-2 所示的刚架，外力做功为

$$W = \frac{1}{2}F_1\Delta_1 + \frac{1}{2}F_2\Delta_2 + \frac{1}{2}F_3\Delta_3$$

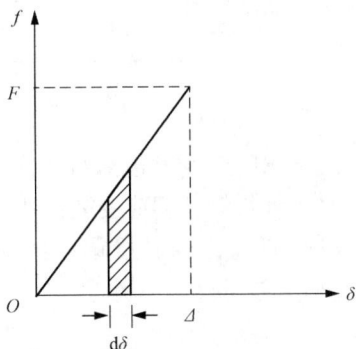

图 10-1

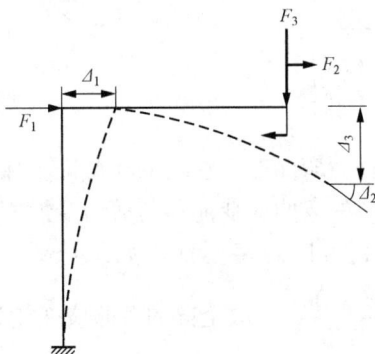

图 10-2

10.2.2　应变能

杆件的应变能可用功能原理计算。在基本变形情况下，杆件的应变能为

$$V_\varepsilon = W = \frac{F\Delta}{2} \tag{10-4}$$

对于轴向拉（压）杆（图 10-3），式（10-4）中的 F 等于杆的轴力 F_N，Δ等于杆的轴向变形 $\Delta l = \dfrac{F_N l}{EA}$，故拉压杆的应变能为

$$V_\varepsilon = \frac{F_N^2 l}{2EA} \tag{10-5}$$

对于扭转变形的圆轴（图 10-4），式（10-4）中的 F 等于横截面上的扭矩 T，Δ等于轴两端的相对扭转角 $\varphi = \dfrac{Tl}{GI_p}$，故圆轴扭转的应变能为

$$V_\varepsilon = \frac{T^2 l}{2GI_\mathrm{p}} \qquad\qquad (10-6)$$

对于纯弯曲的梁（图 10-5），式（10-4）中的 F 等于横截面上的弯矩 M，Δ 等于梁两端截面的相对转角 $\theta = \dfrac{l}{\rho} = \dfrac{Ml}{EI}$，故梁在纯弯曲时的应变能为

$$V_\varepsilon = \frac{M^2 l}{2EI} \qquad\qquad (10-7)$$

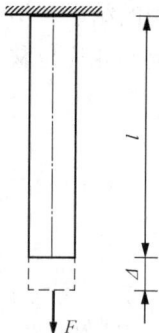
图 10-3

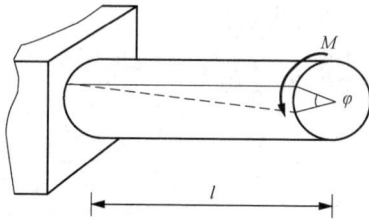
图 10-4

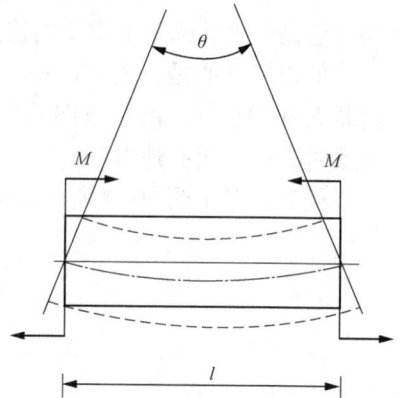
图 10-5

在横力弯曲时，在梁的横截面上除弯矩外还有剪力。梁内的应变能包括两部分：与弯曲变形相应的弯曲应变能和与剪切变形相应的切应变能。对于细长梁，切应变能比弯曲应变能小得多，可以忽略不计。如果从梁中取出长为 $\mathrm{d}x$ 微段来研究，则微段梁内的应变能为 $\mathrm{d}V_\varepsilon = \dfrac{M^2(x)\mathrm{d}x}{2EI}$，故全梁的弯曲应变能为

在组合变形的情况下，从杆内取出的微段的受力如图 10-6（a）所示。由于变形微小，各

$$V_\varepsilon = \int_l \frac{M^2(x)\mathrm{d}x}{2EI} \qquad\qquad (10-8)$$

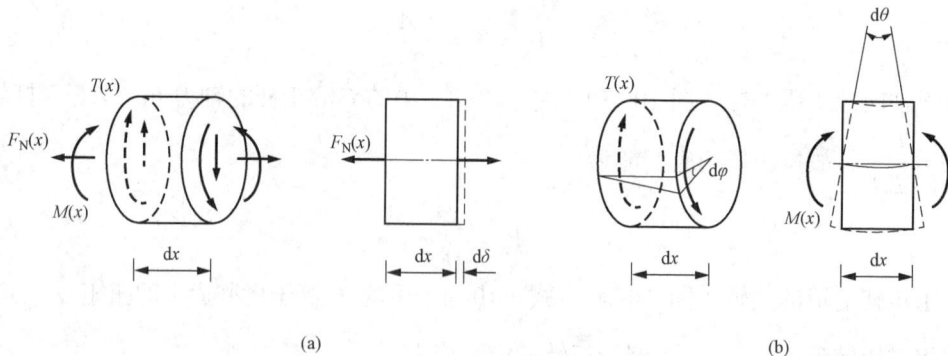

(a)

(b)

图 10-6

内力分量只在相应位移上做功，即轴力 $F_N(x)$ 只在轴向位移 $\mathrm{d}\delta$ 上做功，扭矩 $T(x)$ 只在扭转角 $\mathrm{d}\varphi$ 上做功，弯矩 $M(x)$ 只在转角 $\mathrm{d}\theta$ 上做功 [图 10-6（b）]。应用功能原理，微段的应变能为

$$\mathrm{d}V_\varepsilon = \frac{1}{2}F_N(x)\mathrm{d}\delta + \frac{1}{2}T(x)\mathrm{d}\varphi + \frac{1}{2}M(x)\mathrm{d}\theta$$

$$= \frac{F_N^2(x)\mathrm{d}x}{2EA} + \frac{T^2(x)\mathrm{d}x}{2GI_p} + \frac{M^2(x)\mathrm{d}x}{2EI}$$

全杆的应变能为

$$V_\varepsilon = \int_l \frac{F_N^2(x)\mathrm{d}x}{2EA} + \int_l \frac{T^2(x)\mathrm{d}x}{2GI_p} + \int_l \frac{M^2(x)\mathrm{d}x}{2EI} \tag{10-9}$$

由式（10-5）～式（10-9）可以看出，应变能的数值总是正的，又因为应变能是内力的二次函数，所以不能用叠加法计算应变能。此外，可以证明，弹性体的应变能与加载的顺序无关，只与所加荷载的终值和相应位移终值有关。

应变能还可以通过单元体进行计算。单元体受力最基本、最简单的形式有两种：一种为单向应力状态，另一种为纯剪切应力状态。

设单元体的边长分别为 $\mathrm{d}x$、$\mathrm{d}y$ 与 $\mathrm{d}z$，在正应力作用下 [图 10-7（a）]，单元体沿应力作用方向的伸长为 $\varepsilon\mathrm{d}y$，因此单元体的应变能为

$$\mathrm{d}V_\varepsilon = \mathrm{d}W = \frac{\sigma\mathrm{d}x\mathrm{d}z \cdot \varepsilon\mathrm{d}y}{2} = \frac{\sigma\varepsilon}{2}\mathrm{d}x\mathrm{d}z\mathrm{d}y$$

单位体积的应变能即应变能密度 v_ε 为

$$v_\varepsilon = \frac{\sigma\varepsilon}{2} \tag{10-10}$$

将拉压胡克定律 $\varepsilon = \dfrac{\sigma}{E}$ 代入式（10-10）得

$$v_\varepsilon = \frac{\sigma^2}{2E} \tag{10-11}$$

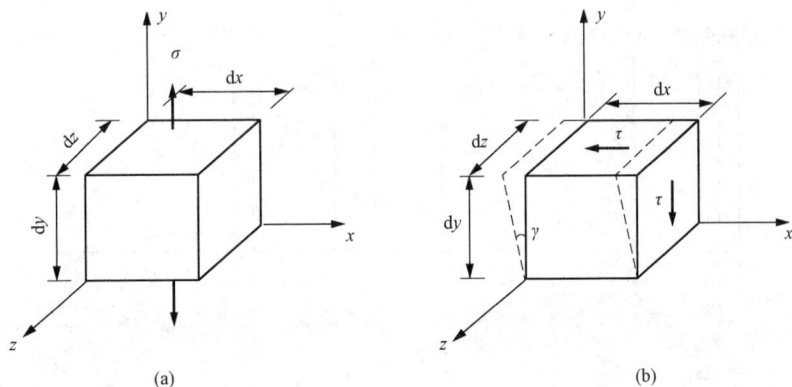

图 10-7

在切应力 τ 的作用下，单元体发生切应变 γ [图 10-7（b）]，顶面与底面间的相对位移为 $\gamma\mathrm{d}y$，因此，作用在单元体上的应变能为

$$dV_\varepsilon = dW = \frac{\tau dx dz \cdot \gamma dy}{2} = \frac{\tau\gamma}{2} dx dz dy$$

其应变能密度为

$$v_\varepsilon = \frac{\tau\gamma}{2} \qquad (10-12)$$

将剪切胡克定律 $\gamma = \dfrac{\tau}{E}$ 代入式（10-12）得

$$v_\varepsilon = \frac{\tau^2}{2E} \qquad (10-13)$$

应变能密度确定后，令 $dV = dx dy dz$，则构件的应变能可通过积分确定，即

$$V_\varepsilon = \int_V v_\varepsilon dV \qquad (10-14)$$

10.2.3 余能

如图 10-8（a）所示的弹性体，承受轴向荷载 f 的作用，相应位移为 δ，两者间的关系如图 10-8（b）所示。若荷载 f 与相应位移 δ 的最大值分别为 F 和 Δ，则弹性体的应变能为

$$V_\varepsilon = W = \int_0^\Delta f d\delta \qquad (10-15)$$

即等于图 10-8（b）所示曲边形 OAB 的面积。

现介绍另一种形式的功，即所谓的余功，其定义为

$$W_c = \int_0^F \delta df \qquad (10-16)$$

即等于图 10-8（b）所示曲边形 OAC 的面积。

余功没有明确的物理意义，但由图 10-8（b）可以看出，

$$W + W_c = F\Delta$$

即余功为功的余数，两者之和形成图 10-8（b）中的矩形 $OCAB$。

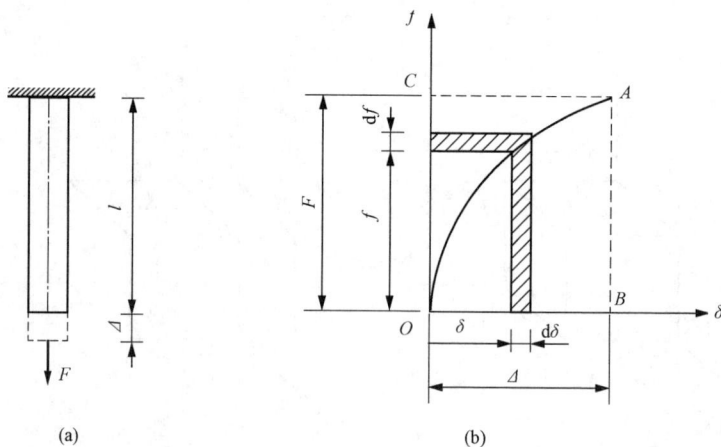

图 10-8

弹性体的外力功等于应变能，即 $W = V_\varepsilon$。仿照这种关系，引入另一个与余功相当的能量参数，称为余能，用 V_c 表示，即

$$V_c = W_c = \int_0^F \delta \mathrm{d}f \qquad (10\text{-}17)$$

余能还可以通过单元体进行计算。例如，对于处于单向应力状态的材料，其应力-应变关系如图 10-8（b）所示，则单位体积内的余能即余能密度为

$$v_c = \int_0^\sigma \varepsilon \mathrm{d}\sigma \qquad (10\text{-}18)$$

由此可以求解出拉（压）杆或梁的余能为

$$V_c = \int_V \int_0^\sigma \varepsilon \mathrm{d}\sigma \mathrm{d}V \qquad (10\text{-}19)$$

式中，V 代表构件的体积。

由图 10-9 可以看出，当荷载与其相应位移保持线性关系时，应变能数值等于余能。要注意的是，应变能与余能是完全不同的两个物理量。

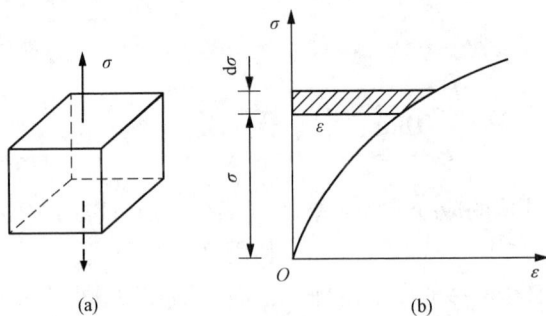

图 10-9

例 10-1 图 10-10 所示悬臂梁，承受集中力 F 和集中力偶矩 M_e 的作用。试计算外力所做的总功。设弯曲刚度 EI 为常数。

解： 方法一：由叠加原理可知，截面 A 的挠度和转角分别为

$$w_A = w_{AF} + w_{AM_e} = \frac{Fl^3}{3EI} - \frac{M_e l^2}{2EI}$$

$$\theta_A = \theta_{AF} + \theta_{AM_e} = -\frac{Fl^2}{2EI} + \frac{M_e l}{EI}$$

由式（10-3）可得

$$W = \frac{Fw_A}{2} + \frac{M_e \theta_A}{2} = \frac{F^2 l^3}{6EI} - \frac{FM_e l^2}{2EI} + \frac{M_e^2 l}{2EI}$$

方法二：利用应变能计算外力功。梁的弯矩方程为

$$M(x) = M_e - Fx$$

由式（10-9）得

$$W = V_\varepsilon = \int_0^l \frac{M^2(x)}{2EI} \mathrm{d}x = \int_0^l \frac{(M_e - Fx)^2}{2EI} \mathrm{d}x = \frac{F^2 l^3}{6EI} - \frac{FM_e l^2}{2EI} + \frac{M_e^2 l}{2EI}$$

例 10-2 某一结构承受荷载 F，荷载的作用点的相应位移为 $\delta = KF^2$（F-δ 关系曲线如图 10-11 所示），式中 K 为常数。试计算此结构在力 F 作用下的应变能及余能。

解： 由式（10-15）求得

$$V_\varepsilon = W = \int_0^\Delta f\mathrm{d}\delta = \int_0^\delta \sqrt{\frac{\delta}{K}}\mathrm{d}\delta = \frac{2}{3}\sqrt{\frac{\delta^3}{K}} = \frac{2}{3}F\delta$$

由式（10-17）求得

$$V_c = W_c = \int_0^F \delta\mathrm{d}f = \int_0^F KF^2\mathrm{d}F = \frac{2}{3}KF^3 = \frac{1}{3}F\delta$$

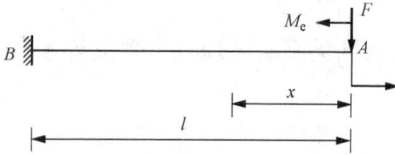

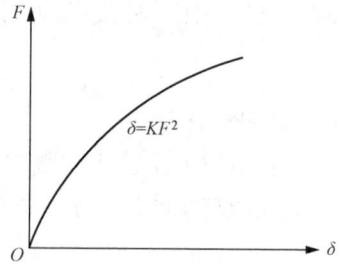

图 10-10　　　　　　　　　　　　　　图 10-11

10.3　卡 氏 定 理

　　第 10.2 节介绍了弹性体的应变能和余能的概念，它们可以通过外力功和余功来计算，其计算式分别为公式（10-15）和式（10-17）。利用这两个公式，意大利工程师卡斯蒂利亚诺导出了计算弹性结构的力和位移的两个定理。下面分别介绍这两个定理。

10.3.1　卡氏第一定理

　　图 10-12 所示的弹性梁，承受广义荷载 F_1, F_2, …, F_k, …, F_n 作用，设荷载从零增加到最终值，各荷载的作用点沿荷载的作用方向的位移分别为 Δ_1, Δ_2, …, Δ_k, …, Δ_n。因为弹性体的应变能等于外力功，即

$$V_\varepsilon = W = \sum_{i=1}^n \int_0^{\Delta_i} F_i\mathrm{d}\delta_i = V(\Delta_1, \Delta_2, \Delta_k, …, \Delta_n)$$

所以弹性体的应变能是相应位移 Δ_1, Δ_2, …, Δ_k, …, Δ_n 的函数。

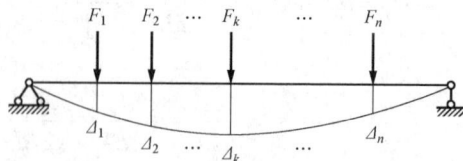

图 10-12

　　假设与第 k 个荷载相应的位移有一个微小的增量 $\mathrm{d}\Delta_k$，其他荷载作用点无位移变化，则外力功的增量仅由 F_k 产生，可表示为

$$\mathrm{d}W = F_k\mathrm{d}\Delta_k \tag{10-20}$$

弹性体内应变能的增量可由函数的微分求得

$$\mathrm{d}V_\varepsilon = \frac{\partial V_\varepsilon}{\partial \Delta_k}\mathrm{d}\Delta_k \tag{10-21}$$

因为应变能等于外力功，所以其增量也相等，即

$$\mathrm{d}V_\varepsilon = \mathrm{d}W \qquad (10\text{-}22)$$

将式（10-20）和式（10-21）代入式（10-22）得

$$F_k = \frac{\partial V_\varepsilon}{\partial \Delta_k} \qquad (10\text{-}23)$$

式（10-23）所代表的关系是一个普遍的规律，表明弹性体的应变能对某荷载 F_k 的相应位移 Δ_k 的偏导数，等于 F_k 的数值，此关系称为**卡氏第一定理**。式中的力和位移是广义的力和位移。

需要注意的是，在卡氏第一定理的推导过程中，没有用到线弹性的条件，因此，该定理适用于一切受力状态下的弹性体。

例 10-3 图 10-13 所示的悬臂梁，已知梁自由端的转角为 θ，试按卡氏第一定理确定施加该处的外力偶矩 M_e。设梁的材料在线弹性范围内工作。

解：悬臂梁自由端施加一外力偶矩 M_e 时，梁处于纯弯曲状态。梁内任意点处的线应变为

$$\varepsilon = \frac{y}{\rho} \qquad (1)$$

式中，ρ 为挠曲线的曲率半径。梁处于纯弯曲状态，挠曲线为圆弧，由图 10-13 可见

$$\rho\theta = l \qquad (2)$$

将（2）代入（1）得

$$\varepsilon = \frac{y\theta}{l} \qquad (3)$$

按（10-11）可得梁内任意点的应变能密度为

$$v_\varepsilon = \frac{\sigma^2}{2E} = \frac{1}{2}E\varepsilon^2 = \frac{E\theta^2 y^2}{2l^2}$$

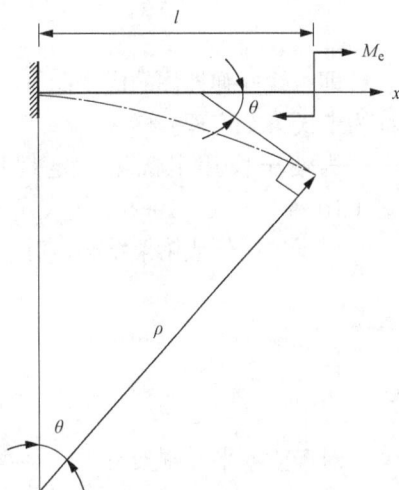

图 10-13

将 v_ε 的表达式代入式（10-14），并设梁横面的微面积为的 $\mathrm{d}A$，则梁的应变能为

$$V_\varepsilon = \int_V v_\varepsilon \mathrm{d}V = \int_l (\int_A v_\varepsilon \mathrm{d}A)\mathrm{d}x = \int_l (\frac{E\theta^2}{2l^2}\int_A y^2 \mathrm{d}A)\mathrm{d}x = \frac{EI\theta^2}{2l}$$

由式（10-23）得

$$M_e = \frac{\partial V_\varepsilon}{\partial \theta} = \frac{EI\theta}{l}$$

10.3.2 卡氏第二定理

图 10-12 所示的弹性体，承受广义荷载 F_1, F_2, $\cdots$, F_k, $\cdots$, F_n 作用，相应位移分别为 Δ_1, Δ_2, $\cdots$, Δ_k, $\cdots$, Δ_n。现欲求 Δ_k，即计算荷载 F_k 的相应位移。

首先使荷载 F_k 有一个增量 $\mathrm{d}F_k$，其他荷载不变，这时余功的增量为

$$\mathrm{d}W_c = \Delta_k \mathrm{d}F_k \qquad (10\text{-}24)$$

由于弹性体的余能是荷载 F_1, F_2, $\cdots$, F_k, $\cdots$, F_n 的函数，所以，当 F_k 增加微量 $\mathrm{d}F_k$ 后，余能的增量可由函数的微分求得

$$\mathrm{d}V_\mathrm{c} = \frac{\partial V_\mathrm{c}}{\partial F_k}\mathrm{d}F_k \qquad (10\text{-}25)$$

因为余功与弹性体的余能数值相等，所以其增量也相等，即

$$\mathrm{d}W_\mathrm{c} = \mathrm{d}V_\mathrm{c} \qquad (10\text{-}26)$$

将式（10-24）、式（10-25）代入式（10-26），得

$$\varDelta_k = \frac{\partial V_\mathrm{c}}{\partial F_k} \qquad (10\text{-}27)$$

式（10-27）表明：弹性体的余能 V_c 对某一荷载 F_k 的偏导数等于该荷载的相应位移 $\varDelta_k$。上述关系称为**克罗第恩格塞定理**。

对于线性弹性体，弹性体的余能数值等于应变能，于是由式（10-27）得

$$\varDelta_k = \frac{\partial V_\varepsilon}{\partial F_k} \qquad (10\text{-}28)$$

即：线性弹性体的应变能 V_ε 对某一荷载 F_k 的偏导数等于该荷载的相应位移 $\varDelta_k$。此关系称为**卡氏第二定理**。

为便于应用卡氏第二定理计算线弹性杆件或杆系结构的位移，将应变能的计算式（10-5）～式（10-9）代入式（10-28）后，可得到卡氏定理的下列具体形式。

对于拉压杆或桁架结构，有

$$\varDelta_k = \int_l \frac{F_\mathrm{N}(x)}{EA} \cdot \frac{\partial F_\mathrm{N}(x)}{\partial F_k}\mathrm{d}x \qquad (10\text{-}29)$$

或

$$\varDelta_k = \sum_{i=1}^n \frac{F_{\mathrm{N}i}l_i}{E_i A_i} \cdot \frac{\partial F_{\mathrm{N}i}}{\partial F_k} \qquad (10\text{-}30)$$

对于梁或平面刚架有

$$\varDelta_k = \int_l \frac{M(x)}{EI} \cdot \frac{\partial M(x)}{\partial F_k}\mathrm{d}x \qquad (10\text{-}31)$$

对于圆轴有

$$\varDelta_k = \int_l \frac{T(x)}{GI_\mathrm{p}} \cdot \frac{\partial T(x)}{\partial F_k}\mathrm{d}x \qquad (10\text{-}32)$$

按式（10-29）～式（10-32）求得的位移 $\varDelta_k$ 为正，则说明该位移与荷载 F_k 同向，反之，则两者反向。特别指出，以上各式中的 F_k 为广义力，而 $\varDelta_k$ 则为相应的广义位移。

例 10-4 图 10-14（a）中的桁架在节点 C 受到铅垂力作用，$F=10$ kN，二杆材料相同，弹性模量 $E=200$ GPa，1 杆的直径为 10 mm，2 杆直径为 12 mm。试用卡氏定理计算节点 C 的水平位移 $\varDelta_{Cx}$。

解：（1）内力计算。由于在节点 C 处无水平方向荷载，因此不能直接利用卡氏第二定理计算该节点的水平位移。在这种情况下，可首先在节点 C 处附加一个水平方向的集中力 F_k，并计算在荷载 F 和 F_k 共同作用下节点 C 的水平位移，然后令 $F_k=0$，即得仅有荷载 F 作用时节点 C 的水平位移。

取节点 C 为研究对象，受力如图 10-14（b）所示，则

$$\sum F_x = 0, F_k - F_{\mathrm{N}1}\cos 45° - F_{\mathrm{N}2}\cos 30° = 0$$
$$\sum F_y = 0, F_{\mathrm{N}1}\sin 45° - F_{\mathrm{N}2}\sin 30° - F = 0$$

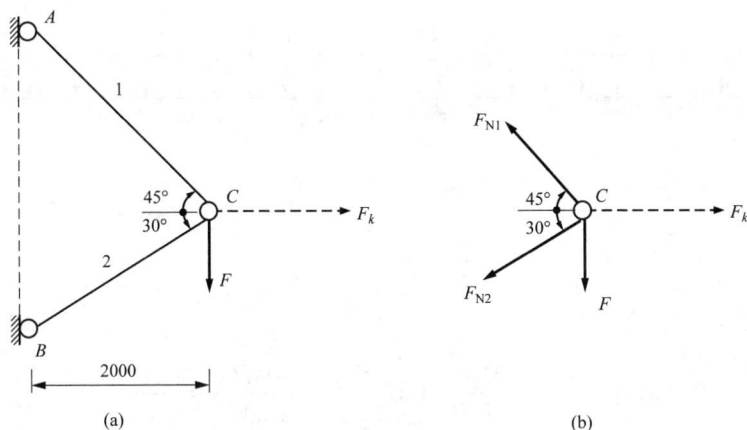

图 10-14

解得

$$F_{N1} = 0.897F + 0.518F_k, \frac{\partial F_{N1}}{\partial F_k} = 0.518$$

$$F_{N2} = -0.732F + 0.732F_k, \frac{\partial F_{N2}}{\partial F_k} = 0.732$$

（2）计算Δ_{Cx}

$$\Delta_{Cx} = \frac{F_{N1}l_1}{EA_1} \cdot \frac{\partial F_{N1}}{\partial F_k} + \frac{F_{N2}l_2}{EA_2} \cdot \frac{\partial F_{N2}}{\partial F_k}$$

$$= \frac{(0.897F + 0.518F_k) \times 2\sqrt{2} \times 10^3}{EA_1} \times 0.518 + \frac{(-0.732F + 0.732F_k) \times \frac{4}{\sqrt{3}} \times 10^3}{EA_2} \times 0.732$$

令 $F_k = 0$，得

$$\Delta_{Cx} = \frac{0.897F \times 2828}{EA_1} \times 0.518 - \frac{0.732F \times 2309}{EA_2} \times 0.732$$

$$= \frac{0.897 \times 10 \times 10^3 \times 2828 \times 0.518 \times 4}{200 \times 10^3 \times \pi \times 10^2} - \frac{0.732 \times 10 \times 10^3 \times 2309 \times 0.732 \times 4}{200 \times 10^3 \times \pi \times 12^2}$$

$$= 0.29(\text{mm})(\rightarrow)$$

Δ_{Cx} 为正，说明节点 C 的水平位移与附加力 F_k 同向，向右。

例 10-5 图 10-15（a）所示梁右端支撑弹簧的刚度系数为 k，梁上受均布荷载 q 的作用。试用卡氏第二定理计算横截面 A 的转角 θ_A。设梁的弯曲刚度 EI 为常数，不计剪力对应变能的影响。

解： 本例中，系统的应变能包括梁 AB 应变能和弹簧 B 的应变能。由于截面 A 处无外力偶作用，首先在截面 A 处附加一个矩为 M_e 的力偶，如图 10-15（b）所示。在均布荷载 q 和 M_e 共同作用下，约束反力及杆件内力为

$$F_A = \frac{ql}{2} - \frac{M_e}{l}, \quad F_B = \frac{ql}{2} + \frac{M_e}{l}$$

梁 AB：

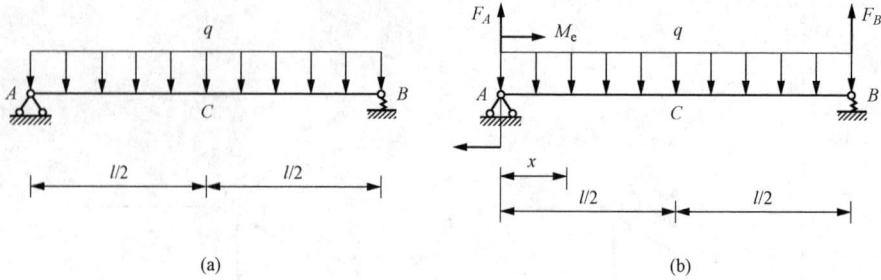

图 10-15

$$M(x) = \left(\frac{ql}{2} - \frac{M_e}{l}\right)x + M_e - \frac{q}{2}x^2, \quad \frac{\partial M(x)}{\partial M_e} = -\frac{x}{l} + 1$$

弹簧：

$$F_B = \frac{ql}{2} + \frac{M_e}{l}, \quad \frac{\partial F_B}{\partial M_e} = \frac{1}{l}$$

系统的应变能为

$$V_\varepsilon = V_{AB} + V_B = \int_0^l \frac{M^2(x)}{2EI}dx + \frac{1}{2} \cdot \frac{F_B^2}{k}$$

$$\theta_A = \frac{\partial V_\varepsilon}{\partial M_e} = \int_0^l \frac{M(x)}{EI} \frac{\partial M(x)}{\partial M_e}dx + \frac{F_B}{k} \cdot \frac{\partial F_B}{\partial M_e}$$

则

$$= \int_0^l \frac{\left(\dfrac{ql}{2} - \dfrac{M_e}{2}\right)x + M_e - \dfrac{q}{2}x^2}{EI}\left(-\frac{x}{l} + 1\right)dx + \frac{\dfrac{ql}{2} + \dfrac{M_e}{l}}{k} \cdot \frac{1}{l}$$

令 $M_e = 0$，得

$$\theta_A = \int_0^l \frac{\left(\dfrac{qlx}{2} - \dfrac{q}{2}x^2\right)\left(-\dfrac{x}{l} + 1\right)}{EI}dx + \frac{\dfrac{ql}{2}}{k} \cdot \frac{1}{l} = \frac{ql^3}{24EI} + \frac{q}{2k}$$

所得的 θ_A 为正，表明横截面 A 的转角与所加的力偶方向相同。

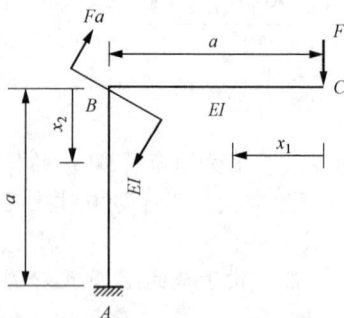

图 10-16

例 10-6 试用卡氏第二定理计算图 10-16 所示刚架 C 点的竖直位移 Δ_{Cy}。设梁的弯曲刚度 EI 为常数，不计轴力和剪力的影响。

解： 把作用在 B 截面的力矩为 Fa 的外力偶用 M_B 表示，以免与作用在 C 截面上的力 F 同名。列各杆的弯矩方程，并求其对力 F 的偏导数。

BC 杆：　　　　　$M(x_1) = Fx_1, \quad \dfrac{\partial M(x_1)}{\partial F} = x_1$

AB 杆：　　　　　$M(x_2) = Fa + M_B, \quad \dfrac{\partial M(x_2)}{\partial F} = a$

计算 Δ_{Cy}：

$$\Delta_{Cy} = \int_0^a \frac{M(x_1)}{EI} \cdot \frac{\partial M(x_1)}{\partial F} dx_1 + \int_0^a \frac{M(x_2)}{EI} \cdot \frac{\partial M(x_2)}{\partial F} dx_2$$

$$= \int_0^a \frac{Fx_1^2}{EI} dx_1 + \int_0^a \frac{(Fa + Fa)a}{EI} dx_2$$

$$= \frac{7Fa^3}{3EI} (\downarrow)$$

本例中若不将 B 截面力矩为 Fa 的外力偶记为 M_B，则应变能 $V_\varepsilon = V(Fa + F)$。对 F 求偏导数时，$\dfrac{\partial V_\varepsilon}{\partial F}$ 实际上等于 $\dfrac{\partial V_\varepsilon}{\partial F} + \dfrac{\partial V_\varepsilon}{\partial (Fa)}a$，得到的是 $\Delta_{Cy} + \theta_B a$。因此，在运用卡氏第二定理解题时，需先将同名的荷载重新命名，加以区分，直至偏导后才可恢复原名。

10.4 单 位 荷 载 法

在利用卡氏第二定理求解桁架、梁、刚架及结构的位移时，可用式（10-29）～式（10-32）计算与某一广义荷载 F_k 相应的广义位移 Δ_k。式（10-29）～式（10-32）中的偏导数 $\dfrac{\partial F_N(x)}{\partial F_k}$，$\dfrac{\partial M(x)}{\partial F_k}$，$\dfrac{\partial T(x)}{\partial F_k}$ 分别等于 $F_k = 1$ 单独作用时产生的内力 $\overline{F}_N$，$\overline{M}(x)$，$\overline{T}(x)$。以图 10-17 所示简支梁为例说明。

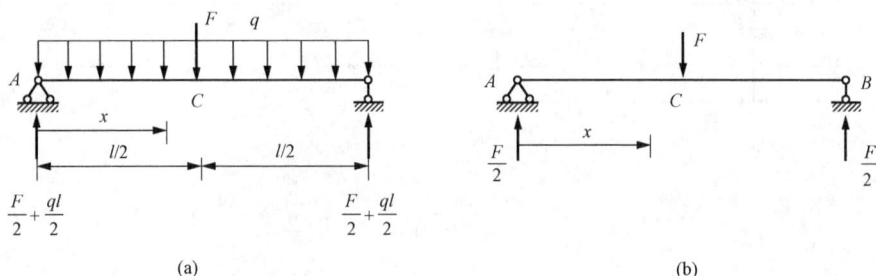

图 10-17

图 10-17（a）中，梁 AC 的弯矩及其对力 F 的偏导数为

$$M(x) = \frac{F}{2}x + \frac{ql}{2}x - \frac{q}{2}x^2, \quad \frac{\partial M(x)}{\partial F} = \frac{1}{2}x$$

图 10-17（b）中，梁 AC 段的弯矩为

$$\overline{M}(x) = \frac{1}{2}x$$

BC 段也有同样的结果。利用式（10-31），该简支梁 C 点的位移可以写成

$$\Delta_C = \int_l \frac{M(x)}{EI} \cdot \frac{\partial M(x)}{\partial F_k} dx = \int_l \frac{M(x)\overline{M}(x)}{EI} dx$$

因此，卡氏第二定理可表示为

对拉压杆或桁架结构

$$\Delta_k = \int_l \frac{F_N(x)\overline{F}_N(x)}{EA}dx \qquad (10\text{-}33)$$

或

$$\Delta_k = \sum_{i=1}^n \frac{F_{Ni}\overline{F}_{Ni}l_i}{E_iA_i} \qquad (10\text{-}34)$$

对梁或平面刚架

$$\Delta_k = \int_l \frac{M(x)\overline{M}(x)}{EI}dx \qquad (10\text{-}35)$$

对圆轴有

$$\Delta_k = \int_l \frac{T(x)\overline{T}(x)}{GI_P}dx \qquad (10\text{-}36)$$

上述关系是英国科学家马克斯威尔在 1864 年提出的，由莫尔在 1874 年应用于实际计算中，因此称为**马克斯威尔-莫尔定理**。因为 $\overline{M}(x)$ [或 $\overline{F}_N(x)$ ，$\overline{T}(x)$] 是由单位荷载引起的内力，所以上述方法也称为**单位荷载法**。应用单位荷载法比用卡氏第二定理简便。

例 10-7 试用单位荷载法求图 10-18 （a）所示梁 A 截面的挠度 w_A。已知梁的弯曲刚度 EI 为常数。

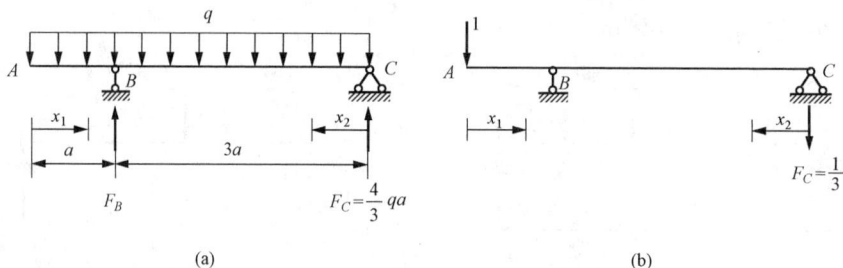

图 10-18

解： 为计算 A 截面的挠度，在该截面沿铅垂方向加一单位力 [图 10-18 （b）]。

式（10-35）的被积函数为 $\overline{M}(x)$ 与 $M(x)$ 的乘积，因此，在建立弯矩方程 $\overline{M}(x)$ 与 $M(x)$ 时，梁段的划分与坐标 x 的选取应完全一致。按此原则，将梁划分为 AB 与 BC 两段，并选取坐标 x_1 与 x_2 如图 10-18 所示。梁的弯矩方程为

AB 段： $\qquad M(x_1) = -\frac{1}{2}qx_1^2,\ \overline{M}(x_1) = -x_1$

BC 段： $\qquad M(x_2) = \frac{4}{3}qax_2 - \frac{1}{2}qx_2^2,\ \overline{M}(x_2) = -\frac{1}{3}x_2$

应用式（10-35），A 截面的挠度为

$$w_A = \int_0^a \frac{M(x_1)\overline{M}(x_1)}{EI}dx_1 + \int_0^{3a}\frac{M(x_2)\overline{M}(x_2)}{EI}dx_2$$

$$= \frac{1}{EI}\int_0^a(-x_1)\left(-\frac{1}{2}qx_1^2\right)dx_1 + \frac{1}{EI}\int_0^{3a}\left(-\frac{1}{3}x_2\right)\left(\frac{4}{3}qax_2 - \frac{1}{2}qx_2^2\right)dx_2 = -\frac{qa^4}{2EI}(\uparrow)$$

所得结果为负，说明 w_A 的方向与所加的单位力方向相反，即 w_A 向上。

例 10-8 如图 10-19（a）所示刚架，承受均布荷载 q 的作用。试用单位荷载法计算截面 A 的水平位移Δ_{Ax}。已知弯曲刚度 EI 为常数。

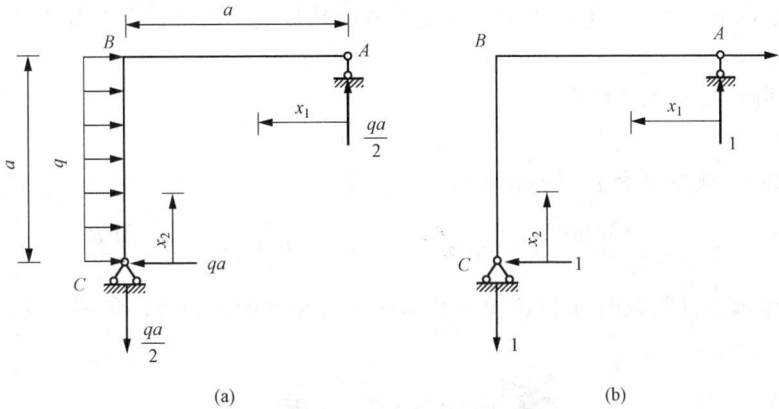

图 10-19

解: 为计算 A 截面的水平位移，在该截面沿水平方向加一单位力［图 10-19（b）］。在实际荷载和单位力单独作用时，建立梁的弯矩方程为

AB 段:
$$M(x_1) = \frac{1}{2}qax_1, \quad \overline{M}(x_1) = 1 \cdot x_1 = x_1$$

BC 段:
$$M(x_2) = qax_2 - \frac{1}{2}qx_2^2, \quad \overline{M}(x_2) = 1 \cdot x_2 = x_2$$

应用式（10-28）中，A 截面的水平位移为

$$
\begin{aligned}
\Delta_{Ax} &= \int_0^a \frac{M(x_1)\overline{M}(x_1)}{EI}\mathrm{d}x_1 + \int_0^a \frac{M(x_2)\overline{M}(x_2)}{EI}\mathrm{d}x_2 \\
&= \frac{1}{EI}\int_0^a \frac{1}{2}qax_1 \cdot x_1\mathrm{d}x_1 + \frac{1}{EI}\int_0^a \left(qax_2 - \frac{1}{2}qx_2^2\right) \cdot x_2\mathrm{d}x_2 \\
&= \frac{3qa^4}{8EI}(\rightarrow)
\end{aligned}
$$

例 10-9 如图 10-20（a）所示小曲率曲杆，轴线的半径为 R，在截面 A 和 B 处，作用一对大小相等、方向相反的集中力 F。试用单位荷载法计算截面 A 和 B 间的相对转角。设弯曲刚度 EI 为常数。

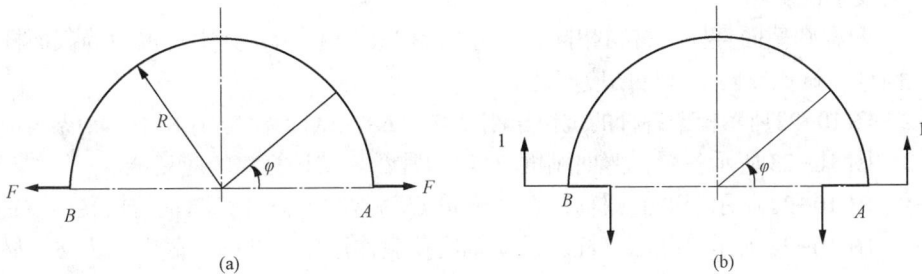

图 10-20

解: 为计算截面 A 和 B 的相对转角，在二截面处加一对转向相反的单位力偶［图 10-20

（b）].

平面曲杆受力后，其横截面上一般存在三个内力分量，即轴力、剪力与弯矩。但是，对于小曲率杆，影响其变形的主要内力是弯矩，因此，仍可利用式（10-35）计算其位移。

如图10-20（b）所示，选择坐标φ代表横截面的位置。在实际荷载作用下弯矩方程为

$$M(\varphi) = -FR\sin\varphi$$

在单位力偶作用时的弯矩方程为

$$\overline{M}(\varphi) = -1$$

应用式（10-35），截面A和B间的相对转角θ_{A-B}为

$$\theta_{A-B} = \int_0^\pi \frac{M(\varphi)\overline{M}(\varphi)}{EI}Rd\varphi = \int_0^\pi (-1)(-FR\sin\varphi)Rd\varphi = \frac{2FR^2}{EI}$$

所得θ_{A-B}为正，说明截面A和B相对转动的方向与所加单位力偶的相对转向一致。

思 考 题

10-1　为什么求梁的内力或变形时可采用叠加原理，而求解弹性应变能时不能采用叠加原理？

10-2　运用卡氏第二定理时，所考察的系统应是平衡的，不发生刚体位移，为什么不平衡时不可用？

10-3　分析弹性体与线性弹性体上的变形与位移有何区别？

10-4　卡氏第二定理$\Delta_k = \dfrac{\partial V_\varepsilon}{\partial F_k}$，当$F_k$代表集中力偶时，$\Delta_k$是什么？$\dfrac{\partial V_\varepsilon}{\partial q}$的量纲是什么？它的物理意义是什么？

10-5　为了简化计算，当梁上有弯矩、剪力、轴力时，常略去剪力、轴力对应变能的影响，此时计算式中用的应变能比真实的应变能小一些，由此计算得到的位移是偏大还是偏小？

习 题

注意：在以下习题中，如无特殊说明，都假定材料是线弹性的；对于梁和刚架不计轴力、剪力对变形的影响。

10-1　两根圆截面直杆的材料相同，尺寸如图10-21所示，其中一根为等截面杆，另一根为变截面杆。试比较两根杆件的应变能。

10-2　图10-22所示桁架各杆的抗拉压刚度均为EA。试计算在F作用下，桁架的应变能。

10-3　图10-23所示各梁，弯曲刚度EI均为常数。试计算梁的应变能。

10-4　图10-24所示变截面圆轴，切变模量G为常数，试计算圆轴的扭转应变能。

10-5　图10-25所示等截面直杆，承受轴向荷载作用。设杆的横截面积为A，材料的应力-应变关系为$\sigma = C\sqrt{\varepsilon}$，其中$C$为已知常数。试计算外力所做的功。

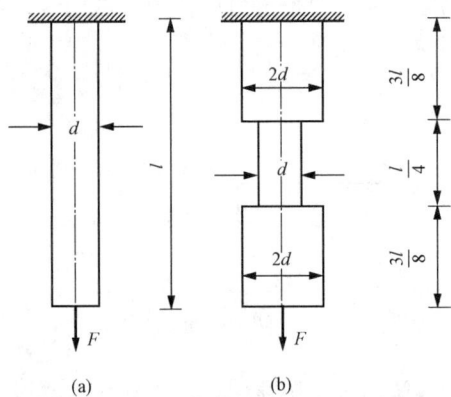

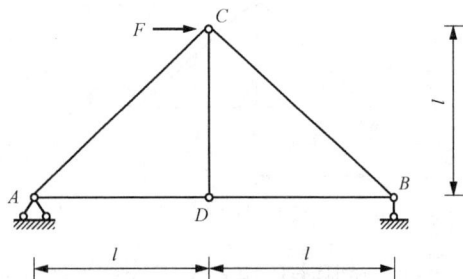

图 10-21

图 10-22

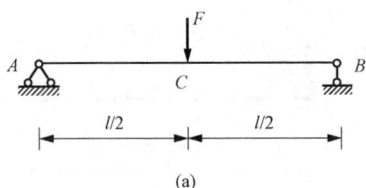

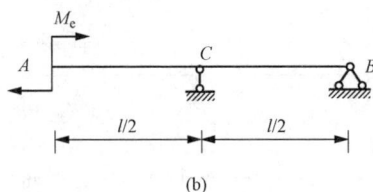

图 10-23

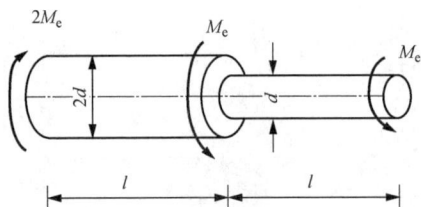

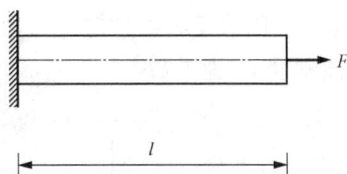

图 10-24

图 10-25

10-6　图 10-26 所示梁上 A、B 两点分别作用大小相同的力 F，在图 10-26（a）所示梁上二力同向，在图 10-26（b）所示梁上二力反向。已知弯曲刚度 EI 为常量。

（1）解释 $\dfrac{\partial V_\varepsilon}{\partial F}$ 的物理意义；

（2）用卡氏定理求 B 点的挠度。

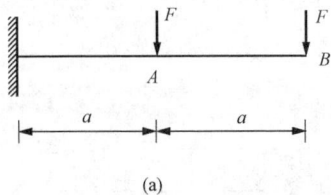

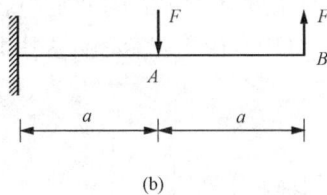

图 10-26

10-7　图 10-27 所示桁架在节点 B 承受荷载 F 的作用。试用卡氏第二定理计算该节点的竖直方向位移 Δ_{By}。已知各杆各截面的拉压刚度均为 EA。

10-8　图 10-28 所示圆截面轴，右半段承受集度为 m 的均布扭力矩作用。试用卡氏第二定理计算杆端截面 A 的扭转角。设扭转刚度 GI_p 为常数。

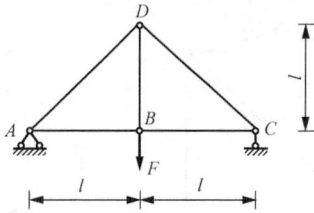

图 10-27

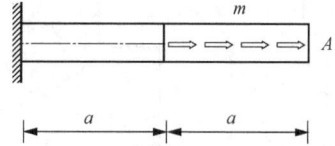

图 10-28

10-9　试用卡氏第二定理计算如图 10-29 所示各梁 A 截面的挠度 w_A 与转角 θ_A。设弯曲刚度 EI 为常数。

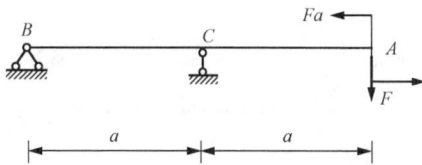

(a)

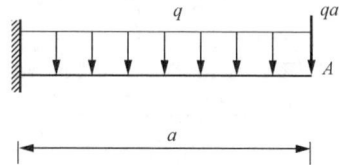

(b)

图 10-29

10-10　试用卡氏第二定理计算如图 10-30 所示各梁 A 截面的挠度 w_A 与和 B 截面转角 θ_B。设弯曲刚度 EI 为常数。

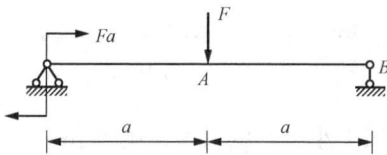

(a)

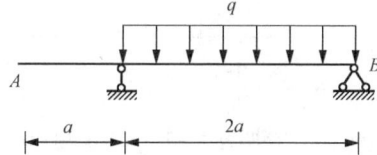

(b)

图 10-30

10-11　弯曲刚度均为 EI 的悬臂梁受三角形分布荷载作用，如图 10-31 所示。试用卡氏第二定理计算悬臂梁自由端的挠度 w_A。

10-12　弯曲刚度均为 EI 的静定组合梁 ABC，在 AB 段上受均布荷载 q 作用，如图 10-32 所示。试用卡氏第二定理计算中间铰 B 两侧截面的相对转角。

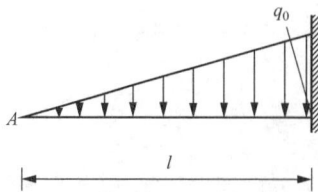

图 10-31

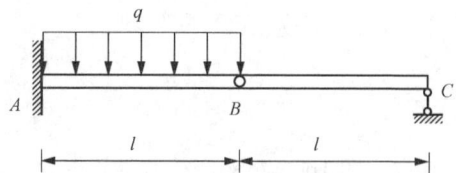

图 10-32

10-13 试用卡氏第二定理计算如图 10-33 所示刚架 C 截面的转角 θ_C。设弯曲刚度 EI 为常数。

10-14 试用卡氏第二定理计算如图 10-34 所示刚架 A 截面的竖直方向位移 Δ_{Ay} 和截面 B 的水平位移 Δ_{BX}。设弯曲刚度 EI 为常数。

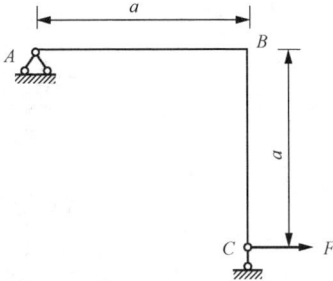
图 10-33

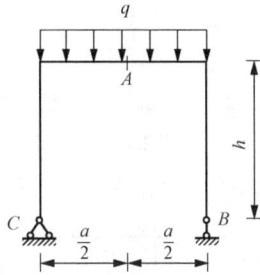
图 10-34

10-15 如图 10-35 所示桁架中，各杆拉、压刚度 EA 相同，在节点 D 受一水平荷载 F 作用，同时支座 B 沿垂直方向下沉 Δ。试用卡氏第二定理计算 DB 杆的转角 θ_{DB}。（提示：可把支座 B 理解为一弹簧，其弹簧刚度为 $k = \dfrac{F/2}{\Delta}$，为求 DB 杆的转角 θ_{DB}，在 D、B 两点施加一个与附加力偶相应的附加力 $\dfrac{m}{\sqrt{2}a}$）

10-16 如图 10-36 所示桁架各杆的拉压刚度 EA 相同，试用单位荷载法求节点 B 与 D 间的相对位移 Δ_{D-B}。

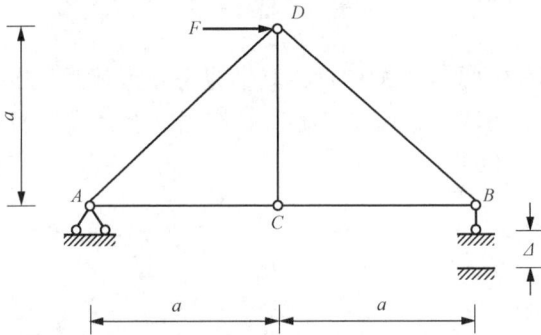
图 10-35

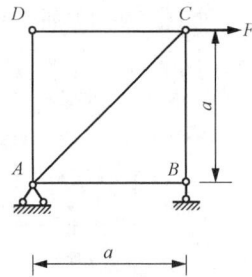
图 10-36

10-17 如图 10-37 所示桁架各杆的拉压刚度 EA 相同，试用单位荷载法求节点 A 竖向位移 Δ_{Ay}。

10-18 试用单位荷载法求图 10-38 所示刚架 A 截面转角 θ_A 及 D 截面的水平方向位移 Δ_{Dx}。设弯曲刚度 EI 为常数。

10-19 试用单位荷载法求图 10-39 所示刚架 A 截面转角 θ_A 及 D 截面的竖直方向位移 Δ_{Dy}。设弯曲刚度 EI 为常数。

10-20 试用单位荷载法求图 10-40 所示刚架 A 截面转角 θ_A 及 D 截面的水平方向位移 Δ_{Dx}。设弯曲刚度 EI 为常数。

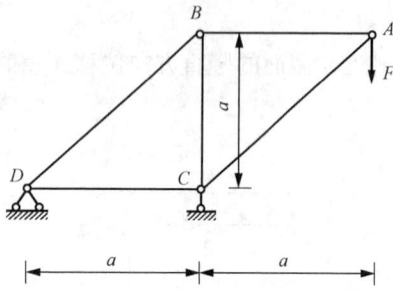

图 10-37

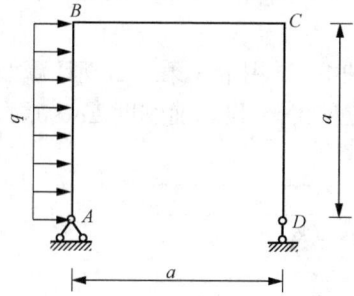

图 10-38

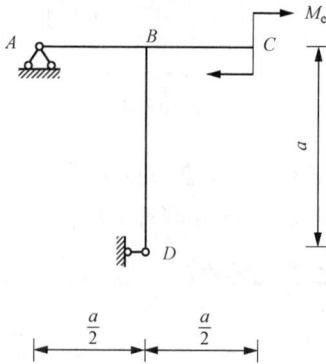

图 10-39

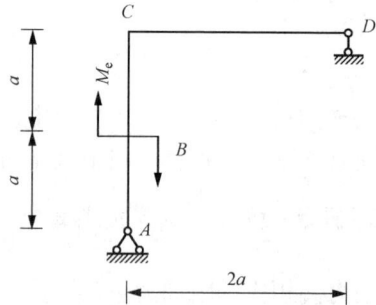

图 10-40

10-21　如图 10-41 所示正方形开口框架位于水平面内，在开口端作用一对大小相等、方向相反的竖直力 F。试求在力 F 作用下开口处的张开量。设各段杆均为圆截面，EI 和 GI_p 均为常数。

10-22　如图 10-42 所示位于水平面内的小曲率的曲杆，其轴线为 1/4 圆弧，圆弧的平均半径为 R，杆的直径为 d，B 端固定，在 A 端受竖直方向荷载 F 作用，求 A 端的铅垂位移 Δ_{Ay}。假设切变模量 G 与弹性模量 E 的比值为 0.4。

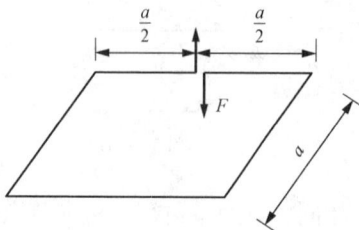

图 10-41

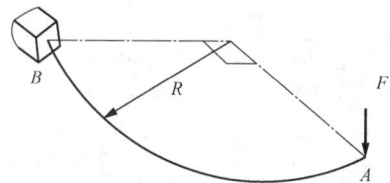

图 10-42

附录 A 平面图形的几何性质

A.1 静 矩 和 形 心

计算杆的应力和变形时，将用到杆横截面的几何性质。例如，在杆的拉（压）计算中所用的横截面积 A，在圆杆扭转计算中所用的极惯性矩 I_p，以及在梁的弯曲计算中所用的横截面的静矩、惯性矩和惯性积等。

设一任意形状的截面如图 A-1 所示，其截面面积为 A。从截面中坐标为 (x, y) 处取一面积元素 dA，则 $x dA$ 和 $y dA$ 分别称为该面积元素 dA 对于 y 轴和 x 轴的静矩或一次矩，将以下两积分

$$S_y = \int_A x \, dA, \, S_x = \int_A y \, dA \quad （A-1）$$

分别定义为该截面对于 y 轴和 x 轴的静距。

截面的静矩是对于一定的轴而言的，同一截面对不同坐标轴的静矩不同。静矩可能为正值或负值，也可能等于零，其常用单位为 m^3 或 mm^3。

由理论力学可知，在 Oxy 坐标系中，均质等厚度薄板的重心坐标为

图 A-1

$$\bar{x} = \frac{\int_A x dA}{A}, \, \bar{y} = \frac{\int_A y dA}{A} \quad （A-2）$$

而均质薄板的重心与该薄板平面图形的形心是重合的，因此，式（A-2）可用来计算截面（图 A-1）的形心坐标。由于式（A-2）中的 $x dA$ 和 $y dA$ 就是截面的静矩，于是可将式（A-2）改写为

$$\bar{x} = \frac{S_y}{A}, \, \bar{y} = \frac{S_x}{A} \quad （A-3）$$

因此，在知道截面对于 y 轴和 x 轴的静距以后，即可求得截面形心的坐标。若将式（A-3）写成

$$S_y = A\bar{x}, \, S_x = A\bar{y} \quad （A-4）$$

则在已知截面的面积 A 及其形心的坐标 $\bar{x}$、$\bar{y}$ 时，就可求得截面对于 y 轴和 x 轴的静矩。

由式（A-3）、式（A-4）可见，若截面对于其一轴的静矩等于零，则该轴必通过截面的形心；反之，截面对于通过其形心的轴的静矩恒等于零。

当截面由若干简单图形（如矩形、圆形或三角形等）组成时，由于简单图形的面积及其形心位置均已知，而且，由静矩定义可知，截面各组成部分对于某一轴的静矩之代数和，就

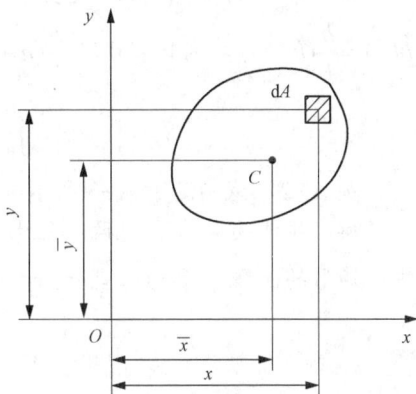

等于该截面对于同一轴的静矩，即得整个截面的静矩为

$$S_y = \sum_{i=1}^{n} A_i \overline{x_i}, \quad S_x = \sum_{i=1}^{n} A_i \overline{y_i} \qquad (A-5)$$

式中，A_i 和 $\overline{x_i}$，$\overline{y_i}$ 分别代表任一简单图形的面积及其形心的坐标；n 为组成截面的简单图形的个数。

若将按式（A-5）求得的 S_y 和 S_x 代入式（A-3），可得计算组合截面形心坐标的公式为

$$\overline{x} = \frac{\sum_{i=1}^{n} A_i \overline{x_i}}{\sum_{i=1}^{n} A_i}, \quad \overline{y} = \frac{\sum_{i=1}^{n} A_i \overline{y_i}}{\sum_{i=1}^{n} A_i} \qquad (A-6)$$

例 A-1　试计算图 A-2 所示三角形截面对于与其底边重合的 x 轴的静矩。

解：取平行于 x 轴的狭长条作为面积元素，即 $\mathrm{d}A = b(y)\mathrm{d}y$。由相似三角形关系可知 $b(y) = \dfrac{b}{h}(h - y)$，因此有 $\mathrm{d}A = \dfrac{b}{h}(h - y)\mathrm{d}y$。将其代入式（A-1）的第二式，即得

$$S_x = \int_A y\mathrm{d}A = \int_0^h \frac{b}{h}(h - y)\mathrm{d}y = b\int_0^h y\mathrm{d}y - \frac{b}{h}\int_0^h y^2\mathrm{d}y = \frac{bh^2}{6}$$

例 A-2　试确定图 A-3 所示截面形心 C 的位置（截面尺寸单位为 mm）。

解：将截面分为 I，II 两个矩形。取 x 轴和 y 轴分别与截面的底边和左边缘重合。先计算每一矩形的面积 A_i 和形心坐标($\overline{x_i}$，$\overline{y_i}$)：

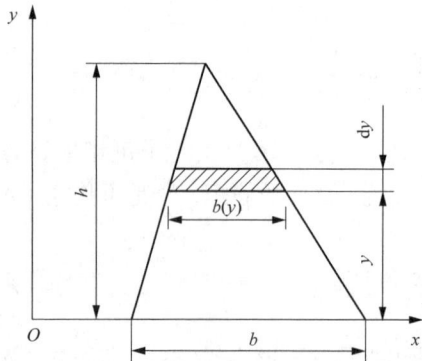

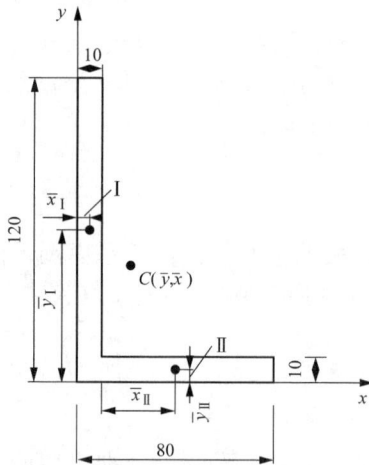

图 A-2　　　　　　　　　　　图 A-3

矩形 I：
$$A_{\mathrm{I}} = 10\,\mathrm{mm} \times 120\,\mathrm{mm} = 1\,200\,\mathrm{mm}^2$$
$$\overline{x_{\mathrm{I}}} = \frac{10}{2}\,\mathrm{mm} = 5\,\mathrm{mm}, \quad \overline{y_{\mathrm{I}}} = \frac{120}{2}\,\mathrm{mm} = 60\,\mathrm{mm}$$

矩形 II：
$$A_{\mathrm{II}} = 10\,\mathrm{mm} \times 70\,\mathrm{mm} = 700\,\mathrm{mm}^2$$
$$\overline{x_{\mathrm{II}}} = 10\,\mathrm{mm} + \frac{70}{2}\,\mathrm{mm} = 45\,\mathrm{mm}, \quad \overline{y_{\mathrm{II}}} = \frac{10}{2}\,\mathrm{mm} = 5\,\mathrm{mm}$$

将其代入式（A-6），即得截面形心 C 的坐标为

$$\overline{x} = \frac{A_{\mathrm{I}}\overline{x_{\mathrm{I}}} + A_{\mathrm{II}}\overline{x_{\mathrm{II}}}}{A_{\mathrm{I}} + A_{\mathrm{II}}} = \frac{37\,500 \text{ mm}^3}{1\,900 \text{ mm}^2} \approx 20 \text{ mm}$$

$$\overline{x} = \frac{A_{\mathrm{I}}\overline{y_{\mathrm{I}}} + A_{\mathrm{II}}\overline{y_{\mathrm{II}}}}{A_{\mathrm{I}} + A_{\mathrm{II}}} = \frac{75\,500 \text{ mm}^3}{1\,900 \text{ mm}^2} \approx 40 \text{ mm}$$

A.2 极惯性矩、惯性矩、惯性积

设一面积为 A 的任意形状截面如图 A-4 所示。从截面中坐标为 (x, y) 处取一面积元素 $\mathrm{d}A$，则 $\mathrm{d}A$ 与其至坐标原点距离平方的乘积 $\rho^2 \mathrm{d}A$，称为面积元素对 O 点的极惯性矩或截面二次极矩。而以下积分

$$I_p = \int_A \rho^2 \mathrm{d}A \tag{A-7}$$

定义为整个截面对于 O 点的极惯性矩。显然，极惯性矩的数值恒为正值。其单位为 m^4 或 mm^4。

面积元素 $\mathrm{d}A$ 与其至 y 轴或 x 轴距离平方的乘积 $x^2\mathrm{d}A$ 或 $y^2\mathrm{d}A$，分别称为面积元素对于 y 轴或 x 轴的惯性矩或截面二次轴矩。而以下两积分

$$I_y = \int_A x^2 \mathrm{d}A, \quad I_x = \int_A y^2 \mathrm{d}A \tag{A-8}$$

则分别定义为整个截面对于 y 轴或 x 轴的惯性矩。

由图 A-4 可见，$\rho^2 = x^2 + y^2$，故有

$$I_p = \int_A \rho^2 \mathrm{d}A = \int_A (x^2 + y^2)\,\mathrm{d}A = I_y + I_x \tag{A-9}$$

即任意截面对一点的极惯性矩的数值，等于截面对以该点为原点的任意两正交坐标轴的惯性矩之和。

面积元素 $\mathrm{d}A$ 与其分别至 y 轴和 x 轴距离的乘积 $xy\mathrm{d}A$，称为该面积元素对于两坐标轴的惯性积。

而以下积分

$$I_{xy} = \int_A xy\mathrm{d}A \tag{A-10}$$

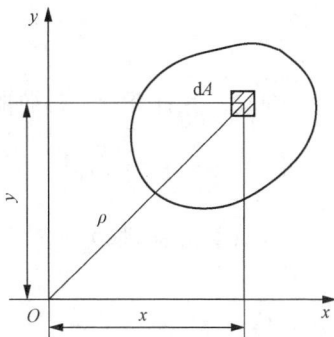

图 A-4

定义为整个截面对于 x, y 两坐标轴的惯性积。

由上述定义可见，同一截面对于不同坐标轴的惯性矩或惯性积一般是不同的。惯性矩的数值恒为正值，而惯性积则可能为正值或负值，也可能等于零。若 x, y 两坐标轴中有一个为截面的对称轴，则其惯性积 I_{xy} 恒等于零。由于在对称轴的两侧，处于对称位置的两面积元素 $\mathrm{d}A$ 的惯性积为 $xy\mathrm{d}A$，数值相等而正负号相反，导致整个截面的惯性积必等于零。惯性矩和惯性积的单位相同，均为 m^4 或 mm^4。

在某些应用中，将惯性矩表示为截面面积 A 与某一长度平方的乘积，即

$$I_y = i_y^2 A, \quad I_x = i_x^2 A \tag{A-11}$$

式中，i_y 和 i_x 分别称为截面对于 y 轴和 x 轴的惯性半径，其单位为 m 或 mm。

当已知截面面积 A 和惯性矩 I_y、I_x 时，惯性半径的求解公式为

$$i_y = \sqrt{\frac{I_y}{A}}, \ i_x = \sqrt{\frac{I_x}{A}} \qquad\qquad (\text{A}-12)$$

在附录 B 中给出了一些常用截面的几何性质计算公式备查。

例 A-3　试计算图 A-5（a）所示矩形截面对于其对称轴（形心轴）x 和 y 的惯性矩。

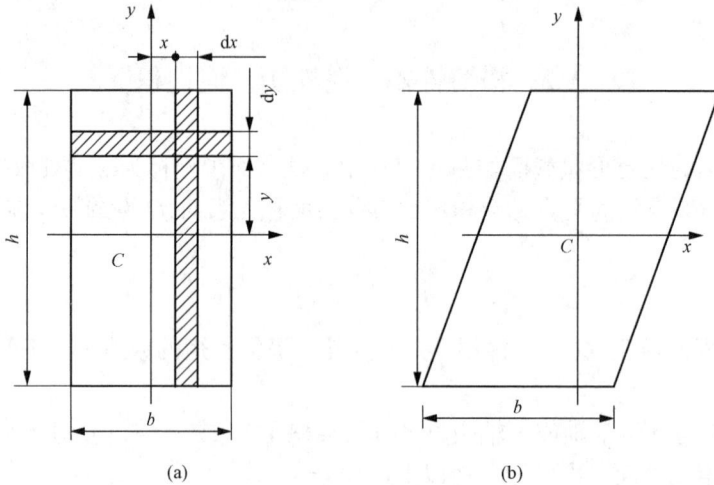

图 A-5

解：取平行于 x 轴的狭长条作为面积元素，即 $\mathrm{d}A = h\mathrm{d}x$，根据式（A-8）的第二式，可得

$$I_x = \int_A y^2 \mathrm{d}A = \int_{-\frac{h}{2}}^{\frac{h}{2}} by^2 \mathrm{d}y = \frac{bh^3}{12}$$

同理，在计算对 y 轴的惯性矩 I_y 时，可取 $\mathrm{d}A = h\mathrm{d}x$，即得

$$I_y = \int_A x^2 \mathrm{d}A = \int_{-\frac{b}{2}}^{\frac{b}{2}} hx^2 \mathrm{d}x = \frac{b^3 h}{12}$$

若截面是高度为 h 的平行四边形 [图 A-5（b）]，则其对形心轴 x 的惯性矩同样为 $I_x = \dfrac{bh^3}{12}$。

例 A-4　试计算图 A-6 所示圆截面对于其对称轴的惯性矩。

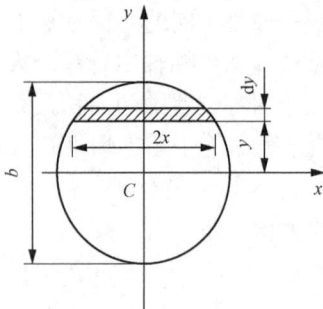

图 A-6

解：以圆心为原点，选坐标轴 x，y 如图所示。取平行于 x 轴的狭长条作为面积元素，即 $\mathrm{d}A = 2x\mathrm{d}y$。根据式（A-8）的第二式，可得

$$I_x = \int_A y^2 \mathrm{d}A = \int_{-\frac{d}{2}}^{\frac{d}{2}} y^2 \times 2x \mathrm{d}y$$

$$= 4\int_0^{\frac{d}{2}} y^2 \sqrt{\left(\frac{d}{2}\right)^2 - y^2}\, \mathrm{d}y$$

式中，引用了 $x = \sqrt{\left(\dfrac{d}{2}\right)^2 - y^2}$ 这一几何关系，并利用了截面对称于 x 轴的关系将积分下限做了变动。

利用积分公式可得

$$4\left\{-\frac{y}{4}\sqrt{\left[\left(\frac{d}{2}\right)^2-y^2\right]^3}+\frac{(d/2)^2}{8}\left[y\sqrt{\left(\frac{d}{2}\right)^2-y^2}+\left(\frac{d}{2}\right)^2\sin^{-1}\frac{y}{d/2}\right]\right\}_0^{\frac{d}{2}}=\frac{\pi d^4}{64}$$

利用圆截面的极惯性矩 $I_p=\frac{\pi d^4}{32}$，由于圆截面对任一形心轴的惯性矩均相等，因而 $I_x=I_y$。于是，由式（A-9）得

$$I_x=I_y=\frac{I_p}{2}=\frac{\pi d^4}{64}$$

对于矩形和圆形截面，由于 x，y 两轴都是截面的对称轴，因此，惯性积 I_{xy} 均等于零。

A.3 平行移轴公式、组合截面的惯性矩和惯性积

A.3.1 惯性矩和惯性积的平行移轴公式

设一面积为 A 的任意形状截面如图 A-7 所示。截面对任意 x，y 两坐标轴的惯性距和惯性积分别为 I_x，I_y 和 I_{xy}。另外，通过截面形心 C 有分别与 x，y 轴平行的 x_C，y_C 轴，称为形心轴。截面对于形心轴的惯性矩和惯性积分别为 I_{x_c}，I_{y_c} 和 $I_{x_cy_c}$。

由图 A-7 可见，截面上任一面积元素 dA 在两坐标系内的坐标（x，y）和（x_C,y_C）之间的关系为

$$x=x_C+b,\ y=y_C+a \qquad （A-13）$$

式中，a，b 是截面形心在 Oxy 坐标系内的坐标值，即 $\bar{x}=b$，$\bar{y}=a$。将式（A-13）中的 y 代入式（A-8）中的第二式，经展开并逐项积分后，可得

$$\begin{aligned}I_x&=\int_A y^2\,dA=\int(y_C+a)^2\,dA\\&=\int_A y_C^2\,dA+2a\int_A y_C\,dA+a^2\int_A dA\end{aligned}\qquad（A-14）$$

根据惯性矩和静距的定义，式（A-14）右端的各项积分分别为

$$\int_A y_C^2\,dA=I_{x_c},$$
$$\int_A y_C\,dA=A\cdot\overline{y_C},\int_A dA=A$$

图 A-7

式中，y_C 应为截面形心 C 到 x 轴的距离，但 x 轴通过截面形心 C，因此 $\bar{y_c}$ 等于零。于是，式（A-14）可写成

$$I_x=I_{x_c}+a^2A \qquad （A-15）$$

同理

$$I_y=I_{y_c}+b^2A \qquad （A-16）$$

$$I_{xy}=I_{x_cy_c}+abA \qquad （A-17）$$

注意，式（A-17）中的 a，b 两坐标值有正负号，由截面形心 C 所在的象限来决定。

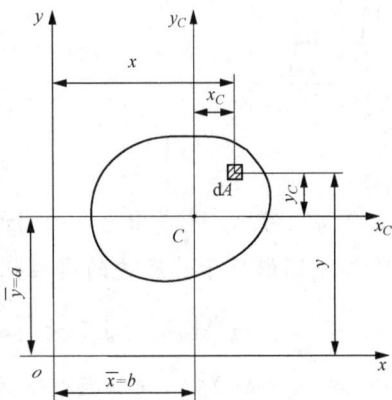

式（A–15）～式（A–17）称为惯性矩和惯性积的平行移轴公式。应用式（A–15）～式（A–17）可根据截面对于形心轴的惯性矩或惯性积，计算截面对于与形心轴平行的坐标轴的惯性矩或惯性积，或进行相反的运算。

A.3.2　组合截面的惯性矩及惯性积

在工程中常遇到组合截面。根据惯性矩和惯性积的定义可知，组合截面对于某坐标轴的惯性矩（或惯性积）就等于其各组成部分对于同一坐标轴的惯性矩（或惯性积）之和。若截面是由 n 个部分组成的，则组合截面对于 x，y 两轴的惯性矩和惯性积分别为

$$I_x = \sum_{i=1}^{n} I_{xi}, \ I_y = \sum_{i=1}^{n} I_{yi}, \ I_{xy} = \sum_{i=1}^{n} I_{xyi} \qquad （A–18）$$

式中，I_{xi}，I_{yi} 和 I_{xyi} 分别为组合截面中组成部分 i 对于 x，y 两轴的惯性矩和惯性积。

不规则截面对坐标轴的惯性矩或惯性积，可将截面分割成若干等高度的窄长条，然后应用式（A–18），计算其近似值。

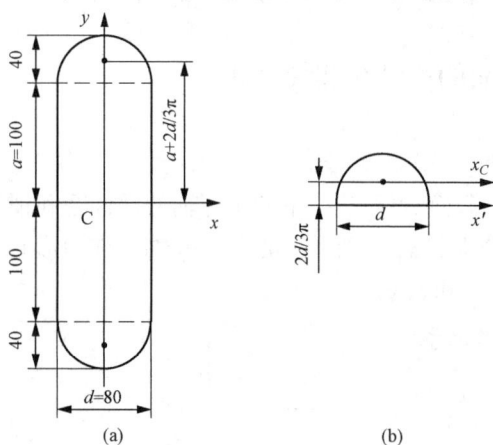

图 A–8

例 A–5 试求图 A–8（a）所示截面（截面尺寸单位为 mm）对于对称轴 x 的惯性矩 I_x。

解： 将截面看作由一个矩形和两个半圆形组成。设矩形对于 x 轴的惯性矩为 I_{x1}，每一个半圆形对于 x 轴的惯性矩为 I_{x2}，则由式（A–18）可知，所给截面的惯性矩为

$$I_x = I_{x1} + 2I_{x2} \qquad （1）$$

矩形对于 x 轴的惯性矩为

$$I_{x1} = \frac{d(2a)^3}{12} = \frac{(80 \text{ mm}) \times (200 \text{ mm})^3}{12} \qquad （2）$$
$$= 5\,333 \times 10^4 \text{ mm}^4$$

半圆形对于 x 轴的惯性矩可利用平行移轴公式求得。为此，先求出每个半圆形对于与 x 轴平行的形心轴 x_C [图 A–8（b）]的惯性矩 I_{x_C}。已知半圆形对于其底边的惯性矩为圆形对其直径轴 x' [图 A–8（b）]的惯性矩之半，即 $I_{x'} = \dfrac{\pi d^4}{128}$。而半圆形的面积为 $A = \dfrac{\pi d^2}{8}$，其形心到底边的距离为 $\dfrac{2d}{3\pi}$ [图 A–8（b）]。故由平行移轴式（A–15），可得每个半圆形对其自身形心轴 x_C 的惯性矩为

$$I_{x_C} = I_{x'} - \left(\frac{2d}{3\pi}\right)^2 A = \frac{\pi d^4}{128} - \left(\frac{2d}{3\pi}\right)^2 \frac{\pi d^2}{8} \qquad （3）$$

由图 A–8（a）可知，半圆形形心到 x 轴的距离为 $a + \dfrac{2d}{3\pi}$。由平行移轴公式，求得每个半圆形对于 x 轴的惯性矩为

$$I_{x2} = I_{x_C} + \left(a + \frac{2d}{3\pi}\right)^2 A = \frac{\pi d^4}{128} - \left(\frac{2d}{3\pi}\right)^2 \frac{\pi d^2}{8} + \left(a + \frac{2d}{3\pi}\right)^2 \frac{\pi d^2}{8} = \frac{\pi d^2}{4}\left(\frac{d^2}{32} + \frac{a^2}{2} + \frac{2ad}{3\pi}\right) \qquad （4）$$

将 $d = 80$ mm，$a = 100$ mm [图 A–8（a）]代入式（4），即得

$$I_{x2} = \frac{\pi(80\text{ mm})^2}{4}\left[\frac{(80\text{ mm})^2}{32} + \frac{(100\text{ mm})^2}{2} + \frac{2\times(100\text{ mm})(80\text{ mm})}{3\pi}\right]$$

$$= 3467\times10^4\text{ mm}^4$$

将求得的 I_{x1} 和 I_{x2} 代入式（1），可得

$$I_x = 5333\times10^4\text{ mm}^4 + 2\times3467\times10^4\text{ mm}^4 = 12270\times10^4\text{ mm}^4$$

例 A-6 图 A-9 所示截面由一个 25c 号槽钢截面和两个 90 mm × 90 mm × 12 mm 角钢截面组成（截面尺寸单位为 mm）。试求组合截面分别对于形心轴 x 和 y 的惯性矩 I_x 和 I_y。

解： 型钢截面的几何性质数值可从型钢规格表（附录 B）查得。

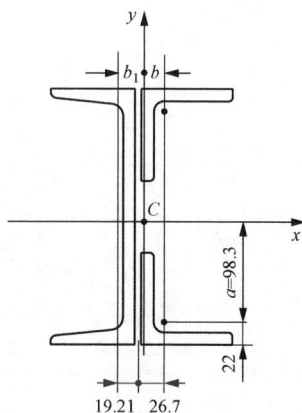

图 A-9

25c 号槽钢截面：

$$A = 44.91\text{ cm}^2$$

$$I_{x_c} = 3690.45\text{ cm}^4$$

$$I_{y_c} = 218.415\text{ cm}^4$$

90 mm × 90 mm × 12 mm 角钢截面：

$$A = 20.3\text{ cm}^2$$

$$I_{x_c} = I_{y_c} = 149.22\text{ cm}^4$$

首先确定此组合截面的形心位置。为便于计算，以两角钢截面的形心连线作为参考轴，则组合截面形心 C 离该轴的距离 b 为

$$\bar{x} = \frac{\sum A_i \bar{x}_i}{\sum A_i} = \frac{2\times(2030\text{ mm}^2)\times0 + (4491\text{ mm}^2)[-(19.21\text{ mm} + 26.7\text{ mm})]}{2\times(2030\text{ mm}^2) + 4491\text{ mm}^2}$$

$$= -24.1\text{ mm}$$

由此得

$$b = |\bar{x}| = 24.1\text{ mm}$$

然后按平行移轴公式，分别计算槽钢截面和角钢截面对于 x 轴和 y 轴的惯性矩。

槽钢截面：

$$I_{x1} = I_{x_c} + a_1^2 A = 3690.45\times10^4\text{ mm}^4 + 0 = 3690\times10^4\text{ mm}^4$$

$$I_{y1} = I_{y_c} + b_1^2 A$$

$$= 218.415\times10^4\text{ mm}^4 + (19.21\text{ mm} + 26.7\text{ mm} - 24.1\text{ mm})^2 \times 4491\text{ mm}^2$$

$$= 431\times10^4\text{ mm}^4$$

角钢截面：

$$I_{x2} = I_{x_c} + a^2 A = 149.22\times10^4\text{ mm}^4 + (98.3\text{ mm})^2 \times 2030\text{ mm}^2$$

$$= 2110\times10^4\text{ mm}^4$$

$$I_{y2} = I_{y_c} + b^2 A = 149.22\times10^4\text{ mm}^4 + (24.1\text{ mm})^2 \times 2030\text{ mm}^2$$

$$= 267\times10^4\text{ mm}^4$$

最后按式（A-18）得所求的惯性矩为

$$I_x = 3690\times10^4\text{ mm}^4 + 2\times2110\times10^4\text{ mm}^4 = 7910\times10^4\text{ mm}^4$$

$$I_y = 431\times10^4\,\text{mm}^4 + 2\times267\times10^4\,\text{mm}^4 = 965\times10^4\,\text{mm}^4$$

A.4　惯性矩和惯性积的转轴公式、主轴和主矩

A.4.1　惯性矩和惯性积的转轴公式

设一面积为 A 的任意形状截面如图 A–10 所示。截面对于通过其上任意一点 O 的两坐标轴 x 和 y 的惯性矩和惯性积已知为 I_x，I_y 和 I_{xy}。若坐标轴 x，y 绕 O 点旋转 α 角（α 角以逆时针方向旋转为正）至 x_1，y_1 位置，则该截面对于新坐标轴 x_1，y_1 的惯性矩和惯性积分别为 I_{x_1}，I_{y_1} 和 $I_{x_1 y_1}$。

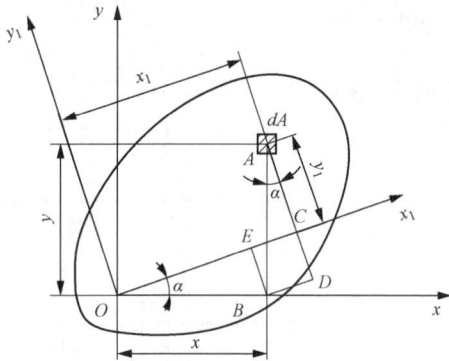

图 A–10

由图 A–10 可见，截面上任一面积元素 dA 在新、老两坐标系内的坐标 (x_1, y_1) 和 (x, y) 间的关系为

$$x_1 = \overline{OC} = \overline{OE} + \overline{BD} = x\cos\alpha + y\sin\alpha$$
$$y_1 = \overline{AC} = \overline{AD} - \overline{EB} = y\cos\alpha - x\sin\alpha$$

将 y_1 代入式（A–8）中的第二式，经过展开并逐项积分后，即得该截面对于坐标轴 x_1 的惯性矩 I_{x_1} 为

$$I_{x_1} = \cos^2\alpha\int_A y^2\,dA + \sin^2\alpha\int_A x^2\,dA - 2\sin\alpha\cos\alpha\int_A xy\,dA \qquad（A–19）$$

根据惯性矩和惯性积的定义，式（A–19）右端的各项积分分别为

$$\int_A y^2\,dA = I_x,\quad \int_A x^2\,dA = I_y,\quad \int_A xy\,dA = I_{xy}$$

将其代入式（A–19）并改用二倍角函数的关系，即得

$$I_{x_1} = \frac{I_x + I_y}{2} + \frac{I_x - I_y}{2}\cos2\alpha - I_{xy}\sin2\alpha \qquad（A–20）$$

同理

$$I_{y_1} = \frac{I_x + I_y}{2} - \frac{I_x - I_y}{2}\cos2\alpha + I_{xy}\sin2\alpha \qquad（A–21）$$

$$I_{x_1 y_1} = \frac{I_x - I_y}{2}\sin2\alpha + I_{xy}\cos2\alpha \qquad（A–22）$$

式（A–20）～式（A–22）就是惯性矩和惯性积的转轴公式，可用来计算截面的主惯性轴和主惯性矩。

将式（A–20）和式（A–21）中的 I_{x_1} 和 I_{y_1} 相加，可得

$$I_{x_1} + I_{y_1} = I_x + I_y \qquad（A–23）$$

式（A–23）表明，截面对于通过同一点的任意一对相互垂直的坐标轴的两惯性矩之和为一常数，并等于截面对该坐标原点的极惯性矩 [式（A–9）]。

A.4.2　截面的主惯性轴和主惯性矩

由式（A–22）可见，当坐标轴旋转时，惯性积 $I_{x_1 y_1}$ 将随着 α 角作周期性变化，且有正有负。因此，必有一特定的角度 α_0，使截面对于新坐标轴 x_0，y_0 的惯性积等于零。截面对其惯

性积等于零的一对坐标轴，称为主惯性轴。截面对于主惯性轴的惯性矩，称为主惯性矩。当一对主惯性轴的交点与截面的形心重合时，就称为形心主惯性轴。截面对于形心主惯性轴的惯性矩，称为形心主惯性矩。

首先确定主惯性轴的位置，并导出主惯性矩的计算公式。设 α_0 角为主惯性轴与原坐标轴之间的夹角（参看图 A-10），则将 α_0 角代入惯性积的转轴公式（A-22）并令其等于零，即

$$\frac{I_x - I_y}{2}\sin 2\alpha_0 + I_{xy}\cos 2\alpha_0 = 0$$

可改写为

$$\tan 2\alpha_0 = \frac{-2I_{xy}}{I_x - I_y} \tag{A-24}$$

由式（A-24）解得的 α_0 值，就确定了两主惯性轴中 x_0 轴的位置。

将所得 α_0 值代入式（A-20）和式（A-21），即得截面的主惯性矩。为计算方便，直接导出主惯性矩的计算公式。为此，利用式（A-24），并将 $\cos 2\alpha_0$ 和 $\sin 2\alpha_0$ 写成

$$\cos 2\alpha_0 = \frac{1}{\sqrt{1 + \tan^2 2\alpha_0}} = \frac{I_x - I_y}{\sqrt{(I_x - I_y)^2 + 4I_{xy}^2}} \tag{A-25}$$

$$\sin 2\alpha_0 = \frac{\tan 2\alpha_0}{\sqrt{1 + \tan^2 2\alpha_0}} = \frac{-2I_{xy}}{\sqrt{(I_x - I_y)^2 + 4I_{xy}^2}} \tag{A-26}$$

将式（A-25）、式（A-26）代入式（A-20）和式（A-21），经化简后得主惯性矩的计算公式为

$$\left.\begin{array}{l} I_{x_0} = \dfrac{I_x + I_y}{2} + \dfrac{1}{2}\sqrt{(I_x - I_y)^2 + 4I_{xy}^2} \\[3mm] I_{y_0} = \dfrac{I_x + I_y}{2} - \dfrac{1}{2}\sqrt{(I_x - I_y)^2 + 4I_{xy}^2} \end{array}\right\} \tag{A-27}$$

另外，由式（A-20）和式（A-21）可见，惯性矩 I_{x_1} 和 I_{y_1} 都是 α 角的正弦和余弦函数，而 α 角可在 0°～360° 的范围内变化，因此，I_{x_1} 和 I_{y_1} 必然有极值。对通过同一点的任意一对坐标轴的两惯性矩之和为一常数，因此，其中的一个将为极大值，另一个则为极小值。

由

$$\frac{dI_{x_1}}{d\alpha} = 0 \text{和} \frac{dI_{y_1}}{d\alpha} = 0$$

解得的使惯性矩取得极值的坐标轴位置的表达式，与式（A-24）完全一致。从而可知，截面对于通过任一点的主惯性轴的主惯性矩之值，也就是通过该点所有轴的惯性矩中的极大值 I_{max} 和极小值 I_{min}。由式（A-27）可见，I_{x_0} 就是 I_{max}，而 I_{y_0} 则为 I_{min}。

在确定形心主惯性轴的位置并计算形心主惯性矩时，同样可以应用式（A-24）和式（A-27），但式中的 I_x，I_y 和 I_{xy} 应为截面对于通过其形心的某一对轴的惯性矩和惯性积。

在通过截面形心的一对坐标轴中，若有一个为对称轴（例如槽形截面），则该对称轴就是形心主惯性轴，因为截面对于包括对称轴在内的一对坐标轴的惯性积等于零。在附录 B 中所列的惯性矩除三角形截面的以外，都是形心主惯性矩。

在计算组合截面的形心主惯性矩时，首先应确定其形心位置，然后通过形心选择一对便于计算惯性矩和惯性积的坐标轴，算出组合截面对于这一对坐标轴的惯性矩和惯性积。将上述结果代入式（A-24）和式（A-27），即可确定表示形心主惯性轴位置的角度 α_0 和形心主

惯性矩的数值。

若组合截面具有对称轴，则包括此轴在内的一对互相垂直的形心轴就是形心主惯性轴。此时，只需利用式（A-15）～（A-18），即可得截面的形心主惯性矩。

例 A-7　图 A-11 所示截面的尺寸与例 A-2 中的相同（截面尺寸单位为 mm）。试计算截面的形心主惯性矩。

解：由［例 A-2］的结果可知，截面的形心 C 位于截面上边缘以下 20 mm 和左边缘以右 40 mm 处。

通过截面形心 C，先选择一对分别与上边缘和左边缘平行的形心轴 x_C 和 y_C。将截面分为 I，II 两矩形。由图 A-11 可知，两矩形形心的坐标值分别为

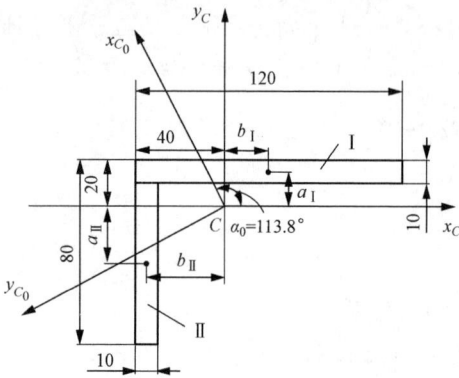

图 A-11

$$a_I = 20 \text{ mm} - 5 \text{ mm} = 15 \text{ mm}, \quad a_{II} = -(45 \text{ mm} - 20 \text{ mm}) = -25 \text{ mm}$$

$$b_I = 60 \text{ mm} - 40 \text{ mm} = 20 \text{ mm}, \quad b_{II} = -(40 \text{ mm} - 5 \text{ mm}) = -35 \text{ mm}$$

然后按平行移轴公式，列表计算图 A-11 所示截面对所选形心轴的惯性矩和惯性积，如表 A-1、表 A-2 所示。

表 A-1

项目 \ 列号 \ 分块号 i	A_i (mm)	(mm)		(10⁴ mm⁴)		
		a_i	b_i	$a_i^2 A_i$	$b_i^2 A_i$	$I'_{x_{C_i}}$
	(1)	(2)	(3)	(4)=(2)²×(1)	(5)=(3)²×(1)	(6)
I	1200	15	20	27	48	1
II	700	-25	-35	43.8	85.8	28.6
Σ	—	—	—	70.8	133.8	29.6

表 A-2

项目 \ 列号 \ 分块号 i	(10⁴ mm⁴)					
	$I'_{y_{C_i}}$	$I_{x_{C_i}}$	$I_{y_{C_i}}$	$a_i b_i A_i$	$I'_{x_{C_i} y_{C_i}}$	$I_{x_{C_i} y_{C_i}}$
	(7)	(8)=(4)+(6)	(9)=(5)+(7)	(10)=(1)×(2)×(3)	(11)	(12)=(10)+(11)
I	144	28	192	36	0	36
II	0.6	72.4	86.4	61.3	0	61.3
Σ	144.6	100.4	278.4	97.3	0	97.3

其中（8），（9）和（12）各列的总和分别为整个截面对形心轴 x_C 和 y_C 的惯性矩和惯性积，即

$$I_{x_C} = 100.4 \times 10^4 \text{ mm}^4, \quad I_{y_C} = 278.4 \times 10^4 \text{ mm}^4, \quad I_{y_C x_C} = 97.3 \times 10^4 \text{ mm}^4$$

将求得的 I_{x_c}，I_{y_c} 和 $I_{x_c y_c}$ 代入式（A-24）得

$$\tan 2\alpha_0 = \frac{-2I_{x_c y_c}}{I_{x_c} - I_{y_c}} = \frac{-2 \times (97.3 \times 10^4 \text{ mm}^4)}{100.4 \times 10^4 \text{ mm}^4 - 278.4 \times 10^4 \text{ mm}^4} = 1.093$$

由三角函数关系可知，$\tan 2\alpha_0 = \dfrac{\sin 2\alpha_0}{\cos 2\alpha_0}$，故代表 $\tan 2\alpha_0$ 的分数 $\dfrac{-194.6}{-178}$ 的分子和分母的正负号也反映了 $\sin 2\alpha_0$ 和 $\cos 2\alpha_0$ 的正负号。两者均为负值，故 $2\alpha_0$ 应在第三象限中。由此解得

$$2\alpha_0 = 227.6°, \quad \alpha = 113.8°$$

即形心主惯性轴 x_{C_0} 可从形心轴 x_C 沿逆时针方向（因为 α_0 为正值）转 113.8°得到，如图 A-11 所示。

将以上所得的 I_{x_c}，I_{y_c} 和 $I_{x_c y_c}$ 值代入式（A-27），即得形心主惯性矩的数值为

$$I_{xC_0} = I_{\max} = \frac{I_{x_c} + I_{y_c}}{2} + \frac{1}{2}\sqrt{(I_{x_c} - I_{y_c})^2 + 4I_{x_c y_c}^2}$$

$$= \frac{100.4 \times 10^4 \text{ mm}^4 + 278.4 \times 10^4 \text{ mm}^4}{2} + \frac{1}{2} \times$$

$$\sqrt{(100.4 \times 10^4 \text{ mm}^4 - 278.4 \times 10^4 \text{ mm}^4)^2 + 4 \times (97.3 \times 10^4 \text{ mm}^4)^2}$$

$$= (189.4 + 132.0) \times 10^4 \text{ mm}^4 = 321 \times 10^4 \text{ mm}^4$$

$$I_{yC_0} = I_{\min} = \frac{I_{x_c} + I_{y_c}}{2} - \frac{1}{2}\sqrt{(I_{x_c} - I_{y_c})^2 + 4I_{x_c y_c}^2}$$

$$= (189.4 - 132.0) \times 10^4 \text{ mm}^4 = 57.4 \times 10^4 \text{ mm}^4$$

思 考 题

A-1 如图 A-12 所示，各截面图形中 C 是形心。试问哪些截面图形对坐标轴的惯性积等于零？哪些不等于零？

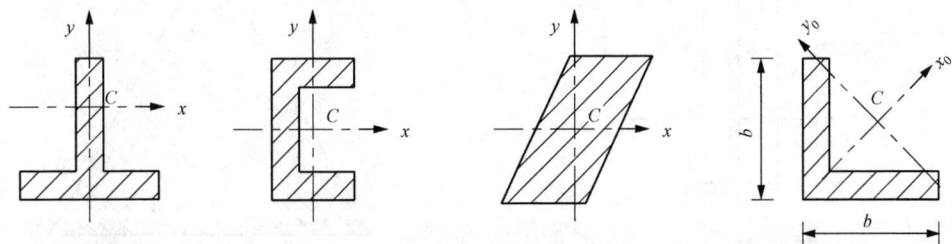

图 A-12

A-2 试问图 A-13 所示两截面的惯性矩 I_x 是否可按照 $I_x = \dfrac{bh^3}{12} - \dfrac{b_0 h_0^3}{12}$ 来计算？

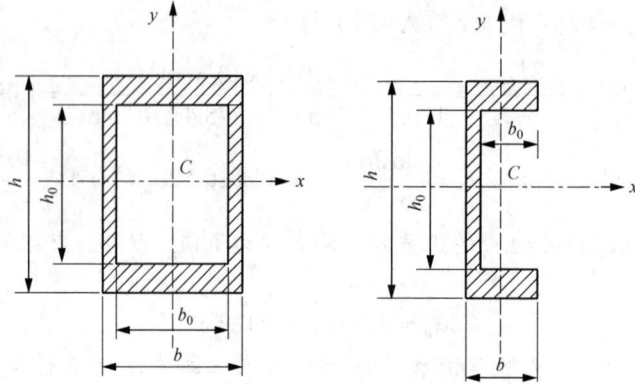

图 A-13

A-3　由两根同一型号的槽钢组成的截面如图 A-14 所示。已知每根槽钢的截面面积为 A，对形心轴 y_0 的惯性矩为 I_{y_0}，并知 y_0，y_1 和 y 为相互平行的三根轴。试问在计算截面对 y 轴的惯性矩 I_y 时，应选用下列哪一个算式？

（1）$I_y = I_{y_0} + z_0^2 A$；

（2）$I_y = I_{y_0} + \left(\dfrac{a}{2}\right)^2 A$；

（3）$I_y = I_{y_0} + \left(z_0 + \dfrac{a}{2}\right)^2 A$；

（4）$I_y = I_{y_0} + z_0^2 A + z_0 a A$；

（5）$I_y = I_{y_0} + \left[z_0^2 + \left(\dfrac{a}{2}\right)^2\right] A$。

A-4　图 A-15 所示为一等边三角形中心挖去一个半径为 r 的圆孔的截面。试证明该截面通过形心 C 的任一轴均为形心主惯性轴。

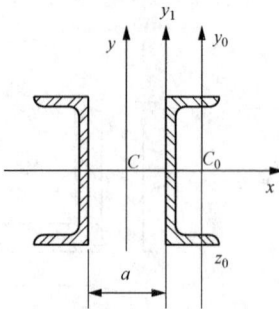

图 A-14

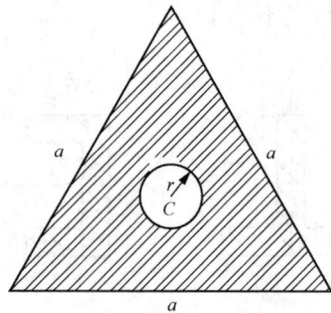

图 A-15

A-5　直角三角形截面斜边中点 D 处的一对正交坐标轴 x，y 如图 A-16 所示，试问：

（1）x，y 是否为一对主惯性轴？

（2）不用积分，计算其 I_x 和 I_{xy} 值。

A-6　有 n 个画了斜线的内接正方形截面如图 A-17 所示。试问该图形对水平形心轴 x 和

与该轴成 $\alpha=30°$ 的形心轴 x_1 的惯性矩。

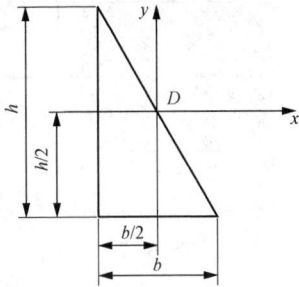

图 A–16

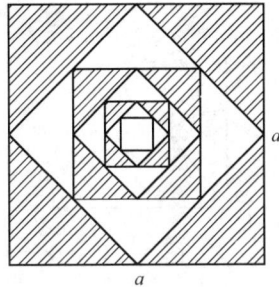

图 A–17

习　　题

A–1　试求图 A–18 所示各截面（截面尺寸单位为 mm）的阴影线面积对 x 轴的静矩。

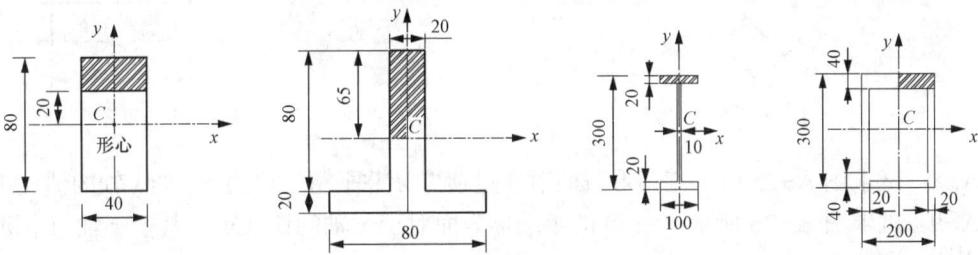

图 A–18

A–2　试用积分法求图 A–19 所示半圆形截面对 x 轴的静矩，并确定其形心的坐标。

A–3　试确定图 A–20 所示三个截面（截面尺寸单位为 mm）的形心位置。

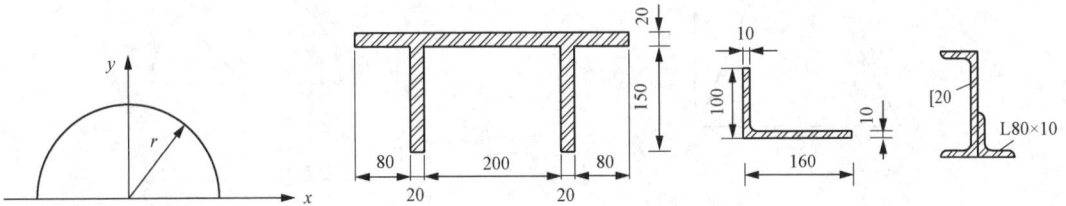

图 A–19　　　　　　　　　　　　图 A–20

A–4　试求图 A–21 所示 1/4 圆形截面对于 x 轴和 y 轴的惯性矩 I_x、I_y 和惯性积 I_{xy}。

A–5　图 A–22 所示直径为 $d=200\ \mathrm{mm}$ 的圆形截面，其在上、下对称地切去两个高为 $\delta=20\ \mathrm{mm}$ 的弓形，试用积分法求余下阴影部分对其对称轴 x 的惯性矩。

A–6　试求图 A–23 所示正方形截面对其对角线的惯性矩。

A–7　试分别求图 A–24 所示环形和箱形截面（截面尺寸单位为 mm）对其对称轴 x 的惯性矩。

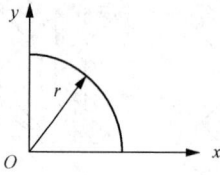

图 A-21

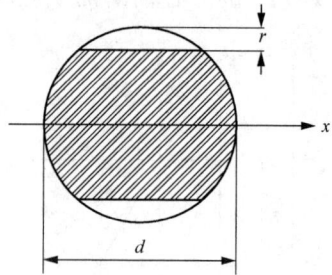

图 A-22

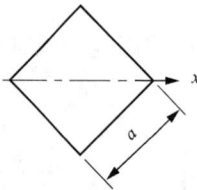

图 A-23

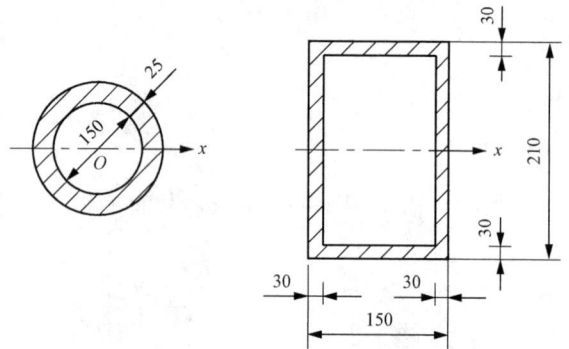

图 A-24

A-8　试求图 A-25 所示三角形截面对通过顶点 A 并平行于底边 BC 的 x 轴的惯性矩。

A-9　试求图 A-26 所示 $r=1$ m 的半圆形截面对于 x 轴的惯性矩，其中 x 轴与半圆形的底边平行，相距 1 m。

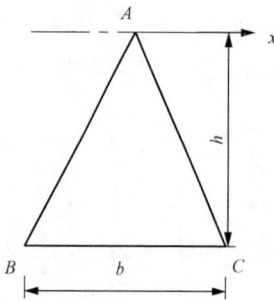

图 A-25

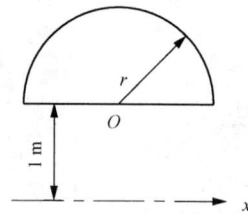

图 A-26

A-10　试求图 A-27 所示组合截面对于形心轴 x 的惯性矩。

A-11　试求图 A-28 所示各组合截面对其对称轴 x 的惯性矩。

A-12　试求图 A-29 所示各个截面对其形心轴 x 的惯性矩。

A-13　在直径 $D=8a$ 的圆截面中，开了一个 $2a×4a$ 的矩形孔，如图 A-30 所示。试求截面对其水平形心轴和竖直形心轴的惯性矩 I_x 和 I_y。

A-14　正方形截面中开了一个直径 $d=100$ mm 的半圆形孔，如图 A-31 所示。试确定截面的形心位置，并计算对水平形心轴和竖直形心轴的惯性矩。

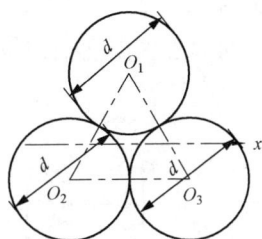
图 A-27

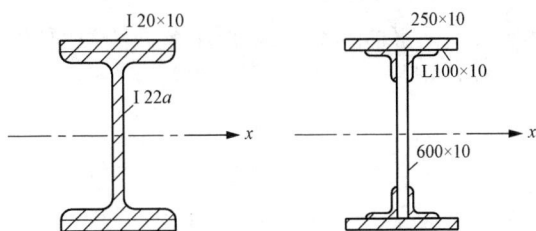
图 A-28

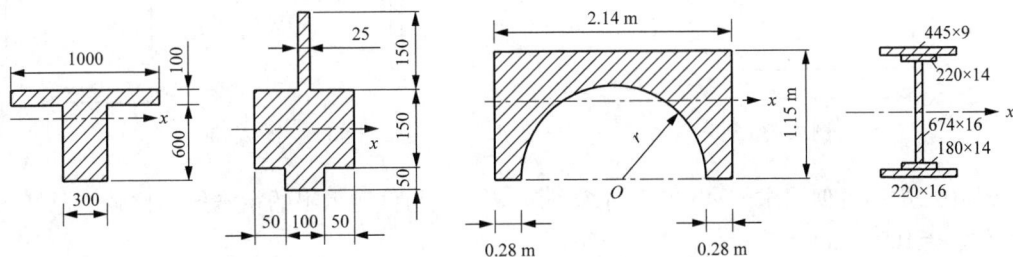
图 A-29

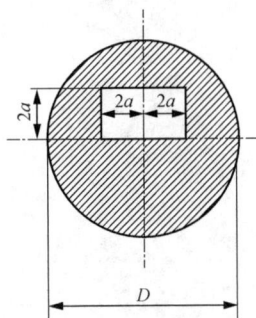
图 A-30

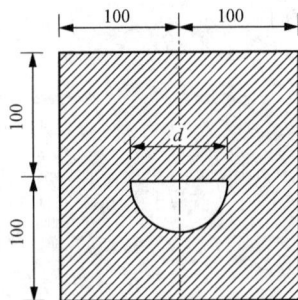
图 A-31

A-15　图 A-32 所示由两个 20a 号槽钢组合成的组合截面，若欲使此截面对两对称轴的惯性矩 I_x 和 I_y 相等，则两槽钢的间距 a 应为多少？

A-16　试求图 A-33 所示截面的惯性积 I_{xy}。

A-17　图 A-34 所示截面由两个 125 mm×125 mm×10 mm 的等边角钢及缀板（图中虚线）组合而成。试求该截面的最大惯性矩 I_{max} 和最小惯性矩 I_{min}。

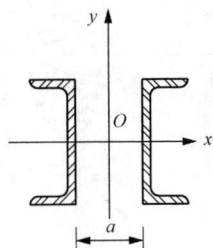
图 A-32

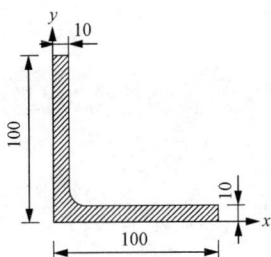
图 A-33

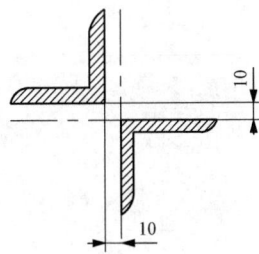
图 A-34

A-18 试求图 A-35 所示正方形截面的惯性积 $I_{x_1y_1}$ 和惯性矩 I_{x_1}，I_{y_1}，并给出相应的结论。

A-19 确定图 A-36 所示截面（截面尺寸单位为 mm）的形心主惯性轴的位置，并求形心主惯性矩。

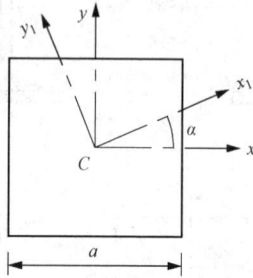

图 A-35

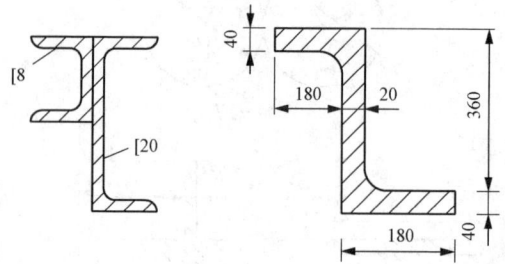

图 A-36

A-20 试用近似法求图 A-21 所示截面的 I_x，并与该题得出的精确值相比较。已知该截面的半径 $r = 100$ mm。

A-21 试证明，直角边长度为 a 的等腰直角三角形，对于平行于直角边的一对形心轴之惯性积绝对值为 $I_{xy} = \dfrac{a^4}{72}$。

附录 B 型 钢 规 格 表

参见《GB/T 706—2016《热轧型钢》》

工字钢截面尺寸、截面面积、理论重量及截面特性

表 B—1

型号	截面尺寸/mm						截面面积/cm²	理论重量/(kg/m)	外表面积/(m²/m)	惯性矩/cm⁴		惯性半径/cm		截面模数/cm³	
	h	b	d	t	r	r_1				I_z	I_y	i_z	i_y	W_z	W_y
10	100	68	4.5	7.6	6.5	3.3	14.33	11.3	0.432	245	33.0	4.14	1.52	49.0	9.72
12	120	74	5.0	8.4	7.0	3.5	17.80	14.0	0.493	436	46.9	4.95	1.62	72.7	12.7
12.6	126	74	5.0	8.4	7.0	3.5	18.10	14.2	0.505	488	46.9	5.20	1.61	77.5	12.7
14	140	80	5.5	9.1	7.5	3.8	21.50	16.9	0.553	712	64.4	5.76	1.73	102	16.1
16	160	88	6.0	9.9	8.0	4.0	26.11	20.5	0.621	1 130	93.1	6.58	1.89	141	21.2
18	180	94	6.5	10.7	8.5	4.3	30.74	24.1	0.681	1 660	122	7.36	2.00	185	26.0
20a	200	100	7.0	11.4	9.0	4.5	35.55	27.9	0.742	2 370	158	8.15	2.12	237	31.5
20b	200	102	9.0	11.4	9.0	4.5	39.55	31.1	0.746	2 500	169	7.96	2.06	250	33.1
22a	220	110	7.5	12.3	9.5	4.8	42.10	33.1	0.817	3 400	225	8.99	2.31	309	40.9
22b	220	112	9.5	12.3	9.5	4.8	46.50	36.5	0.821	3 570	239	8.78	2.27	325	42.7
24a	240	116	8.0	13.0	10.0	5.0	47.71	37.5	0.878	4 570	280	9.77	2.42	381	48.4
24b	240	118	10.0	13.0	10.0	5.0	52.51	41.2	0.882	4 800	297	9.57	2.38	400	50.4
25a	250	116	8.0	13.0	10.0	5.0	48.51	38.1	0.898	5 020	280	10.2	2.40	402	48.3
25b	250	118	10.0	13.0	10.0	5.0	53.51	42.0	0.902	5 280	309	9.94	2.40	423	52.4
27a	270	122	8.5	13.7	10.5	5.3	54.52	42.8	0.958	6 550	345	10.9	2.51	485	56.6
27b	270	124	10.5	13.7	10.5	5.3	59.92	47.0	0.962	6 870	366	10.7	2.47	509	58.9
28a	280	122	8.5	13.7	10.5	5.3	55.37	43.5	0.978	7 110	345	11.3	2.50	508	56.6
28b	280	124	10.5	13.7	10.5	5.3	60.97	47.9	0.982	7 480	379	11.1	2.49	534	61.2

续表

型号	截面尺寸/mm						截面面积/cm²	理论重量/(kg/m)	外表面积/(m²/m)	惯性矩/cm⁴		惯性半径/cm		截面模数/cm³	
	h	b	d	t	r	r_1				I_z	I_y	i_z	i_y	W_z	W_y
30a	300	126	9.0	14.4	11.0	5.5	61.22	48.1	1.031	8 950	400	12.1	2.55	597	63.5
30b		128	11.0	14.4	11.0	5.5	67.22	52.8	1.035	9 400	422	11.8	2.50	627	65.9
30c		130	13.0	14.4	11.0	5.5	73.22	57.5	1.039	9 850	445	11.6	2.46	657	68.5
32a	320	130	9.5	15.0	11.5	5.8	67.12	52.7	1.084	11 100	460	12.8	2.62	692	70.8
32b		132	11.5	15.0	11.5	5.8	73.52	57.7	1.088	11 600	502	12.6	2.61	726	76.0
32c		134	13.5	15.0	11.5	5.8	79.92	62.7	1.092	12 200	544	12.3	2.61	760	81.2
36a	360	136	10.0	15.8	12.0	6.0	76.44	60.0	1.185	15 800	552	14.4	2.69	875	81.2
36b		138	12.0	15.8	12.0	6.0	83.64	65.7	1.189	16 500	582	14.1	2.64	919	84.3
36c		140	14.0	15.8	12.0	6.0	90.84	71.3	1.193	17 300	612	13.8	2.60	962	87.4
40a	400	142	10.5	16.5	12.5	6.3	86.07	67.6	1.285	21 700	660	15.9	2.77	1 090	93.2
40b		144	12.5	16.5	12.5	6.3	94.07	73.8	1.289	22 800	692	15.6	2.71	1 140	96.2
40c		146	14.5	16.5	12.5	6.3	102.1	80.1	1.293	23 900	727	15.2	2.65	1 190	99.6
45a	450	150	11.5	18.0	13.5	6.8	102.4	80.4	1.411	32 200	855	17.7	2.89	1 430	114
45b		152	13.5	18.0	13.5	6.8	111.4	87.4	1.415	33 800	894	17.4	2.84	1 500	118
45c		154	15.5	18.0	13.5	6.8	120.4	94.5	1.419	35 300	938	17.1	2.79	1 570	122
50a	500	158	12.0	20.0	14.0	7.0	119.2	93.6	1.539	46 500	1 120	19.7	3.07	1 860	142
50b		160	14.0	20.0	14.0	7.0	129.2	101	1.543	48 600	1 170	19.4	3.01	1 940	146
50c		162	16.0	20.0	14.0	7.0	139.2	109	1.547	50 600	1 220	19.0	2.96	2 080	151

续表

型号	截面尺寸/mm						截面面积/cm²	理论重量/(kg/m)	外表面积/(m²/m)	惯性矩/cm⁴		惯性半径/cm		截面模数/cm³	
	h	b	d	t	r	r_1				I_z	I_y	i_z	i_y	W_z	W_y
55a	550	166	12.5	21.0	14.5	7.3	134.1	105	1.667	62 900	1 370	21.6	3.19	2 290	164
55b	550	168	14.5	21.0	14.5	7.3	145.1	114	1.671	65 600	1 420	21.2	3.14	2 390	170
55c	550	170	16.5	21.0	14.5	7.3	156.1	123	1.675	68 400	1 480	20.9	3.08	2 490	175
56a	560	166	12.5	21.0	14.5	7.3	135.4	106	1.687	65 600	1 370	22.0	3.18	2 340	165
56b	560	168	14.5	21.0	14.5	7.3	146.6	115	1.691	68 500	1 490	21.6	3.16	2 450	174
56c	560	170	16.5	21.0	14.5	7.3	157.8	124	1.695	71 400	1 560	21.3	3.16	2 550	183
63a	630	176	13.0	22.0	15.0	7.5	154.6	121	1.862	93 900	1 700	24.5	3.31	2 980	193
63b	630	178	15.0	22.0	15.0	7.5	167.2	131	1.866	98 100	1 810	24.2	3.29	3 160	204
63c	630	180	17.0	22.0	15.0	7.5	179.8	141	1.870	102 000	1 920	23.8	3.27	3 300	214

注　表中 r、r_1 的数据用于孔型设计，不做交货条件。

表 B - 2　　槽钢截面尺寸、截面面积、理论重量及截面特性

型号	截面尺寸/mm						截面面积/cm²	理论重量/(kg/m)	外表面积/(m²/m)	惯性矩/cm⁴			惯性半径/cm		截面模数/cm³		重心距离/cm
	h	b	d	t	r	r_1				I_z	I_y	I_{y1}	i_z	i_y	W_z	W_y	Z_0
5	50	37	4.5	7.0	7.0	3.5	6.925	5.44	0.226	26.0	8.30	20.9	1.94	1.10	10.4	3.55	1.35
6.3	63	40	4.8	7.5	7.5	3.8	8.446	6.63	0.262	50.8	11.9	28.4	2.45	1.19	16.1	4.50	1.36
6.5	65	40	4.3	7.5	7.5	3.8	8.292	6.51	0.267	55.2	12.0	28.3	2.54	1.19	17.0	4.59	1.38
8	80	43	5.0	8.0	8.0	4.0	10.24	8.04	0.307	101	16.6	37.4	3.15	1.27	25.3	5.79	1.43
10	100	48	5.3	8.5	8.5	4.2	12.74	10.0	0.365	198	25.6	54.9	3.95	1.41	39.7	7.80	1.52
12	120	53	5.5	9.0	9.0	4.5	15.36	12.1	0.423	346	37.4	77.7	4.75	1.56	57.7	10.2	1.62
12.6	126	53	5.5	9.0	9.0	4.5	15.69	12.3	0.435	391	38.0	77.1	4.95	1.57	62.1	10.2	1.59
14a	140	58	6.0	9.5	9.5	4.8	18.51	14.5	0.480	564	53.2	107	5.52	1.70	80.5	13.0	1.71
14b	140	60	8.0	9.5	9.5	4.8	21.31	16.7	0.484	609	61.1	121	5.35	1.69	87.1	14.1	1.67
16a	160	63	6.5	10.0	10.0	5.0	21.95	17.2	0.538	866	73.3	144	6.28	1.83	108	16.3	1.80
16b	160	65	8.5	10.0	10.0	5.0	25.15	19.8	0.542	935	83.4	161	6.10	1.82	117	17.6	1.75
18a	180	68	7.0	10.5	10.5	5.2	25.69	20.2	0.596	1270	98.6	190	7.04	1.96	141	20.0	1.88
18b	180	70	9.0	10.5	10.5	5.2	29.29	23.0	0.600	1370	111	210	6.84	1.95	152	21.5	1.84
20a	200	73	7.0	11.0	11.0	5.5	28.83	22.6	0.654	1780	128	244	7.86	2.11	178	24.2	2.01
20b	200	75	9.0	11.0	11.0	5.5	32.83	25.8	0.658	1910	144	268	7.64	2.09	191	25.9	1.95
22a	220	77	7.0	11.5	11.5	5.8	31.83	25.0	0.709	2390	158	298	8.67	2.23	218	28.2	2.10
22b	220	79	9.0	11.5	11.5	5.8	36.23	28.5	0.713	2570	176	326	8.42	2.21	234	30.1	2.03
24a	240	78	7.0	12.0	12.0	6.0	34.21	26.9	0.725	3050	174	325	9.45	2.25	254	30.5	2.10
24b	240	80	9.0	12.0	12.0	6.0	39.01	30.6	0.756	3280	194	355	9.17	2.23	274	32.5	2.03
24c	240	82	11.0	12.0	12.0	6.0	43.81	34.4	0.760	3510	213	388	8.96	2.21	293	34.4	2.00
25a	250	78	7.0	12.0	12.0	6.0	34.91	27.4	0.722	3370	176	322	9.82	2.24	270	30.6	2.07
25b	250	80	9.0	12.0	12.0	6.0	39.91	31.3	0.776	3530	196	353	9.41	2.22	282	32.7	1.98
25c	250	82	11.0	12.0	12.0	6.0	44.91	35.3	0.780	3690	218	384	9.07	2.21	295	35.9	1.92

续表

型号	h	b	d	t	r	r₁	截面面积/cm²	理论重量/(kg/m)	外表面积/(m²/m)	I_z	I_y	I_{y1}	i_z	i_y	W_z	W_y	Z_0
										惯性矩/cm⁴			惯性半径/cm		截面模数/cm³		重心距离/cm
27a	270	82	7.5	12.5	12.5	6.2	39.27	30.8	0.826	4 360	216	393	10.5	2.34	323	35.5	2.13
27b	270	84	9.5	12.5	12.5	6.2	44.67	35.1	0.830	4 690	239	428	10.3	2.31	347	37.7	2.06
27c	270	86	11.5	12.5	12.5	6.2	50.07	39.3	0.834	5 020	261	467	10.1	2.28	372	39.8	2.03
28a	280	82	7.5	12.5	12.5	6.2	40.02	31.4	0.846	4 760	218	388	10.9	2.33	340	35.7	2.10
28b	280	84	9.5	12.5	12.5	6.2	45.62	35.8	0.850	5 130	242	428	10.6	2.30	366	37.9	2.02
28c	280	86	11.5	12.5	12.5	6.2	51.22	40.2	0.854	5 500	268	463	10.4	2.29	393	40.3	1.95
30a	300	85	7.5	13.5	13.5	6.8	43.89	34.5	0.897	6 050	260	467	11.7	2.43	403	41.1	2.17
30b	300	87	9.5	13.5	13.5	6.8	49.89	39.2	0.901	6 500	289	515	11.4	2.41	433	44.0	2.13
30c	300	89	11.5	13.5	13.5	6.8	55.89	43.9	0.905	6 950	316	560	11.2	2.38	463	46.4	2.09
32a	320	88	8.0	14.0	14.0	7.0	48.50	38.1	0.947	7 600	305	552	12.5	2.50	475	46.5	2.24
32b	320	90	10.0	14.0	14.0	7.0	54.90	43.1	0.951	8 140	336	593	12.2	2.47	509	49.2	2.16
32c	320	92	12.0	14.0	14.0	7.0	61.30	48.1	0.955	8 690	374	643	11.9	2.47	543	52.6	2.09
36a	360	96	9.0	16.0	16.0	8.0	60.89	47.8	1.053	11 900	455	818	14.0	2.73	660	63.5	2.44
36b	360	98	11.0	16.0	16.0	8.0	68.09	53.5	1.057	12 700	497	880	13.6	2.70	703	66.9	2.37
36c	360	100	13.0	16.0	16.0	8.0	75.29	59.1	1.061	13 400	536	948	13.4	2.67	746	70.0	2.34
40a	400	100	10.5	18.0	18.0	9.0	75.04	58.9	1.144	17 600	592	1 070	15.3	2.81	879	78.8	2.49
40b	400	102	12.5	18.0	18.0	9.0	83.04	65.2	1.148	18 600	640	1 140	15.0	2.78	932	82.5	2.44
40c	400	104	14.5	18.0	18.0	9.0	91.04	71.5	1.152	19 700	688	1 220	14.7	2.75	986	86.2	2.42

注 表中 r、r₁ 的数据用于孔型设计，不做交货条件。

表 B-3　等边角钢截面尺寸、截面面积、理论重量及截面特性

型号	b	d	r	截面面积/cm²	理论重量/(kg/m)	外表面积/(m²/m)	I_x	I_{x1}	I_{x0}	I_{y0}	i_x	i_{x0}	i_{y0}	W_x	W_{x0}	W_{y0}	Z_0
							惯性矩/cm⁴				惯性半径/cm			截面模数/cm³			重心距离/cm
2	20	3	3.5	1.132	0.89	0.078	0.40	0.81	0.63	0.17	0.59	0.75	0.39	0.29	0.45	0.20	0.60
		4		1.459	1.15	0.077	0.50	1.09	0.78	0.22	0.58	0.73	0.38	0.36	0.55	0.24	0.64
2.5	25	3		1.432	1.12	0.098	0.82	1.57	1.29	0.34	0.76	0.95	0.49	0.46	0.73	0.33	0.73
		4		1.859	1.46	0.097	1.03	2.11	1.62	0.43	0.74	0.93	0.48	0.59	0.92	0.40	0.76
3.0	30	3	4.5	1.749	1.37	0.117	1.46	2.71	2.31	0.61	0.91	1.15	0.59	0.68	1.09	0.51	0.85
		4		2.276	1.79	0.117	1.84	3.63	2.92	0.77	0.90	1.13	0.58	0.87	1.37	0.62	0.89
3.6	36	3		2.109	1.66	0.141	2.58	4.68	4.09	1.07	1.11	1.39	0.71	0.99	1.61	0.76	1.00
		4		2.756	2.16	0.141	3.29	6.25	5.22	1.37	1.09	1.38	0.70	1.28	2.05	0.93	1.04
		5		3.382	2.65	0.141	3.95	7.84	6.24	1.65	1.08	1.36	0.7	1.56	2.45	1.00	1.07
4	40	3	5	2.359	1.85	0.157	3.59	6.41	5.69	1.49	1.23	1.55	0.79	1.23	2.01	0.96	1.09
		4		3.086	2.42	0.157	4.60	8.56	7.29	1.91	1.22	1.54	0.79	1.60	2.58	1.19	1.13
		5		3.792	2.98	0.156	5.53	10.7	8.76	2.30	1.21	1.52	0.78	1.96	3.10	1.39	1.17
4.5	45	3		2.659	2.09	0.177	5.17	9.12	8.20	2.14	1.40	1.76	0.89	1.58	2.58	1.24	1.22
		4		3.486	2.74	0.177	6.65	12.2	10.6	2.75	1.38	1.74	0.89	2.05	3.32	1.54	1.26
		5		4.292	3.37	0.176	8.04	15.2	12.7	3.33	1.37	1.72	0.88	2.51	4.00	1.81	1.30
		6		5.077	3.99	0.176	9.33	18.4	14.8	3.89	1.36	1.70	0.80	2.95	4.64	2.06	1.33
5	50	3	5.5	2.971	2.33	0.197	7.18	12.5	11.4	2.98	1.55	1.96	1.00	1.96	3.22	1.57	1.34
		4		3.897	3.06	0.197	9.26	16.7	14.7	3.82	1.54	1.94	0.99	2.56	4.16	1.96	1.38
		5		4.803	3.77	0.196	11.2	20.9	17.8	4.64	1.53	1.92	0.98	3.13	5.03	2.31	1.42
		6		5.688	4.46	0.196	13.1	25.1	20.7	5.42	1.52	1.91	0.98	3.68	5.85	2.63	1.46

续表

型号	截面尺寸/mm			截面面积/cm²	理论重量/(kg/m)	外表面积/(m²/m)	惯性矩/cm⁴				惯性半径/cm			截面模数/cm³			重心距离/cm
	b	d	r				I_x	I_{x1}	I_{x0}	I_{y0}	i_x	i_{x0}	i_{y0}	W_x	W_{x0}	W_{y0}	Z_0
5.6	56	3	6	3.343	2.62	0.221	10.2	17.6	16.1	4.24	1.75	2.20	1.13	2.48	4.08	2.02	1.48
		4		4.39	3.45	0.220	13.2	23.4	20.9	5.46	1.73	2.18	1.11	3.24	5.28	2.52	1.53
		5		5.415	4.25	0.220	16.0	29.3	25.4	6.61	1.72	2.17	1.10	3.97	6.42	2.98	1.57
		6		6.42	5.04	0.220	18.7	35.3	29.7	7.73	1.71	2.15	1.10	4.68	7.49	3.40	1.61
		7		7.404	5.81	0.219	21.2	41.2	33.6	8.82	1.69	2.13	1.09	5.36	8.49	3.80	1.64
		8		8.367	6.57	0.219	23.6	47.2	37.4	9.89	1.68	2.11	1.09	6.03	9.44	4.16	1.68
6	60	5	6.5	5.829	4.58	0.236	19.9	36.1	31.6	8.21	1.85	2.33	1.19	4.59	7.44	3.48	1.67
		6		6.914	5.43	0.235	23.4	43.3	36.9	9.60	1.83	2.31	1.18	5.41	8.70	3.98	1.70
		7		7.977	6.26	0.235	26.4	50.7	41.9	11.0	1.82	2.29	1.17	6.21	9.88	4.45	1.74
		8		9.02	7.08	0.235	29.5	58.0	46.7	12.3	1.81	2.27	1.17	6.98	11.0	4.88	1.78
6.3	63	4	7	4.978	3.91	0.248	19.0	33.4	30.2	7.89	1.96	2.46	1.26	4.13	6.78	3.29	1.70
		5		6.143	4.82	0.248	23.2	41.7	36.8	9.57	1.94	2.45	1.25	5.08	8.25	3.90	1.74
		6		7.288	5.72	0.247	27.1	50.1	43.0	11.2	1.93	2.43	1.24	6.00	9.66	4.46	1.78
		7		8.412	6.60	0.247	30.9	58.6	49.0	12.8	1.92	2.41	1.23	6.88	11.0	4.98	1.82
		8		9.515	7.47	0.247	34.5	67.1	54.6	14.3	1.90	2.40	1.23	7.75	12.3	5.47	1.85
		10		11.66	9.15	0.246	41.1	84.3	64.9	17.3	1.88	2.36	1.22	9.39	14.6	6.36	1.93
7	70	4	8	5.570	4.37	0.275	26.4	45.7	41.8	11.0	2.18	2.74	1.40	5.14	8.44	4.17	1.86
		5		6.876	5.40	0.275	32.2	57.2	51.1	13.3	2.16	2.73	1.39	6.32	10.3	4.95	1.91
		6		8.160	6.41	0.275	37.8	68.7	59.9	15.6	2.15	2.71	1.38	7.48	12.1	5.67	1.95
		7		9.424	7.40	0.275	43.1	80.3	68.4	17.8	2.14	2.69	1.38	8.59	13.8	6.34	1.99
		8		10.67	8.37	0.274	48.2	91.9	76.4	20.0	2.12	2.68	1.37	9.68	15.4	6.98	2.03

续表

型号	截面尺寸/mm			截面面积/cm²	理论重量/(kg/m)	外表面积/(m²/m)	惯性矩/cm⁴				惯性半径/cm			截面模数/cm³			重心距离/cm
	b	d	r				I_x	I_{x1}	I_{x0}	I_{y0}	i_x	i_{x0}	i_{y0}	W_x	W_{x0}	W_{y0}	Z_0
7.5	75	5	9	7.412	5.82	0.295	40.0	70.6	63.3	16.6	2.33	2.92	1.50	7.32	11.9	5.77	2.04
		6		8.797	6.91	0.294	47.0	84.6	74.4	19.5	2.31	2.90	1,49	8.64	14.0	6.67	2.07
		7		10.16	7.98	0.294	53.6	98.7	85.0	22.2	2.30	2.89	1.48	9.93	16.0	7.44	2.11
		8		11.50	9.03	0.294	60.0	113	95.1	24.9	2.28	2.88	1.47	11.2	17.9	8.19	2.15
		9		12.83	10.1	0.294	66.1	127	105	27.5	2.27	2.86	1.46	12.4	19.8	8.89	2.18
		10		14.13	11.1	0.293	72.0	142	114	30.1	2.26	2.84	1.46	13.6	21.5	9.56	2.22
8	80	5	9	7.912	6.21	0.315	48.8	85.4	77.3	20.3	2.48	3.13	1.60	8.34	13.7	6.66	2.15
		6		9.397	7.38	0.314	57.4	103	91.0	23.7	2.47	3.11	1.59	9.87	16.1	7.65	2.19
		7		10.86	8.53	0.314	65.6	120	104	27.1	2.46	3.10	1.58	11.4	18.4	8.58	2.23
		8		12.30	9.66	0.314	73.5	137	117	30.4	2.44	3.08	1.57	12.8	20.6	9.46	2.27
		9		13.73	10.8	0.314	81.1	154	129	33.6	2.43	3.06	1.56	14.3	22.7	10.3	2.31
		10		15.13	11.9	0.313	88.4	172	140	36.8	2.42	3.04	1.56	15.6	24.8	11.1	2.35
9	90	6	10	10.64	8.35	0.354	82.8	146	131	34.3	2.79	3.51	1.80	12.6	20.6	9.95	2.44
		7		12.30	9.66	0.354	94.8	170	150	39.2	2.78	3.50	1.78	14.5	23.6	11.2	2.48
		8		13.94	10.9	0.353	106	195	169	44.0	2.76	3.48	1.78	16.4	26.6	12.4	2.52
		9		15.57	12.2	0.353	118	219	187	48.7	2.75	3.46	1.77	18.3	29.4	13.5	2.56
		10		17.17	13.5	0.353	129	244	204	53.3	2.74	3.45	1.76	20.1	32.0	14.5	2.59
		12		20.31	15.9	0.352	149	294	236	62.2	2.71	3.41	1.75	23.6	37.1	16.5	2.67
10	100	6	12	11.93	9.37	0.393	115	200	182	47.9	3.10	3.90	2.00	15.7	25.7	12.7	2.67
		7		13.80	10.8	0.393	132	234	209	54.7	3.09	3.89	1.99	18.1	29.6	14.3	2.71
		8		15.64	12.3	0.393	148	267	235	61.4	3.08	3.88	1.98	20.5	33.2	15.8	2.76

续表

型号	截面尺寸/mm b	d	r	截面面积/cm²	理论重量/(kg/m)	外表面积/(m²/m)	惯性矩/cm⁴ I_x	I_{x1}	I_{x0}	I_{y0}	惯性半径/cm i_x	i_{x0}	i_{y0}	截面模数/cm³ W_x	W_{x0}	W_{y0}	重心距离/cm Z_0
10	100	9	12	17.46	13.7	0.392	164	300	260	68.0	3.07	3.86	1.97	22.8	36.8	17.2	2.80
		10		19.26	15.1	0.392	180	334	285	74.4	3.05	3.84	1.96	25.1	40.3	18.5	2.84
		12		22.80	17.9	0.391	209	402	331	86.8	3.03	3.81	1.95	29.5	46.8	21.1	2.91
		14		26.26	20.6	0.391	237	471	374	99.0	3.00	3.77	1.94	33.7	52.9	23.4	2.99
		16		29.63	23.3	0.390	263	540	414	111	2.98	3.74	1.94	37.8	58.6	25.6	3.06
11	110	7		15.20	11.9	0.433	177	311	281	73.4	3.41	4.30	2.20	22.1	36.1	17.5	2.96
		8		17.24	13.5	0.433	199	355	316	82.4	3.40	4.28	2.19	25.0	40.7	19.4	3.01
		10		21.26	16.7	0.432	242	445	384	100	3.38	4.25	2.17	30.6	49.4	22.9	3.09
		12		25.20	19.8	0.431	283	535	448	117	3.35	4.22	2.15	36.1	57.6	26.2	3.16
		14		29.06	22.8	0.431	321	625	508	133	3.32	4.18	2.14	41.3	65.3	29.1	3.24
12.5	125	8	14	19.75	15.5	0.492	297	521	471	123	3.88	4.88	2.50	32.5	53.3	25.9	3.37
		10		24.37	19.1	0.491	362	652	574	149	3.85	4.85	2.48	40.0	64.9	30.6	3.45
		12		28.91	22.7	0.491	423	783	671	175	3.83	4.82	2.46	41.2	76.0	35.0	3.53
		14		33.37	26.2	0.490	482	916	764	200	3.80	4.78	2.45	54.2	86.4	39.1	3.61
		16		37.74	29.6	0.489	537	1 050	851	224	3.77	4.75	2.43	60.9	96.3	43.0	3.68
14	140	10		27.37	21.5	0.551	515	915	817	212	4.34	5.46	2.78	50.6	82.6	39.2	3.82
		12		32.51	25.5	0.551	604	1 100	959	249	4.31	5.43	2.76	59.8	96.9	45.0	3.90
		14		37.57	29.5	0.550	689	1 280	1 090	284	4.28	5.40	2.75	68.8	110	50.5	3.98
		16		42.54	33.4	0.549	770	1 470	1 220	319	4.26	5.36	2.74	77.5	123	55.6	4.06

续表

型号	b	d	r	截面面积/cm²	理论重量/(kg/m)	外表面积/(m²/m)	I_x	I_{x1}	I_{x0}	I_{y0}	i_x	i_{x0}	i_{y0}	W_x	W_{x0}	W_{y0}	Z_0/cm
							惯性矩/cm⁴				惯性半径/cm			截面模数/cm³			重心距离
15	150	8	14	23.75	18.6	0.592	521	900	827	215	4.69	5.90	3.01	47.4	78.0	38.1	3.99
	150	10	14	29.37	23.1	0.591	638	1130	1010	262	4.66	5.87	2.99	58.4	95.5	45.5	4.08
	150	12	14	34	27.4	0.591	749	1050	1190	308	4.63	5.84	2.97	69.0	112	52.4	4.15
	150	14	14	40.37	31.7	0.590	856	1080	1360	352	4.60	5.80	2.95	79.5	128	58.8	4.23
	150	15	14	43.06	33.8	0.590	907	1690	1440	374	4.59	5.78	2.95	84.6	136	61.9	4.27
	150	16	14	45.74	35.9	0.589	958	1810	1520	395	4.58	5.77	2.94	89.6	143	64.9	4.31
16	160	10	16	31.50	24.7	0.630	780	1370	1240	322	4.98	6.27	3.20	66.7	109	52.8	4.31
	160	12	16	37.44	29.4	0.630	917	1640	1460	377	4.95	6.24	3.18	79.0	129	60.7	4.39
	160	14	16	43.30	34.0	0.629	1050	1910	1670	432	4.92	6.20	3.16	91.0	147	68.2	4.47
	160	16	16	49.07	38.5	0.629	1180	2190	1870	485	4.89	6.17	3.14	103	165	75.3	4.55
18	180	12	16	42.24	33.2	0.710	1320	2330	2100	543	5.59	7.05	3.58	101	165	78.4	4.89
	180	14	16	48.90	38.4	0.709	1510	2720	2410	622	5.56	7.02	3.56	116	189	88.4	4.97
	180	16	16	55.47	43.5	0.709	1700	3120	2700	699	5.54	6.98	3.55	131	212	97.8	5.05
	180	18	16	61.96	48.6	0.708	1880	3500	2990	762	5.50	6.94	3.51	146	235	105	5.13
20	200	14	18	54.64	42.9	0.788	2100	3230	3340	864	6.20	7.82	3.98	145	216	112	5.46
	200	16	18	62.01	48.7	0.788	2370	4270	3760	971	6.18	7.79	3.96	164	266	124	5.54
	200	18	18	69.30	54.4	0.787	2620	4810	4160	1080	6.15	7.75	3.94	182	294	136	5.62
	200	20	18	76.51	60.1	0.787	2870	5350	4580	1186	6.12	7.72	3.93	200	322	147	5.69
	200	24	18	90.66	71.2	0.785	3340	6460	5290	1380	6.07	7.64	3.90	236	374	167	5.87
22	220	16	21	68.67	53.9	0.866	3190	5680	5060	1310	6.81	8.59	4.37	200	326	154	6.03
	220	18	21	76.75	60.3	0.866	3540	6400	5620	1450	6.79	8.55	4.35	223	361	168	6.11

续表

型号	截面尺寸/mm			截面面积/cm²	理论重量/(kg/m)	外表面积/(m²/m)	惯性矩/cm⁴				惯性半径/cm			截面模数/cm³			重心距离/cm
	b	d	r				I_x	I_{x1}	I_{x0}	I_{y0}	i_x	i_{x0}	i_{y0}	W_x	W_{x0}	W_{y0}	Z_0
22	220	20	21	84.76	66.5	0.365	3 870	7 110	6 150	1 590	6.76	8.52	4.34	245	395	182	6.18
		22		92.68	72.8	0.805	4 200	7 830	6 670	1 730	6.73	8.48	4.32	267	429	195	6.26
		24		100.5	78.9	0.864	4 520	8 550	7 170	1 870	6.71	8.45	4.31	289	461	208	6.33
		26		108.3	85.0	0.864	4 830	9 280	7 690	2 000	6.68	8.41	4.30	310	492	221	6.41
25	250	18	24	87.84	69.0	0.985	5 270	9 380	8 370	2 170	7.75	9.76	4.97	290	473	224	6.84
		20		97.05	76.2	0.984	5 780	10 400	9 180	2 380	7.72	9.73	4.95	320	519	243	6.92
		22		106.2	83.3	0.983	6 280	11 500	9 970	2 580	7.69	9.69	4.93	349	564	261	7.00
		24		115.2	90.4	0.983	6 770	12 500	10 700	2 790	7.67	9.66	4.92	378	608	278	7.07
		26		124.2	97.5	0.982	7 240	13 600	11 500	2 980	7.64	9.62	4.90	406	650	295	7.15
		28		133.0	104	0.982	7 700	14 600	12 200	3 180	7.61	9.58	4.89	433	691	311	7.22
		30		141.8	111	0.981	8 160	15 700	12 900	3 380	7.58	9.55	4.88	461	731	327	7.30
		32		150.5	118	0.981	8 600	16 800	13 600	3 570	7.56	9.51	4.87	488	770	342	7.37
		35		163.4	128	0.980	9 240	18 400	14 600	3 850	7.52	9.46	4.86	527	827	364	7.48

注 截面图中的 $r_1=1/3d$ 及表中 r 的数据用于孔型设计，不做交货条件。

表 B-4　不等边角钢截面尺寸、截面面积、理论重量及截面特性

型号	截面尺寸/mm B	b	d	r	截面面积/cm²	理论重量/(kg/m)	外表面积/(m²/m)	惯性矩/cm⁴ I_x	I_{x1}	I_y	I_{y1}	I_u	惯性半径/cm i_x	i_y	i_u	截面模数/cm³ W_x	W_y	W_u	$\tan\alpha$	重心距离/cm X_0	Y_0
2.5/1.6	25	16	3	3.5	1.162	0.91	0.080	0.70	1.56	0.22	0.43	0.14	0.78	0.44	0.34	0.43	0.19	0.16	0.392	0.42	0.86
			4		1.499	1.18	0.079	0.88	2.09	0.27	0.59	0.17	0.77	0.43	0.34	0.55	0.24	0.20	0.381	0.46	0.90
3.2/2	32	20	3	3.5	1.492	1.17	0.102	1.53	3.27	0.46	0.82	0.28	1.01	0.55	0.43	0.72	0.30	0.25	0.382	0.49	1.08
			4		1.939	1.52	0.101	1.93	4.37	0.57	1.12	0.35	1.00	0.54	0.42	0.93	0.39	0.32	0.374	0.53	1.12
4/2.5	40	25	3	4	1.890	1.48	0.127	3.08	5.39	0.93	1.59	0.56	1.28	0.70	0.54	1.15	0.49	0.40	0.385	0.59	1.32
			4		2.467	1.94	0.127	3.93	8.53	1.18	2.14	0.71	1.36	0.69	0.54	1.49	0.63	0.52	0.381	0.63	1.37
4.5/2.8	45	28	3	5	2.149	1.69	0.143	4.45	9.10	1.34	2.23	0.80	1.44	0.79	0.61	1.47	0.62	0.51	0.383	0.64	1.47
			4		2.806	2.20	0.143	5.69	12.1	1.70	3.00	1.02	1.42	0.78	0.60	1.91	0.80	0.66	0.380	0.68	1.51
5/3.2	50	32	3	5.5	2.431	1.91	0.161	6.24	12.5	2.02	3.31	1.20	1.60	0.91	0.70	1.84	0.82	0.68	0.404	0.73	1.60
			4		3.177	2.49	0.160	8.02	16.7	2.58	4.45	1.53	1.59	0.90	0.69	2.39	1.06	0.87	0.402	0.77	1.65
5.6/3.6	56	36	3	6	2.743	2.15	0.181	8.88	17.5	2.92	4.7	1.73	1.80	1.03	0.79	2.32	1.05	0.87	0.408	0.80	1.78
			4		3.590	2.82	0.180	11.5	23.4	3.76	6.33	2.23	1.79	1.02	0.79	3.03	1.37	1.13	0.408	0.85	1.82
			5		4.415	3.47	0.180	13.9	29.3	4.49	7.94	2.67	1.77	1.01	0.78	3.71	1.65	1.36	0.404	0.88	1.87
6.3/4	63	40	4	7	4.058	3.19	0.202	16.5	33.3	5.23	8.63	3.12	2.02	1.14	0.88	3.87	1.70	1.40	0.398	0.92	2.04
			5		4.993	3.92	0.202	20.0	41.6	6.31	10.9	3.76	2.00	1.12	0.87	4.74	2.07	1.71	0.396	0.95	2.08
			6		5.908	4.64	0.201	23.4	50.0	7.29	13.1	4.34	1.96	1.11	0.86	5.59	2.43	1.99	0.393	0.99	2.12
			7		6.802	5.34	0.201	26.5	58.1	8.24	15.5	4.97	1.98	1.10	0.86	6.40	2.78	2.29	0.389	1.03	2.15
7/4.5	70	45	4	7.5	4.553	3.57	0.226	23.2	45.9	7.55	12.3	4.40	2.26	1.29	0.98	4.86	2.17	1.77	0.410	1.02	2.24
			5		5.609	4.40	0.225	28.0	57.1	9.13	15.4	5.40	2.23	1.28	0.98	5.92	2.65	2.19	0.407	1.06	2.28
			6		6.644	5.22	0.225	32.5	68.4	10.6	18.6	6.35	2.21	1.26	0.98	6.95	3.12	2.59	0.404	1.09	2.32
			7		7.658	6.01	0.225	37.2	80.0	12.0	21.8	7.16	2.20	1.25	0.97	8.03	3.57	2.94	0.402	1.13	2.36
7.5/5	75	50	5	8	6.126	4.81	0.245	34.9	70.0	12.8	21.0	7.41	2.39	1.44	1.10	6.83	3.3	2.74	0.435	1.17	2.40
			6		7.260	5.50	0.246	41.1	84.3	14.7	25.4	8.04	2.38	1.42	1.08	8.12	3.88	3.19	0.435	1.21	2.44
			8		9.467	7.43	0.244	52.4	113	18.5	34.2	10.9	2.35	1.40	1.07	10.5	4.99	4.10	0.429	1.29	2.52

续表

型号	截面尺寸/mm				截面面积/cm²	理论重量/(kg/m)	外表面积/(m²/m)	惯性矩/cm⁴					惯性半径/cm			截面模数/cm³			tanα	重心距离/cm	
	B	b	d	r				I_x	I_{x1}	I_y	I_{y1}	I_u	i_x	i_y	i_u	W_x	W_y	W_u		X_0	Y_0
7.5/5	75	50	10	8	11.59	9.20	0.244	62.7	141	22.0	43.4	13.1	2.33	1.48	1.56	12.8	6.04	4.99	0.423	1.36	2.60
8/5	80	50	5	8	6.375	5.00	0.255	42.0	85.3	12.8	21.1	7.66	2.56	1.42	1.10	7.78	3.32	2.74	0.388	1.14	2.60
			6		7.560	5.93	0.255	49.5	103	15.0	25.1	8.85	2.56	1.41	1.08	9.25	3.91	3.20	0.387	1.18	2.65
			7		8.724	6.85	0.254	56.2	119	17.0	25.8	10.2	2.54	1.39	1.08	10.6	4.48	3.70	0.384	1.21	2.69
			8		9.86	7.75	0.254	62.8	126	18.9	34.3	11.4	2.52	1.38	1.07	11.9	5.03	4.16	0.381	1.25	2.73
9/5.6	90	56	5	9	7.212	5.66	0.287	60.5	121	18.3	29.5	11.0	2.90	1.59	1.23	9.92	4.21	3.49	0.385	1.25	2.91
			6		8.557	6.72	0.286	71.0	146	21.4	55.5	12.9	2.88	1.58	1.21	11.7	4.96	4.13	0.384	1.29	2.95
			7		9.88	7.76	0.285	81.0	170	24.4	41.7	14.7	2.86	1.57	1.22	13.5	5.70	4.72	0.382	1.33	3.00
			8		11.18	8.78	0.286	91.0	194	27.2	47.9	16.3	2.85	1.56	1.21	15.3	6.41	5.29	0.380	1.36	3.04
10/6.3	100	63	6	10	9.518	7.55	0.320	99.1	200	36.3	50.5	15.4	3.21	1.79	1.38	14.6	6.35	5.25	0.394	1.43	3.20
			7		11.11	8.72	0.320	113	283	35.3	59.1	21.0	3.20	1.78	1.28	16.9	7.29	6.02	0.394	1.47	3.28
			8		12.58	9.88	0.319	127	266	39.4	67.9	23.5	3.18	1.77	1.37	19.1	8.21	6.78	0.391	1.50	3.32
			10		15.47	12.1	0.319	154	333	47.1	85.7	28.3	3.15	1.74	1.35	23.3	9.98	8.24	0.387	1.58	3.40
10/8	100	80	6	10	10.64	8.35	0.354	107	200	61.2	108	31.7	3.17	2.40	1.72	15.2	10.2	8.37	0.627	1.97	2.95
			7		12.30	9.66	0.354	123	233	70.1	120	36.2	3.16	2.39	1.72	17.5	11.7	9.60	0.626	2.01	3.00
			8		13.94	10.9	0.353	138	289	78.5	137	40.6	3.14	2.37	1.71	19.8	13.2	10.8	0.625	2.05	3.04
			10		17.17	13.5	0.353	167	334	94.7	172	49.1	3.12	2.35	1.69	24.2	16.1	13.1	0.622	2.15	3.12
11/7	110	70	6	10	10.64	8.35	0.354	133	266	42.9	69.1	25.4	3.54	2.01	1.54	17.9	7.90	6.53	0.403	1.57	3.53
			7		12.30	9.66	0.354	153	310	49.0	80.8	29.0	3.53	2.00	1.53	20.6	9.09	7.50	0.402	1.61	3.57
			8		13.94	10.9	0.353	172	354	54.9	92.7	32.5	3.51	1.98	1.53	23.3	10.3	8.45	0.401	1.65	3.62
			10		17.17	13.5	0.353	208	443	65.9	117	39.2	3.48	1.96	1.51	28.5	12.5	10.3	0.397	1.72	3.70
12.5/8	125	80	7	11	14.10	11.1	0.403	228	455	74.4	120	43.8	4.02	2.30	1.76	26.9	12.0	9.92	0.408	1.80	4.01
			8		15.99	12.6	0.403	257	520	83.5	138	49.2	4.01	2.28	1.75	30.4	13.6	11.2	0.407	1.84	4.06
			10		19.71	15.5	0.402	312	650	101	173	59.5	3.98	2.26	1.74	37.3	16.6	13.6	0.404	1.92	4.14

续表

型号	截面尺寸/mm				截面面积/cm²	理论重量/(kg/m)	外表面积/(m²/m)	惯性矩/cm⁴					惯性半径/cm			截面模数/cm³			tanα	重心距离/cm	
	B	b	d	r				I_x	I_{x1}	I_y	I_{y1}	I_u	i_x	i_y	i_u	W_x	W_y	W_u		X_0	Y_0
12.5/8	125	80	12	11	23.35	18.3	0.402	364	780	117	210	69.4	3.95	2.24	1.72	44.0	19.4	16.0	0.400	2.00	4.22
14/9	140	90	8	12	18.04	14.2	0.453	366	731	121	196	70.8	4.50	2.59	1.98	38.5	17.3	14.3	0.411	2.04	4.50
			10		22.26	17.5	0.452	446	913	140	246	85.8	4.47	2.56	1.96	47.3	21.2	17.5	0.409	2.12	4.58
			12		26.40	20.7	0.451	522	1100	170	297	100	4.44	2.54	1.95	55.9	25.0	20.5	0.406	2.19	4.66
			14		30.46	23.9	0.451	594	1280	192	349	114	4.42	2.51	1.94	64.2	28.5	23.5	0.403	2.27	4.74
15/9	150	90	8	12	18.84	14.8	0.473	442	898	123	196	74.1	4.84	2.55	1.98	43.9	17.5	14.5	0.364	1.97	4.92
			10		23.26	18.3	0.472	539	1120	149	246	89.9	4.81	2.53	1.97	54.0	21.4	17.7	0.362	2.05	5.01
			12		27.60	21.7	0.471	632	1350	173	297	105	4.79	2.50	1.95	63.8	25.1	20.8	0.359	2.12	5.09
			14		31.86	25.0	0.471	721	1570	196	350	120	4.76	2.48	1.94	73.3	28.8	23.8	0.356	2.20	5.17
			15		33.95	26.7	0.471	764	1680	207	376	127	4.74	2.47	1.93	78.0	30.5	25.3	0.354	2.24	5.21
			16		36.03	28.3	0.470	806	1800	217	403	134	4.73	2.45	1.93	82.6	32.3	26.8	0.352	2.27	5.25
16/10	160	100	10	13	25.32	19.9	0.512	669	1360	205	337	122	5.14	2.85	2.19	62.1	26.6	21.9	0.390	2.28	5.24
			12		30.05	23.6	0.511	785	1640	239	406	142	5.11	2.82	2.17	73.5	31.3	25.8	0.388	2.36	5.32
			14		34.71	27.2	0.510	896	1910	271	476	162	5.08	2.80	2.16	84.6	35.8	29.6	0.385	2.43	5.40
			16		39.28	30.8	0.510	1000	2180	302	548	183	5.05	2.77	2.16	95.3	40.2	33.4	0.382	2.51	5.48
18/11	180	110	10	14	28.37	22.3	0.571	956	1940	278	447	167	5.80	3.13	2.42	79.0	32.5	26.9	0.376	2.44	5.89
			12		33.71	26.5	0.571	1120	2330	325	539	195	5.78	3.10	2.40	93.5	38.3	31.7	0.374	2.52	5.98
			14		38.97	30.6	0.570	1290	2720	370	632	222	5.75	3.08	2.39	108	44.0	36.3	0.372	2.59	6.06
			16		44.14	34.6	0.569	1440	3110	412	726	249	5.72	3.06	2.38	122	49.4	40.9	0.369	2.67	6.14
20/12.5	200	125	12	14	37.91	29.8	0.641	1570	3190	483	788	286	6.44	3.57	2.74	117	50.0	41.2	0.392	2.83	6.54
			14		43.87	34.4	0.640	1800	3730	551	922	327	6.41	3.54	2.73	135	57.4	47.3	0.390	2.91	6.62
			16		49.74	39.0	0.639	2020	4260	615	1060	366	6.38	3.52	2.71	152	64.9	53.3	0.388	2.99	6.70
			18		55.53	43.6	0.639	2240	4790	677	1200	405	6.35	3.49	2.70	169	71.7	59.2	0.385	3.06	6.78

注　截面图中的 $r_1 = 1/3d$ 及表中 r 的数据用于孔型设计，不做交货条件。

附录 C　简单荷载作用下梁的挠度和转角

悬臂梁

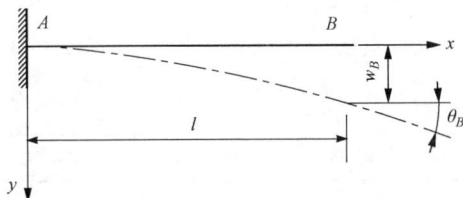

w=沿 y 方向的挠度
w_B=$w(l)$=梁右端处的挠度
θ_B=$w'(l)$=梁右端处的转角

序号	梁上荷载及弯矩图	挠曲线方程	转角和挠度
1		$w=\dfrac{M_e x^2}{2EI}$	$\theta_B=\dfrac{M_e l}{EI}$ $w_B=\dfrac{M_e l^2}{2EI}$
2		$w=\dfrac{Fx^2}{6EI}(3l-x)$	$\theta_B=\dfrac{Fl^2}{2EI}$ $w_B=\dfrac{Fl^3}{3EI}$
3		$w=\dfrac{Fx^2}{6EI}(3a-x)$ $(0\leqslant x\leqslant a)$, $w=\dfrac{Fa^2}{6EI}(3x-a)$ $(a\leqslant x\leqslant l)$	$\theta_B=\dfrac{Fa^2}{2EI}$ $w_B=\dfrac{Fa^2}{6EI}(3l-a)$
4		$w=\dfrac{qx^2}{24EI}(x^2+6l^2-4lx)$	$\theta_B=\dfrac{ql^3}{6EI}$ $w_B=\dfrac{ql^4}{8EI}$
5		$w=\dfrac{q_0 x^2}{120EIl}(10l^3-10l^2x+5lx^2-x^3)$	$\theta_B=\dfrac{q_0 l^3}{24EI}$ $w_B=\dfrac{q_0 l^4}{30EI}$

简支梁

w＝沿 y 方向的挠度

$w_c = w\left(\dfrac{l}{2}\right)$ 梁中点的挠度

$\theta_A = w'(0) =$ 梁左端处的转角

$\theta_B = w'(l) =$ 梁右端处的转角

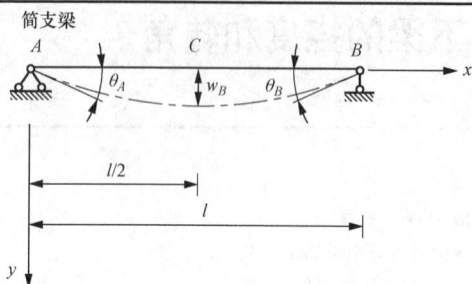

序号	梁上荷载及弯矩图	挠曲线方程	转角和挠度
6		$w = \dfrac{M_A x}{6EIl}(l-x)(2l-x)$	$\theta_A = \dfrac{M_A l}{3EI}$ $\theta_B = -\dfrac{M_A l}{6EI}$ $w_C = \dfrac{M_A l^2}{16EI}$
7		$w = \dfrac{M_B x}{6EIl}(l^2 - x^2)$	$\theta_A = \dfrac{M_B l}{6EI}$ $\theta_B = -\dfrac{M_B l}{3EI}$ $w_C = \dfrac{M_B l^2}{16EI}$
8		$w = \dfrac{qx}{24EI}(l^3 - 2lx^2 + x^3)$	$\theta_A = \dfrac{ql^3}{24EI}$ $\theta_B = -\dfrac{ql^3}{24EI}$ $w_C = \dfrac{5ql^4}{384EI}$
9		$w = \dfrac{q_0 x}{360EIl}(7l^4 - 10l^2 x^2 + 3x^4)$	$\theta_A = \dfrac{7q_0 l^3}{360EI}$ $\theta_B = -\dfrac{q_0 l^3}{45EI}$ $w_C = \dfrac{5q_0 l^4}{768EI}$
10		$w = \dfrac{Fx}{48EI}(3l^2 - 4x^2)$ $\left(0 \leqslant x \leqslant \dfrac{l}{2}\right)$	$\theta_A = \dfrac{Fl^2}{16EI}$ $\theta_B = -\dfrac{Fl^2}{16EI}$ $w_C = \dfrac{Fl^3}{48EI}$

序号	梁上荷载及弯矩图	挠曲线方程	转角和挠度
11	 	$w=\dfrac{Fbx}{6EIl}(l^2-x^2-b^2)$ $(0\leqslant x\leqslant a),$ $w=\dfrac{Fb}{6EIl}\left[\dfrac{l}{b}(x-a)^2+(l^2-b^2)x-x^3\right]$ $(a\leqslant x\leqslant l)$	$\theta_A=\dfrac{Fab(l+b)}{6EIl},$ $\theta_B=-\dfrac{Fab(l+a)}{6EIl},$ $w_C=\dfrac{Fb(3l^3-4b^2)}{48EI}$ $(a\geqslant b)$
12	 	$w=\dfrac{W_e x}{6EIl}(6al-3a^2-2l^2-x^2)$ $(0\leqslant x\leqslant a);$ 当 $a=b=\dfrac{l}{2}$ 时, $w=\dfrac{M_e x}{24EIl}(l^2-4x^2)$ $\left(0\leqslant x\leqslant\dfrac{l}{2}\right)$	$\theta_A=\dfrac{M_e}{6EIl}$ $(6al-3a^2-2l^2),$ $\theta_B=\dfrac{M_e}{6EIl}(l^2-3a^2);$ 当 $a=b=\dfrac{l}{2}$ 时, $\theta_A=\dfrac{M_e l}{24EI},$ $\theta_B=\dfrac{M_e l}{24EI}。\ w_C=0$
13	 	$w=-\dfrac{qb^5}{24EIl}\left[2\dfrac{x^3}{b^3}-\right.$ $\left.\dfrac{x}{b}\left(2\dfrac{l^2}{b^2}-1\right)\right](0\leqslant x\leqslant a),$ $w=-\dfrac{q}{24EI}\left[2\dfrac{b^2x^3}{l}-\right.$ $\left.\dfrac{b^2x}{l}(2l^2-b^2)-(x-a)^4\right]$ $(a\leqslant x\leqslant l)$	$\theta_A=\dfrac{qb^2(2l^2-b^2)}{24EIl},$ $\theta_B=-\dfrac{qb^2(2l^2-b^2)}{24EIl};$ $w_C=\dfrac{qb^5}{24EIl}\left[\dfrac{3l^3}{4b^3}-\dfrac{l}{2b}\right)$ $(a>b),$ $w_C=\dfrac{qb^5}{24EIl}\left[\dfrac{3l^3}{4b^3}-\right.$ $\dfrac{l}{2b}+\dfrac{l^5}{16b^5}\cdot$ $\left.\left(1-\dfrac{2a}{l}\right)^4\right]$ $(a>b)$